电力行业职业技能鉴定网考通

CHAOBIAO HESUAN SHOUFEI YUAN

抄表核算收费员

龙华禄 主 编

龙 飞 副主编

田 婧 付 燕 参 编

中国电力出版社
CHINA ELECTRIC POWER PRESS

内 容 提 要

本书根据《电力工人技术等级标准》和《11-062 职业技能鉴定指导书 抄表核算收费员》的要求，参照相关法律法规、管理标准，模拟实考场景，包含从初级工到技师各等级技能鉴定的主要考点，共32套考卷。每套考卷均分为单选题、多选题、判断题、计算题、识图题等五种题型，同时配有答案和解析过程，方便读者学习使用。

本书可供参加抄表核算收费员技能鉴定考试的人员练习使用，也可供参加该工种其他理论考试的人员参考使用。

图书在版编目（CIP）数据

抄表核算收费员/龙华禄主编. —北京：中国电力出版社，2017.1（2018.5重印）

电力行业职业技能鉴定网考通

ISBN 978-7-5123-9961-7

Ⅰ.①抄… Ⅱ.①龙… Ⅲ.①电量测量-职业技能-鉴定-习题集 Ⅳ.①TM933.4-44

中国版本图书馆CIP数据核字（2016）第258832号

中国电力出版社出版、发行

（北京市东城区北京站西街19号 100005 http://www.cepp.sgcc.com.cn）

三河市航远印刷有限公司印刷

各地新华书店经售

*

2017年1月第一版 2018年5月北京第二次印刷

787毫米×1092毫米 16开本 23印张 538千字

印数1501—3000册 定价**65.00**元

前　言

电力行业职业技能等级已成为评价电力行业员工技能水平的标志，是员工持证上岗的必备条件之一。随着智能电网的发展，供电企业信息化管理标准的提高，职业技能鉴定考试形式和内容也发生了较大的变化。与此同时，由于缺乏系统的复习资料，员工只得在繁忙的工作之余四处搜寻，随意练习，往往事倍功半。

近年来电力行业职业技能鉴定理论考试已推行网络考试，为给电力企业员工助一臂之力，使大家少走弯路，顺利通过各等级鉴定考试，我们根据《电力工人技术等级标准》和《11-062 职业技能鉴定指导书　抄表核算收费员》的要求，参照相关法律法规、管理标准，收集、筛选、组卷，编写了本书。全书模拟实考场景，设计单选题、多选题、判断题、计算题、识图题等五种题型，基本包括本工种、本等级主要考点，同时涉及相关专业和其他技能等级的内容，力求方便实用。

需要注意的是，职业技能鉴定网络考题范围较广，各专业知识本身又有密切联系，有些考题在各技能等级均有可能出现，特别是识图题和计算题。因此，应当全面学习、系统掌握，在练熟参考技能等级习题的同时，还应复习掌握其他等级，尤其是相邻等级的知识。同时，涉及电费电价的试题，请以最新电费电价政策为准。

本书在编写整理过程中参考借鉴了一些专家、学者编著的书刊内容，有的同志提出了宝贵意见和建议，在此一并致以衷心感谢。

限于编者水平和时间，书中不免有疏漏之处，敬请广大读者批评指正。

编者

2016 年 10 月

目　录

第四部分　技师

第一部分

初　级　工

抄表核算收费员（初级）模拟考卷及答案（一）

一、单选题（每小题1分，共40分）

1.《中华人民共和国电力法》施行时间是（　　）。

A. 1995年12月28日　　B. 1996年1月1日
C. 1996年7月1日　　D. 1996年4月1日

答案：D

2. 集中抄表终端是对低压用户用电信息进行采集的设备，包括（　　）。

A. 集中器、采集器　　B. 集中器
C. 采集器　　D. 集中器、采集器、采集模块

答案：A

3. 用电信息采集系统是对电力用户的（　　）进行采集、处理和实时监控的系统。

A. 用电量　　B. 用电功率　　C. 用电信息　　D. 电能表工况

答案：C

4. 电力系统的主网络是（　　）。

A. 输电网　　B. 配电网　　C. 发电厂　　D. 微波网

答案：A

5. 在电力系统正常状况下，220V单相供电的用户受电端的供电电压允许偏差为额定值的（　　）。

A. +7%，−10%　　B. −7%，+10%
C. ±7%　　D. ±10%

答案：A

6. 供电企业供电的额定频率为交流（　　）Hz。

A. 40　　B. 45　　C. 50　　D. 60

答案：C

7. 根据《供电营业规则》，用户的无功电力应（　　）。

A. 就地平衡　　B. 分组补偿　　C. 集中补偿　　D. 集中平衡

答案：A

8.（　　）是电力生产的方针。

A. 安全第一　　B. 生产第一　　C. 效益第一　　D. 管理第一

答案：A

9. 10kV带电高压线断落地面时，在断点室外（　　）m周围应装设临时遮栏或专人看

守，以防人身触电。

A. 6 B. 7 C. 8 D. 9

答案： C

10. 低压测电笔使用不正确的是（ ）。

A. 用手接触前端金属

B. 用手接触后端金属

C. 只能测 500V 及以下电压

D. 测量时应先在带电体上试测一下，以确认其好坏

答案： A

11. 正弦交流电的三要素是（ ）。

A. 有效值、初相角和角频率 B. 有效值、频率和初相角

C. 最大值、角频率和初相角 D. 最大值、频率和初相角

答案： C

12. 变压器是（ ）电能的设备。

A. 生产 B. 传递 C. 使用 D. 既生产又传递

答案： B

13. 测量电力设备的绝缘电阻应该使用（ ）。

A. 万用表 B. 电压表 C. 绝缘电阻 D. 电流表

答案： C

14. 电流周围产生的磁场方向可用（ ）确定。

A. 安培定则 B. 左手定则 C. 楞次定律 D. 右手定则

答案： A

15. 电路由（ ）和开关四部分组成。

A. 电源、负载、连接导线 B. 发电机、电动机、母线

C. 发电机、负载、架空线路 D. 电动机、灯泡、连接导线

答案： A

16. 二极管的主要特性有（ ）。

A. 单向导电性 B. 电流放大作用 C. 电压放大作用 D. 滤波作用

答案： A

17. 将一根电阻为 R 的电阻线对折起来，双股使用时，它的电阻等于（ ）。

A. $2R$ B. $R/2$ C. $R/4$ D. $4R$

答案： C

18. 高供低计指的是（ ）。

A. 高压供电的用户在高压侧装设电能计量装置，高压侧计量

B. 高压供电的用户在高压侧装设电能计量装置，低压侧计量

C. 高压供电的用户在低压侧装设电能计量装置，低压侧计量

D. 以上都不对

答案： C

19. DD862 型单相电能表的准确度等级一般是（ ）级。

A. 3.0 B. 2.0 C. 1.0 D. 0.5

答案：B

20. DDZY1506C 型电能表是（ ）。

A. 单相费控智能电能表 B. 三相三线有功电能表

C. 三相四线有功电能表 D. 单相复费率电能表

答案：A

21. 单相插座的接法是（ ）。

A. 左中性线右相线 B. 右中性线左相线

C. 左地线右相线 D. 左相线右地线

答案：A

22. 电能表常数的正确单位是（ ）。

A. 度/小时 B. r/kWh C. R/kWh D. 度/kWh

答案：B

23. 电能计量用电压和电流互感器的二次导线最小截面积为（ ）mm^2。

A. 1.5、2.5 B. 2.5、4 C. 4、6 D. 6、2.0

答案：B

24. 供电企业应在用户每一个受电点内按不同电价类别分别安装（ ）。

A. 负荷装置 B. 考核装置 C. 受电装置 D. 电能计量装置

答案：D

25. 160kVA 高压供电的工业客户，功率因数应执行（ ）标准。

A. 0.80 B. 0.85 C. 0.90 D. 0.95

答案：B

26. 抄表是（ ）工作的第一道工序，直接涉及计费电量和售电收入，工作性质十分重要。

A. 电价管理 B. 售电量管理 C. 电费管理 D. 电能表管理

答案：C

27.（ ）是电力企业向用户收费的凭证，也是专为销售电能产品后直接开给消费者的账单。

A. 电费发票 B. 电费收据 C. 计算清单 D. 结算凭证

答案：A

28.（ ）是实收账。

A. 供电公司某段时间内的全部电力销售收入的账目

B. 供电公司某段时间内实际收到的用户电费总和账目

C. 供电公司某段时间内未收到的用户电费总和账目

D. 以上都不对

答案：B

29.《中华人民共和国电力法》中所指的电价是（ ）。

A. 电力生产企业的上网电价、电网销售电价

B. 电力生产企业的生产成本电价、电网销售电价

C. 电力生产企业的上网电价、电网间的互供电价、电网销售电价

D. 电力生产企业的生产成本电价、电网购电价、电网销售电价

答案：C

30. 315kVA 以下用户电热、电解、电化、冷藏等用电，执行的电价类别是（　）。

A. 居民照明电价　　B. 大工业电价

C. 农业生产电价　　D. 一般工商业及其他

答案：D

31. 大工业电价适用范围是工业生产用户设备容量在（　）kVA 及以上的用户。

A. 100　　B. 200　　C. 240　　D. 315

答案：D

32. 电力销售收入是指（　）。

A. 应收电费　　B. 实收电价

C. 临时电价　　D. 实收电费和税金

答案：A

33. 电力用户可根据用电需求变化向电网企业申办暂停，每次不得少于 15 天，每一日历年内累计暂停时间不得超过（　）个月。

A. 3　　B. 5　　C. 6　　D. 10

答案：C

34. 产权属于供电企业的计量装置，因（　）而发生故障由用户负责。

A. 不可抗力　　B. 过负荷烧坏　　C. 计数器脱落　　D. 电能表质量

答案：B

35. 用户在供电企业规定的期限内未交清电费，应承担电费滞纳的违约责任。电费违约金从逾期之日计算至交纳日止，居民用户每日按欠费总额的（　）计算。

A. 1‰　　B. 2‰　　C. 3‰　　D. 4‰

答案：A

36. 用户私自改变计量装置接线，使电能表计量少计电量，称为（　）。

A. 窃电　　B. 违章用电　　C. 正常增容　　D. 装置断线

答案：A

37. 窃电者除应按所窃电量补交电费外，还应承担补交电费（　）倍的违约使用电费。

A. 3　　B. 4　　C. 5　　D. 6

答案：A

38. 用户认为供电企业装设的计费电能表不准时，有权向供电企业提出校验申请，在用户交付验表费后，供电企业应在（　）天内校验，并将校验结果通知用户。

A. 3　　B. 5　　C. 7　　D. 10

答案：C

39. （　）属于电力需求侧管理的财政手段。

A. 举办节能产品展示　　B. 峰谷分时电价
C. 节电效益返还　　D. 蓄冷蓄热技术

答案：C

40.（　）为磁盘拷贝命令，此命令只能拷贝软盘，硬盘和网络驱动器不能使用此命令。
A. Diskcopy　B. copy　C. RENAME　D. BACKUP

答案：A

二、多选题 （每小题2分，共16分）

1. 电能表的发展可以追溯到19世纪70年代末期，其发展过程可以分为（　）四个阶段。
A. 感应式（机械式）电能表　　B. 脉冲式（机电式）电能表
C. 电子式（多功能）电能表　　D. 智能电能表

答案：ABCD

2. 在电气设备上工作，保证安全的技术措施有（　）。
A. 停电　　B. 验电
C. 接地　　D. 悬挂标示牌和装设遮栏（围栏）

答案：ABCD

3. 用电负荷中属于一级负荷的有（　）。
A. 中断供电将造成人身伤亡
B. 中断供电将影响重要用电单位的正常工作
C. 中断供电将在政治、经济上造成重大损失
D. 中断供电将影响有重大政治、经济意义的用电单位的正常工作

答案：ACD

4. 串联电路的特点是（　）。
A. 串联电阻首尾相接，没有分支
B. 串联电路的总电阻等于参与串联的所有电阻之和
C. 所有电阻流过相同的电流
D. 所有参与串联的电阻首端、末端分别并接在一起，电阻两端的电压相等

答案：ABC

5.《供电营业规则》规定，基本电费以月计算，但（　）当月的基本电费，可按实用天数（日用电不足24h的，按1天）每日按全月基本电费的1/30计算。
A. 新装　B. 终止供电　C. 变更　D. 增容

答案：ABCD

6. 根据国家发展改革委《关于调整销售电价分类结构有关问题的通知》（发改价格〔2013〕973号）精神，以下城乡居民住宅小区公用附属设施非经营性用电执行居民生活用电（　）。
A. 小区内的公共场所照明　　B. 电梯、消防

C. 小区门卫　　　　　　　　　　D. 小区车库

答案：ABCD

7. 根据《供电营业规则》，以下对供电方案的确定期限规定正确的是（　　）。

A. 居民用户最长不超过5天

B. 低压电力用户最长不超过10天

C. 高压单电源的用户最长不超过1个月

D. 高压双电源用户最长不超过2个月

答案：ABCD

8. 居民用户智能电能表电费发票的主要内容有（　　）。

A. 户名、户号、用电地址、收费日期

B. 电能表的起止码、倍率、实用电量、损耗、加减

C. 合计电量、电价、电费

D. 供电电压、装见容量、总电量

E. 合计人民币（大写、小写）、抄表员、收费人

F. 基本电费、功率因数调整电费

答案：ABCDE

三、判断题 （每小题1分，共32分）

1. 我国供电企业供电的额定频率为50Hz。（√）
2. 自动抄表的集中器可以对采集器和电能表进行广播对时。（√）
3. 集中抄表终端是对低压用户用电信息进行采集的设备，包括集中器、采集器。（√）
4. 欧姆定律指出，在一段电路中流过电阻的电流 I，与电阻及两端电压 U 成正比，而与这段电路的电阻 R 成反比。（√）
5. 某家庭装有40W电灯3盏、1000W空调2台、100W电视机1台，则计算负荷为2300W。（×）
6. 构成正弦交流电的三要素是最大值、角频率、初相角。（√）
7. 单相电能表铭牌上的电流为2.5(10)A，其中2.5A为额定电流，(10)为标定电流。（×）
8. 单相电能表的电流线圈串接在相线中，电压线圈并接在相线和中性线上。（√）
9. 单相220V电能表一般装设接地端，三相电能表不应装设接地端。（×）
10. 单相、三相电能表表盘读数小数的位数都设置为两位小数。（×）
11. 带电作业时应填写第一种工作票。（×）
12. 带电高压线断落地面时，在断落点1～2m周围应装设临时遮栏或设专人看守，以防人身触电。（×）
13. 大工业生产车间空调设备，按大工业电度电价计费。（√）
14. 从保护人身安全的可靠性出发，一般触电保护器启动电流应在15～30mA范围之内。（√）
15. 磁场强的地方，磁力线密集；磁场弱的地方，磁力线稀疏。（√）

16. 处理日常营业工作属于业务扩充工作的内容。 (×)
17. 城镇电力排灌站（泵站）动力用电，执行农业排灌电价。 (×)
18. 抄见电量是供电企业与电力客户最终结算电费的电量。 (×)
19. 抄表人员在抄表过程中发现用户有窃电行为应立即开展取证工作。 (×)
20. 抄表器不仅有抄表功能，而且有防止估抄功能及纠错功能。 (√)
21. 测量500V以下线圈的绝缘电阻，选择绝缘电阻表的额定电压应为500V。 (√)
22. 不准用万用表欧姆挡去直接测量微安表表头、检流计、标准电池的电阻，以免损坏仪器。 (√)
23. 变压器能将某一种电压电流相数的直流电能转变成另一种电压电流相数的直流电能的静止电器。 (×)
24. 按照合同约定的计划结算预付电费部分，用户未按规定时间交付的，供电企业不收电费违约金。 (×)
25. r（或imp）/kvarh是有功电能表常数的单位。 (×)
26. 35kV及以上电压供电的用户，其计量用的电压互感器二次绕组的连接线可以和测量回路共用。 (×)
27. 3200kVA及以上的高压供电电力排灌站，实行功率因数标准值为0.85。 (×)
28. 220V单相供电的电压允许偏差为额定值的+7%、−10%。 (√)
29. 10kV及以下三相供电的用户，其受电端的供电电压允许偏差为额定值的±7%。 (√)
30. 100kVA及以上高压供电的用户，在电网高峰负荷时的功率因数应达到0.90以上。 (√)
31. 100kVA及以下的非工业用户不适用于《功率因数调整电费办法》。 (×)
32. “安全第一，预防为主”的方针是电力企业长期一贯的安全生产方针。 (√)

四、计算题 （每小题2分，共8分）

1. 有一客户的电能表上标有“250/5、10000/100、×100”字样，其实际装配300/5A电流互感器和35000/100V电压互感器，某月，抄见电能表起止度示数差为125。该电能计量装置实际计费倍率为（ ）倍，实际电量为（ ）kWh。

答案：420、52500

解：设实际计费倍率为X，则

$$(250/5)\times(10000/100):100=(300/5)\times(35000/100):X$$

$$X=420$$

实际电量：125×420=52500（kWh）

2. 已知一台直流电动机，其额定功率$P_N=100$kW，额定电压$U_N=220$V，额定转速$n=1500$r/min，额定效率$\eta=90\%$，该电动机额定运行时的输入功率为（ ）kW，额定电流为（ ）A。

答案：111.1、505

解：额定运行时的输入功率$P_1=P_N/\eta=100/0.9=111.1$（kW）

额定电流 $I_N = P_1/U_N = 111.1\times1000/220 = 505$（A）

3. 用一只量限为 $A_m=10$A 的电流表测量实际值为 $A_O=8$A 的电流，指示为 $A_X=7.75$A，则测量结果的绝对误差为（ ），相对误差为（ ）%，仪表的引用误差为（ ）%。

答案：−0.25、−3.125、−2.5

解：(1) 绝对误差为

$$\Delta = A_X - A_O = 7.75 - 8 = -0.25$$

(2) 相对误差为

$$\gamma = \frac{\Delta}{A_O}\times100\% = \frac{-0.25}{8}\times100\% = -3.125\%$$

(3) 引用误差为

$$\gamma_q = \frac{\Delta}{A_m}\times100\% = \frac{-0.25}{10}\times100\% = -2.5\%$$

4. 某供电公司 2014 年 11 月累计应收电费账款 120 万元，其中应收上年结转电费 40 万元。至月末日，共实收电费 105 万元，其中收回以前年度电费 30 万元。本月累计电费回收率（ ）%、本年度电费回收率（ ）%（保留 2 位小数）。

答案：87.50、93.75

解：累计电费回收率 = 105/120 = 87.50%

本年度电费回收率 = (105−30)/(120−40) = 93.75%

五、识图题 （每小题 2 分，共 4 分）

1. 设以下电能表铭牌的标志，A. DDZY876C；B. 10(40)A；C. 1600imp/kWh；D. ②；E. NO. 0000391115。则其中，（ ）是电能表型号；（ ）是基本电流、额定最大电流；（ ）是电能表常数；（ ）是准确度等级；（ ）是出厂编号。

答案：ABCDE

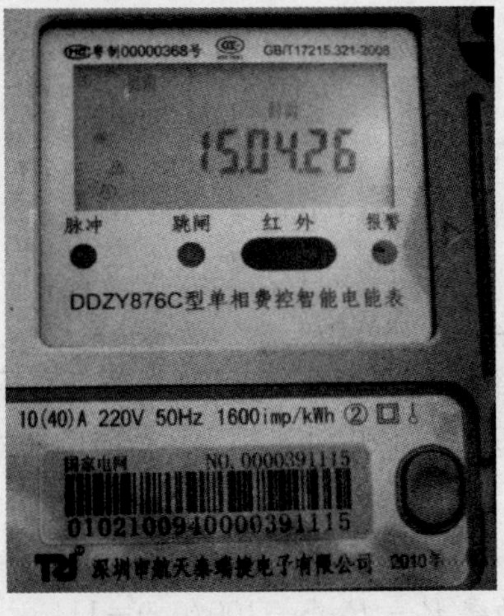

2. 如下一进一出接线方式的单相电能表内外部接线图是否正确。（　　）

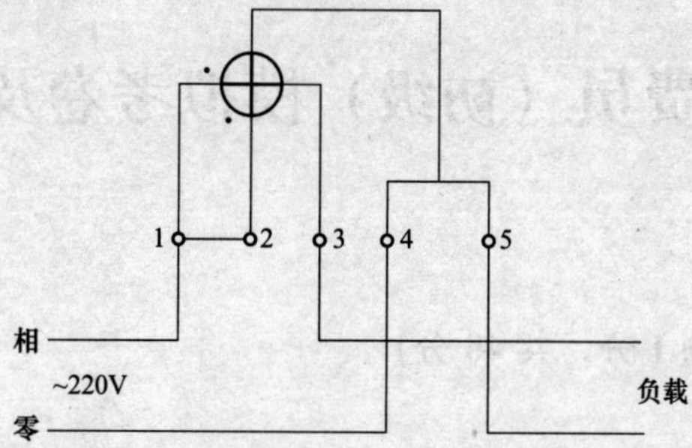

A. 正确　　　　　B. 错误

答案：A

抄表核算收费员（初级）模拟考卷及答案（二）

一、单选题（每小题 1 分，共 40 分）

1. 电力系统运行应当连续、稳定，保证安全供电（　　）。

A. 可行性　B. 可靠性　C. 责任性　D. 优越性

答案：B

2. 根据《供电营业规则》规定，电网装机容量 300 万 kW 及以上的，供电频率允许偏差是（　　）Hz。

A. ±0.5　B. ±0.2　C. ±0.1　D. ±1

答案：B

3. 用户连续（　　）不用电，也不办理暂停手续，电力公司即予销户。

A. 半年　B. 五个月　C. 四个月　D. 三个月

答案：A

4. 线路损失电量占供电量的百分比称为（　　）。

A. 变压器损耗　B. 线路损失率　C. 电压损失率　D. 电流损失率

答案：B

5.《供电营业规则》规定，低压供电方案的有效期为（　　）。

A. 3 个月　B. 1 个月　C. 半年　D. 1 年

答案：A

6. 互感器或电能表误差超出允许范围时，以“0”误差为基准，按验证后的误差值追补电量。退补时间从上次校验或换装后投入之日起至误差更正之日止的（　　）时间计算。

A. 1/3　B. 1/2　C. 1/4　D. 全部

答案：B

7. 对违反《电力设施保护条例》规定的，电力管理部门处以（　　）元以下的罚款。

A. 1000　B. 5000　C. 10000　D. 15000

答案：C

8. 装表接电是业务扩充工作的（　　）环节。

A. 第一个　B. 中间　C. 最后　D. 第三个

答案：C

9. 新投运的Ⅰ类高压计量装置应在（　　）个月内进行首次现场检验。

A. 1　B. 2　C. 3　D. 6

答案：A

10. 普通单相感应式有功电能表的接线，若将相线与中性线接反，电能表将（　　）。

A. 反转　　B. 停转　　C. 慢转　　D. 快转

答案：A

11. 某一型号单相电能表，铭牌上标明 C=1667r/kWh，该表转盘转一圈所计量的电能应为（　　）Wh。

A. 0.6　　B. 1.7　　C. 3.3　　D. 2

答案：A

12. 高供高计指的是（　　）。

A. 高压供电的用户在高压侧装设电能计量装置，高压侧计量

B. 高压供电的用户在高压侧装设电能计量装置，低压侧计量

C. 高压供电的用户在低压侧装设电能计量装置，低压侧计量

D. 以上都不对

答案：A

13. 感应式单相电能表驱动元件由电流元件和（　　）组成。

A. 转动元件　　B. 制动元件　　C. 电压元件　　D. 齿轮

答案：C

14. 复费率电能表为电力企业实行（　　）提供计量手段。

A. 两部制电价　　B. 各种电价

C. 不同时段的分时电价　　D. 先付费后用电

答案：C

15. 电能表的基本误差是以（　　）来表示的。

A. 相对误差　　B. 引用误差　　C. 绝对误差　　D. 以上全部

答案：A

16. 电流互感器文字符号用（　　）标志。

A. PA　　B. PV　　C. TA　　D. TV

答案：C

17. DTZY876 型电能表在平衡负载条件下，B 相元件损坏，电量则（　　）。

A. 少计 1/3　　B. 少计 2/3　　C. 倒计 1/3　　D. 不计

答案：A

18. DS 系列的电能表是（　　）电能表。

A. 三相三线无功　　B. 三相三线有功

C. 三相四线有功　　D. 三相四线无功

答案：B

19. “S”级电流互感器，能够正确计量的电流范围是（　　）I_b。

A. 10%～120%　　B. 5%～120%

C. 2%～120%　　D. 1%～120%

答案：D

20. 以下单位符号书写正确的是（　　）。

A. HZ B. kw C. VA D. KWh

答案： C

21. 线路检修挂接地线时，应先接（ ）。

A. 接地端 B. A相 C. B相 D. C相

答案： A

22. kWh是（ ）。

A. 电功率的单位 B. 电量的单位

C. 用电时间的单位 D. 电流的单位

答案： B

23. 电压互感器可把高电压变为标准的计量用（ ）V电压，用于计量表和指示仪表接入电路进行测量。

A. 110 B. 100 C. 220 D. 200

答案： B

24. 电压互感器的一次绕组的匝数（ ）二次绕组的匝数。

A. 多于 B. 少于

C. 等于 D. 或多于或少于或等于

答案： A

25. 电流互感器二次侧（ ）。

A. 装设熔断器 B. 不装设熔断器 C. 允许短时间开路 D. 允许开路

答案： B

26. 当电流互感器一、二次绕组的电流 I_1、I_2 的方向相反时，这种极性关系称为（ ）。

A. 减极性 B. 加极性 C. 正极性 D. 同极性

答案： A

27. 指针式万用表在不用时，应将挡位打在（ ）挡上。

A. 直流电流 B. 交流电流 C. 电阻 D. 交流电压

答案： D

28. （ ）是一种能将某一种电压电流相数的交流电能转变成另一种电压电流相数的交流电能的静止电器设备。

A. 变压器 B. 电动机 C. 调相机 D. 发电机

答案： A

29. 用户电费违约金的计算：除居民外其他用户跨年度欠费部分每日按欠费总额的（ ）计算。

A. 1‰ B. 2‰ C. 3‰ D. 4‰

答案： C

30. 供电企业采取停电催费措施前3～7天内，应将（ ）送达客户，对重要客户的停电还应报送同级电力管理部门。

A. 停电通知 B. 催交通知书 C. 停电通知书 D. 停电决定书

答案： C

31. 工业用单相电动机，其总容量不足 1kW，或工业用单相电热，其总容量不足 2kW，而又无其他工业用电者，电执行（　　）。

A. 居民照明电价　　B. 大工业电价

C. 一般工商业及其他电价　　D. 农业生产电价

答案：C

32. 电费回收是电费管理工作的最后一个环节，关系到国家电费的及时上缴、供电企业经济效益和电力工业再生产的（　　）。

A. 生产发展　　B. 正确管理　　C. 资金周转　　D. 利润指标

答案：C

33. 《功率因数调整电费办法》可促使用户改善（　　）、提高供电能力、节约电能的作用。

A. 合理用电　　B. 生产成本　　C. 电压质量　　D. 经济效益

答案：C

34. （　　）是未收账。

A. 供电公司某段时间内的全部电力销售收入的账目

B. 供电公司某段时间内实际收到的用户电费总和账目

C. 供电公司某段时间内未收到的用户电费总和账目

D. 以上都不对

答案：C

35. 当运行中电气设备发生火灾时，不能用（　　）进行灭火。

A. 黄砂　　B. 泡沫灭火器

C. 四氯化碳灭火器　　D. 二氧化碳灭火器

答案：B

36. 工作人员工作中的正常活动范围与 10kV 带电设备的安全距离小于（　　）m 时必须停电。

A. 0.3　　B. 0.35　　C. 0.4　　D. 0.45

答案：B

37. 电器设备的金属外壳接地属于（　　）。

A. 保护接地　　B. 防雷接地　　C. 工作接地　　D. 工作接零

答案：A

38. 电流通过人体，对人体的危害最大的是（　　）。

A. 左手到脚　　B. 右手到脚　　C. 脚到脚　　D. 手到手

答案：A

39. 电力变压器的中性点接地属于（　　）。

A. 保护接地类型　　B. 防雷接地类型

C. 工作接地类型　　D. 工作接零类型

答案：C

40. 暂换变压器的使用时间，10kV 及以下的不得超过（　　），逾期不办理手续的，供电企业可中止供电。

A. 半年 B. 4 个月 C. 3 个月 D. 2 个月

答案：D

二、多选题 （每小题 2 分，共 16 分）

1. 电力供应与使用双方应当根据（ ）原则，签订供用电合同，确定双方的权利和义务。

A. 平等互利 B. 利益共享 C. 平等自愿 D. 协商一致

答案：CD

2. 供电质量是指（ ）。

A. 电频率质量 B. 电能质量 C. 电压质量 D. 供电可靠性

答案：ACD

3. 低压验电笔使用正确的是（ ）。

A. 应先在带电体上试测一下，以确认其好坏

B. 用手接触前端金属

C. 用手接触后端金属

D. 只能测 500V 以下电压

答案：ACD

4. 电能计量装置根据计量对象的电压等级，一般分为（ ）的计量方式。

A. 高供高计 B. 高供低计 C. 低供低计 D. 低供高计

答案：ABC

5. 纯电阻电路的特点是（ ）。

A. 电阻 R 的端电压有效值 U 与电阻中流过的电流 I 的有效值符合欧姆定律

B. 电压有效值 U 与电流 I 同相

C. 电源所供给的功率在电阻中全部转化为热量

D. 电压有效值 U 超前电流 I 90°

答案：ABC

6. 根据《电力供应与使用条例》，以下（ ）属于违约用电。

A. 擅自改变用电类别 B. 擅自超过合同约定的容量用电

C. 故意使供电企业电能表不准或失效 D. 擅自启用已经办理暂停的电力设备

答案：ABD

7. 《供电营业规则》规定电费违约金的具体计算方法是（ ）。

A. 居民客户每日按欠费总额的 1‰计算

B. 其他客户，当年欠费部分，每日按欠费总额的 2‰；跨年欠费部分，每日按欠费总额的 3‰计算

C. 按日累加计收，总额不足 1 元者按 1 元收取

D. 违约金从逾期之日起计算至交纳日止

答案：ABCD

8. 以下是有关“电费回收率、抄表率、差错率概念”的描述，其正确的有（ ）。

A. 实收电费与应收电费之比的百分数称为电费回收率

B. 差错户数与应抄户数之比的百分数称为差错率

C. 实抄户数与应抄户数之比的百分数称为抄表率

D. 差错户数与实抄户数之比的百分数称为差错率

答案： ACD

三、判断题 （每小题 1 分，共 32 分）

1. 220V 单相供电的电压允许偏差为额定值的＋7%、＋10%。（×）
2. 大工业生产车间空调用电，按非居民照明电价计费。（×）
3. 大小和方向随时间做周期性变化的电流称直流电。（×）
4. 单相电能表型号系列代号为 D。（√）
5. 当磁铁处于自由状态时，S 极指向北极，N 极指向南极。（×）
6. 当电力系统实际电压比设备额定电压低很多时，用户设备的功率会降低，但危害不大。（×）
7. 当电网频率下降时，家中电风扇的转速会变慢。（√）
8. 当电压相同时，电流与电阻成反比关系。（√）
9. 当发生电气火灾时，严禁用水泼灭，必须用常规酸碱和泡沫灭火器灭火。（×）
10. 当三相三线有功电能表第一相和第三相电流极性接反时，电能表读数不变。（×）
11. 当中性点直接接地时，该中性点称为零点。由零点引出的导线称为零线。（√）
12. 盗窃电能价值在 1000 元以上者，即构成犯罪，应追究其刑事责任。（√）
13. 低压供用电合同适用于供电电压为 380V 的低压电力客户。（×）
14. 低压验电笔由氖管、电阻、弹簧和壳体组成。（√）
15. 地球本身是一个大磁体。（√）
16. 第三人责任致使居民家用电器损坏的，供电企业不负赔偿责任。（√）
17. 电场强度反映电场力的特征，电位反映电场能的特征，电压反映电场力做功的能力。（√）
18. 电荷间的相互作用是同性相斥，异性相吸。（√）
19. 电力建设企业，电力生产企业，电网经营企业依法实行自主经营，自负盈亏。（√）
20. 电力客户认为计费电能表不准时，有权向供电企业提出校验申请，并交纳验表费。电能表经校验后，无论误差是否在允许范围内，验表费都不予退还。（×）
21. 电流的符号为 A，电流的单位为 I。（×）
22. 电流互感器二次导线截面积不大于 $2.5mm^2$。（×）
23. 电能表安装应牢固、垂直，其倾斜度不应超过 $1°$。（√）
24. 电能表的金属外壳应可靠接地。（×）
25. 电能表的准确度等级为 2.0，即其基本误差不小于±2.0%。（×）
26. 电阻系数也称电阻率，它指某种导体做成长 1m、横截面积 $1mm^2$ 的导体，在温度

20℃时的电阻值。 (√)

27. 基尔霍夫第一定律又称节点电流定律，它的内容是：流入任一节点的电流之和，等于流出该节点的电流之和。 (√)

28. 集中器是指收集各采集器或电能表的数据，并进行处理储存，同时能和主站或手持设备进行数据交换的设备。 (√)

29. 计费电能表不装在产权分界处，变压器损耗和线路损耗和线路损失由产权所有者负担。(√)

30. 将两根长度各为10m、电阻各为10Ω的导线并接起来，那它的合成电阻为5Ω。 (√)

31. 客户需要的电压等级在110V及以上者，其受电装置应作为终端变电站设计，供电方案需由省电网企业审批。 (√)

32. 三相母线A、B、C图刷相色依次是黄绿红。 (√)

四、计算题 (每小题2分，共8分)

1. 一条直流线路，长 $L=500\text{m}$，原为截面积 $S_1=16\text{mm}^2$ 的裸铜线，若更换成铝导线，要求电阻不改变，则铝导线的截面积 S_2 为（ ）mm^2，根据我国标准线径，可选用（ ）mm^2 的铝导线（铜导线的电阻率为 $0.0175\Omega\cdot\text{mm}^2/\text{m}$，铝导线的电阻率为 $0.0285\Omega\cdot\text{mm}^2/\text{m}$）。

答案：26.06、35

解：原来铜线的电阻值为

$$R=\rho\frac{L}{S_1}=0.0175\times\frac{2\times500}{16}=1.09375\ (\Omega)$$

改为铝线后电阻不变，故其截面积为

$$S_2=\rho\frac{L}{R}=0.0285\times\frac{500\times2}{1.09375}=26.06\ (\text{mm}^2)$$

根据我国标准线径，可选用 35mm^2 的铝线。

2. 某电力用户装有一块三相电能表，铭牌说明与400/5A的电流互感器配套使用，装表时错装了一组500/5A的电流互感器；月底电能表的抄见电量 $W=2000\text{kWh}$。若电价为0.85元/kWh，该用户当月应交纳电费（ ）元。

答案：2125

解：实际用电量，$\frac{2000}{400/5}\times\frac{500}{5}=2500\ (\text{kWh})$

当月 $2500\times0.85=2125.00$（元）

3. 某用户的单相电能表配有TA，TA二次线单根长为6m、横截面积为 4mm^2；当20℃时，二次线总电阻为（ ）Ω。若TA二次电流为4A，则二次线消耗的功率为（ ）W（20℃时 $\rho=0.0172\Omega\cdot\text{mm}^2/\text{m}$）。

答案：0.0516、0.8256

解：(1) $R=\rho\frac{L}{R}=0.0172\times\frac{6\times2}{4}=0.0516\ (\Omega)$

（2）$P=I^2R=4^2\times 0.0516=0.8256$（W）

4. 某低压动力用户，三相四线，有功功率为 $P=56$kW，实测相电流为 $I=100$A，线电压为 $U=380$V，该用户功率因数为（　　）。

答案：0.85

解：$P=\sqrt{3}UI\cos\varphi$，故 $\cos\varphi=56\div(\sqrt{3}\times 0.38\times 100)=0.85$

五、识图题（每小题 2 分，共 4 分）

1. 如图所示，中心表示导体电流是从外向纸面内流进去的，外圆线是磁力线，则磁力线的方向是（　　）。

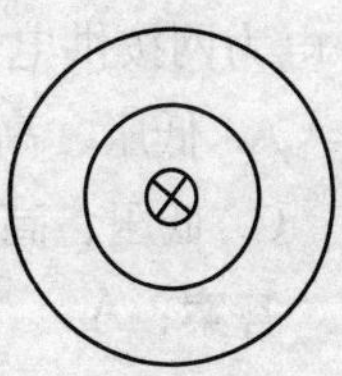

A. 顺时针
B. 逆时针
C. 既不是顺时针，也不是逆时针
D. 与电流的方向相同

答案：A

2. 下面两图中，采用一进一出接线方式的单相电能表经电流互感器 TA 接入，共用电压线和电流线的接线图是（　　）。

A.

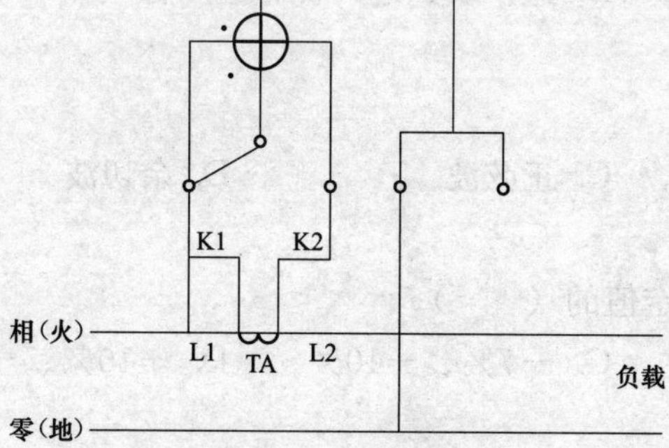

B.

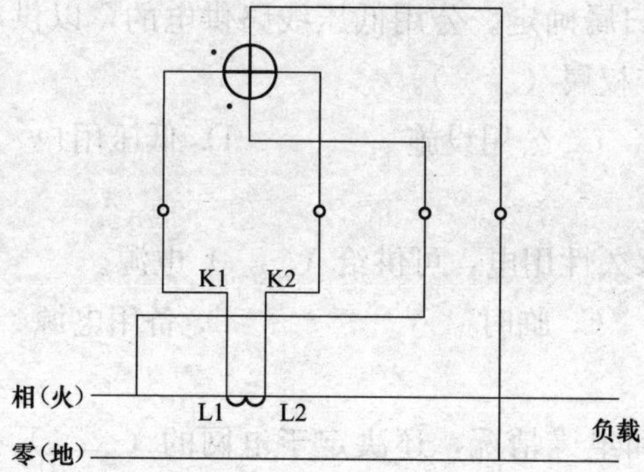

答案：A

抄表核算收费员（初级）模拟考卷及答案（三）

一、单选题（每小题 1 分，共 40 分）

1. 电力网按供电范围的大小和电压高低可分为（ ）。

A. 低压、高压、超高压电网 B. 低压、中压、高压电网
C. 低压、高压电网 D. 高压、中压、配电网

答案：A

2. 电力系统的电压波形应是（ ）波形。

A. 正弦 B. 余弦 C. 正切 D. 余切

答案：A

3. 低压用户进户装置包括（ ）。

A. 进户线 B. 进户杆
C. 进户管 D. 进户线、进户杆、进户管

答案：D

4. 电力系统交流电的波形应是（ ）。

A. 余弦波 B. 正切波 C. 正弦波 D. 余切波

答案：C

5. 对低压照明用户供电电压允许偏差为额定值的（ ）。

A. ±10％ B. ±5.5％ C. ＋7％、－10％ D. ＋10％、－7％

答案：C

6. 供电设施的运行维护管理范围，按产权归属确定。公用低压线路供电的，以供电接户线用户端最后支持物为分界点，支持物产权属（ ）。

A. 供电企业 B. 市政管理部门 C. 公用设施 D. 低压用户

答案：A

7. 对基建工地、农田水利、市政建设等非永久性用电，可供给（ ）电源。

A. 正式 B. 双电源 C. 临时 D. 备用电源

答案：C

8. 触电的危险程度不仅决定于电压的高低和绝缘情况，还决定于电网的（ ）是否接地和每相对地电容的大小。

A. 节点 B. 中性点 C. 电阻 D. 电流

答案：B

9. 登杆用的踩板，必须进行承力试验，其要求是：静荷重（ ）kg，持续时间为 5min。

A. 150　　B. 175　　C. 200　　D. 225

答案：D

10. 电力变压器的中性点接地属于（　　）。

A. 保护接地类型　　B. 防雷接地类型

C. 工作接地类型　　D. 工作接零类型

答案：C

11. 电流通过人体，对人体的危害最大的是（　　）。

A. 左手到脚　　B. 右手到脚　　C. 脚到脚　　D. 手到手

答案：A

12. 电器设备的金属外壳接地属于（　　）。

A. 保护接地类型　　B. 防雷接地类型

C. 工作接地类型　　D. 工作接零类型

答案：A

13. 高压设备上工作需全部停电或部分停电者，须执行（　　）方式，才能进行工作。

A. 第一种工作票　　B. 第二种工作票

C. 口头命令　　D. 电话命令

答案：A

14. 进行口对口人工呼吸时，对有脉搏无呼吸的伤员，应每（　　）s 一次为宜。

A. 2　　B. 3　　C. 5　　D. 10

答案：C

15. 关于电感 L、感抗 X，正确的说法是（　　）。

A. L 的大小与频率有关　　B. L 对直流来说相当于短路

C. 频率越高，X 越小　　D. X 值可正可负

答案：B

16. 关于电流互感器下列说法正确的是（　　）。

A. 二次绕组可以开路　　B. 二次绕组可以短路

C. 二次绕组不能接地　　D. 二次绕组不能短路

答案：B

17. 导线型号是由代表导线材料、结构的汉语拼音字母和标称截面积（mm^2）三部分表示的，如 T 字母处于第一位置时则表示（　　）。

A. 钢线　　B. 铜线　　C. 铝线　　D. 铝合金线

答案：B

18. 电灯开关要串接在（　　）上。

A. 相线　　B. 中性线　　C. 地线　　D. 相线或中性线

答案：A

19. 电压互感器文字符号用（　　）标志。

A. PA　　B. PV　　C. TA　　D. TV

答案：D

20. 三相四线低压供电，供电的额定线电压为（　　）。

A. 220V　　B. 250V　　C. 380V　　D. 10kV

答案：C

21.《关于完善两部制电价用户基本电价执行方式的通知》（发改办价格〔2016〕1583 号），对电力用户减少用电容量期限的要求是（　　）。

A. 1 年　　B. 9 个月　　C. 6 个月　　D. 不受时间限制

答案：D

22. 灯光诱虫用电，执行（　　）电价。

A. 农业生产用电价格　　B. 大工业

C. 照明　　D. 一般工商业及其他

答案：A

23. 电费管理工作主要有抄表、核算、收费和（　　）统计分析几个环节。

A. 电费　　B. 电价　　C. 票据　　D. 台账

答案：A

24. 电费回收是电费管理工作的最后一个环节，关系到国家电费的及时上缴、供电企业经济效益和电力工业再生产的（　　）。

A. 生产发展　　B. 正确管理　　C. 资金周转　　D. 利润指标

答案：C

25. 电费收入的财务处理建立在营业管理的基础上，应以（　　）及汇总和其他有关原始凭证为依据。

A. 应收凭证　　B. 实收月报　　C. 库存现金　　D. 总分类账

答案：B

26. 电费违约金是逾期交付电费的用户对供电企业所增付利息的部分（　　）。

A. 补偿　　B. 开支　　C. 营业外收入　　D. 资金

答案：A

27. 高压 10kV 供电，电能表配置 50/5A 的高压电流互感器，高供高计，其计费倍率应为（　　）倍。

A. 500　　B. 1000　　C. 1500　　D. 2000

答案：B

28. 客户变压器容量在（　　）的工业用电，执行大工业电价。

A. 315kVA 及以上　　B. 200kVA 及以上

C. 160kVA 及以上　　D. 100kVA 及以上

答案：A

29. 两部制电价把电价分成两部分：一部分是以用电容量或最大需量计费的基本电价；另一部分是以用户耗用的电量计算的（　　）。

A. 代收基金　　B. 电度电价　　C. 目录电价　　D. 综合电价

答案：B

30. 一大工业用户某月因电力设施检修停电 4 天，计算当月的基本电费天数时应（　　）。

A. 扣减 4 天　B. 扣减 15 天　C. 不扣减　D. 双方协商确定

答案：C

31. 当单相电能表相线和中性线互换接线时，用户采用一相一地的方法用电时，电能表将（　）。

A. 正确计量　B. 少计电量　C. 多计电量　D. 不计电量

答案：D

32. 电能表铭牌上有一三角形标志，该三角形内置一代号，如 A-B 等，该标志指的是电能表（　）组别。

A. 制造条件　B. 使用条件　C. 安装条件　D. 运输条件

答案：B

33. 低供低计指的是（　）。

A. 高压供电的用户在高压侧装设电能计量装置，高压侧计量

B. 高压供电的用户在高压侧装设电能计量装置，低压侧计量

C. 低压供电的用户在低压侧装设电能计量装置，低压侧计量

D. 以上都不对

答案：C

34. 关于电能表铭牌，下列说法正确的是（　）。

A. D 表示单相，S 表示三相，T 表示三相低压，X 表示复费率

B. D 表示单相，S 表示三相三线，T 表示三相四线，X 表示无功

C. D 表示单相，S 表示三相低压，T 表示三相高压，X 表示全电子

D. D 表示单相，S 表示三相，T 表示三相高压，X 表示全电子

答案：B

35. 私自迁移、更动和擅自操作供电企业用电计量装置者，属于低压用户应承担每次（　）元的违约使用电费。

A. 100　B. 200　C. 500　D. 1000

答案：C

36.《中华人民共和国电力法》适用的范围是（　）。

A. 大陆　B. 大陆及港、澳、台地区

C. 中华人民共和国境内　D. 中国

答案：C

37. 电力运行事故因（　）原因造成的，电力企业不承担赔偿责任。

A. 电力线路故障　B. 电力系统瓦解

C. 不可抗力和用户自身的过错　D. 除电力部门差错外的

答案：C

38. 订立经济合同须经过（　）两个法定程序。

A. 要约和承诺　B. 意思和表示　C. 起草和抄写　D. 协商和谈判

答案：A

39. 根据《居民用户家用电器损坏处理办法》，电机类家用电器，如电冰箱、空调、洗衣

机、电风扇，使用寿命为（ ）。

A. 10 年 B. 12 年 C. 8 年 D. 5 年

答案：B

40. “努力超越，追求卓越”是国家电网公司的（ ）。

A. 核心价值观 B. 经营理念 C. 公司宗旨 D. 企业精神

答案：D

二、多选题 (每小题 2 分，共 16 分)

1. 智能电能表实现费控管理的方式有（ ）。

A. 主站实施费控 B. 终端实施费控

C. 电能表实施费控 D. 采集器实费费控

答案：ABC

2. 运行中的电气设备是指（ ）。

A. 全部带有电压的电气设备 B. 一部分带有电压的电气设备

C. 一经操作即带有电压的电气设备 D. 随时可能带电的电气设备

答案：ABC

3. 对称三相交流电具有以下特性（ ）。

A. 频率相同 B. 振幅相等 C. 相位互差 120° D. 电流相等

答案：ABC

4. 抄表班成员必须熟悉工作内容、作业流程，（ ）。

A. 掌握安全措施 B. 进行危险点分析

C. 并履行确认手续 D. 明确工作中的危险点

答案：ACD

5. 供电企业应当按照（ ）向用户计收电费。

A. 国家核准的电价 B. 地方政府规定的电价

C. 供电企业规定的电价 D. 用电计量装置的记录

答案：AD

6. 功率因数低的原因是（ ）。

A. 大量采用感应电动机或其他电感性用电设备

B. 电感性用电设备不配套或使用不合理，造成设备长期轻载或空载运行

C. 民用电器（照明、家用等）没有配置电容器

D. 变电设备有功负载率和年利用小时数过低

答案：ABCD

7. 用电负荷中属于二级负荷的有（ ）。

A. 中断供电将在政治、经济上造成较大损失

B. 中断供电将影响重要用电单位的正常工作

C. 中断供电将在政治、经济上造成重大损失

D. 中断供电将影响有重大政治、经济意义的用电单位的正常工作

答案：AB

8. 使用钳形电流表以下注意事项正确的是（ ）。

A. 被测电路电压不得超过500V

B. 量程选择应从大到小，转换量程时应脱离被测电路

C. 钳口应关闭紧密且不得靠近非被测相

D. 测量小电流时可把被测导线在钳口多绕几匝，测得的结果为读数乘以钳口内导线的匝数

答案：ABC

三、判断题 （每小题1分，共32分）

1. 装接地线时，应先装接地端，后装已停电的导体端；拆接地线时，应先拆导体端，后拆接地端。（√）
2. 用万用表进行测量时，不得带电切换量程，以防损伤切换开关。（√）
3. 用钳形表测量被测电流大小难于估计时，可将量程开关放在最小挡位上进行粗测。（×）
4. 用户用电设备容量在100kW以下，一般采用低压供电。（√）
5. 用电容量在100kVA（100kW）及以上的工业、非工业、农业用户均要实行功率因数考核。（√）
6. 用电客户申请迁移用电地址时引起供电点改变的，应按新装客户受理。（√）
7. 无功功率的单位符号可用var（乏），视在功率的单位符号可用VA（伏安）。（√）
8. 无功电能表的系列代号为T。（×）
9. 未达到供电企业规定的电网高峰时功率因数的新装客户，供电企业可拒绝装表接电。（√）
10. 经电流互感器的三相四线电能表，一只电流互感器极性反接，电能表走慢了1/3。（×）
11. 金属导体的电阻$R=U/I$，因此可以说导体的电阻与它两端的电压成正比。（×）
12. 减少用电容量的期限，应根据用户所提出的申请确定，但最短期限不得少于六个月，最长期限不得超过一年。（×）
13. 减极性电流互感器，一次电流由L1进L2出，则二次电流由二次侧K2端接电能表电流线圈“·”或“※”端，K1端接另一端。（×）
14. 计量柜中电能表安装高度距地面不应低于600mm。（√）
15. 根据低压配电的一般要求，线路应按不同电价分开敷设。（√）
16. 负荷率是指在一段时间内平均负荷与最大负荷的比率。（√）
17. 对不按规定交费期限而逾期交付电费的用户所加收的款项，叫电费违约金。（×）
18. 动力用电，不论高压或低压容量大小，一律执行分时电价。（×）
19. 电阻是表征导体对电流的阻碍作用的物理量。（√）
20. 电压互感器二次连接线的电压降超出允许范围时，补收电量的时间应从二次连接线投

入或负荷增加之日起至电压降更正之日止。 (√)

21. 电压互感器变比是指电压互感器一次额定电压U_{1N}与二次额定电压U_{2N}之比，用K_N表示，即$K_N=U_{1N}/U_{2N}=U_1/U_2$。 (√)

22. 电气化铁路牵引变电站用电执行大宗工业电价。 (√)

23. 电能计量装置不安装在产权分界处时，线路与变压器损耗的有功电量均由产权所有者负担。 (√)

24. 电能的质量是以频率、电压、可靠性和谐波来衡量的。 (√)

25. 电能表总线应为铜线，中间不得有接头。 (√)

26. 电能表误差超出允许范围时，退补电费时间从上次校验或换表后投入之日起至误差更正日止。 (×)

27. 电流互感器铭牌上所标额定电压是指一次绕组的额定电压。 (√)

28. 电力生产过程是连续的，发电、输电、变电、配电和用电在同一瞬间完成。 (√)

29. 电力企业的营业管理工作属电力销售环节。 (√)

30. 电力客户认为计费电能表不准时，有权向供电企业提出校验申请，并交纳验表费。电能表经校验后，无论误差是否在允许范围内，验表费都不予退还。 (×)

31. 电费“三率”是指抄表的“实抄率”“回收率”“差错率”。 (√)

32. 35kV及以上公用高压线路供电的，以用户厂界外或用户变电站外第一基电杆为分界点。 (√)

四、计算题 (每小题2分，共8分)

1. 已知某10kV高压供电工业户，高供高计，TA=40/5，2015年5月24日抄见有功电能量止码Z_2为256.48，上月止码Z_1为225.36。该用户本月有功电量为（ ）kWh（取整数）。

答案： 24896

解： 计费倍率为

$$\frac{10}{0.1}\times\frac{40}{5}=800$$

抄见有功电量为

$$256.48\times800-225.36\times800=24896\ (\text{kWh})$$

2. 一直流电流表，内阻$r=40\Omega$，量程$I=5\text{A}$。现有一直流电路，估计其I_{max}不超过20A，若用此表测量该直流电路准确电流值，则应并联一个（ ）Ω的电阻。

答案： 13.33

解： 设应并联电阻值为X，根据并联电路分流原理得

$$40:X=(20-5):5$$

$$X=200\div15=13.33\ (\Omega)$$

3. 有一只三相三线有功表，在运行中U相电压断路，已运行三月，抄见有功电量为$W'=16000\text{kWh}$，负荷月平均功率因数$\cos\varphi=0.866$，其实际有功电量应为（ ）kWh。

答案： 24000

解：$\cos\varphi=0.866$，则 $\varphi=\arccos 0.866=30^\circ$，更正系数为

$$K=\frac{\sqrt{3}UI\cos\varphi}{UI\cos(30^\circ-\varphi)}=1.5$$

表应计有功电量为

$$W=KW'=1.5\times16000=24000\ (\mathrm{kWh})$$

4. 某工业用户 2014 年 5 月 12 日新装 1000kVA 变压器，按容量计收基本电费，每月 26 日抄表。因生产计划调整，用户于 2015 年 6 月 15 日办理暂停并加封。若按《供电营业规则》的规定，则该用户 2015 年 6 月的基本电费为（　　）元。（基本电费按 26 元/kVA/月，抄表例日电费算在下月。具体执行以最新电费电价政策为准）

答案：22100

解：《供电营业规则》第二十三条规定，新装、增容用户，两年内不得申办减容或暂停。如需继续办理减容或暂停的，减少或暂停部分容量的基本电费应按照 50%计算收取。6 月基本电费为

$$1000\times\frac{20}{30}\times26+1000\times\frac{11}{30}\times26\times50\%=22100\ (\text{元})$$

五、识图题 （每小题 2 分，共 4 分）

1. 下图中，电流互感器图形符号是（　　），电压互感器图形符号是（　　）。

A. 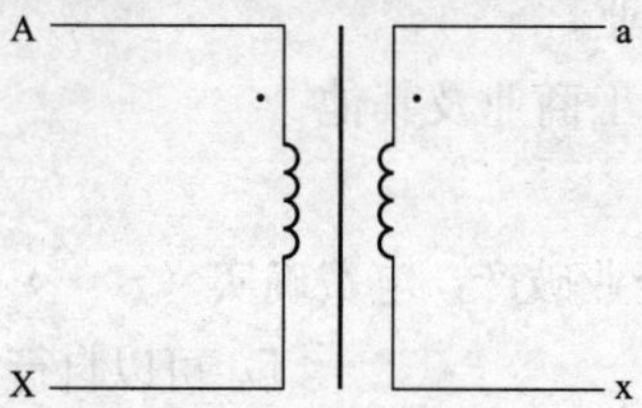

B. 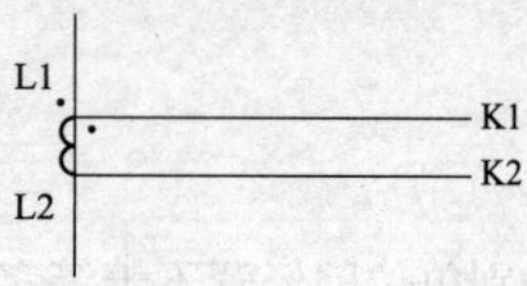

答案：BA

2. 一进一出接线方式的单相电能表经电流互感器 TA 接入，分用电压线和电流线，以下接线图是否正确。（　　）

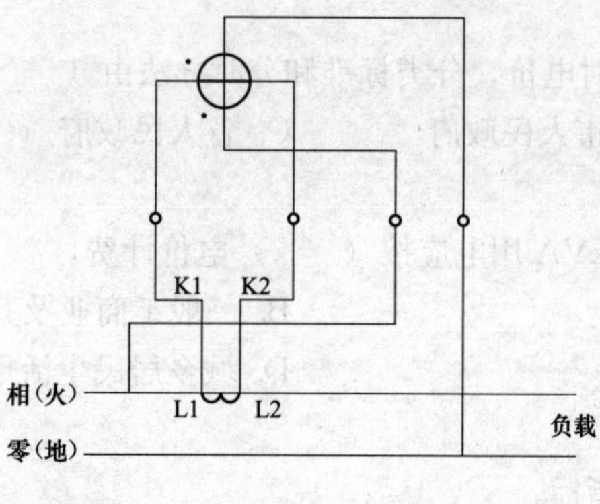

A. 正确　　B. 错误

答案：A

抄表核算收费员（初级）模拟考卷及答案（四）

一、单选题（每小题1分，共40分）

1. 集中器采集电能表数据的方式有（　　）。

A. 实时采集　B. 定时自动采集　C. 自动补抄　D. 以上ABC三种

答案：D

2. （　　）是应收账。

A. 供电公司某段时间内的全部电力销售收入的账目

B. 供电公司某段时间内实际收到的用户电费总和账目

C. 供电公司某段时间内未收到的用户电费总和账目

D. 以上都不对

答案：A

3. 地下防空设施的通风、照明、抽水用电，执行（　　）电价。

A. 居民照明　B. 大工业

C. 农业生产　D. 一般工商业及其他

答案：D

4. 电费呆账是指个别单位因经营不善等多种原因造成企业破产，电费确实（　　）的账款。

A. 无法收回　B. 收回有些困难　C. 减账　D. 可以自行消核

答案：A

5. 电费核算是电费管理的（　　）环节，是为提高供电企业经济效益服务的。

A. 基础　B. 目的　C. 中枢　D. 最终

答案：C

6. 国家实行分类电价和分时电价，分类标准和分时办法由（　　）确定。

A. 县人民政府　B. 市人民政府　C. 省人民政府　D. 国务院

答案：D

7. 某自来水厂10kV、200kVA用电应按（　　）电价计费。

A. 农业生产用电　B. 一般工商业及其他用电

C. 大工业　D. 城乡居民生活用电

答案：B

8. （　　）属于供电质量指标。

A. 电流、频率　B. 电压、电流　C. 电压、频率　D. 功率因数

答案：C

9. 电力线路的作用是（ ），并把发电厂、变电站和用户连接起来，是电力系统不可缺少的重要环节。

A. 输送电压　　B. 分配电流　　C. 输配电力　　D. 供应电力

答案：C

10. 改类是改变用电（ ）的简称。

A. 方式　　B. 方案　　C. 容量　　D. 类别

答案：D

11. 高压供电方案的有效期为（ ）。

A. 半年　　B. 1 年　　C. 10 个月　　D. 2 年

答案：B

12. 将生产、输送和使用电能的各种电气设备连接在一起而组成的整体称为（ ）。

A. 发电系统　　B. 变电系统　　C. 电力系统　　D. 综合系统

答案：C

13. 三相电路中，用电设备主要有以下连接法，即（ ）。

A. 三角形连接

B. 星形连接

C. 不完全星形连接

D. 三角形连接、星形连接、不完全星形连接

答案：D

14. 我国现行电力网中，交流电压额定频率值定为（ ）Hz。

A. 50　　B. 60　　C. 80　　D. 25

答案：A

15. 测量三相四线制电路的有功电量时，应采用三相三元件电能表，其特点是不管三相电压、电流是否对称，都（ ）。

A. 不会引起线路附加误差　　B. 会引起线路附加误差

C. 不产生其他误差　　D. 不会潜动

答案：A

16. 关于电位、电压和电动势，正确的说法是（ ）。

A. 电位是标量，没有方向性，但它的值可为正、负或零

B. 两点之间的电位差就是电压，所以电压也没有方向性

C. 电压和电动势是一个概念，只是把空载时的电压称为电动势

D. 电动势也没有方向

答案：A

17. 加装电力电容器、调相机、并联电抗器、静止补偿器作为无功补偿装置（方式有个别补偿、分组补偿和集中补偿三种），可提高（ ）。

A. 无功功率　　B. 有功功率　　C. 视在功率　　D. 功率因数

答案：D

18. 金属导体的电阻值随温度的升高而（ ）。

A. 增大　B. 减小　C. 不变　D. 先增大后减小

答案：A

19. 某一单相用户使用电流为 5A，若将单相两根导线均放入钳形表表钳之内，则读数为（　）A。

A. 5　B. 10　C. 15　D. 0

答案：D

20. 配电装置中，（　）代表 A 相相位色。

A. 红色　B. 黄色　C. 淡蓝色　D. 绿色

答案：B

21. 熔丝的额定电流是指（　）。

A. 熔丝 2min 内熔断所需电流　B. 熔丝正常工作时允许通过的最大电流

C. 熔丝 1min 内熔断所需电流　D. 熔丝 1s 内熔断所需电流

答案：B

22. 使用电流互感器时，应将其一次绕组（　）接入被测电路之中。

A. 串联　B. 并联

C. 混联　D. 以上说法都不正确

答案：A

23. 用右手定则判断感应电动势的方向时，应（　）。

A. 使手心迎着磁力线的方向　B. 使四根手指指向磁力线的方向

C. 使大拇指指向磁力线的方向　D. 使四根手指指向导体的运动方向

答案：A

24. 熔断器保护的选择性要求是（　）。

A. 后级短路时，前、后级熔丝应同时熔断

B. 前级先熔断，后级 1min 后必须熔断

C. 后级先熔断，以缩小停电范围

D. 后级先熔断，前级 1min 后必须熔断

答案：C

25. 如果电动机外壳未接地，当电动机发生一相碰壳时，它的外壳就带有（　）。

A. 线电压　B. 线电流　C. 相电压　D. 相电流

答案：C

26. 用指针式万用表测量未知电阻时，（　）。

A. 可以带电切换量程　B. 可以带电测量电阻

C. 应先放在欧姆挡的大量程上　D. 应先放在欧姆挡的小量程上

答案：C

27. 人体与 10kV 高压带电体应保持的最小距离为（　）m。

A. 0.3　B. 0.6　C. 0.7　D. 1

答案：C

28. 当电力线路、电气设备发生火灾时应立即断开（　）。

A. 电压　B. 电流　C. 电源　D. 电阻

答案：C

29. 解电急救时进行口对口人工呼吸时，应每（　）s一次为宜。

A. 2　B. 3　C. 5　D. 10

答案：C

30. 人体同时触及两相带电体，这时加于人体的电压比较高，这就是（　）触电。

A. 相电压　B. 线电压　C. 相电流　D. 线电流

答案：B

31. 低压三相电能表配置50/5A的电流互感器，其电能表的倍率为（　）倍。

A. 5　B. 10　C. 50　D. 100

答案：B

32. 供电企业应对新装、换表及现场校验后的用电计量装置加封，并请用户在（　）上签章。

A. 工作手册　B. 派工单　C. 工作传票　D. 工作报告

答案：C

33. 计费电能表或电能计量装置误差超出允许范围或记录不准，供电企业应按实际误差（　）的1/2退还或补收电费。

A. 实用电量　B. 设备容量　C. 起止时间　D. 用电类别

答案：C

34. 计费电能表及附件的安装、移动、更换、校验、拆除、加封、启封均由（　）负责办理。

A. 用户　B. 乡电管站　C. 供电企业　D. 电力管理部门

答案：C

35. 客户对电能表未妥善保管，造成丢失（　）。

A. 客户负责赔偿　B. 电力部门负责赔偿

C. 客户与电力部门协商解决　D. 各赔偿一半

答案：A

36. 钳形电流表测量电流，可以在（　）电路电压上使用。

A. 380/220V　B. 35kV　C. 6kV　D. 10kV

答案：A

37. 我们通常所说的一只5（20）A、220V单相电能表，其中5A是指这只电能表的（　）。

A. 标定电流　B. 额定电流　C. 最大额定电流　D. 最大电流

答案：A

38. 已批准的未装表的临时用电户，在规定时间外使用电力，称为（　）。

A. 正常用电　B. 违章用电　C. 窃电　D. 计划外用电

答案：C

39. 若电力用户超过报装容量私自增加电气容量，称为（　）。

A. 窃电　B. 违约用电　C. 正常增容　D. 计划外用电

答案：B

40. Windows 中，剪切板是（ ）。

A. 硬盘上的一块区域　　B. 软盘上的一块区域
C. 内存中的一块区域　　D. 高速缓冲区中的一块区域

答案：C

二、多选题 （每小题 2 分，共 16 分）

1. 电能计量装置一般包括（ ）。

A. 电能表　　B. 计量用互感器、计量用二次回路
C. 带电流互感器的一次回路　　D. 计量用的柜、屏、箱等

答案：ABD

2. 电网运行应当（ ）、保证供电可靠性。

A. 连续　　B. 稳定　　C. 优质　　D. 固定负荷

答案：AB

3. 电压、电流回路 U、V、W 各相导线应分别采用（ ）线。

A. 黄色　　B. 绿色　　C. 红色　　D. 黑色

答案：ABC

4. 选择电流互流器时，主要依据的参数有（ ）。

A. 额定一次电流及变化
B. 额定电压
C. 二次额定容量和额定二次负荷的功率因数
D. 准确度等级

答案：ABCD

5. 现代计算机网络通常分为（ ）。

A. 局域网　　B. 城域网　　C. 省域网　　D. 广域网

答案：ABD

6. 用户申请高压用电申请书应填写的内容有（ ）。

A. 使用高压电动机时应和变压器一并注明台数容量
B. 生产的主要产品及副产品工艺流程说明
C. 主要用电设备的用电特性、用电目的、班次或时间
D. 主要产品的名称及数量

答案：ABC

7. 以下属窃电行为的是（ ）。

A. 擅自操作供电企业的电能计量装置
B. 开启授权的计量鉴定机构加封的电能计量装置封印用电
C. 故意使供电企业的电能计量装置计量失效

D. 故意使供电企业的电能计量装置计量不准

答案：BCD

8.《供电营业规则》关于电能计量装置安装的相关规定是（　　）。

A. 原则上应装在供电设施的产权分界处

B. 若产权分界处不适宜装表，专线高压用户可在供电变压器出口装表计量；对公用线路供电的高压用户，可在用户受电装置的低压侧计量

C. 当电能计量装置不安装在产权分界处时，线路与变压器损耗的有功与无功电量均由产权所有者负担

D. 电能计量装置安装，在确定保安全的前提下，由用电客户自行决定

答案：ABCD

三、判断题 （每小题 1 分，共 32 分）

1.《中华人民共和国电力法》是第八届人大常委会第十七次会议通过的，自 1996 年 4 月 1 日起施行。（√）

2. 10kV 高供低计用户电流互感器变比为 600/5，则倍率为 12000。（×）

3. 35kV 以上计费用电压互感器二次回路，应不装设隔离开关辅助触点和熔断器。（×）

4. TN-C 系统中保护线与中性线合并为 PEN 线。（√）

5. 房地产交易所执行城乡居民生活用电电价。（×）

6. 分时电价的时段是由每昼夜中按用电负荷高峰、非峰谷、低谷三时段组成。（√）

7. 负荷率是指在一段时间内平均负荷与最大负荷的比率。（√）

8. 感应电流的方向跟感应电动势的方向是一致的，即感应电流由电动势的高电位流向低电位。（×）

9. 高层楼房写字楼用电，执行城乡居民生活用电电价。（×）

10. 高压电造成的触电人身损害赔偿案件，一律由电力企业承担民事责任。（×）

11. 高压供电原则上应在高压侧进行计量。（√）

12. 高压三相三线有功电能表电流接线相序接反时，电能表读数反走。（×）

13. 工厂、企业、机关、学校、商业等照明用电不得与居民合用电能表，以便正确执行分类电价。（√）

14. 供电负荷就是用电负荷。（×）

15. 供电企业对检举、查获窃电或违约用电的有关人员应给予奖励。（√）

16. 供电企业通过电能计量装置测定并记录的各类电力用户消耗使用的电能量的总和及窃电追回电量，称为售电量。（√）

17. 供电质量是指电压、频率和波形的质量。（√）

18. 供用电合同是合同中的一种。（√）

19. 供用电双方协商同意，且不损害国家利益和扰乱供用电秩序，可以变更或解除合同。（√）

20. 故意损坏供电企业电能计量装置属违约用电行为。 （×）
21. 广告灯箱用电属于路灯用电。 （×）
22. 国家电网公司规定，营业场所单位名称按规定使用统一、规范的国家电网公司标识，公布营业时间。 （√）
23. 黑色安全色用来标志“禁止跨入”“有电危险”。 （×）
24. 衡量电能质量的指标是电压、频率和波形。 （×）
25. 基本电费不实行峰、非峰谷、谷时段分时电价。 （√）
26. 基建工地施工（含施工照明）用电应按一般工商业及其他用电电价计费。 （√）
27. 交流电的周期和频率互为倒数。 （√）
28. 开展计量现场作业，所有作业人员做到“四清楚”（作业任务清楚；现场危险点清楚；现场的作业程序清楚；应采取的安全措施清楚）。 （√）
29. 某 10kV 线路长 10km，已知导线电阻为 5Ω，导线电抗为 0.35Ω/km，有功功率为 400kW，功率因数为 0.8，则电压损失为 305V。 （√）
30. 有功电能计量单位的中文符号是千瓦时。 （√）
31. 在导体中电子运动的方向是电流的实际方向。 （×）
32. 正常情况下，安全电压规定为 36V 以下。 （√）

四、计算题 **（每小题 2 分，共 8 分）**

1. 有一用户 2014 年 6 月份装表用电，电能表准确等级为 2.0，到 9 月份时经计量检定机构检验，该用户电能表的误差为－6%。假设该用户 6～9 月抄见用电量为 47000kWh，该用户实际用电量为（　　）kWh（取整数）。

答案： 48500

解： 根据《供电营业规则》第八十条，互感器或电能表误差超允许范围时，以“0”误差为基准，按验证后的误差值退实用电量。退补时间从上次检验或换装后投入之日起至误差更正之日止的二分之一时间计算。

以“0”误差为基准的超差电量为

$$47000/(1-6\%)-47000=3000\ (\text{kWh})$$

$$\text{追补电量}=3000\times 1/2=1500\ (\text{kWh})$$

$$\text{实际用电量}=1500+47000=48500\ (\text{kWh})$$

2. 某自来水厂，10kV 受电，变压器容量为 160kVA，2015 年 5 月目录电费是 2489.57 元，$\cos\varphi=0.71$。该用户此月的功率因数调整电费为（　　）元。

答案： 174.27

解： 根据《功率因数调整电费办法》，变压器容量 160kVA 的考核标准为 0.85；当功率因数为 0.71 时，本月调整比例为＋7.0%，故本月功率因数调整为

$$2489.57\times 7.0\%=174.27\ (\text{元})$$

3. 某低压动力用户绕越电能表用电，$P=2.2\text{kW}$，且接用时间不清，按规定该用户应补交

电费（ ）元，并承担违约使用电费（ ）元。（假设电价为 d_j=0.50元/千瓦时）

答案：2376.00、7128.00

解：该用户的行为是窃电行为。根据《供电营业规则》第102、103条，窃电时间无法查明，至少按180天计算：动力每天12h，照明每天6h违约使用电费按补交电费的三倍计算。

$$补交电费 = 2.2 \times 180 \times 12 \times 0.5 = 2376.00（元）$$

$$电费 = 2376.00 \times 3 = 7128.00（元）$$

4. 一组穿心式电流互感器额定变比为150/5A，本应穿2匝后按15倍倍率结算电量，因某种原因错成穿4匝。已知实际结算电量为20000kWh，计算应退补电量（ ）kWh。

答案：－1000

解：退补电量＝实际结算电量×[（正确匝数－错误匝数）/错误匝数]

计算值若正为补电量，若负为退电量。

$$退补电量 = 20000 \times [(2-4)/4] = -10000（kWh）$$

五、识图题 （每小题2分，共4分）

1. 如下三相电压互感器Y/Y0-12接线组别的接线图是否正确。（ ）

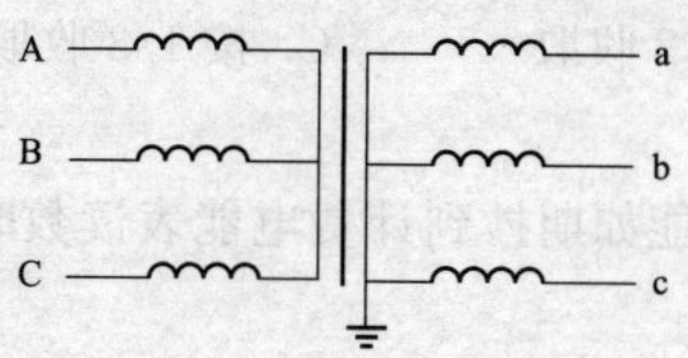

A. 正确　　　　B. 错误

答案：A

2. 以下用两只双控开关在甲、乙两地控制一只灯的接线图是否正确。（ ）

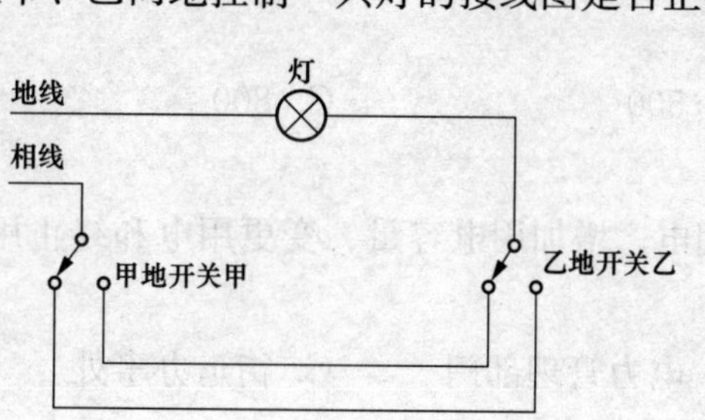

A. 正确　　　　B. 错误

答案：A

抄表核算收费员（初级）模拟考卷及答案（五）

一、单选题（每小题1分，共40分）

1. 国家电网公司用电信息采集总体目标是（　　）。

A. 全覆盖　　B. 全采集　　C. 全费控　　D. 以上ABC三项

答案：D

2. 对电力用户的用电信息进行采集、处理和实时监控的系统是（　　）。

A. GPMS系统　　B. 用电信息采集系统

C. 营销业务系统　　D. 电压监测系统

答案：B

3. 以变压器容量计算基本电费的用户，其备用变压器（含高压电动机）属冷备用状态并经供电企业加封的，可（　　）基本电费。

A. 免收　　B. 按1/2收取　　C. 按1/3收取　　D. 按2/3收取

答案：A

4. 因用户原因连续（　　）不能如期抄到计费电能表读数时，供电企业应通知该用户并终止供电。

A. 3个月　　B. 6个月　　C. 1年　　D. 2年

答案：B

5. 私自迁移供电企业的电能计量装置者，属于居民用户的，应承担（　　）元/次的违约使用电费。

A. 300　　B. 500　　C. 800　　D. 100

答案：B

6. 申请新装用电、临时用电、增加用电容量、变更用电和终止用电，均应到当地（　　）办理手续。

A. 变电站　　B. 电力管理部门　　C. 街道办事处　　D. 供电企业

答案：D

7. 擅自启用被供电企业封存的电力设备的，应停用违约使用的设备，用户应承担擅自启用封存设备容量每次每千瓦（　　）元的违约使用电费。

A. 20　　B. 30　　C. 50　　D. 500

答案：B

8. 用电计量装置原则上应装在供电设备的（　　）。

A. 装设地点　　B. 附近　　C. 区域内　　D. 产权分界处

答案：D

9. 无论采用何种计量方式，均应将照明、动力（　　）计量。

A. 串接　B. 并接　C. 分表分线　D. 分时

答案：C

10. 我国规定的对电能表型号的表示方式的第一部分是（　　）。

A. 类别代号　B. 组别代号

C. 设计序号　D. 结构形式

答案：A

11. 三元件电能表用于（　　）供电系统测量和记录电能。

A. 二相三线制　B. 三相三线制　C. 三相四线制　D. 三相五线制

答案：C

12. 某型号单相电能表的电流规格为5(20)A，当此电能表工作在20A时，电能表（　　）。

A. 能长期工作但不能保证准确度　B. 能保证准确度，但不能长期工作

C. 能长期工作且能保证准确度　D. 以上都不对

答案：C

13. 当三相三线电路的中性点直接接地时，宜采用（　　）的有功电能表测量有功电能。

A. 三相三线　B. 三相四线

C. 三相三线或三相四线　D. 三相三线和三相四线

答案：B

14. DSSD331型电能表是（　　）。

A. 三相三线全电子式多功能电能表　B. 三相四线全电子式多功能电能表

C. 三相三线机电式多功能电能表　D. 三相四线机电式多功能电能表

答案：A

15. Ⅲ类电能计量装置：月平均用电量10万kWh及以上或变压器容量为（　　）kVA及以上的计费用户。

A. 315　B. 100　C. 50　D. 30

答案：A

16. 用户单相用电设备总容量在（　　）kW以内时，可采用220V供电。

A. 10　B. 15　C. 20　D. 30

答案：A

17. 线路损失率即为线路损失电量占（　　）的百分比。

A. 供电量　B. 售电量　C. 用电量　D. 设备容量

答案：A

18. 10kV以下高压供电的用户，其受电端电压变动幅度，一般不超过（　　）。

A. ±5%的额定电压　B. ±6%的额定电压

C. ±7%的额定电压　D. ±10%的额定电压

答案：C

19. 使用电流互感器和电压互感器时，其二次绕组应分别（　　）接入被测电路之中。

A. 串联、并联　B. 并联、串联　C. 串联、串联　D. 并联、并联

答案：A

20. 变压器分为电力变压器和（　）变压器两大类。

A. 油浸式　B. 干式　C. 配电　D. 特种

答案：D

21. 仪表在正常工作条件下，由于结构、工艺等方面不够完善而产生的误差，称为仪表的（　）。

A. 附加误差　B. 绝对误差　C. 相对误差　D. 基本误差

答案：D

22. 通常所说的交流电压 220V 或 380V 是指它的（　）。

A. 平均值　B. 最大值　C. 瞬时值　D. 有效值

答案：D

23. 使用钳形电流表测量电流时，可将量程放在（　）上进行粗测，然后再根据粗测，将量程开关放在合适的量程上。

A. 最大位置　B. 任意位置　C. 估计位置　D. 最小位置

答案：A

24. 三相四线制电路可看成是由三个单相电路构成的，其平均功率等于各相（　）之和。

A. 功率因数　B. 视在功率　C. 有功功率　D. 无功功率

答案：C

25. 若正弦交流电压的有效值是 220V，则它的最大值是（　）V。

A. 380　B. 311　C. 440　D. 242

答案：B

26. 由于外界工作条件的改变而造成仪表的额外误差，称作仪表的（　）。

A. 附加误差　B. 绝对误差　C. 相对误差　D. 基本误差

答案：A

27. 如果电源通向负载的两根导线不经过负载而相互直接接通，从而导致电路中的电流剧增，这种现象叫作（　）。

A. 断路　B. 短路　C. 开路　D. 电路

答案：B

28. 测量用电流互感器一次绕组对二次绕组及对地间的绝缘电阻时，应使用（　）V 绝缘电阻表。

A. 500　B. 1000　C. 2500　D. 2000

答案：A

29. 变压器并列运行的基本条件是（　）。

A. 连接组标号相同　B. 电压变比相等

C. 短路阻抗相等　D. 以上 ABC 均包括

答案：D

30. 把一条 32m 长的均匀导线截成 4 份，然后将四根导线并联，并联后电阻为原来的（　）倍。

A. 4　B. 1/4　C. 16　D. 1/16

答案：D

31. JDJ-35 表示（　）。

A. 单相油浸式 35kV 电压互感器　B. 单相环氧浇注式 10kV 电压互感器

C. 母线式 35kV 电流互感器　D. 环氧浇注线圈式 10kV 电流互感器

答案：A

32. 1kWh 电能可供“220V、40W”灯泡正常发光时间是（　）h。

A. 100　B. 200　C. 95　D. 25

答案：D

33. 用电容量是指（　）的用电设备容量的总和。

A. 发电厂　B. 变电站　C. 供电线路　D. 用户

答案：D

34. 现代化或专业化禽、畜养殖业用电，执行（　）电价。

A. 农业生产　B. 大工业

C. 照明　D. 一般工商业及其他

答案：A

35. 委托银行代收电费是指电力企业与银行（或信用社）签订特约委托代收电费（　），电力企业则依据协议规定按月付给银行代收电费手续费。

A. 协议　B. 凭证　C. 传单　D. 账户

答案：A

36. 铁道、航运等信号灯用电，执行的电价是（　）。

A. 居民照明电价　B. 大工业电价

C. 一般工商业及其他电价　D. 农业生产电价

答案：C

37. 售电量是指供电企业通过（　）测定并记录的各类电力用户消耗使用的电能量的总和。

A. 电能计量装置　B. 电流表

C. 电压表　D. 功率表

答案：A

38. 15min 最大需量表计量的是（　）。

A. 计量期内最大的一个 15min 的平均功率

B. 计量期内最大的一个 15min 的功率瞬时值

C. 计量期内最大 15min 的平均功率的平均值

D. 计量期内最大 15min 的功率瞬时值

答案：A

39. 为了保证人身安全，防止触电事故而进行的接地叫作（　）。

A. 工作接地　B. 重复接地　C. 保护接地　D. 工作接零

答案：C

40. 室内 0.4kV 无遮栏裸导体至地面的距离不应小于（　）m。

A. 1.9　B. 2.1　C. 2.3　D. 2.4

答案：C

二、多选题 (每小题 2 分，共 16 分)

1. 居民户表要求校验电能表时，正确的规定是（　）。
   A. 用户有权向供电企业提出校验申请
   B. 用户交付验表费后，在 7 天内校验，并将校验结果通知用户
   C. 如误差在允许范围内，验表费不退
   D. 待校验结果出来后再结清电费
   E. 如误差超出允许范围，退还验表费，并按规定退补电费
   答案：ABCE
2. 确保抄表成功涉及的电能表测量点参数主要包括（　）。
   A. 电能表地址　B. 通信速率　C. 通信端口　D. 通信规约
   答案：ABCD
3. 三相电流（或电压）通过正的最大值的顺序叫相序。其中顺相序有以下组合（　）。
   A. ABC　B. BCA　C. ACB　D. CAB
   答案：ABD
4. 下列场所必须使用铜芯线的是（　）。
   A. 家里　B. 易燃、易爆场所　C. 计量等二次回路　D. 办公室
   答案：BC
5. 线损率是指（　）。
   A. 有功电能损失与输入端输送的电能量之比的百分数
   B. 电压损失与输入端的电压之比的百分数
   C. 有功功率损失与输入的有功功率之比的百分数
   D. 无功功率损失与输入的无功功率之比的百分数
   答案：AC
6. 业扩报装工作的主要内容有（　）。
   A. 签订“供用电合同”　B. 确定供电方式与审批供电方案
   C. 收取有关费用　D. 设计、施工和检验
   E. 用电申请与登记　F. 装表接电，建档立户
   答案：ABCDEF
7. 应收电费的定义是（　）；实收电费的定义是（　）；电费回收率的定义是（　）。
   A. 供电企业根据用户电能计量装置的记录，按照国家核准的电价，向用户应该收取的电费
   B. 供电企业向用户实际收取的电费
   C. 实收电费所占应收电费的百分比

D. 未收电费所占应收电费的百分比

答案：ABC

8. 与用电信息采集终端设备有电气连接的设备有（ ）。

A. 跳闸开关　　B. 电能表　　C. 电流、电压互感器

答案：ABC

三、判断题 （每小题1分，共32分）

1. 现场检验电能表时，严禁电流互感器二次回路开路，严禁电压互感器二次回路短路。（√）
2. 窃电时间无法查明时，窃电日数至少以180天计算。（√）
3. 平均负荷是指电网或用户在某一段确定时间内的负荷平均值。（√）
4. 某用户供电电压为380/220V，某月抄见有功电量为2000kWh，无功表电量为1239.5kvarh，该用户的平均功率因数为0.85。（√）
5. 某一单相用户使用电流为5A，若将单相两根导线均放入钳形表表钳之内，则读数为5A。（×）
6. 某居民用电户本月电费为100元，交费时逾期5日，该用户应交纳的电费违约金为0.5元。（×）
7. 某工厂电工私自将电力企业安装的电力负荷控制装置拆下，以致电力负荷控制装置无法运行，应承担5000元的违约使用电费。（√）
8. 绿色安全色用来标志“当心触电”“注意安全”。（×）
9. 临时用电户如容量许可，可以向外转供电。（×）
10. 两只阻值相同的电阻串联后，其阻值为两电阻的和。（√）
11. 两部制电价的用户擅自启用暂停或已封存的电力设备，应补交该设备容量的基本电费，并承担2倍补交基本电费的违约电费。（√）
12. 利用地下人防设施从事商品经营的营业用电，按一般工商业及其他用电电价计费。（√）
13. 客户在申请验表期间，其电费可暂不按期交纳，验表结果确认后，再行退补电费。（×）
14. 客户在每一日历年内累计暂停用电不超过六个月，每次不应少于15天。（√）
15. 客户欠电费需依法采取停电措施，提前7天送达停电通知书。（√）
16. 具有三级用电检查证资格的人员可以对10kV电压等级的客户开展用电检查工作。（×）
17. 居民用户的空调用电按城乡居民生活用电电价计费。（√）
18. 进行电气设备操作时应两人进行，一人进行操作，一人进行监护。（√）
19. 接地电阻测量仪测量接地电阻之前应将指针调整至中性线零位上。（√）
20. 交流钳形电流表主要由单匝贯穿式电流互感器和分流器的磁电式仪表组成。（√）
21. 基本电费的计算可按变压器容量计算，也可按最大需量计算。（√）
22. 国家电网公司十项承诺中，受电工程检验合格并办结相关手续后，居民客户3个工作日内送电，非居民客户5个工作日内送电。（√）

23. 磁场的方向可用左手定则来确定。 (×)

24. 触电者未脱离电源前，救护人员不准触及伤员。 (√)

25. 采集器是用于采集多个或单个电能表电能信息，并可与集中器交换数据的设备。(√)

26. 并联电阻电路的等效电阻等于各并联电阻之和。 (×)

27. 把一条32m长的均匀导线截成4份，然后将四根导线并联，并联后电阻为原来的1/16倍。 (√)

28. 把电能表长期工作，而且能满足准确度要求的最大电流叫额定最大电流，用 I_B 表示。 (×)

29. RS485接口是美国电子工业协会（EIA）的数据传输标准。 (√)

30. Ⅱ类电能计量装置的有功、无功电能表与测量用电压、电流互感器的准确度等级分别为0.5S或0.5级、2.0级、0.2级、0.2S或0.2级。 (√)

31. Ⅰ类电能表至少3个月现场校验一次，Ⅱ类电能表至少6个月现场校验一次，Ⅲ类电能表至少一年现场校验一次。 (√)

32. Ⅰ、Ⅱ类用于贸易结算的电能计量装置中电压互感器二次回路电压降应不大于其额定二次电压的0.2%。 (√)

四、计算题 (每小题2分，共8分)

1. 某电力用户装有一只三相四线电能表，并装有3台200/5A的电流互感器，用户私自更换了一只400/5A的电流互感器，运行三个月抄见用电量为3000kWh，若电价0.86元/千瓦时，该户应补交电费（　）元。(三相负载平衡，结果保留两位小数)

答案：234.78

解：(1) 正确电量：$A=\frac{1}{3}+\frac{1}{3}+\frac{1}{3}=1$

(2) 错误电量为

$$A'=\frac{1}{3}+\frac{1}{3}+\frac{1}{3}\times\frac{300/5}{400/5}=\frac{11}{12}$$

(3) 更正系数 $K=A/A'=\frac{12}{11}$

(4) 实际用电量 $W'=K\times$抄见电量$=\frac{12}{11}\times3000=3273$ (kWh)

(5) 用户应补交电量：$3273-3000=273$ (kWh)

(6) 应补交 $273\times0.86=234.78$ (元)

2. 某低压电力客户，采用低压三相四线制计量，当月抄见有功电量 W 为80000kWh，感性负载，三相负荷基本平衡，开箱检查，发现电能表A相电压线断线，应补收电量（　）kWh。(取整数)

答案：40000

解：据题意，正确接线计量功率为

$$P=3UI\cos\varphi$$

该错误接线时计量功率为

$$P' = 2UI\cos\varphi$$

$$更正率\ K = \frac{P}{P'} = \frac{3UI\cos\varphi}{2UI\cos\varphi} = 1.5$$

$$实际用电量 = 更正率 \times 抄见电量 = 1.5 \times 80000 = 120000\ (\text{kWh})$$

$$应追补电 = 120000 - 80000 = 40000\ (\text{kWh})$$

3. 某执行单一制电价的工业用户，与供电企业在供用电合同中签订有电力运行事故责任条款。今年 5 月因供电企业运行事故造成该用户停电时间 t 为 42h，该用户 4 月正常用电电量 W 为 42000kWh，电度电价 D_{fd} 为 0.50 元/千瓦时，供电企业应赔偿该用户（　　）元。

答案： 4900.00

解：《供电营业规则》第九十五条，供用双方在合同中订有电力运行事故责任条款的，由于供电企业电力运行事故造成用户停电的，供电企业应按用户在停电时间内可能用电量的电度电费的五倍（单一制电价为四倍）给予赔偿。

用户在停电时间内可能用电量，按照停电前用户正常用电月份或正常用电一定天数内的每小时平均用电量乘以停电小时求得。故

$$\begin{aligned}赔偿金额 &= 停电时间 \times 每小时平均用电量 \times 电价 \times 4 \\ &= 42 \times (42000 \div 30 \div 24) \times 0.50 \times 4 = 4900.00\ (元)\end{aligned}$$

4. 某动力用户 2013 年 12 月份的电费总额为 2000 元，电力公司规定的交费时间为每月 20～30 日，直到 2014 年 1 月 15 日，该用户才结清这笔欠费，其应交纳的电费违约金为（　　）元。

答案： 94.00

解： 据《供电营业规则》第九十八条，电费违约金从逾期之日起计算至交纳日止。该动力用户当年欠费一天，每日按欠费总额的 2‰计算。跨年度欠费十五天，每日按欠费总额的 3‰计算。故电费违约金为

$$2000 \times 1 \times 2‰ + 2000 \times 15 \times 3‰ = 94.00\ (元)$$

五、识图题 （每小题 2 分，共 4 分）

1. 以下一进一出接线方式的单相电能表内外部接线图正确的是（　　）。

A.

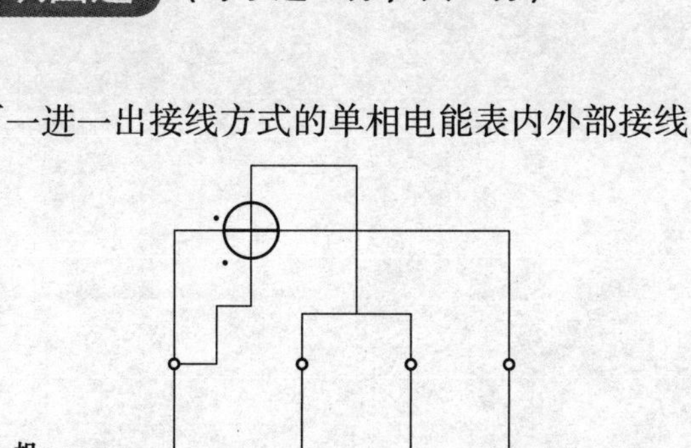

B.

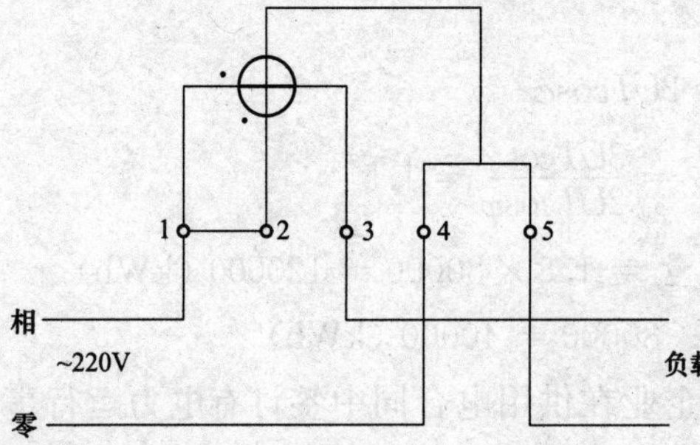

答案：B

2. 三相三线两元件 380/220V 低压有功电能表经 TA 接入，且电压线和电流线分别接入，以下接线图与此相符的是（　　）。

A.

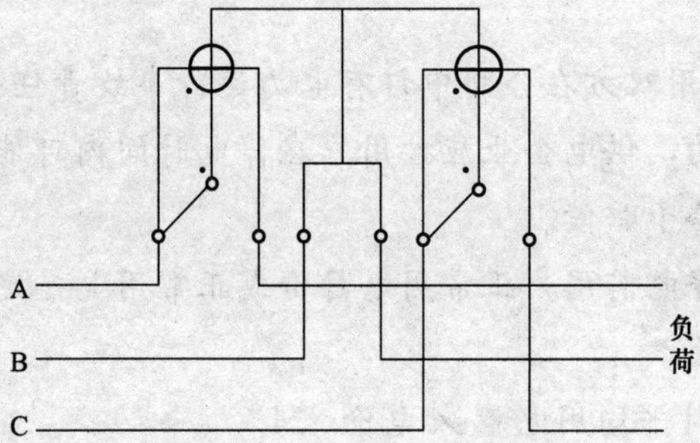

B.

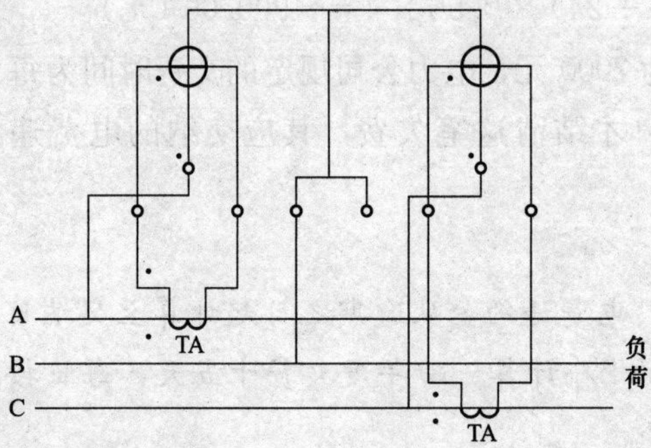

答案：B

抄表核算收费员（初级）模拟考卷及答案（六）

一、单选题（每小题1分，共40分）

1. 终端与电能表的数据通信规约应符合（　　）标准。

A. DL/T 645　　B. DL/T 614　　C. DL/T 698　　D. DL/T 719

答案：A

2. 用电信息采集系统与SG186营销系统进行抄表数据传输，以（　　）作为关键字。

A. 户号　　B. 电能表型号　　C. 电能表条码号　　D. 电能表通信地址

答案：C

3. 在电力系统正常状况下，35kV及以上电压供电的用户受电端的供电电压正负电压允许偏差为绝对值之和不超过额定值的（　　）。

A. 7%　　B. 10%　　C. 5%　　D. 6%

答案：B

4. 我国规定电网频率偏差是（　　）Hz。

A. ±0.5　　B. ±0.2　　C. ±0.1　　D. ±1

答案：B

5. 高压供电方案的有效期为一年，低压供电方案的有效期为（　　），逾期注销。

A. 一个月　　B. 三个月　　C. 六个月　　D. 一年

答案：B

6. 对10kV供电的用户，供电设备计划检修停电次数每年不应超过（　　）次。

A. 2　　B. 3　　C. 5　　D. 6

答案：B

7. 除电网有特殊要求的客户，100kVA及以上高压供电的客户，在当地供电企业规定的电网高峰负荷时的功率因数为（　　）。

A. 0.90以上　　B. 0.85以上　　C. 0.80以上　　D. 0.90

答案：A

8. 有（　　）的情况下，供电企业的用电检查人员可不经批准即对客户中止供电，但事后应报告本单位负责人。

A. 不可抗力和紧急避险、确有窃电行为

B. 对危害供用电安全，拒绝检查者

C. 受电装置经检查不合格

D. 客户欠费

答案：A

9. 直接损害国家利益，危及人身、设备安全或其他违反电业规章规定的用电行为为（　　）。

A. 违约用电　　B. 违章用电

C. 窃电　　D. 计量装置接线错误

答案：B

10. 在电价低的供电线路上，擅自接用电价高的用电设备，除应按实际使用日期补交其差额电费外，还应承担（　　）倍差额电费的违约使用电费。

A. 1　　B. 2　　C. 3　　D. 5

答案：B

11. 窃电者应按所窃电量补交电费，并承担补交电费（　　）倍的违约使用电费。

A. 5　　B. 4　　C. 3　　D. 1

答案：C

12. 月平均用电量10万～100万kWh的计费用户应选用（　　）类电能计量装置。

A. Ⅰ　　B. Ⅱ　　C. Ⅲ　　D. Ⅳ

答案：C

13. 用户Ⅱ类电能计量装置的有功、无功电能表和测量用电压、电流互感器的准确度等级应分别为（　　）。

A. 0.5级，2.0级，0.2S级，0.2S级

B. 0.5或0.5S级，2.0级，0.2级，0.2S或0.2级

C. 0.5S级，2.0级，0.2级，0.2S级

D. 0.5或0.5S级，2.0级，0.2S级，0.2S级

答案：B

14. 型号为DSSD99A_1型的电能表的是一只（　　）。

A. 三相预付费电能表　　B. 三相三线多功能电能表

C. 三相最大需量表　　D. 三相三线复费率电能表

答案：B

15. 如三相电能表铭牌上额定电压标注为3×100V，那么此表通电后可以长期承受的额定电压是（　　）V。

A. 220　　B. 380　　C. 3×380　　D. 100

答案：D

16. 全电子式电能表采用的原理有（　　）。

A. 电压、电流采样计算　　B. 霍尔效应

C. 热电偶　　D. 以上全部

答案：D

17. 某用户计量电能表，允许误差为±2%，经校验该用户计量电能表实际误差为+5%，计算退回用户电量时应按（　　）计算。

A. +2%　　B. +3%　　C. +5%　　D. −2%

答案：C

18. 某一单相电子式电能表脉冲常数为1600imp/kWh，正确说法是（　　）。

A. 脉冲灯闪1次累计为1kWh电量　B. 脉冲灯闪16次累计为1Wh电量

C. 脉冲灯闪160次累计为1kWh电量　D. 脉冲灯闪1600次累计为1kWh电量

答案：D

19. 方向、大小随时间改变的电流为（　　）。

A. 直流电　B. 交流电　C. 恒定电流　D. 额定电流

答案：B

20. 在正弦交流电的一个周期内，随着时间变化而改变的是（　　）。

A. 瞬时值　B. 最大值　C. 有效值　D. 平均值

答案：A

21. 在交流电路中，当电压的相位超前电流的相位时，（　　）。

A. 电路呈感性，$\Phi>0$　B. 电路呈容性，$\Phi>0$

C. 电路呈感性，$\Phi<0$　D. 电路呈容性，$\Phi<0$

答案：A

22. 在并联电路中每一个电阻上都承受同一（　　）。

A. 电流　B. 电压　C. 电量　D. 功率

答案：B

23. 三相变压器铭牌上所标的容量是指额定三相的（　　）。

A. 有功功率　B. 视在功率　C. 瞬时功率　D. 无功功率

答案：B

24. 若万用表无“OFF”挡位，使用完毕后，则转换开关应转到（　　）位置。

A. 直流电流最低挡　B. 直流电流最高挡

C. 交流电压最高挡　D. 交流电压最低挡

答案：C

25. 根据法拉第电磁感应定律，当与回路交链的磁通发生变化时，回路中就要产生感应电动势，其大小（　　）。

A. 与回路中的电阻值成正比　B. 与回路中通过的磁通成正比

C. 与磁通的变化率成正比　D. 与回路中通过的磁通成反比

答案：C

26. 电压表的内阻为3kΩ，最大量程为3V，现将它串联一个电阻，改装成量程为15V的电压表，则串联电阻值为（　　）kΩ。

A. 3　B. 9　C. 12　D. 15

答案：C

27. 电路端电压和电流有效值的乘积称为（　　）。

A. 有功功率　B. 无功功率　C. 视在功率　D. 平均功率

答案：C

28. 导体中通过电流时产生的磁场方向可用（　　）来判断。

A. 左手定则　B. 右手定则　C. 右手螺旋定则　D. 以上均不正确

答案：C

29. 磁通量的变化产生了感应电流，感应电流所取的方向，总是要使它的磁通量反抗原来磁通时的变化，这是（　　）。

A. 安培定律　　B. 电磁感应定律　　C. 库仑定律　　D. 楞次定律

答案：D

30. 变压器的损耗分为（　　）。

A. 有功损耗和无功损耗　　B. 空载损耗

C. 有功铜损　　D. 无功铜损

答案：A

31. 总容量不足3kW的晒图机、医疗X光机、无影灯、消毒等用电，执行（　　）电价。

A. 居民照明　　B. 大工业

C. 一般工商业及其他　　D. 农业生产

答案：C

32. 照相制版工业水银灯用电，受电变压器容量在315kVA，执行（　　）电价。

A. 居民照明　　B. 大工业

C. 照明　　D. 一般工商业及其他

答案：B

33. 在计算电费中，应按不同电价分类，（　　）在票据中开列清楚。

A. 集中　　B. 合并　　C. 分别　　D. 汇总

答案：C

34. 有线广播站动力用电应按（　　）电价计费。

A. 城乡居民生活用电　　B. 一般工商业及其他用电

C. 农业生产用电　　D. 大工业

答案：B

35. 对于暂停用电不足15天的大工业电力客户，暂停期间（　　）基本电费。

A. 按实际暂停天数减收　　B. 按15天减收

C. 不扣减　　D. 减收当月

答案：C

36. 在正常工作情况下，只要不违反（　　）的规定，用电安全是有保证的。

A. 操作技术　　B. 安全技术　　C. 保安技术　　D. 保护技术

答案：B

37. 在没有约定的情况下，供电企业未经用户同意，在（　　）情况下可操作用户受电设备。

A. 紧急事故　　B. 工程施工　　C. 催收电费　　D. 正常安全检查

答案：A

38. 在10kV及以下电压等级中，工作正常活动范围与带电设备的安全距离是（　　）m。

A. 0.15　　B. 0.35　　C. 0.6　　D. 1.5

答案：B

39. 离地面（　　）m以上的工作均属高空作业。

A. 2　　B. 5　　C. 3　　D. 4

答案：A

40.《电力监管条例》经2005年2月2日国务院第80次常务会议通过，自（　　）起施行。

A. 2005年3月1日　　B. 2005年5月1日

C. 2005年7月1日　　D. 2005年10月1日

答案：B

二、多选题（每小题2分，共16分）

1. 三相交流电具有以下特性（　　）。

A. 频率相同　　B. 电动势振幅相等　　C. 相位角互差120°　　D. 电流相等

答案：ABC

2. 电能信息采集终端根据使用场合不同，可分为（　　）四种。

A. 厂站采集终端　　B. 配电变压器监测计量终端

C. 低压集中抄表采集终端　　D. 公变采集终端

E. 专变采集终端

答案：ABCD

3. 以下单位符号书写错误的是（　　）。

A. HZ　　B. kw　　C. VA　　D. KWh

答案：ABD

4. 用电负荷按在政治上和经济上造成损失或影响的程度，分为（　　）。

A. 一类负荷　　B. 二类负荷　　C. 三类负荷　　D. 四类负荷

答案：ABC

5. 任何人进入（　　）现场，应戴安全帽。

A. 控制室　　B. 施工　　C. 配电设备间　　D. 值班室

答案：ABC

6. 指针式万用表主要由（　　）组成。

A. 指示部分　　B. 测量部分　　C. 转换装置　　D. 微运算装置

答案：ABC

7. “供电量、售电量、用电容量概念”的正确描述是（　　）。

A. 售电量是供电企业通过电能计量装置测定并记录的各类电力用户直接使用的电能量的总和

B. 供电量是指供电企业在一段时间内供出的电能量

C. 供电量是供电企业通过电能计量装置测定并记录的各类电力用户消耗使用的电能量的总和

D. 用电容量是指用户的用电设备容量的总和

答案：ABD

8. 下列用电（ ）执行城镇居民生活电价。

A. 幼儿园、中学、小学校

B. 驾校、美容学校、厨师培训学校

C. 纯居民住宅大楼内电梯、水泵、楼道照明用电

D. 公共广场、绿地、楼宇、店面等具有广告性质的用电

E. 蓄冰制冷专门用于居民生活的

答案：ACE

三、判断题 (每小题 1 分，共 32 分)

1. 用电信息采集终端按应用场所分为专变采集终端、集中抄表终端（包括集中器、采集器）、分布式能源监控终端等类型。 (√)
2. 带有数据通信接口的电能表，其通信规约应符合 DL/T 645 的要求。 (√)
3. 单相低压供电时相线、中性线的导线截面积应相同。 (√)
4. 当磁铁处于自由状态时，S 极指向北极，N 极指向南极。 (×)
5. 当电路中某一点断线时，电流等于零，称为开路。 (√)
6. 当发生电气火灾时，严禁用水泼灭，用常规酸碱和泡沫灭火器灭火。 (×)
7. 登高作业前应检查杆根，并对脚扣和登高板进行承力检验。 (√)
8. 低压带电上杆接线时应先搭相线，再搭中性线。 (×)
9. 电流的方向规定为正电荷运动的方向。 (√)
10. 电流互感器二次回路严禁开路，电压互感器二次回路严禁短路。 (√)
11. 对于拆表的大工业用户，在计算基本电费时均按日计收。 (√)
12. 高处作业应使用安全带（绳），并挂在牢固的构件上，如避雷器、断路器、互感器等。 (×)
13. 高压设备发生接地故障时，室内不得接近故障点 4m 以内，室外不得接近故障点 8m 以内。 (√)
14. 钳形电流表使用方便，但测量精度不高。 (√)
15. 窃电时间无法查明时，窃电月数至少以 6 个月计算，每日窃电时间：动力按 12h、照明按 6h、商业按 10h 计算。 (×)
16. 如果电源通向负载的两根导线不经过负载而相互直接接通，从而导致电路中的电流剧增，这种现象叫作断路。 (×)
17. 三相四线电能表型号的系列代号为 S。 (×)
18. 商业、非居民照明及动力用电实行《功率因数调整电费办法》。 (×)
19. 使用临时电源的用户转让给其他用户时，应办理变更用电事宜。 (×)
20. 使用万用表时，红色表笔应插入有“＋”的插孔，黑色表笔应插入有“－”的插孔，以避免测量时接反。 (√)
21. 视在功率不是有功功率也不是无功功率。 (√)

22. 受电容量在 315kVA 以上的工业用电，按大工业电价计费。 （×）
23. 蔬菜生产电热用电，不属于农业生产优待电价范围。 （√）
24. 私自迁移、更改和擅自操作供电企业的电能计量装置按窃电行为处理。 （×）
25. 统计线损是实际线损，理论线损是技术线损。 （√）
26. 托收客户的在途电费账，是供电公司实行同城特约委托收款时，应收电费款尚未到达收款单位的电费账。 （√）
27. 万用表如无法使指针调到零位时，则说明万用表内的电池电压太低，应更换新电池。（√）
28. 伪造或开启供电企业加封的用电计量装置封印用电，属于违约用电。 （×）
29. 线路、变压器损耗电量不参与功率因数调整电费计算。 （×）
30. 以变压器容量计算基本电费的用户，属热备用状态的或未经加封的变压器，不论使用与否都计收基本电费。 （√）
31. 因电能质量某项指标不合格而引起责任纠纷时，不合格的质量责任由供电企业认定。（×）
32. 用户擅自超过合同约定的容量用电应视为窃电行为。 （×）

四、计算题 （每小题 2 分，共 8 分）

1. 有一电阻 R 为 20Ω 的电炉，接在 220V 的电源上，则它消耗的电功率为（　　）kW；若接连使用 4 小时，则电炉消耗的电能为（　　）kWh。

答案： 2.42、9.68

解： 据题意有

$$P = \frac{U^2}{R} = \frac{220^2}{20} = 2.42\ (\mathrm{kW})$$

$$W = Pt = 2.42 \times 4 = 9.68\ (\mathrm{kWh})$$

2. 某砂石厂 10kV 供电，合同约定容量 S 为 1000kVA。2015 年 6 月份抄表时发现该客户在高压计量之后，接用 10kV 高压电动机 1 台，容量为 100kVA，该厂实际用电容量 1100kVA。至发现之日止，已使用 3 个月，供电部门应补收基本电费（　　）元。违约使用电费（　　）元（有小数的保留两位小数）。［设按容量计收基本电费标准为 26 元/(月・千伏安)］

答案： 7800、23400

解：《供电营业规则》第九十九条规定，私自超过合同约定的容量用电的，除应拆除私增容设备外，属于两部制电价的用户，应补交私增设备容量使用月数的基本电费，并承担三倍私增容量基本电费的违约使用电费。

100×3×26＝7800（元）

7800×3＝23400（元）

3. 市精密印刷厂因特殊电压质量要求，装有 10kV、S9-100kVA 带负荷调压变压器 1 台。某月其生产用有功电量 20000kWh，无功电量 15000kvarh。已知计量点位于供用双方产权分界处。印刷厂该月应交电费（　　）元。（设目录电价 0.7836 元/kWh，不考虑丰枯峰谷浮动）

答案：16455.60

解：目录电费：0.7836×20000=15672.00（元）

功率因数：$\cos\varphi=\cos\arctan(15000/20000)=0.80$

装有带负荷调整电压装置的高压供电电力用户，功率因数调整标准为0.90，调整率为5%，故功率因数调整

15672.00×5%=783.60（元）

合计电费：15672.00+783.60=16455.60（元）

4. 某供电公司客户中心当月总抄表户数1100户，电费总额为400000元，营销稽查时发现其中5户抄表员抄错，合计多抄电量1000kWh，设电价d为0.5元/千瓦时，该供电营业所当月的抄表差错率为（ ）%。（保留2位小数）

答案：0.45

解：差错率=（差错户数/实抄户数）×100%

=(5/1100)×100%=0.45%

五、识图题 （每小题2分，共4分）

1. 如下三相电压互感器Y/Y0-12接线组别的接线图是否正确。（ ）

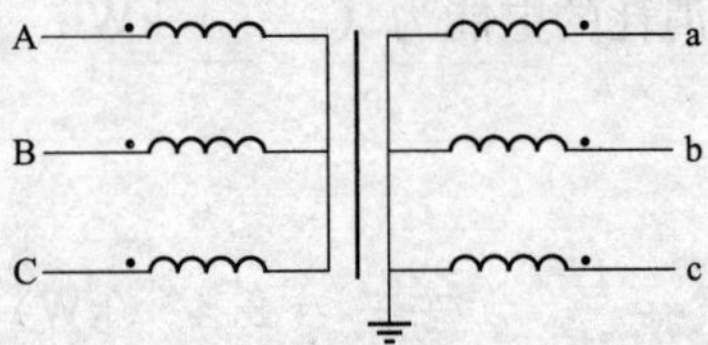

A. 正确 B. 错误

答案：A

2. 分析两台单相双绕组电压互感器连接的V-V形接线图是否正确。（ ）

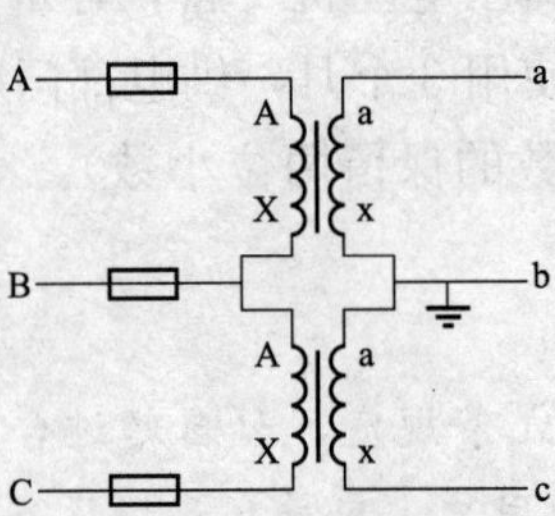

A. 正确 B. 错误

答案：A

第二部分

中　级　工

抄表核算收费员（中级）模拟考卷及答案（一）

一、单选题 （每小题1分，共40分）

1. 10kV高压设备不停电时的最小安全距离是（　　）m。

A. 0.35　　B. 0.7　　C. 1.0　　D. 1.5

答案：B

2. 把电气设备的金属外壳与接地体间做金属性连接称（　　）。

A. 保护接零　　B. 保护接地　　C. 工作接地　　D. 重复接地

答案：B

3. 变压器着火时不能使用的是（　　）。

A. 二氧化碳灭火器　　B. 泡沫灭火器

C. 干粉灭火器　　D. "1211"灭火器

答案：B

4. 在下列叙述中，应收账是（　　）。

A. 供电公司某段时间内的全部电力销售收入的账目

B. 供电公司某段时间内实际收到的用户电费总和账目

C. 供电公司某段时间内未收到的用户电费总和账目

D. 以上都不对

答案：A

5. 电费实抄率、差错率和电费回收率（简称三率）是电费管理的主要（　　）。

A. 考核指标　　B. 考核标准　　C. 考核项目　　D. 考核额定

答案：A

6. 电价是电力这个特殊商品在电力企业参加市场经济活动进行贸易结算的货币表现形式，是电力商品（　　）的总称。

A. 价格　　B. 价值　　C. 资产　　D. 资本

答案：A

7. 15min最大需量表计量的是（　　）。

A. 计量期内最大的一个15min的平均功率

B. 计量期内最大的一个15min功率瞬时值

C. 计量期内最大15min的平均功率的平均值

D. 计量期内最大15min的功率瞬时值

答案：A

8. 160kVA 高压供电的农业客户，功率因数应执行（　　）标准。

A. 0.80　　B. 0.85　　C. 0.90　　D. 0.95

答案：A

9. 变压器容量在（　　）kVA 及以上的大工业用户实行两部制电价。

A. 50　　B. 100　　C. 315　　D. 2000

答案：C

10. 某供电公司客户中心 2015 年 5 月售电量完成 1500 万 kWh，其中 6～20 日抄表结算的售电量为 150 万 kWh，20～25 日抄表结算的客户售电量为 220 万 kWh，25～31 日抄表结算的客户售电量为 930 万 kWh，6 月 1 日 0 时结算售电量为 200 万 kWh。则其月末抄见电量比率为（　　）。

A. 14.67%　　B. 62%　　C. 13.33%　　D. 75.33%

答案：D

11. 因抢险救灾架设临时电源所需的工程费用和应付电费，由（　　）。

A. 供电企业承担

B. 受灾的单位或个人承担

C. 地方人民政府有关部门从救灾经费中拨付

D. 由中央人民政府财政划拨专项资金解决

答案：C

12. 电流周围产生的磁场方向可用（　　）来确定。

A. 安培定则　　B. 右手定则　　C. 左手定则　　D. 楞次定律

答案：A

13. 把一条长 32m 的均匀导线截成 4 份，然后将四根导线并联，并联后电阻为原来的（　　）倍。

A. 4　　B. 16　　C. 1/4　　D. 1/16

答案：D

14. 变压器的一、二次绕组的功率（　　）。

A. 基本相等　　B. 一次高于二次很多

C. 一次小于二次很多　　D. 不一定

答案：A

15. 当某电路有 n 个节点，m 条支路时，用基尔霍夫第一定律可以列出 $n-1$ 个独立的电流方程，（　　）个独立的回路电压方程。

A. $m-(n-1)$　　B. $m-n-1$　　C. $m-n$　　D. $m+n+1$

答案：A

16. 并联电力电容器的补偿方式按安装地点可分为（　　）。

A. 分散补偿、个别补偿　　B. 集中补偿、分散补偿

C. 集中补偿、个别补偿　　D. 集中补偿、分散补偿、个别补偿

答案：D

17. 带电换表时，若接有电压、电流互感器，则应分别（　　）。

A. 开路、短路　B. 短路、开路　C. 开路、开路　D. 短路、短路

答案：A

18. 测量低压线路和配电变压器低压侧的电流时，若不允许断开线路时，可使用（　　）应注意不触及其他带电部分，防止相间短路。

A. 钳形电流表　B. 电流表　C. 电压表　D. 万用表

答案：A

19.（　　）是供电企业向申请用电的用户提供的电源特性、类型及其管理关系的总称。

A. 供电方案　B. 供电容量　C. 供电对象　D. 供电方式

答案：D

20.（　　）属于供电质量指标。

A. 电流、频率　B. 电压、电流　C. 电压、频率　D. 功率因数

答案：C

21.《供电营业规则》规定，客户用电设备容量在 100kW 及以下或需用变压器容量在 50kVA 及以下者，可采用（　　）供电。

A. 220V　B. 380/220V　C. 10kV　D. 10kV 以上

答案：B

22. 10kV 以下高压供电的用户，其受电端的电压变动幅度，一般不得超过（　　）。

A. ±5%的额定电压　B. ±6%的额定电压

C. ±7%的额定电压　D. ±10%的额定电压

答案：C

23. Ⅰ类负荷采用双电源供电，其双电源是指两个（　　）的电源。

A. 生产　B. 备用　C. 保安　D. 独立

答案：D

24.《供电营业规则》规定，用户对供电企业的电能表校验结果有异议时，可向（　　）申请检定。

A. 上级供电企业　B. 同级及上级电力管理部门

C. 计量行政主管部门　D. 供电企业上级计量检定机构

答案：D

25. 10～35kV 高供高计多功能电能表的接线方式是（　　）。

A. 单相　B. 两相　C. 三相三线　D. 三相四线

答案：C

26. 110kV 高供高计多功能电能表的接线方式是（　　）。

A. 单相　B. 两相　C. 三相三线　D. 三相四线

答案：D

27. Ⅱ类计量装置适用于月平均用电量或变压器容量不小于（　　）。

A. 100 万 kWh、2000kVA　B. 10 万 kWh、315kVA

C. 100 万 kWh、315kVA　D. 10 万 kWh、2000kVA

答案：A

28. 35kV供电网络中性点运行方式为经消弧线圈接地，供电区域内有一新装用电户，35kV专线受电，计量点定在产权分界处，宜选用（　　）有功电能表计量。

A. 三相三线　　B. 三相四线

C. 三相三线或三相四线　　D. 一只单相

答案： A

29. Ⅲ类客户电能计量装置，应配置有、无功电能表与测量用电压、电流互感器的准确等级分别应为（　）。

A. 2.0、3.0、0.5、0.5S　　B. 1.0、2.0、0.5、0.5S

C. 0.5S、2.0、0.2、0.2S　　D. 0.2S、2.0、0.2、0.2S

答案： B

30. DD862型电能表是（　　）。

A. 单相有功电能表　　B. 三相三线有功电能表

C. 三相四线有功电能表　　D. 单相复费率电能表

答案： A

31. DSSD型电能表是（　　）。

A. 三相三线多功能电能表　　B. 三相四线多功能电能表

C. 单相复费率电能表　　D. 单相预付费电能表

答案： A

32. DTSD型电能表是（　　）。

A. 三相四线全电子式多功能电能表　　B. 三相三线全电子式多功能电能表

C. 三相三线全电子式复费率电能表　　D. 三相四线全电子式电能表

答案： A

33. DX9型电能表是（　　）。

A. 单相电能表　B. 三相三线电能表　C. 三相四线电能表　D. 无功电能表

答案： D

34. 计量互感器或电能表误差超出允许范围时，以“0”误差为基准，按验证后的误差值退补电量。退补时间从上次校验或换装后投入之日起至误差更正之日止的（　　）时间计算。

A. 1/2　B. 1/3　C. 1/4　D. 1/5

答案： A

35. 供电企业用电检查人员实施现场检查时，用电检查的人数不得少于（　　）人。

A. 2　B. 3　C. 4　D. 5

答案： A

36. CPU是指计算机的（　　）。

A. 运算器　　B. 控制器

C. 运算器和控制器　　D. 运算器、控制器和存储器

答案： C

37. 2001年10月5日，因供电方责任的电力运行事故使某居民户家用电视机损坏后，已

不可修复。其出示的购货发票日期为1991年10月1日，金额为人民币4000元。供电企业应赔偿该居民户人民币（　　）元。

A. 400　　B. 4000　　C. 2000　　D. 0

答案：A

38.《电力供应与使用条例》中指出，逾期未交付电费的，供电企业可以从逾期之日起每日按照欠费总额的1‰～3‰加收违约金，自逾期之日计算超过（　　）天经催交仍未交付电费的，供电企业可以按照国家规定的程序停止供电。

A. 10　　B. 15　　C. 20　　D. 30

答案：D

39. 家用电器平均使用寿命为10年的是（　　）。

A. 空调　　B. 电视机　　C. 电饭煲　　D. 吸尘器

答案：B

40.《中华人民共和国刑法》中规定破坏电力、燃气或者其他易燃、易爆设备，危及公共安全，尚未造成严重后果的，处（　　）有期徒刑。

A. 3年以下　　B. 3年以上10年以下

C. 3年以上7年以下　　D. 10年以上

答案：B

二、多选题 （每小题2分，共16分）

1. 用电信息采集系统采集的主要数据项有（　　）。

A. 电能量数据　　B. 电压　　C. 功率　　D. 采集终端的工况

答案：ABCD

2.（　　）叫运行中的电气设备。

A. 全部带有电压的电气设备　　B. 部分带有电压的电气设备

C. 一经操作即带有电压的电气设备　　D. 所有的电气设备

答案：ABC

3.《供电营业规则》规定，对不具备安装条件的临时用电的用户，可按其（　　）计收电费。

A. 用电容量　　B. 用电性质　　C. 使用时间　　D. 规定的电价

答案：ACD

4.《供电营业规则》规定，在以下（　　）情况下不扣减基本电费。

A. 事故停电　　B. 检修停电　　C. 用电变更　　D. 计划限电

答案：ABD

5. 国家电网公司员工服务“十个不准”中规定的不准为客户指定（　　）。

A. 设计　　B. 施工　　C. 供电设备　　D. 供货单位

答案：ABD

6. 在（　　）必须使用铜芯线。

A. 易燃、易爆场所

B. 重要的建筑，重要的资料室、档案室、库房

C. 人员聚集的公共场所、娱乐场所、舞台照明

D. 计量等二次回路

答案： ABCD

7. 测量误差的来源有（　　）。

A. 测量环境带来的误差　　B. 测量设备误差

C. 测量人员带来的误差　　D. 测量方法带来的误差

E. 被测对象的误差

答案： ABCD

8. PDCA 管理的具体含义是（　　）。

A. 计划。分析现状，找出存在的质量问题，分析产生各种质量问题的原因或影响因素，制订相应措施，提出具体明确的计划与目标

B. 执行。按照预计计划、目标、措施及分工安排，分头去干

C. 检查。检查计划的执行情况和措施实行的效果

D. 处理。对检查的结果加以总结，把成功的经验和失败的教训都规定到相应标准-制度之中，以防止再次发生已经发生过的问题

答案： ABCD

三、判断题 （每小题 0.5 分，共 26 分）

1. 提高智能电能表采集成功率的方法有更换故障终端、剔除电能表上没有的数据项、多次补召采集数据项和更换故障电能表等。（√）
2. 在检查三相四线三元件表的接线时，若将其中任意两相电流对调，电能表几乎停走。（√）
3. 有一只三相四线有功电能表，V 相电流互感器反接达一年之久，累计电量为 5000kWh，那么差错电量为 3000kWh。（×）
4. 一只电流互感器二次极性接反，将引起相接的三相三线有功电能表反转。（×）
5. 通过电阻元件的电流与两端的电压成正比为欧姆定律，用公式表示为 $I=U/R$。（√）
6. 室内外配线时，导线对地的最小垂直距离不得小于 2.5m。（×）
7. 三相三线有功电能表，由于错误接线，在运行中始终反转，则算出的更正系数必定是负值。（√）
8. 三相三线两元件电能表抽去中相电压时应几乎停走。（×）
9. 三相三线电能表中相电压断了，此时电能表应走慢 1/3。（×）
10. 三相三线电能表 U、W 相电流互感器的极性都接反时，电能表仍然正走。（×）
11. 若整个台区的低压用户表都采集不到，台区集中器的供电又正常，则主要原因是集中

器对主站通信故障所致。（×）

12. 某集中器连续 4 天抄不到智能表计数据，可抄到实时数据，现场处理应更换 SIM 卡。（×）
13. 某低压客户容量为 200kW，现功率因数为 0.8，想把功率因数提高到 0.9，应补偿的电容 53kvar。（√）
14. 某 10kV 用户接 50/5A 电流互感器，若电能表读数为 20kWh，则用户实际用电量为 200kWh。（×）
15. 经电流互感器的三相四线电能表电流二次回路带电压接法，互感器二次侧不准接地。（√）
16. 经电流互感器的三相四线电能表，一只电流互感器极性反接，电能表走慢 1/3。（×）
17. 接地线必须采用多股软裸铜线，单根截面积不得小于 $10mm^2$。（√）
18. 电流互感器二次回路开路，可能会在二次绕组两端产生高压，危及人身安全。（√）
19. 电力生产与电网运行应当遵循安全、优质、经济的原则。（√）
20. 国家电网公司《电力安全工作规程》规定，所有电流互感器和电压互感器的二次绕组应有一点且仅有一点永久性的、可靠的保护接地。（√）
21. 电缆外皮可作中性线。（×）
22. 电工刀的手柄是绝缘的，可以带电在导线上切削。（×）
23. 低压接地方式的组成部分可分为电气设备和配电系统两部分。（√）
24. 当发生接地短路时，经接地短路点流入大地的电流称为接地短路电流或接地电流。（√）
25. 当电能计量装置不安装在产权分界处时，线路与变压器损耗的有功与无功电量均须由供电企业负担。（×）
26. 当电路中某一点断线时，电流 I 等于零，称为开路。（√）
27. 当电流互感器一、二次绕组的电流方向相同时的极性关系称为减极性。（×）
28. 单相异步电动机如果电容损坏，则电动机仍然可以正常启动。（×）
29. 单相电能表铭牌上的电流为 5(40)A，其中 5A 为标定电流，40A 为额定电流。（√）
30. 单相电能表的零线接法是将零线剪断，再接入电能表的 3.4 端子。（√）
31. 单相低压供电时相线、中性线的导线截面积应相同。（√）
32. 大工业基本电费有：①按变压器容量计算；②按最大需量计算。具体选择方法，由供电企业酌情与用户协商确定。（√）
33. 大工业电价又称两部制电价，由基本电价及电度电价之和构成。（×）
34. 从业人员经安全生产教育和培训合格，是生产经营单位应当具备的安全生产条件之一。（√）
35. 从保护人身安全的可靠性出发，一般触电保护器启动电流应在 20～30mA 范围之内。（×）
36. 磁通量的变化产生了感应电流，感应电流所取的方向总是要使它的磁通量反抗原来磁通量的变化，这就是楞次定律。（√）
37. 磁场强度的单位名称是“安培每米”简称“安每米”。（√）

38. 纯净的半导体中，自由电子和空穴数目有限，因而导电能力差。但如果在其中掺以杂质，则导电能力会大大提高。 (√)
39. 除居民用户外的其他用户跨年度欠费部分，每日按欠费总额的千分之二计算电费违约金。 (×)
40. 测量三相四线制电路有功电能时可采用一只三相三元件有功电能表。 (√)
41. 测量接地电阻时，应先将接地装置与电源断开。 (√)
42. 测量交流电压应选择交流电压表，交流电压表在测量时不必考虑接线端的极性。 (√)
43. 测量电力设备的绝缘电阻常使用绝缘电阻表。 (√)
44. 参与对用户重大电气事故的调查是用电检查部门的职责范围。 (√)
45. 变压器中性点接地属于保护接地。 (×)
46. 变压器既可以改变交流电压的大小，也可以改变直流电压的大小。 (×)
47. 避雷器的接地线应和变压器、低压侧中性点共同接地，称三点接地。 (×)
48. 把用电元件首端与首端、末端与末端相连组成的电路叫作并联电路。 (√)
49. 按最大需量计收基本电费的用户，申请暂停用电，可暂停部分容量。 (√)
50. 按变压器容量计收基本电费的用户，暂停用电必须是整台或整组变压器停止运行。 (√)
51. 安装式电能表的基本电流（标定电流）是指电能表长期允许的工作电流。 (×)
52. 低压隔离开关必须按额定熔断电流配备熔丝，严禁用铜、铝或其他金属导线代替。 (√)

四、计算题 （每小题 3 分，共 12 分）

1. 某客户实际用电负荷 P_1 为 80kW，安装三相四线有功表的常数 C 为 1000r/kWh，TA 变比为 150/5A。秒表法测得圆盘转圈数 N 为 10 圈，所需时间 t 为 15s，该套计量表计的误差为（　　）%。

答案：−10

解：(1) 计算负载瞬间功率 P_2（kW），即

$$
\begin{aligned}
P_2 &= N\times 3600\times K_{TA}\times K_{TV}/(C\times t)\\
&= 10\times 3600\times (150/5)/(1000\times 15)\\
&= 72\ (kW)
\end{aligned}
$$

(2) 求该套计量表计误差 r，即

$$
\begin{aligned}
r &= (P_2-P_1)/P_1\times 100\%\\
&= (72-80)/80\times 100\%\\
&= -10.0\%
\end{aligned}
$$

2. 四川省某城市一户一表居民用户，2015 年 7 月抄见电量为 415kWh，其中峰段 186kWh，平段 145kWh，谷段 84kWh。基础电价为：峰平段 0.5224 元/千瓦时，谷段 0.1750 元/千瓦时。月用电量 180kWh 以上计收阶梯电费；其中 181～280kWh 为 0.10 元/千瓦时，281kWh 以上为 0.30 元/千瓦时。则该用户本月电费为（　　）元。

答案：223.41

解： 基础电费。峰段、平段为（186+145）×0.5224=172.91（元）

谷段为 84×0.1750=14.70（元）

阶梯电费。181～280kWh 部分为 100×0.10=10.00（元）

281kWh 以上部分为 135×0.30=40.50（元）

合计电费。172.91+10.00+40.50=223.41（元）

3. 某农场 10kV 高压电力排灌站装有 400kVA 变压器一台，高压侧计量。2015 年 3 月抄见有功电量 W_p 为 21600kWh，无功电量 W_q 为 16500kvarh。参照第五部分附录二、电费计算例题参考电价表，则该户本月应交电费为（　　）元。

答案： 5230.50

解： 该电力排灌站应执行 10kV 农业排灌电价，并执行功率因数调整电费。目录电费=21600×0.2351=5078.16（元）

功率因数 $\cos\varphi=\cos\left(\arctan\dfrac{W_q}{W_p}\right)=\cos\left(\arctan\dfrac{16500}{21600}\right)=0.79$

该户功率因数调整标准为 0.85，当功率因数为 0.79 时，电费调整率为 3%，所以

功率因数调整电费=5078.16×3%=152.34（元）

合计 5078.16+152.34=5230.50（元）

4. 一台单相电动机接在 220V、50Hz 的交流电源上，设该电动机的等效电路图如下图所示。已知 $R=30\Omega$，$L=0.5\text{H}$，则该电动机的有功功率为（　　），无功功率为（　　），视在功率为（　　）。（最后结果保留两位小数）

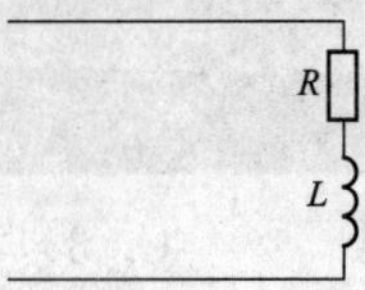

答案： 56.72、296.83、302.50

解： 感抗 $X_L=2\pi fL=2\times3.14\times50\times0.5=157$（Ω）

阻抗 $Z=\sqrt{R^2+X_L^2}=\sqrt{30^2+157^2}=160$（Ω）

电流 $I=\dfrac{U}{Z}=\dfrac{220}{160}=1.375$（A）

有功功率 $P=I^2R=1.375^2\times30=56.72$（W）

无功功率 $Q=I^2X_L=1.375^2\times157=296.83$（var）

视在功率 $S=I^2Z=1.375^2\times160=302.50$（VA）

五、识图题（每小题 2 分，共 6 分）

1. 下列电气图形符号名称正确的是（　　）。

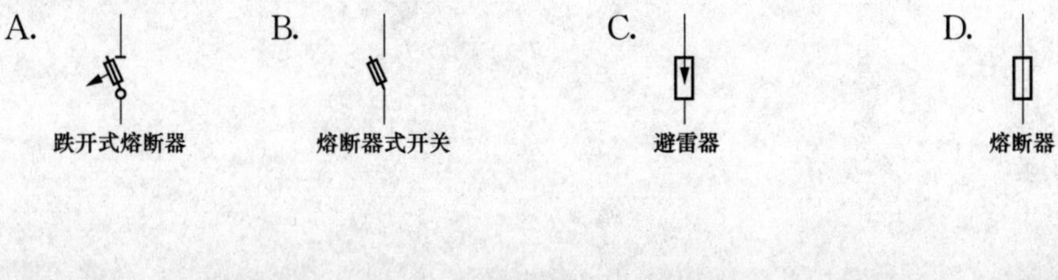

答案：ABCD

2. 以下低压电能信息采集网络示意图是否正确。（ ）

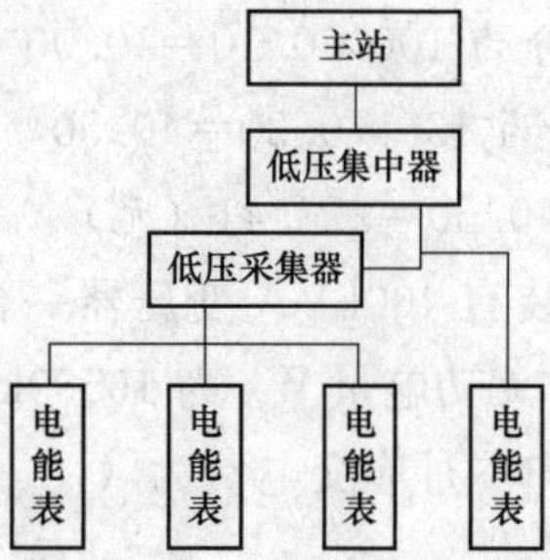

A. 正确　　B. 错误

答案：A

3. 以下电能表铭牌中，参比频率是（ ），参比电流和最大电流是（ ），电能表常数（有功）是（ ），电能表常数（无功）是（ ），参比电压是（ ）。

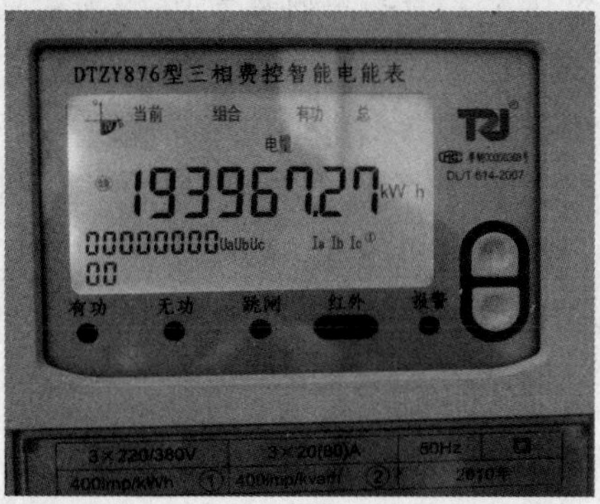

A. 50Hz　　B. 3×20(80)A　　C. 3×220/380V　　D. 400imp/kWh

E. 400imp/kvarh

答案：ABCDE

抄表核算收费员（中级）模拟考卷及答案（二）

一、单选题（每小题1分，共40分）

1. 低压裸母线至接地金属之间的安全距离应不小于（ ）mm。

A. 10　　B. 20　　C. 30　　D. 35

答案：B

2. 电工用的安全带，以（ ）N静拉力试验，以不破断为合格。

A. 2500　　B. 3500　　C. 4500　　D. 5500

答案：C

3. 35kV及以上电压供电的，电压正、负偏差绝对值之和不超过额定值的（ ）。

A. 5%　　B. 7%　　C. 10%　　D. 15%

答案：C

4. 低压供电的，以供电接户线的最后支持物（或称用电户的户外第一支持物）为分界点，支持物的资产属（ ）。

A. 用户所有　　B. 供电部门所有

C. 两家共有　　D. 供电部门一段时间所有，以后归用户所有

答案：B

5. 低压用户进户装置包括（ ）。

A. 进户线　　B. 进户杆

C. 进户管　　D. 进户线、进户杆、进户管

答案：D

6. 电灯开关要串接在（ ）上。

A. 相线　　B. 中性线　　C. 地线　　D. 相线或中性线

答案：A

7. 电网的电压质量取决于电力系统中（ ）的平衡。

A. 视在功率　　B. 无功功率　　C. 有功功率　　D. 额定功率

答案：B

8. 对基建工地、农田水利、市政建设等非永久性用电，可供给临时电源。使用临时电源的用户改为正式用电，应按（ ）办理。

A. 用户不需再办理手续　　B. 新装用电

C. 供电企业直接转为正式用电　　D. 重新签订供用电合同

答案：B

9. 160kVA 以上高压供电的工业客户，功率因数应执行（　　）标准。

A. 0.80　B. 0.85　C. 0.90　D. 0.95

答案：C

10. 高压 110kV 供电，电压互感器电压比为 110kV/100V，电流互感器电流比为 50/5A，其电能表的倍率应为（　　）倍。

A. 1100　B. 11000　C. 14000　D. 21000

答案：B

11. 工业试验用电，受电变压器容量为 315kVA，执行什么电价。（　　）

A. 居民照明电价　B. 大工业电价

C. 照明电价　D. 一般工商业及其他用电电价

答案：B

12. 工业用单相电热总容量不足 2kW 而又无其他工业用电者，其计费电价应按（　　）电价计费。

A. 城乡居民生活用电　B. 农业生产用电

C. 一般工商业及其他用电　D. 大工业

答案：C

13. RLC 串联谐振电路总电抗和 RLC 并联谐振电路总电抗分别等于（　　）。

A. ∞和 0　B. ∞和∞　C. 0 和 0　D. 0 和∞

答案：D

14. 单相电能表电压线圈断线时，电能表将（　　）。

A. 正常运转　B. 不转　C. 反转　D. 短路损坏

答案：B

15. 当电力线路中的功率输送方向改变后，其有功和无功电能表的转向是（　　）。

A. 有功表反转，无功表正转　B. 都正转

C. 都反转　D. 有功表正转，无功表反转

答案：C

16. 电压互感器二次绕组的额定电压为（　　）V。

A. 100　B. 200　C. 110　D. 220

答案：A

17. 方向大小随时间改变的电流为（　　）。

A. 直流电　B. 交流电　C. 恒定电流　D. 额定电流

答案：B

18. 变压器分为电力变压器和（　　）变压器两大类。

A. 油浸式　B. 干式　C. 配电　D. 特种

答案：D

19. DD58 型电能表是（　　）。

A. 单相电能表　B. 三相三线电能表　C. 三相四线电能表　D. 无功电能表

答案：A

20. DT862 型电能表在测量平衡负载的三相四线电能时，若有 A、C 两相电流进出线接反，则电能表将（　　）。

A. 停转　B. 慢走 2/3　C. 倒走 1/3　D. 正常

答案：C

21. 按照 DL/T 448—2000《电能计量装置技术管理规程》，用户Ⅱ类电能计量装置的有功、无功电能表和测量用电压、电流互感器的准确度等级应分别为（　　）级。

A. 0.5、2.0、0.2S、0.2S　B. 0.5 或 0.5S、2.0、0.2、0.2S 或 0.2

C. 0.5S、2.0、0.2、0.2S　D. 0.5 或 0.5S、2.0、0.2S、0.2S

答案：B

22. 电流互感器的一次绕组必须与（　　）串联。

A. 电线　B. 负载线　C. 地线　D. 相线

答案：D

23. 电流互感器铭牌上所标的额定电压是指（　　）。

A. 一次绕组的额定电压

B. 一次绕组对二次绕组和对地的绝缘电压

C. 二次绕组的额定电压

D. 一次绕组所加电压的峰值

答案：B

24. 电能表电流线圈严重过负荷烧损时，电能表仍然工作，但记录的电量（　　）。

A. 增加　B. 减少

C. 正常　D. 有时增加、有时减少

答案：B

25. 对用户提出异议的电能计量装置的检验申请后，低压和照明用户，一般在（　　）个工作日内将电能表和低压互感器检定完毕。

A. 3　B. 5　C. 7　D. 10

答案：C

26. 对于高压供电用户，一般应在（　　）计量。

A. 高压侧　B. 低压侧　C. 高、低压侧　D. 任意一侧

答案：A

27. 高供低计多功能电能表的接线方式是（　　）。

A. 单相　B. 两相　C. 三相三线　D. 三相四线

答案：D

28. 关于电能表铭牌，下列说法正确的是（　　）。

A. D 表示单相，S 表示三相，T 表示三相低压，X 表示复费率

B. D 表示单相，S 表示三相三线，T 表示三相四线，X 表示无功

C. D 表示单相，S 表示三相低压，T 表示三相高压，X 表示全电子

D. D 表示单相，S 表示三相，T 表示三相高压，X 表示全电子

答案：B

29. 过户实际上涉及新旧用户之间用电权和经济责任与义务关系的（　　）。

A. 继续　　B. 改变　　C. 维持　　D. 分开

答案：B

30. 基建工地所有的（　　），不得用于生产、试生产和生活照明用电。

A. 正式用电　　B. 高压用电　　C. 临时用电　　D. 低压用电

答案：C

31. 改压是改变（　）等级的简称。

A. 输出电压　　B. 供电电压　　C. 用电电压　　D. 变电电压

答案：B

32. 供电方案的有效期是指从供电方案正式通知书发出之日起至交纳供电贴费并受电工程开工日为止。高压供电方案的有效期为（　　）年，逾期注销。

A. 半　　B. 1　　C. 2　　D. 3

答案：B

33. 供电企业不受理（　　）用电的变更用电事宜。

A. 正式　　B. 增容　　C. 临时　　D. 新装

答案：C

34. 供电企业对用户送审的受电工程设计文件和有关资料审核的时间，低压供电的用户最长不超过（　　）。

A. 7 天　　B. 10 天　　C. 15 天　　D. 1 个月

答案：B

35. 用户在每一日历年内，可申请全部（含不通过受电变压器的高压电动机）或部分用电容量的暂时停止用电两次，每次不得少于（　　）天，1 年累计暂停时间不得超过 6 个月。

A. 10　　B. 15　　C. 20　　D. 30

答案：B

36. 盗窃电能价格在（　　）元以上者，即构成犯罪。应该依照《中华人民共和国刑法》的规定，追究其刑事责任。

A. 3000　　B. 2000　　C. 1000　　D. 5000

答案：C

37. 私自更改供电企业的电能计量装置者，除居民用户外，其他用户应承担（　　）元/次的违约使用电费。

A. 1000　　B. 2000　　C. 3000　　D. 5000

答案：D

38. 供电营业场所"三公开"的具体内容是（　　）。

A. 电费、电价、收费标准　　B. 电费、收费标准、服务程序

C. 电价、收费标准、服务程序　　D. 都不对

答案：C

39. 电力企业通过采用有效的激励措施，引导消费者改变用电的方式和时间，使电力资源

得到优化配制的手段属于（　　）。

A. 形象销售策略　　B. 优质服务策略
C. 市场开拓策略　　D. 推进需求侧管理策略

答案：D

40. 供电企业通过媒体宣传，窗口服务和产品展示等手段在全社会和消费者中树立电力产品优质、可靠、价格合理的形象，属于（　　）。

A. 形象销售策略　　B. 优质服务策略
C. 市场开拓策略　　D. 推进需求侧管理策略

答案：A

二、多选题 （每小题 2 分，共 16 分）

1. 智能表通信模块包括以下（　　）种。

A. 载波模块　　B. 微功率无线模块　　C. 公网无线模块　　D. 光纤模块

答案：ABCD

2. 在金属导体中，习惯上规定电流的方向（　　）。

A. 与正电荷运动的方向相同　　B. 与正电荷运动的方向相反
C. 与自由电子运动的方向相同　　D. 与自由电子运动的方向相反

答案：AD

3. 在直流电路中（　　）。

A. 电流的频率为零　　B. 电感的感抗为零
C. 电容的容抗为零　　D. 电容的容抗为无穷大

答案：ABD

4. 正弦交流电的三要素是（　　）。

A. 最大值　　B. 角频率　　C. 初相角　　D. 周期

答案：ABC

5. 电力供应与使用双方应当根据（　　）原则，按照国务院制订的电力供应与使用办法签订供用电合同，确定双方的权利和义务。

A. 平等互利　　B. 利益共享　　C. 平等自愿　　D. 协商一致

答案：CD

6. 安全生产“四不放过”是（　　）。

A. 事故原因没有查清楚不放过
B. 事故责任者没有受到处分不放过
C. 事故责任单位领导和职工没有受到教育不放过
D. 防范措施未落实不放过
E. 发现不安全因素不报告不放过

答案：ABCD

7. 抄表工作的主要内容是（ ）。

A. 按照抄表计划抄表，对新用户发放缴费卡或缴费通知单，提出调整抄表线路的建议

B. 对用户运行电能计量装置进行例行常规检查

C. 抄表差错、故障处理、违约用电和窃电等工作的报办

D. 现场解答用户疑问，宣传安全、节约用电知识

答案：ABCD

8. 大工业电力客户电费发票的主要内容有（ ）。

A. 户名、户号、用电地址、收费日期

B. 计费有功、无功电能表的起止码、倍率，实用电量，线变损电量，计费容量，功率因数

C. 电费计算：电价、电度电费、功率因数调整电费

D. 应收电费、基本电费、附加费、合计应收电费

答案：ABCD

三、判断题 （每小题 0.5 分，共 26 分）

1. 客户设备容量在 100kW 及以下或需用变压器容量在 50kVA 及以下者，可采用低压三相四线制供电，特殊情况也可以采用高压供电。（√）
2. 对高压供电用户，应在高压侧计量。经双方协商同意，也可在低压侧计量，但应加计变压器损耗。（√）
3. 电压互感器二次回路故障，可能会使反映电压、电流之间的相位关系的保护误动。（√）
4. 电压互感器的二次侧不允许短路。（√）
5. 电压表应并联在被测电路中。（√）
6. 电位的符号为 ϕ，电位的单位为 V。（√）
7. 电网的电压质量取决于电力系统中无功功率的平衡，无功功率不足电网电压偏低。（√）
8. 电容器在直流电路中相当于开路，电感相当于短路。（√）
9. 电气绝缘安全用具是用来防止工作人员走错停电间隔或误触带电设备的安全工具。（×）
10. 电气工作人员在 10kV 配电装置上工作，其正常活动范围与带电设备的最小安全距离为 0.35m。（√）
11. 电能计量装置原则上应装在供电设施的产权分界处。（√）
12. 电能计量装置不安装在产权分界处时，线路与变压器损耗的有功电量均由产权所有者负担。（√）
13. 电能的质量是以频率、电压、可靠性和谐波来衡量的。（√）
14. 电能表应安装在清洁干燥场所。（√）
15. 电能表型号中“Y”字表示预付费电能表。（√）

16. 电能表能满足有关标准规定的准确度的最大电流值叫作基本电流。（×）
17. 电能表铭牌上有一三角形标志，该三角形内置一代号，如 A、B 等，该标志指的是电能表运输条件组别。（×）
18. 电能表电流线圈有“·”或“*”标志的为电流流入端，当电流互感器一次 L1 为流入端，则其同极性标志 K1 为流出端。（√）
19. 电能表的准确度等级为 2.0，即其基本误差正负都不大于±2.0%。（×）
20. 安全带应高挂低用或平等拴挂，严禁低挂高用。（√）
21. 电路中任一节点的电流代数和等于零。（√）
22. 电路一般由电源、负载和连接导线组成。（√）
23. 电流互感器一次侧反接，为确保极性正确，二次侧不能反接。（×）
24. 电流互感器文字符号用 TA 标识。（√）
25. 电流互感器二次回路导线截面积不应小于 2.5mm²，电压互感器二次回路导线截面积不应小于 1.5mm²。（×）
26. 电流互感器的一、二次电流（I_1、I_2）与一、二次线圈匝数（N_1、N_2）成正比。（×）
27. 电流互感器的负荷与其所接一次线路的负荷大小无关。（√）
28. 电流互感器的额定变比是额定一次电流与额定二次电流之比。（√）
29. 电流表在使用前对电流量程没有要求。（×）
30. 电力需求侧管理（DSM）是通过对终端客户进行负荷管理，提高终端用电效率及实现综合资源规划。（√）
31. 电力建设企业、电力生产企业、电网经营企业依法实行计划经营，以盈利为主，并接受电力管理部门的监督。（×）
32. 电力安全生产中所称的生产是广义概念，含基本建设、用电营销和多种经营等。（√）
33. 电价由电力生产成本、税金和利润三部分组成，由国家统一规定。（√）
34. 电费违约金制度必须严格执行，任何单位和个人不得随意给予减、免、缓。（√）
35. 电费回收率是供电企业的一项重要技术考核指标。（×）
36. 电费“三率”是指抄表的“实抄率”“回收率”“差错率”。（√）
37. 电动机最经济、最节能的办法是：使其在额定容量的 75%～100%下运行，提高自然功率因数。（√）
38. 第三人责任致使居民用户家用电器损坏的，供电企业应协助受害居民用户向第三人索赔，并可比照《居民用户家用电器损坏处理办法》进行处理。（√）
39. 低压中性点接地系统中，人体在无绝缘情况下直接触及三相火线任何一相时，将承受 220V 危险电压。（√）
40. 低压触电保护装置俗称触电保安器或漏电开关。（√）
41. 当带电导体对地电压为 60～80V 时，低于试电笔起辉电压，氖泡可能不发亮，但设备实际上对人体有危险电压。（√）
42. 大宗工业生产车间空调用电，按一般工商业及其他用电电价计费。（×）
43. 大工业基本电费有：①按变压器容量计算；②按最大需量计算。具体选择方法，由供电企业酌情与用户协商确定。（√）

44. 大工业电价中的基本电价代表电力企业的电能成本。（×）

45. 大工业电价中的电度电价代表电力企业的容量成本。（×）

46. 测量绝缘时，若被测物短路，表针摆到“0”位时，应立即停止摇动，以避免烧坏绝缘电阻表。（√）

47. 参与对用户重大电气事故的调查是电力部门的职责范围。（√）

48. 采用仰卧牵臂压胸人工呼吸法，不能急救低压触电者使其恢复心脏跳动。（×）

49. 不可在设备带电情况下使用绝缘电阻表测量绝缘电阻。（√）

50. 表用互感器是一种变换交流电压或电流使之便于测量的设备。（√）

51. 变压器一、二次绕组的功率基本相等。（√）

52. 0.1级电能表标准装置（瓦秒法）的输出功率稳定度应不超过0.02%。（√）

四、计算题 （每小题3分，共12分）

1. 某居民用户安装的是一只单相$U=220\text{V}$、$I=5(20)\text{A}$的电能表。则该用户同时使用的电器功率和为（　　）W；若只接照明负载，可接80W的电灯（　　）盏。(结果保留整数)

答案： 4400、55

解： 所能同时使用的电器功率和为

$$P=220\times 20=4400\ (\text{W})$$

能接80W电灯盏数为

$$n=\frac{4400}{80}=55\ (\text{盏})$$

2. 某用户有2盏100W灯泡，平均每天使用3h；1台电视机，功率为60W，平均每天收看2h；一台电冰箱，平均每天耗电1.5kWh。2015年4月，该用户需交电费（　　）元。(均价按0.5224元/千瓦时计算)

答案： 36.39

解： 灯泡每天消耗的电能为

$$W_1=2\times 100\times 3=600\ (\text{Wh})=0.6\ (\text{kWh})$$

电视机每天消耗的电能为

$$W_2=1\times 60\text{W}\times 2=120\ (\text{Wh})=0.12\ (\text{kWh})$$

电冰箱每天消耗的电能为$W_3=1.5\text{kWh}$，则该用户每天消耗的电能为

$$W=W_1+W_2+W_3=(0.6+0.12+1.5)=2.22\ (\text{kWh})$$

本月应交电费：

$$Y=W\times \text{天数}\times \text{电价}=2.22\times 30\times 0.5224=34.79\ (\text{元})$$

3. 有一用户2014年6月装表用电，电能表准确度等级为2.0，到9月时经计量检定机构检验，该用户电能表的误差$r\%$为-6%。假设该用户6～9月抄见用电量为47000kWh，该用户实际用电量为（　　）kWh。(取整数)

答案： 48500

解：根据《供电营业规则》第八十条，互感器或电能表误差超允许范围时，以“0”地误差为基准，按验证后的误差值退实用电量。退补时间从上次检验或换装后投入之日起至误差更正之日止的二分之一时间计算。

以“0”误差为基准的超差电量为

$$47000/(1-6\%)-47000=3000\ (\text{kWh})$$

$$\text{追补电量}=3000\times 1/2=1500\ (\text{kWh})$$

$$\text{实际用电量}=1500+47000=48500\ (\text{kWh})$$

4. 某工业用户本月电量波动异常。三相四线制低压供电，电流互感器倍率为 150/5A。在电能表端子上实测相电压为 220V，电流为 4.8A，抄见有功电量起度 1000.4，无功电量起度 400.1；经过 6min 后，抄见有功电量止度 1000.6，无功电量止度 400.2。该用户的电能计量误差为（　　）%。(保留 2 位小数)

答案：－29.42

解：倍率＝150/5＝30，时间＝6/60＝0.1 (h)

根据测量结果求得实际视在功率 S_1，即

$$S_1=220\times 4.8\times 30\times 3=95040\ (\text{VA})=95.04\ (\text{kVA})$$

根据抄见电量求得有功功率 P_2、无功功率为 Q_2，即

$$P_2=(1000.6-1000.4)\times 30\div(6/60)=60\ (\text{kW})$$

$$Q_2=(400.2-400.1)\times 30\div(6/60)=30\ (\text{kvar})$$

总视在功率为

$$S_2=\sqrt{P_2^2+Q_2^2}=\sqrt{60^2+30^2}=67.08\ (\text{kVA})$$

计量误差＝(67.08－95.04)/95.04＝－29.42%

五、识图题 (每小题 2 分，共 6 分)

1. 在下图中，正确的二进二出接线方式的单相电能表内外接线图是（　　）。

A.

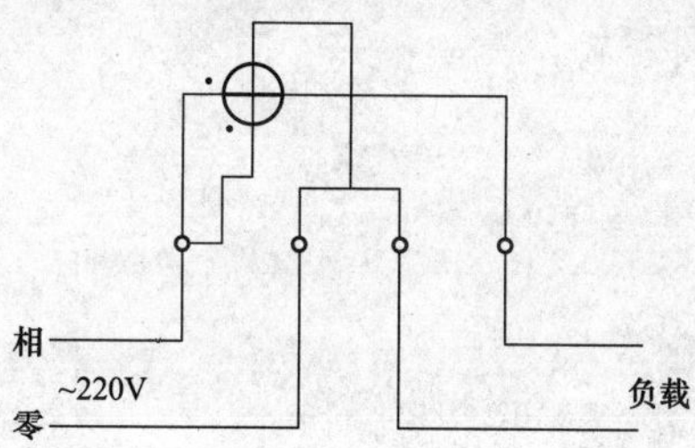

B.

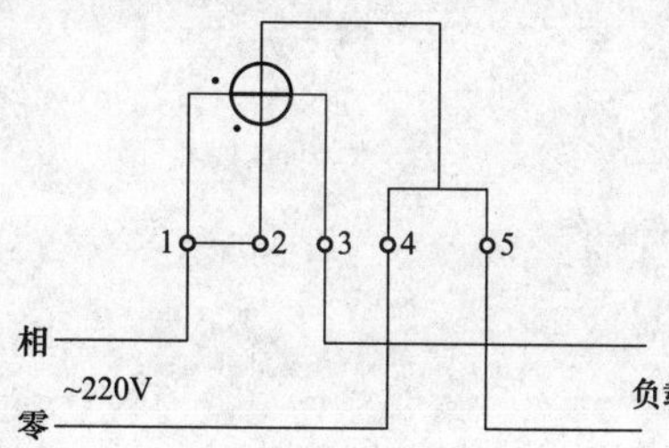

C.

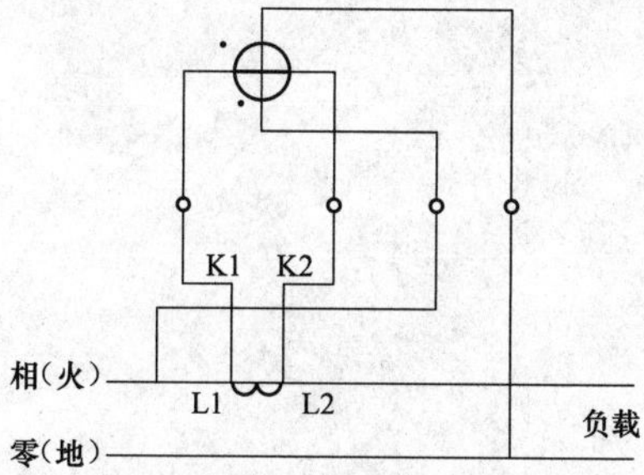

D.

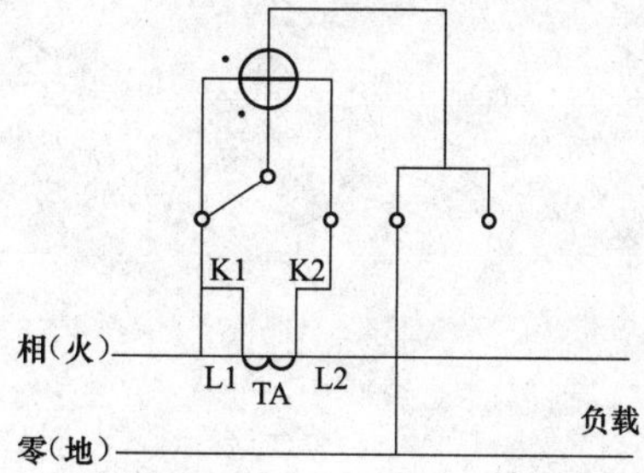

答案： A

2. 如下两台单相双绕组电压互感器连接的V/v形接线图是否正确。（ ）

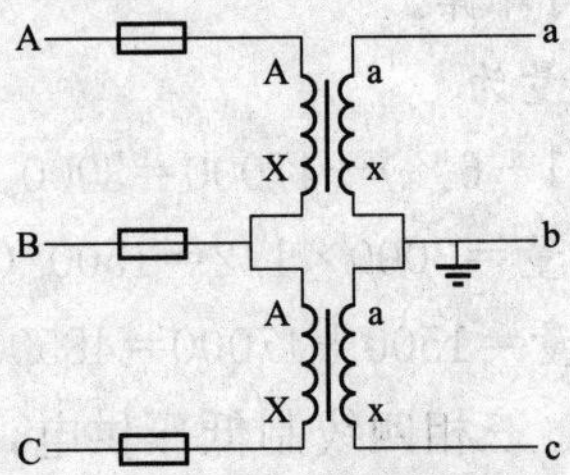

A. 正确　　　　B. 错误

答案： A

3. 以下新建抄表段的业务流程图是否正确。（ ）

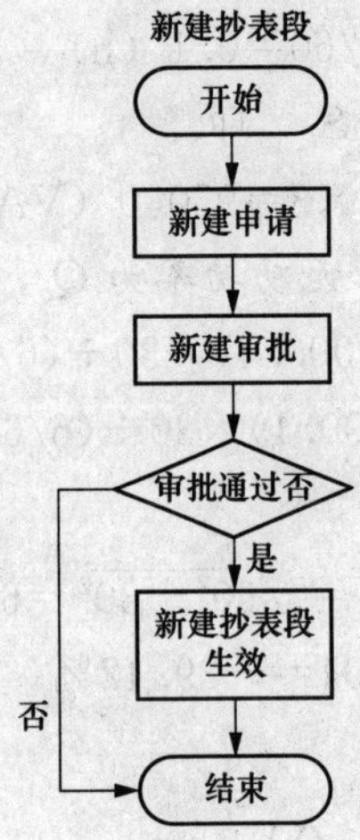

A. 正确　　　　B. 错误

答案： A

抄表核算收费员（中级）模拟考卷及答案（三）

一、单选题（每小题 1 分，共 40 分）

1. 对于电压质量有特殊要求的用户，其受电端的电压变动幅度，一般不得超过（　　）。

A. ±2%的额定电压　　B. ±3%的额定电压

C. ±5%的额定电压　　D. ±7%的额定电压

答案：C

2. 临时用电期一般不得超过 6 个月，逾期需办理延期，但最长不得超过（　　）年。逾期不办理延期或永久性正式用电手续的，供电企业应终止供电。

A. 1　　B. 2　　C. 3　　D. 4

答案：C

3. 国家电网公司供电服务承诺，对已竣工验收合格具备供电条件的低压用户，装表接电期限不超过（　　）个工作日。

A. 3　　B. 5　　C. 10　　D. 15

答案：A

4. 标准功率因数为 0.90，适用于以下哪类用户。（　　）

A. 160kVA 及以上的高压供电工业用户　　B. 160kVA 及以上的高压供社队工业用户

C. 100kVA 及以上的高压供电工业用户　　D. 160kVA 以上的高压供电工业用户

答案：D

5. 根据我国具体条件和环境，一般规定的安全电压有（　　）V。

A. 36、24 和 12　　B. 15、10 和 5　　C. 380、220 和 36　　D. 0

答案：A

6. 电网的电压质量取决于电力系统中（　　）的平衡。

A. 视在功率　　B. 无功功率　　C. 有功功率　　D. 额定功率

答案：B

7. 在下列计量方式中，考核用户用电需要计入变压器损耗的是（　　）。

A. 高供高计　　B. 高供低计

C. 低供低计　　D. 高供高计和低供低计

答案：B

8. 某低压三相四线用户，正常负荷电流约 30A，则应选用（　　）A 的电能表。

A. 10(30)　　B. 10(40)　　C. 15(30)　　D. 15(60)

答案：B

9. 客户使用的电力电量，以（ ）依法认可的计量装置的记录为准。

A. 计量检定机构　　B. 电力管理部门

C. 产品质量监督部门　　D. 价格管理部门

答案： A

10. 计量装置误差超出允许范围是指电能表的（ ）误差超出电能表本身的准确等级。

A. 相对　　B. 绝对　　C. 实际　　D. 记录

答案： C

11. 互感器或电能表误差超出允许范围时，以（ ）为基准，按验证后的误差值退补电量。退补时间从上次校验或换装后投入正之日止的 1/2 时间计算。

A. “0”误差　　B. 允许电压降

C. 用户正常月份的用电量　　D. 按抄表记录或按失压自动记录仪记录确定

答案： A

12. 供电企业应对新装、换表及现场校验后的用电计量装置加封，并请用户在（ ）上签章。

A. 工作手册　　B. 派工单　　C. 工作传票　　D. 工作报告

答案： C

13. 供电企业应当按（ ）电价和用电计量装置的记录收取电费。

A. 国家核准　　B. 地方政府核准　　C. 供电企业核准　　D. 双方协定

答案： A

14. 对两路及以上线路供电（不同的电源点）的用户，装设计量装置的形式为（ ）。

A. 两路合用一套计量装置，节约成本

B. 两路分别装设有功电能表，合用无功电能表

C. 两路分别装设电能计量装置

D. 两路合用有功电能表，但分别装设无功电能表

答案： C

15. 电能计量装置包括（ ）。

A. 电能表、互感器、计费系统

B. 电能表，电压、电流互感器及其二次连接线导线

C. 进户线、电能表、互感器

D. 电能表、集中器、采集器

答案： B

16. 电流互感器二次回路的连接导线，至少应不小于（ ）mm^2。

A. 5　　B. 4　　C. 3　　D. 2

答案： B

17. 装表接电是业扩报装全过程的（ ）。

A. 开端　　B. 中间环节　　C. 继续　　D. 终结

答案： D

18. 客户配电间带电指示灯（ ）亮，代表设备处于运行状态。

A. 红灯　B. 绿灯　C. 黄灯　D. 蓝灯

答案：A

19. 在交流电路中，相线与零线之间的电压称为相电压，相与相之间的电压称为线电压。线电压是相电压的（　）倍。

A. 1　B. $\sqrt{2}$　C. $\sqrt{3}$　D. 2

答案：C

20. 应用右手定则时，拇指所指的是（　）。

A. 导线切割磁力线的运动方向　B. 在导线中产生感应电动势的方向

C. 导线受力后的运动方向　D. 磁力线切割导线的方向

答案：A

21. 接入中性点绝缘系统的电压互感器，35kV 以下的宜采用（　）方式接线。

A. Y/y　B. V/v　C. Y0/yo　D. Y/yo

答案：B

22. 接地装置是指（　）。

A. 接地引下线

B. 接地引下线和地上与应接地的装置引线

C. 接地体

D. 接地引下线和接地体的总和

答案：D

23. 交流电流表或电压表指示的数值是（　）。

A. 平均值　B. 最大值　C. 最小值　D. 有效值

答案：D

24. 电流互感器铭牌上所标的额定电压是指（　）。

A. 一次绕组的额定电压　B. 一次绕组对二次绕组和对地的绝缘电压

C. 二次绕组的额定电压　D. 一次绕组所加电压的峰值

答案：B

25. 两部制电价把电价分成两个部分：一是以用户用电容量或需量计算的基本电价；二是以用户耗用的电量计算的（　）。

A. 有功电价　B. 无功电价　C. 电度电价　D. 调整电价

答案：C

26. 最大需量是指用电户在全月中（　）min 内平均最大负荷值。

A. 5　B. 10　C. 15　D. 20

答案：C

27. 某用户有 315kVA 和 400kVA 受电变压器各一台，运行方式互为备用，应按（　）kVA 的设备容量计收基本电费。

A. 315　B. 400　C. 715　D. 实用设备容量

答案：B

28. 某淡水鱼研究所，10kV 受电，其功率因数调整电费应按（　）执行。

A. 0.75 功率因数调整标准　　B. 0.80 功率因数调整标准
C. 0.85 功率因数调整标准　　D. 0.90 功率因数调整标准
答案： C

29. 某 10kV 供电、受电变压器容量为 400kVA 的公用污水处理厂，其用电行业和电价应分别按（　　）执行。
A. 轻工业、一般工商业及其他　　B. 轻工业、大工业
C. 重工业、一般工商业及其他　　D. 重工业、大工业
答案： D

30. 某 10kV 高供高计用户接 50/5A 电流互感器，若电能表读数为 20kWh，则用户实际用电量为（　　）kWh。
A. 20000　　B. 2000　　C. 200　　D. 20
答案： A

31. 居民用户的违约金每日按欠费总额的（　　）计算。
A. 3‰　　B. 2‰　　C. 1‰　　D. 4‰
答案： C

32. 江河堤坝防汛期间的临时用电（　　）。
A. 按城乡居民生活用电电价收费　　B. 按一般工商业用其他用电电价收费
C. 按农业生产电价收费　　D. 不收电费
答案： C

33. 黑光灯捕虫用电应执行（　　）电价。
A. 大工业用电　　B. 一般工商业及其他用电
C. 城乡居民生活用电　　D. 农业生产
答案： D

34. 触电急救时，当触电者心跳和呼吸均已停止时，应立即进行（　　）急救，这是目前有效的急救方法。
A. 举臂压胸法　　B. 俯卧压胸法　　C. 仰卧压胸法　　D. 心肺复苏法
答案： D

35. 对人体伤害最轻的电流途径是（　　）。
A. 从右手到左脚　B. 从左手到右脚　　C. 从左手到右手　　D. 从左脚到右脚
答案： D

36. 电气工作人员在 10kV 配电装置中工作，其正常活动范围与带电设备的最小安全距离是（　　）m。
A. 0.35　　B. 0.40　　C. 0.50　　D. 0.70
答案： A

37. 电气工作人员对安全规程应每年考试一次，因故间断电气工作连续（　　）个月及以上者，必须重新温习电业安全规程并经考试合格后，方可恢复工作。
A. 6　　B. 12　　C. 3　　D. 15
答案： C

38. 暂拆是指暂时停止用电，并是（　　）的简称。

A. 拆除房屋　　B. 拆除配电柜　　C. 拆除电能表　　D. 撤销户名

答案：C

39. 在电价低的供电线路上，擅自接用电价高的用电设备，除应按实际使用日期补交其差额电费外，还应承担（　　）倍差额电费的违约使用电费。

A. 1　　B. 2　　C. 3　　D. 5

答案：B

40. 某用户擅自向另一用户转供电，供电企业对该户应（　　）。

A. 当即拆除转供线路

B. 处以其供出电源容量收取每千瓦（千伏·安）500元的违约使用电费

C. 当即拆除转供线路，并按其供出电源容量收取每千瓦（千伏·安）500元的违约使用电费

D. 当即停该户电力，并按其供出电源容量收取每千瓦（千伏·安）500元的违约使用电费

答案：C

二、多选题 （每小题2分，共16分）

1. 在电力用户用电信息采集系统中，远程费控智能电能表远程停/送电的操作菜单及步骤是（　　）。

A. 基本应用　　B. 催费控制

C. 费控管理　　D. 电能表控制命令管理

E. 跳闸/合闸

答案：ACBDE

2. 下列关于最大需量表说法不正确的是（　　）。

A. 最大需量表只用于大工业用户

B. 最大需量表用于两部制电价用户

C. 最大需量表按其结构分为区间式和滑差式

D. 最大需量表计算的单位为kWh

答案：ACD

3. 电流互感器二次侧是不允许开路，是因为（　　）。

A. 磁通饱和，其二次侧将产生数千伏高压，且波形改变，对人身和设备造成危害

B. 铁芯磁通饱和，使铁芯损耗增加，产生高热，会损坏绝缘

C. 将在铁芯中产生剩磁，使互感器比差和角差增大，失去准确性

D. 以上都不对

答案：ABC

4. 电力系统运行的基本要求是（ ）。

A. 保证可靠地持续供电 B. 保证合格的电能质量

C. 保证电力系统运行安全、经济、合理 D. 保证电力网灵活、可靠的运行调度

答案： ABCD

5. 电费三率是指（ ）。

A. 电费回收率 B. 准确率 C. 实抄率 D. 差错率

答案： ACD

6. 低压照明用户申请用电时，在用电申请书上应填写以下主要内容。（ ）

A. 户名、用电地址、联系人 B. 通信联络方式、申请日期

C. 用电总容量、用电设备明细表 D. 生产产品品种及数量

答案： ABC

7. 大工业用电的电价由以下哪几部分构成。（ ）

A. 基本电价 B. 电度电价

C. 功率因数调整电费 D. 变动费用

答案： ABC

8. 抄表周期随意调整后影响（ ）。

A. 线损的正确计算

B. 功率因数、基本电费、变压器损耗的正确计算

C. 电费回收

D. 若遇电价调整，可能引起电费纠纷

E. 客户核算成本和产品单耗管理

答案： ABCDE

三、判断题 （每小题 0.5 分，共 26 分）

1. 电压相序接反，有功电能表将反转。（×）
2. 对高压供电用户，应在高压侧计量，经双方协商同意，可在低压侧计量，但应加计变压器损耗。（√）
3. 对用户不同受电点和不同用电类别的用电应分别安装计费电能表。（√）
4. 额定电压（U_n）：电动机的转子绕组，在运行时允许所加的线电压值（V）。（×）
5. 额定转速（N_n）：在额定运行情况下，电动机的转动速度（r/min）。（√）
6. 供电企业查电人员和抄表收费人员可以随时进入用户，进行用电安全检查和抄表收费，不需要任何手续。（×）
7. 规定把电压和电流的乘积叫作视在功率，视在功率的单位用伏安表示，符号为 VA。（√）
8. 国产电能表 DT 型号含义是三相三线有功电能表。（×）
9. 基尔霍夫电流定律指出，在集总电路中，任何时刻，对任一节点，所有流出节点的支路电流的代数和恒等于零。（√）

10. 电能表检定装置的准确度反映了各类误差的综合，包括装置的系统误差和随机误差。（√）

11. 当电流互感器一、二次绕组分别在同极性端子通入电流时，它们在铁芯中产生的磁通方向相同，这样的极性称为减极性。（√）

12. 当发现配电箱、电表箱箱体带电时，应断开上一级电源将其停电，查明带电原因，并做相应处理。（√）

13. 当确认表计由于载波模块损坏，无法正常进行数据抄读时，只能进行换表处理。（×）

14. 当用户有两种及以上用电类别负荷时，应分别计量。若无法分别安装计量装置，则应采取定比或电量方法进行分摊。（√）

15. 导线截面应根据导线的允许载流量、线路的允许电压损失值、导线的机械强度等条件来选择。（√）

16. 低压采集本地通信信道由集中器、采集器、电能表及之间的电气连接组成。（√）

17. 220V 单相供电的电压偏差为额定值的+7%、-10%。（√）

18. 三相四线制供电系统的中性线上，不得加装熔断器。（√）

19. 非居民客户向供电企业申请用电，受电工程验收合格后并办理相关手续后，7 个工作日内送电。（×）

20. 私自迁移、更改和擅自操作供电企业的用电计量装置按窃电行为处理。（×）

21. 以变压器容量计算基本电费的用户，属热备用状态的或未经加封的变压器，不论使用与否都计收基本电费。（√）

22. 测试电压时，一定要把电压表并联在回路中；测试电流时，一定要把电流表串联在电路中。（√）

23. 单相电能表的电流线圈串接在相线中，电压线圈并接在相线和中性线上。（√）

24. 当高压触电者脱离电源已失去知觉，但存在心脏跳动和呼吸时，必须进行人工呼吸，直到恢复知觉为止。（×）

25. 低压中性点接地系统中，人体在无绝缘情况下直接触及三相相线任何一相时，将承受 380V 危险电压。（×）

26. 电流互感器的额定电流从广义上讲是指互感器所通过的最大电流的瞬时值。（×）

27. 电流互感器二次侧额定电流均为 5A。（√）

28. 电流互感器一、二次绕组的首端 L1 和 K1 称为一、二次端。（×）

29. 电能表电流线圈串接在地线上可能产生漏计现象。（√）

30. 电能表应在离地面 0.5～1.5m 处安装。（×）

31. 电气工作人员在 110kV 配电装置工作时，正常活动范围与带电设备的最小安全距离为 1.5m。（√）

32. 电网电压的质量取决于电力系统的无功功率。（√）

33. 电压互感器一次绕组匝数多，二次绕组匝数少。（√）

34. 对农田水利、市政建设等非永久性用电可供给临时电源。临时用电期限除经供电企业准许外，一般不得超过 6 个月。（√）

35. 对三相四线表，标注 3×380/220V，表明电压线圈可长期承受 380V 线电压。（×）

36. 对于长期空载运行的变压器，应切断变压器的电源。 (√)

37. 趸售用户（含大工业未划由供电企业直供的）实行功率因数标准值为 0.85。 (×)

38. 额定功率相同的三相异步电动机，转速低的转矩大，转速高的转矩小。 (√)

39. 额定容量是指电气设备在厂家铭牌规定的条件下，在额定电压、额定电流下连续运行所输送的功率。 (√)

40. 二极管的伏安特性是用来描述加在二极管两个电极间的电压 U 和通过二极管的电流 I 之间关系的特性曲线。 (√)

41. 凡不通过专用变压器接用的高压电动机，不应计收基本电费。 (×)

42. 凡装见容量在 315kVA 及以上的大用户，执行两部制电价。 (×)

43. 负荷率越高，说明平均负荷越接近最大负荷，越好。 (√)

44. 复费率电能表是用于实行峰、谷峰时电价的计量装置。 (√)

45. 高压供电的大中型电力排灌站在电网高峰负荷时功率因数应达到 0.90。 (×)

46. 高压供电的用户，原则上应采用高压计量，计量方式和电流互感器的变比应由供电部门确定。 (√)

47. 工作人员在 6～10kV 配电装置上工作时，正常活动范围与带电设备的最小安全距离为 0.35m。 (×)

48. 供电电压质量，以电压的闪变、偏离额定值的幅度和电压正弦波畸变程度来衡量。 (√)

49. 供电方案的有效期是指从供电方案正式通知书发出之日起至受电工程完工之日止。 (×)

50. 供电方式按电压等级可分为单相供电方式和三相供电方式。 (×)

51. 供电方式应当按照安全、可靠、经济、合理和便于管理的原则，由供电企业确定。 (×)

52. 供电企业对长期拖欠电费并经通知催交仍不交费的用户，可以不经批准终止供电，但事后应报告本企业负责人。 (×)

四、计算题 （每小题 3 分，共 12 分）

1. 某电力用户受电电压为 10kV，主变压器容量为 6300kVA；而实际负荷指标为 2100kW，功率因数为 0.89，则 10kV 侧实际负载电流为（ ）A。

答案：136.23

解：实际负载电流为

$$I=\frac{P}{\sqrt{3}U\cos\varphi}=\frac{2100}{\sqrt{3}\times 10\times 0.89}=136.23\ (\mathrm{A})$$

2. 某电能表常数 C 为 450r/kWh，负载加热圈 P 为 2.1kW，计量倍率 B 为 50/5，该表表盘 t=10min 时应转（ ）转。若实际测得转数 N 为 14r，表计实际误差（ ）%。

答案：18、−11.11

解：电能表转盘一定时间内所转圈数为

$$r = \frac{\text{时间} \times \text{测试有功功率} \times \text{电能表常数}}{\text{计量倍率}}$$

$$r = \frac{(10/60) \times 2.4 \times 450}{50/5} = 18$$

$$\text{表计误差} = \frac{\text{实测圈数} - \text{计算圈数}}{\text{计算圈数}} \times 100\%$$

$$= \frac{16-18}{18} \times 100\% = -11.11\%$$

3. 有一低压用户，三相四线供电，三相负载平衡，有功功率 $P=2.8$kW，工作电流为 $I=5$A，该户的功率因数是（　　）。(结果保留两位小数)

答案：0.85

解：据题意，相电压 $U=220$V，相电流 $I=5$A；视在功率 $S=3UI$

故，$\cos\varphi = \frac{P}{S} = \frac{2800}{3 \times 220 \times 5} = 0.85$

4. 某机械厂现有 1000kVA 变压器 1 台，按需量计收基本电费。供电企业委托其对附近一汽车修理厂转供电，该修理厂为普通工业用户，三班制生产，2015 年 4 月该大工业用户最大需量表读数为 680kW，普通工业用户的有功抄见电量为 45900kWh，则大工业用户该月的需量值应为（　　）。

答案：595

解：根据《供电营业规则》第十四条规定，三班制生产的被转供户，有功电量 540kWh，折合 1kW。

$$45900 \div 540 = 85(\text{kW})$$

故该大工业用户当月的计费需量为

$$(680 - 85) = 595\ (\text{kW})$$

五、识图题 (每小题 2 分，共 6 分)

1. 判断以下计算机软件系统组成示意图是否正确（　　）。

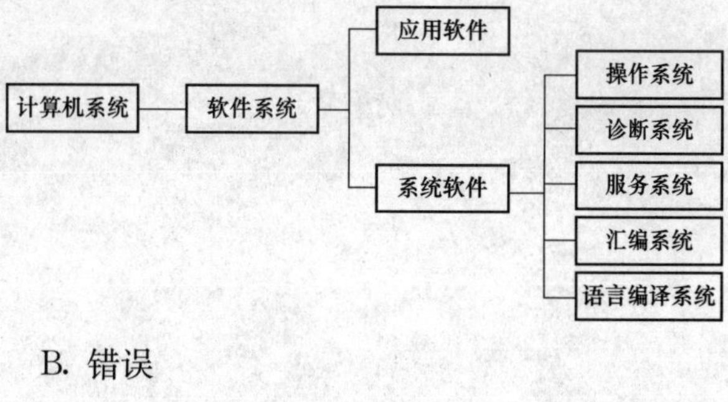

A. 正确　　　　B. 错误

答案：A

2. 电流表直接接入的测量电路图是否正确。（　　）

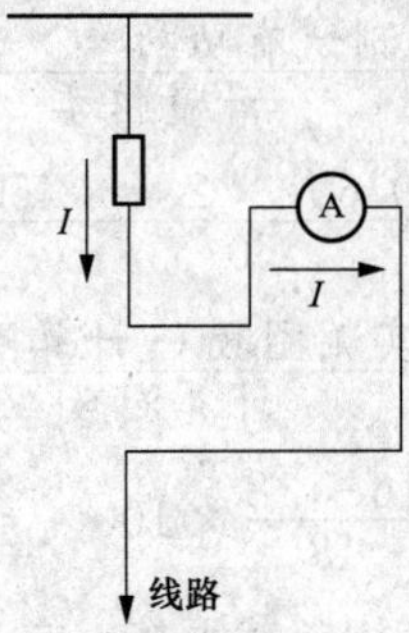

A. 正确　　　　　B. 错误

答案： A

3. 以下说法正确的是（　　）。

A. 图 1 所示，导体的电流是从纸面里流出，则载流导体的受力方向是从左向右

B. 图 1 所示，导体的电流是从纸面里流出，则载流导体的受力方向是从右向左

C. 如图 2 所示，导体向右以速度 v 运动，则导体中电流的流向是由外流向纸里面

D. 如图 2 所示，导体向右以速度 v 运动，则导体中电流的流向是从纸面流出

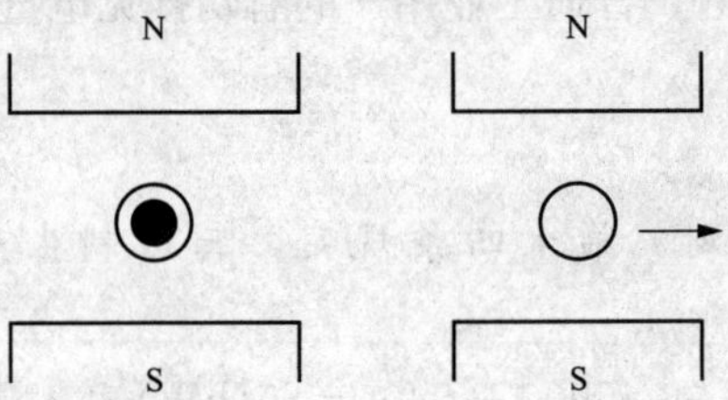

图 1　　　　　图 2

答案： AC

抄表核算收费员（中级）模拟考卷及答案（四）

一、单选题 （每小题 1 分，共 40 分）

1. 采集器是用于采集多个或单个电能表的电能信息，并可与集中器（ ）数据的设备。

A. 下载　B. 上传　C. 传输　D. 交换

答案： D

2. GPRS 用电信息采集终端正常上线时，在屏幕上应显示（ ）字符。

A. “G”　B. “C”　C. “S”　D. “W”

答案： A

3. 在电力系统正常状况下，供电企业供到用户受电端的供电电压允许偏差为 10kV 及以下三相供电的，为额定值的（ ）%。

A. ±3　B. ±5　C. ±7　D. ±10

答案： C

4. 中性点接地系统比不接地系统供电可靠性（ ）。

A. 高　B. 差　C. 相同　D. 无法比较

答案： A

5. 暂换变压器的使用时间，35kV 及以上的不得超过（ ），逾期不办理手续的，供电企业可中止供电。

A. 半年　B. 1 年　C. 5 个月　D. 3 个月

答案： D

6. 在负荷不变时，功率因数越高，（ ）。

A. 电流越大　B. 线路损耗越大　C. 线路压降越小　D. 线路压降越大

答案： C

7. 在低压三相四线制回路中，要求零线上不能（ ）。

A. 装设电流互感器　B. 装设电能表

C. 安装漏电保护器　D. 安装熔断器

答案： D

8. 用户在每一日历年内可申请全部或部分用电容量的暂停用电（ ）次。

A. 5　B. 3　C. 2　D. 1

答案： C

9. 用户单相用电设备总容量在（ ）kW 以内时，可采用 220V 供电。

A. 10　B. 15　C. 20　D. 30

答案：A

10. 因抢险救灾需要紧急供电时，所需工程费和电费由地方人民政府有关部门从（　　）经费中支出。

A. 抢险救灾　B. 工程项目　C. 水利建设　D. 电网改造

答案：A

11. 以架空线进线的低压用户的责任分界点是（　　）。

A. 接户线末端　B. 进户线末端　C. 电能表进线端　D. 电能表出线端

答案：A

12. 移表是移动用电（　　）位置的简称。

A. 配电装置　B. 供电装置　C. 计量装置　D. 受电装置

答案：C

13. 供电质量是指频率、电压、（　　）。

A. 电流　B. 波形　C. 供电可靠性　D. 电感

答案：C

14. 高压供电的工业用户和高压供电装有带负荷调整电压装置的电力用户，功率因数应不小于（　　）。

A. 0.80　B. 0.85　C. 0.90　D. 0.95

答案：C

15. 装表接电是业扩报装全过程的（　　）。

A. 开端　B. 中间环节　C. 继续　D. 终结

答案：D

16. 由于外界工作条件的改变而造成仪表的额外误差，称作仪表的（　　）。

A. 附加误差　B. 绝对误差　C. 相对误差　D. 基本误差

答案：A

17. 仪表在正常工作条件下，由于结构、工艺等方面不够完善而产生的误差，称为仪表的（　　）。

A. 附加误差　B. 绝对误差　C. 相对误差　D. 基本误差

答案：D

18. 改变电能计量装置接线，致使电能表计量不准，称为（　　）。

A. 窃电　B. 违章用电　C. 正常增容

答案：A

19. 对于高压供电用户，一般应在（　　）计量。

A. 高压侧　B. 低压侧　C. 高、低压侧　D. 任意一侧

答案：A

20. 电能计量用电压和电流互感器的二次导线最小截面积为（　　）。

A. $1.5mm^2$、$2.5mm^2$　B. $2.5mm^2$、$4mm^2$

C. $4mm^2$、$6mm^2$　D. $6mm^2$、$2.0mm^2$

答案：B

21. 当三相三线电路的中性点非直接接地时，宜采用（　　）的有功电能表测量有功电能。

A. 三相三线　　B. 三相四线

C. 三相三线或三相四线　　D. 三相三线和三相四线

答案： A

22. Ⅰ类电能计量装置的电压、电流互感器及有功、无功电能表的准确度等级分别为（　　）。

A. 0.2、0.2S 或 0.2、0.2S 或 0.5S、2.0

B. 0.2、0.2、0.2S（或 0.5S）、2.0

C. 0.2、0.2S、0.5、2.0

D. 0.2、0.5S、0.5、2.0

答案： A

23. 下列说法中，错误的说法是（　　）。

A. 叠加法适用于求节点少-支路多的电路

B. 戴维南定理适用于求复杂电路中某一支路的电流

C. 支路电流法是计算电路的基础，但比较麻烦

D. 网孔电流法是一种简便适用的方法，但仅适用于平面网络

答案： A

24. 阻值分别为 R 和 $2R$ 的两只电阻串联后接入电路，则阻值小的电阻发热量是阻值大的电阻发热量的（　　）倍。

A. 1　　B. 1/2　　C. 2　　D. 1/3

答案： B

25. 指针式万用表在不用时，应将挡位打在（　　）挡上。

A. 直流电流　　B. 交流电流　　C. 电阻　　D. 交流电压

答案： D

26. 正弦交流电的最大值和有效值的大小与（　　）。

A. 频率、相位有关　　B. 频率、相位无关

C. 只与频率有关　　D. 只与相位有关

答案： B

27. 在串联电路中（　　）。

A. 流过各电阻元件的电流相同　　B. 加在各电阻元件上的电压相同

C. 各电阻元件的电流、电压都相同　　D. 各电阻元件的电流、电压都不同

答案： A

28. 有一台三相发电机，其绕组连成星形，每相额定电压为 220V。在一次试验时，用电压表测得 $U_A=U_B=U_C=220V$，而线电压 $U_{AB}=U_{CA}=220V$，$U_{BC}=380$，这是因为（　　）。

A. A 相绕组接反　　B. B 相绕组接反

C. C 相绕组接反　　D. A、B 相绕组接反

答案： A

29. 用直流电桥测量电阻时，其测量结果中，（　　）。

A. 单臂电桥应考虑接线电阻，而双臂电桥不必考虑

B. 双臂电桥应考虑接线电阻，而单臂电桥不必考虑

C. 单、双臂电桥均应考虑接线电阻

D. 单、双臂电桥均不必考虑接线电阻

答案：A

30. 用钳形电流表测量较小负载电流时，将被测线路绕 2 圈后夹入钳口，若钳形表读数为 6A，则负载实际电流为（　　）A。

A. 2　　B. 3　　C. 6　　D. 12

答案：B

31. 应用右手定则时，拇指所指的是（　　）。

A. 导线切割磁力线的运动方向　　B. 磁力线切割导线的方向

C. 导线受力后的运动方向　　D. 在导线中产生感应电动势的方向

答案：A

32. 已知 $R=3\Omega$，$X_L=15\Omega$，$X_C=11\Omega$，将它们串联时，总阻抗 Z 等于（　　）Ω。

A. 29　　B. 7　　C. 5　　D. 3

答案：C

33. 关于电流互感器下列说法正确的是（　　）。

A. 二次绕组可以开路　　B. 二次绕组可以短路

C. 二次绕组不能接地　　D. 二次绕组不能短路

答案：B

34. 无功补偿的基本原理是把容性负载与感性负载接在同一电路中，当容性负载（　　）能量时，感性负载吸收（释放）能量。

A. 释放（吸收）　B. 释放（释放）　C. 吸收（吸收）　D. 吸收（释放）

答案：A

35. 执行两部制电价用户的电价分成两个部分：一部分是用以计算用户用电容量或需量计算的基本电价；另一部分是用以计算用户实用电量的（　　）。

A. 有功电价　　B. 无功电价　　C. 电度电价　　D. 调整电价

答案：C

36. 学校附属工厂的 200kVA 变压器生产用电应执行（　　）电价。

A. 城乡居民生活用电　　B. 农业生产用电

C. 大工业用电　　D. 一般工商业及其他用电

答案：D

37. 以变压器容量计算基本电费的用户，其备用变压器（含高压电动机）属热备用状态的或未加封的，如果未用，应（　　）基本电费。

A. 收 100%　　B. 收 75%　　C. 收 50%　　D. 免收

答案：A

38. 用手触摸变压器的外壳时，如有麻电感，可能是（　　）。

A. 线路接地引起　　B. 过负荷引起

C. 外壳接地不良引起　　D. 过电压引起

答案：C

39. 因用户或者第三人的过错给供电企业或者其他用户造成损害的，该（　　）应当依法承担赔偿责任。

A. 用户　　B. 第三人　　C. 供电企业　　D. 用户或者第三人

答案：D

40. 在 Word 中，执行“复制”命令时，应选择（　　）。

A. Ctrl＋C　　B. Ctrl＋V　　C. Shift＋C　　D. Shift＋V

答案：A

二、多选题（每小题 2 分，共 16 分）

1.《电力供应与使用条例》立法的目的是（　　）。

A. 为了加强电力供应与使用的管理　　B. 加强对供用电的监督管理

C. 维护供用电正常秩序　　D. 保障安全经济合理的供电和用电

答案：ACD

2.《供电营业规则》中第八十四条规定，基本电费以月计算，但（　　）当月的基本电费，可按实用天数（日用电不足 24 小时的按一天计算），每日按全月基本电费三十分之一计算。

A. 新装　　B. 终止供电　　C. 变更　　D. 增容

答案：ABCD

3. 安全生产的组织措施是（　　）。

A. 工作票制度　　B. 操作票制度　　C. 工作许可制度　　D. 工作监护制度

E. 工作间断、转移和终结制度

答案：ABCDE

4. 抄表员现场抄表的要求有（　　）。

A. 抄表员到客户处抄表应主动出示证件

B. 抄表员应遵守客户的内部保卫、保密管理规定

C. 正确抄录示数，不随意估抄，抄表过程中应严格遵守有关安全规定

D. 使用文明用语，热情回答客户提问

答案：ABCD

5. 电费回收中通常所指的“三千精神”含义是（　　）。

A. 千方百计　　B. 千辛万苦　　C. 千苦万难　　D. 千言万语

答案：ABD

6. 电力系统是由（　　）组成的统一体。

A. 各种类型发电厂中的发电机　　B. 各种电压等级的变压器

C. 各种电压等级的输配电线路　　D. 各种类型的用电设备

答案：ABCD

7. 根据 DL/T 448—2000《电能计量装置技术规程》的规定，以下属于Ⅲ类电能计量装置的有（ ）。

A. 月平均用电量 10 万 kWh 及以上或变压器容量为 315kVA 及以上的计费客户

B. 100MW 以下发电机、发电企业厂（站）用电量及供电企业内部用于承包考核的计量点

C. 考核有功电量平衡的 110kV 及以上的送电线路的电能计量装置

D. 负荷容量为 315kVA 以下的计费客户

答案：ABC

8. 专变采集终端本地通信调试的参数包括（ ）。

A. 电能表地址 B. 规约 C. 波特率 D. 信号频率

答案：ABC

三、判断题（每小题 0.5 分，共 26 分）

1. 伪造或者开启供电企业加封的电能计量装置封印用电的属窃电行为。（√）
2. 为防止因电气设备绝缘损坏而使人体有遭受触电的危险，将电气设备的金属外壳与变压器的中性线相连接，称为保护接地。（×）
3. 万用表使用后，应将转换开关旋至交流电压最低挡或空挡。（×）
4. 收费的桥梁收费站、公厕设施用电按一般工商业及其他用电电价计费。（√）
5. 使用钳形电流表，转换量程时钳形电流表应脱离被测电路，测量时钳形口应关闭紧密且不得靠近非被测相。（√）
6. 实收账是供电公司某段时间内实际收到的用户电费总和账目。（√）
7. 设备在能量转换和传输过程中，输出能量与输入能量之比称为设备效率。（√）
8. 擅自伸入或者跨越供电营业区供电的，除没收违法所得外并处违法所得 5～10 倍罚款。（×）
9. 三相有功电能表的电压、电流接线要求零序接入。（×）
10. 三相异步电动机如果一相断线，则电动机将无法正常启动。（√）
11. 三相四线负荷用户若安装三相三线电能表计量，易漏计电量。（√）
12. 三相四线电路中安装漏电保护器时，中性线不能接入漏电保护器中，否则将会误动作。（×）
13. 三相四线电路，中性线上严禁安装独立的开关。（√）
14. 三相三线有功电能表适应于测量任何三相电路的有功电能。（×）
15. 三相电能计量的接线方式中，ABC 接线为正相序，那么 CBA 就为逆相序。（√）
16. 三班制生产的化工企业的用电，峰、平、谷时段负荷耗电功率差距小。（√）
17. 若将电能计量装置中的电流互感器由 200A 改换为 150A，此时电能表将变慢。（×）
18. 任何被测设备，电源被切断后就可以立即进行绝缘测量。（×）
19. 某用户一个月有功电能为 2000kWh，平均功率因数 $\cos\varphi=0.8$，则其无功电能为

1500kvarh。（√）

20. 某农场 10kV 高压电力排灌站装有变压器 1 台，容量为 500kVA，高供高计。其电费应包含电度电费，基本电费和功率因数调整电费。（×）
21. 某非工业用户装 10kV，100kVA 专用变压器用电，其计量装置在二次侧的，应免收变损电量电费。（×）
22. 临时用电的用户，可不安装用电计量装置，根据用电容量、使用时间计收电费。（×）
23. 两元件三相有功电能表接线时，不接 B 相电流。（√）
24. 两部制电价中基本电价最大需量的计算，以用户在 15min 内的月平均最大负荷为依据。（√）
25. 两部制电价计费的用户，其固定电费部分不实行《功率因数调整电费办法》。（×）
26. 理论上说，当用两功率表法测量三相三线制电路的有功功率或电能时，不管三相电路是否对称都能正确测量。（√）
27. 纠正电压反相序的方法是将电压中任意两相的位置颠倒，如 B、A 换位 A、B，或 B、C 换位 C、B，或 A、B 换位 B、A，就可以反相。（√）
28. 金属导体的电阻除与导体的材料和几何尺寸有关外，还和导体的温度有关。（√）
29. 接入中性点非有效接地高压线路的计量装置，宜采用三相四线有功、无功电能表。（×）
30. 接地线可作为工作零线。（×）
31. 交流电路中，RLC 串联时，若 $R=5\Omega$，$X_L=5\Omega$，$X_C=5\Omega$，则串联支路的总阻抗是 15Ω。（×）
32. 减容期满或新装增容用户，若 1 年内确需继续办理减容或暂停的，减少或暂停部分容量的基本电费按 75%计算收取。（×）
33. 家用剩余电流保护器接线时，应将相线、中性线均接入保护器中。（√）
34. 计量用低压电流互感器二次侧额定电流均为 5A。（√）
35. 计费电能表不装在产权分界处，变压器损耗和线路损耗由供电企业负担。（×）
36. 基建工地、农田水利、市政建设等非永久性用电，客户申请可供给非永久电源。（√）
37. 基本电费可按变压器容量计算，也可按最大需量计算。具体对哪类用户选择何种计算方法，由供电公司确定。（×）
38. 基本电费可按变压器容量计算，具体选择办法，由供电企业报装部门确定。（×）
39. 合理选择电气设备的容量并减少所取用的无功功率是改善功率因数的基本措施，又称为提高自然功率因数。（√）
40. 供电企业因供电设施计划检修需要停电时，应当提前 3 天通知用户或者进行公告。（×）
41. 供电企业考核用户功率因数不用瞬时值，而用加权平均值。（√）
42. 供电企业对于应加收变压器损失电量的用户，变损电量只加入总表计费，不参加分表比例分摊。（×）
43. 供电企业对已受理的高压双电源用户申请用电，最长期限不超过 3 个月书面通知用户。（×）

44. 供电企业对已受理的低压电力用户申请用电，最长期限不超过 10 天书面通知用户。 (√)

45. 电能计量装置故障核查前使用验电笔（器）验明计量柜（箱）、电能表等带电情况，防止人员触电。 (√)

46. 电能计量装置不安装在产权分界处时，线路与变压器损耗的有功电量均由产权所有者负担。 (√)

47. 电磁式电压互感器是一种通过电磁感应将一次电压按比例变换成二次电压的电压互感器。 (√)

48. 电场强度反映电场力的特征，电位反映电场能的特征，电压反映电场力做功的能力。 (√)

49. 低压计量装置应符合相应的计量方式，容量较大和使用配电柜时，应用计量柜，容量小于 100kW 时，应用计量箱。 (√)

50. 低压供电，负荷电流为 100A 及以下的，宜采用直接接入式电能表。 (×)

51. 10kV 及以下三相供电的用户，其受电端的供电电压允许偏差为额定值的±7%。 (√)

52. 10kV 及以下公用高压线路供电的，以用户厂界外或配电室前的第一断路器或第一个支持物为分界点，第一断路器或第一支持物属用户。 (×)

四、计算题 （每小题 3 分，共 12 分）

1. 某用户的单相电能表配有电流互感器，电流互感器二次线单根长 5m，横截面积为 2.5mm^2。求 20℃时，二次线总电阻为（ ）Ω。若电流互感器二次电流为 4A，则二次线消耗的功率为（ ）W。（20℃时 $\rho=0.0172\Omega\cdot mm^2/m$）

答案：0.0688、1.1

解：按题意分别求解：

(1) $R=\rho\dfrac{L}{S}=0.0172\times\dfrac{5\times2}{2.5}=0.0688$ (Ω)

(2) $P=I^2R=4^2\times0.0688=1.1$ (W)

2. 测量电阻 R_1 上电压 U_1 为 110.05V，消耗功率 P_1 为 15W，电阻 R_2 上电压 U_2 为 100.12V，消耗功率 P_2 为 25W，则两电阻串联后的阻值为（ ）Ω。（计算结果保留整数）

答案：1208

解：$R_1=\dfrac{U_1{}^2}{P_1}=\dfrac{110.05^2}{15}=807.40$ (Ω)

$R_2=\dfrac{U_2{}^2}{P_2}=\dfrac{100.12^2}{25}=400.96$ (Ω)

$R=R_1+R_2=807.40+400.96=1208.36$ (Ω)

3. 某用户有功功率 P 为 1.86kW，供电电压 U 为 220V，工作电流 I 为 10A，则该户的功率因数为（ ）。（计算结果保留 2 位小数）

答案： 0.83

解： $\cos\varphi = \dfrac{P}{UI} = \dfrac{1.82\times10^3}{220\times10} = 0.83$

4. 某新装低压动力用户，第一个月抄表时发现三相四线电能表两相电压线断线，三相负荷基本平衡，当月抄见有功电量 W' 为 12000kWh，应补收电量为（　　）kWh。

答案： 24000

解： 三相四线电能表正确接线时的功率表达式为

$$P = 3UI\cos\varphi$$

据题意，三相负荷基本平衡，有两相电压断线，则电能表只计量实际电量的三分之一，其功率表达式为

$$P' = UI\cos\varphi$$

更正系数为

$$K = \frac{P}{P'} = \frac{3UI\cos\varphi}{UI\cos\varphi} = 3$$

实际用电度数为

$$W = KW' = 3\times12000 = 36000\ (\text{kWh})$$

应补收电量为

$$36000 - 12000 = 24000\ (\text{kWh})$$

五、识图题 （每小题 2 分，共 6 分）

1. 以下三相三线二元件有功电能表测量接线图是否正确。（　　）

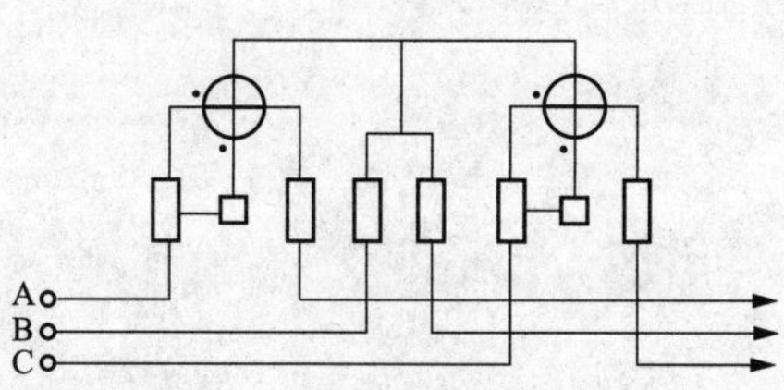

A. 正确　　　　B. 错误

答案： A

2. 若一进一出接线方式的单相电能表经电流互感器 TA 接入，分用电压线和电流线的接线图，以下两图中正确的是（　　）

A.

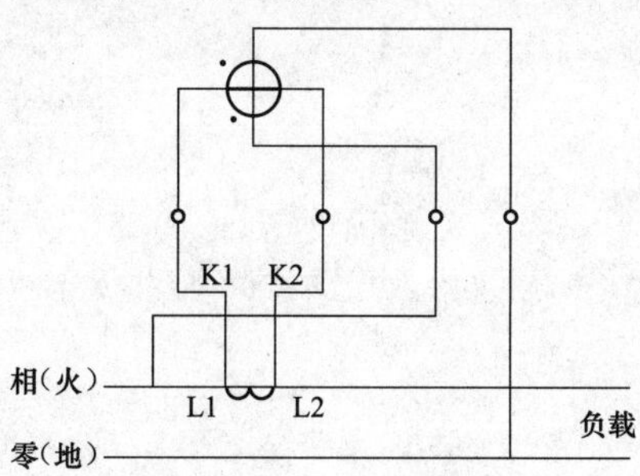

B.

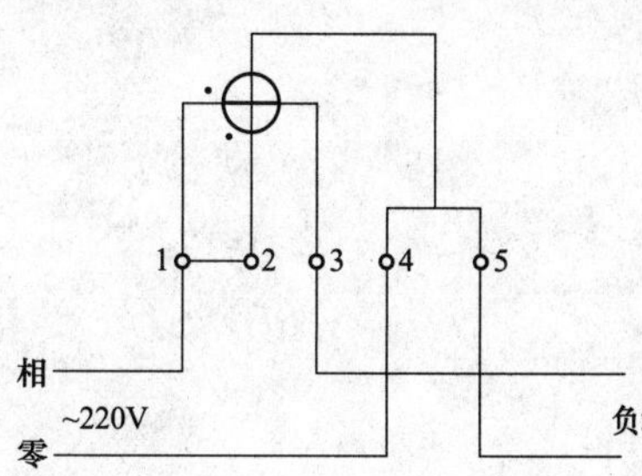

答案：A

3. 以下过户工作程序流程框图是否正确。（　　）

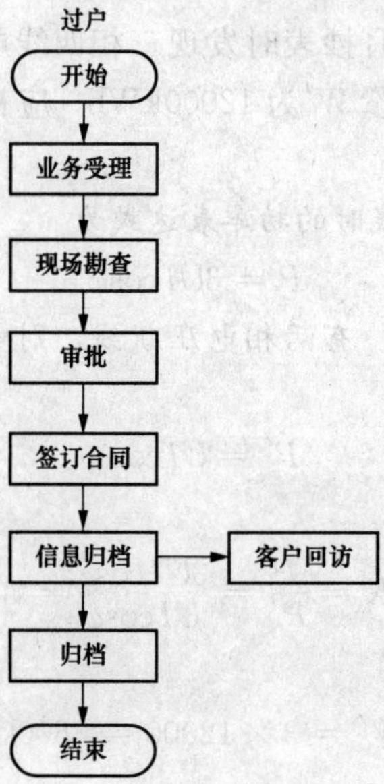

A. 正确　　　　　B. 错误

答案：A

抄表核算收费员（中级）模拟考卷及答案（五）

一、单选题 （每小题1分，共40分）

1.《供电营业规则》于（　　）年10月8日发布施行。

A. 1996　　B. 1997　　C. 1998　　D. 1995

答案：A

2. 电力企业应加强安全生产管理，坚持安全第一、预防为主的方针，建立健全安全生产（　　）制度。

A. 调度　　B. 管理　　C. 责任　　D. 维护

答案：C

3. 对称三相电源三角形连接时，线电流是（　　）。

A. 两倍的相电流　　B. 三倍的相电流

C. 相电流　　D. $\sqrt{3}$倍的相电流

答案：D

4. 国家电网公司电力安全工作规程中规定标示牌中的字体颜色必须采用（　　）色。

A. 红　　B. 绿　　C. 黄　　D. 黑

答案：D

5. 人体与10kV高压带电体应保持的最小距离为（　　）m。

A. 0.3　　B. 0.6　　C. 0.7　　D. 1

答案：C

6. 离地面（　　）m及以上的工作均属高空作业。

A. 2　　B. 5　　C. 3　　D. 4

答案：A

7. 如果电动机外壳未接地，当电动机发生一相碰壳时，它的外壳就带有（　　）。

A. 线电压　　B. 线电流　　C. 相电压　　D. 相电流

答案：C

8. 钳形电流表测量电流，可以在（　　）电路电压上使用。

A. 380/220V　　B. 35kV　　C. 6kV　　D. 10kV

答案：A

9. 某三相三线正常供电的线路中，其中两相电流均为10A，则另一相电流为（　　）A。

A. 20　　B. 10　　C. 0　　D. 10×31

答案：B

10. 进户点的离地高度一般不小于（　　）m。

A. 2　　B. 2.5　　C. 3　　D. 4

答案：B

11. 截面均匀的导线，其电阻（　　）。

A. 与导线横截面积成反比　　B. 与导线长度成反比

C. 与导线电阻率成反比　　D. 与导线中流过的电流成正比

答案：A

12. 家用电器熔丝的选择原则是，总熔丝的额定电流应大于各电器额定电流之和，但不应大于（　　）。

A. 电能表额定最大电流　　B. 电能表额定电流

C. 电能表额定电流 1.5 倍　　D. 电能表标称电流

答案：A

13. 三极管中有（　　）个 PN 结组成，可以对电流起放大作用。

A. 4　　B. 3　　C. 2　　D. 1

答案：C

14. 关于有功功率和无功功率，错误的说法是（　　）。

A. 无功功率就是无用的功率

B. 无功功率有正有负

C. 在 RLC 电路中，有功功率就是在电阻上消耗的功率

D. 在纯电感电路中，无功功率的最大值等于电路电压和电流的乘积

答案：A

15. 三相电路中流过每相电源或每相负载的电流叫（　　）。

A. 线电流　　B. 相电流　　C. 工作电流　　D. 额定电流

答案：B

16. 某用户原报装非工业用电，现要求改为商业用电，该户应办理（　　）。

A. 改类　　B. 改压　　C. 更名过户　　D. 销户

答案：A

17. 某临时用电单位因负荷有多余，未经供电企业同意，后擅自将电力转供给一特困企业进行生产自救，该行为是（　　）。

A. 违纪行为　　B. 违法行为　　C. 违约行为　　D. 正常行为

答案：C

18. 某 10kV 工业用户，其电压允许偏差最大值和最小值分别为（　　）。

A. 9000V、11000V　　B. 9300V、10700V

C. 9300V、11000V　　D. 9000V、10700V

答案：B

19. 供电方案主要是解决（　　）对用户的供电应供多少、怎么供的问题。

A. 电力管理部门　　B. 供电企业

C. 变电站　　D. 发电厂

答案：B

20. 二极管的主要特性有（ ）。

A. 单向导电性 B. 电流放大作用 C. 电压放大作用 D. 滤波作用

答案：A

21. 最大需量是指用户 1 个月中每一固定时段的（ ）的最大指示值。

A. 最大功率 B. 平均有功功率 C. 最大平均功率 D. 最大负荷

答案：B

22. 某国有农场奶粉厂受电变压器容量 315kVA，该奶粉厂应按（ ）电价计费。

A. 农业生产用电 B. 一般工商业及其他用电

C. 大工业用电 D. 城乡居民生活用电

答案：C

23. 某工业用户变压器容量为 500kVA，其功率因数调整电费应按（ ）执行。

A. 0.75 功率因数调整标准 B. 0.80 功率因数调整标准

C. 0.85 功率因数调整标准 D. 0.90 功率因数调整标准

答案：D

24. 某工业电力用户 2008 年 12 月份的电费为 2000 元，该用户 2008 年 12 月份与 2009 年 1 月份应分别按（ ）比例缴纳违约金。（假设约定的交费日期为每月 10 日至 15 日）

A. 1‰、2‰ B. 2‰、3‰ C. 1‰、3‰ D. 3‰、2‰

答案：B

25. 某 10kV 高供高计用户的计量电流互感器为 50/5，若电能表读数为 20kWh，则用户实际用电量为（ ）kWh。

A. 200 B. 20000 C. 2000 D. 100000

答案：B

26. 理发用电吹风、电剪、电烫发等电器用电执行什么电价。（ ）

A. 居民照明电价 B. 大工业电价

C. 一般工商业及其他电价 D. 农业生产电价

答案：C

27. 电费违约金收取的规定是什么。（ ）

A. 居民客户：当年电费违约金每日按欠费总额的千分之二计算

B. 其他客户：每日按欠费总额的千分之三计算

C. 居民客户：跨年度欠费部分电费违约金每日按欠费总额的千分之三计算

D. 电费违约金收取额按日累加计收，总额不足一元者按一元收取

答案：D

28. 电费计算和审核工作应在抄表的（ ）进行。

A. 当日 B. 隔 3 日 C. 第五天 D. 一星期

答案：A

29. 3200kVA 及以上高压供电的电力排灌站，功率因数应执行（ ）标准。

A. 0.80 B. 0.85 C. 0.90 D. 0.95

答案：C

30. 某一单相电子式电能表脉冲常数为 1600imp/kWh，正确说法是（　）。

A. 脉冲灯闪 1 次累计为 1kWh 电量　B. 脉冲灯闪 16 次累计为 1kWh 电量

C. 脉冲灯闪 160 次累计为 1kWh 电量　D. 脉冲灯闪 1600 次累计为 1kWh 电量

答案：D

31. 若三相三线计量装置采用双电压互感器 TV，V 形接线，测得二次电压 $U_{AB}=0$，$U_{BC}=100V$，$U_{AC}=100V$ 时，可判断为（　）一次熔断器熔断。

A. B 相　B. A 相　C. C 相　D. A、C 相

答案：B

32. 铭牌标志中 5（20）A 的 5 表示（　）。

A. 基本电流　B. 负载电流　C. 最大额定电流　D. 工作电流

答案：A

33. 电流互感器是把大电流变为标准的计量用（　）A 电流，用于计量表和指示仪表以及保护回路中进行测量和保护。

A. 3　B. 5　C. 10　D. 15

答案：B

34. 测量三相四线制电路的有功电量时，应采用三相三元件电能表，其特点是不管三相电压、电流是否对称，都（　）。

A. 不会引起线路附加误差　B. 会引起线路附加误差

C. 不产生其他误差　D. 不会潜动

答案：A

35. DT862 型电能表在测量平衡负载的三相四线电能时，若有两相电压断线，则电能表将（　）。

A. 停转　B. 计量 1/3　C. 倒走 1/3　D. 正常

答案：B

36. DS862 型电能表是（　）。

A. 单相电能表　B. 三相三线电能表　C. 三相四线电能表　D. 无功电能表

答案：B

37. 35kV 计量用电压互感器的一次侧（　）。

A. 可不装设熔断器　B. 可以装设熔断器

C. 35kV 以上的必须装设熔断器　D. 熔断器装与不装均可

答案：B

38. 在电价低的供电线路上擅自接用电价高的用电设备，若使用起讫日期难以确定的，实际使用日期按（　）计算。

A. 至少 2 个月　B. 3 个月　C. 6 个月　D. 最多一年

答案：B

39. 窃电者除应按所窃电量补交电费外，还应承担补交电费（　）倍的违约使用电费。

A. 3　B. 4　C. 5　D. 6

答案： A

40.《居民用户家用电器损坏处理办法》规定，电冰箱、空调、洗衣机、电风扇使用寿命为（　　）年。

A. 2　　B. 5　　C. 10　　D. 12

答案： D

二、多选题 （每小题 2 分，共 16 分）

1. 左手定则又称电动机左手定则或电动机定则，用于判断载流导体的运动方向。其判断方法如下（　　）。

A. 伸平左手手掌，张开拇指并使其与四指垂直

B. 使磁力线垂直穿过手掌心

C. 使四指指向导体中电流的方向，则拇指指向为载流导体的运动方向

D. 使拇指指向导体中电流的方向，则四指指向为载流导体的运动方向

答案： ABC

2. 正确使用钳形电流表的方法是（　　）。

A. 测量电流时，应按动手柄使铁芯张开，把被测导线（必须是单根）穿到钳口中央

B. 先选用较大量程，然后再视读数的大小，逐渐减小量程

C. 测量小于 5A 以下电流时，可把导线多绕几圈放进钳口测量

D. 测量完毕把转换开关放在最大电流量程的位置上

答案： ABCD

3. 电压互感器接线时要注意的事项有（　　）。

A. 按要求的相序接线　　B. 单相电压互感器极性要连接正确

C. 二次侧应有一点可靠接地　　D. 二次绕组不允许开路

答案： ABC

4. 有下列情形的，不经批准即可对用户中止供电，但事后应报告本单位负责人。（　　）

A. 不可抗力和紧急避险

B. 对危害供用电安全，扰乱供用电秩序，拒绝检查者

C. 受电装置经检验不合格，在指定期间未改善者

D. 确有窃电行为

答案： AD

5. 电力运行事故对用户造成的损害由下列哪些原因引起时，电力企业不承担赔偿责任。（　　）

A. 不可抗力　　B. 用户自身的过错　　C. 第三人责任　　D. 供电企业自身过错

答案： ABC

6. 电动机在运行中有（　　）功率损耗。

A. 定子、转子铜　　B. 铁

C. 机械　　D. 附加

答案：ABCD

7. 低压线路上产生电压损失的原因是（　　）。

A. 供电线路太长超出合理的半径

B. 用户用电功率因数低，若在用电设备处又没有无功补偿装置，则电流通过低压线路所消耗的无功功率就多，引起电压损耗就越大

C. 线路导线截面积选择过小，电压损失越大

D. 冲击性负荷、三相不平衡负荷的影响

答案：ABCD。

8. 低压集中抄表终端的主要功能有（　　）。

A. 远程通信功能　　B. 抄表功能

C. 数据存储功能　　D. 跳闸功能

答案：ABC

三、判断题 （每小题 0.5 分，共 26 分）

1. 对二次回路没有专用接线盒的计量装置，换装作业应确保电能计量装置出线侧负荷开关在断开位置。（√）
2. 对三相四线电能表，标注 3×220/380V，表明电压线圈长期能承受 380V 线电压。（×）
3. 对时钟偏差大于 5min 的采集终端，用现场维护终端对其现场校时前，应先用标准时钟源对现场维护终端校时，再对采集终端校时。（√）
4. 对已竣工验收合格具备供电条件的低压用户，装表时间不超过 5 天。（×）
5. 对已竣工验收合格具备条件的高压用户，装表时间不超过 10 天。（×）
6. 工作前应用验电笔对金属表箱进行验电，并检查表箱接地是否规范、可靠。（√）
7. 三相三线有功电能表，由于错误接线，在运行中始终反转，则更正系数必定是负值。（√）
8. 三相四线供电时，中性线的截面积不应小于相线截面积的 1/2 倍。（√）
9. 三相四线制用电的用户，只要安装三相三线电能表，不论三相负荷对称或不对称都能正确计量。（×）
10. 三相异步电动机的额定电流（I_n）：在额定运行情况下，定子绕组所通过的线电流值（A）。（√）
11. 使用钳形电流表测量电流的过程中，发现量程挡位选择不当，应立即切换到合适的量程挡位。（×）
12. 市政府、广播电台、电视台的用电，按供电可靠性要求应分为一级供电负荷。（√）
13. 型号为 DX862 的电能表，属三相三线有功电能表。（×）
14. 腰带是电杆上登高作业必备用品之一，使用时应束在腰间。（×）
15. 一根导线的电阻是 6Ω，把它折成等长的 3 段，合并成一根粗导线，它的电阻是 2Ω。（×）

16. 因电力运行事故给用户或者第三人造成损害的供电企业应当依法承担赔偿责任。（√）
17. 用“六角图法”判断计量装置接线的正确性，必须满足三相电压基本对称，负载电流、电压基本稳定且功率因数大致确定。（√）
18. 远程费控智能电能表对通信信道、后台算费系统要求较高。表计面板右侧无卡槽，仍是先用电后付费的电能表。（√）
19. 在电工学中，用以表示正弦量大小和相位的矢量叫相量。（√）
20. 在电力系统中，将电气设备和用电装置的中性点、外壳或支架与接地装置用导体做良好的电气连接叫接地。（√）
21. 在给定时段内，电力网所有元件中的电能损耗称线损。线损电量占供电量的百分数称线损率。（√）
22. 在公用供电设施未到达的地区，周边单位有供电能力的可以自行就近转供电。（×）
23. 在供电企业的供电设施上擅自接线用电属于违约用电行为。（×）
24. 在供电设施上发生事故，应由供电企业承担因发生事故引起的法律责任。（×）
25. 在供用电合同中，电力的价格可以由供电人和用电人双方协商。（×）
26. 在集中器使用过程中，应进行定期检修、维护工作。终端中安装的 SIM 卡需要提前开通 GPRS 功能，要按时支付通信费用，确保终端通信正常。（√）
27. 在进行高压电能计量装置装拆及验收、工作前，应用验电器对金属计量柜进行验电，并检查计量柜接地可靠。（√）
28. 在三相电路中，电压或电流的正相序是指 A 相比 B 相超前 120°，B 相比 C 相超前 120°，C 相比 A 相超前 120°。（√）
29. 在使用钳形电流表测量电流的过程中，发现量程挡位不当，应立即切换到合适的挡位。（×）
30. 在三相对称电路中，功率因数角是指线电压与线电流之间的夹角。（×）
31. 在途电费视同欠费。（√）
32. 在我国，供电营业区可分为跨省营业区、省级营业区、地级营业区和县级营业区等四类。（√）
33. 在星形连接的电路中，线电压等于相电压。（×）
34. 在选用电能计量方式中，当用户单相用电设备总容量不足 10kW 时，可采用低压 220V 供电，其计量方式可采用三相计量。（×）
35. 在用电方安装的用电计量装置及电能信息采集装置由供电方维护管理，用电方负责保护并监视其正常运行。（√）
36. 用户在申请验表期间，电费可暂缓缴纳，待验表结果确认后，再根据校验结果按实缴纳。（×）
37. 在正常情况下，保护中性线不流过电流，所以人体可以触及。（×）
38. 在正常情况下，电压互感器误差受二次负荷影响，误差随着负荷增大而减小。（×）
39. 绝缘电阻表主要由手摇发电机、磁电式流比计、外壳组成。（√）
40. 正弦交流电的三要素是最大值、角频率和初相角。（√）
41. 执行两部制电价客户专门为调整用电功率因数安装的设备，如电容器、调相机等，也

需按容量计收基本电费。（×）

42. 智能电能表 RS-485 接口的缺省通信速率为 1200bit/s。（×）

43. 终端将采集的数据在月末零点（每月 1 日零点）生成各种历史月数据，并保存最近 12 个月的月数据。（√）

44. 专变采集终端工作电源的额定电压为 220/380V，57.7/100V，允许偏差为－20%～＋20%。（√）

45. 专用变压器采集终端工作电源的额定频率为 50Hz，允许偏差为－6%～＋2%。（√）

46. 专用变压器采集终端数据采集包括状态量采集、电能表数据采集、脉冲量采集、交流模拟量采集。（√）

47. 专线供电的用户不需要加收变损、线损电量。（×）

48. 专用变压器供电、采用低压计量的农业用电户，免收变压器损失电量电费。（×）

49. 专用计量箱（柜）内的电能表由电力公司的供电部门负责安装并加封印，用户不得自行开启。（√）

50. 装见容量为 315kVA 的码头装卸作业动力用电，执行一般工商业用其他用电电价计费。（√）

51. 自动抄表系统不能持抄表器现场抄表。（×）

52. 自由电荷在电场力的作用下做有规则的定向运动形成电流。（√）

四、计算题 （每小题 3 分，共 12 分）

1. 已知一对称三相电路的负载采用星形连接，线电压 U_L 为 380V，每相负载阻抗 R 为 10Ω，电抗 X_L 为 16Ω。则该负载的相电流为（　　）A。（结果保留一位小数）

答案： 11.7

解： 相电压 $U=\frac{UL}{\sqrt{3}}=\frac{380}{\sqrt{3}}=220$（V）

该电路的阻抗为

$$Z=\sqrt{R^2+X_L^2}=\sqrt{10^2+16^2}=18.87\ (\Omega)$$

相电流为

$$l=\frac{U}{Z}=\frac{220}{18.87}=11.7\ (\mathrm{A})$$

2. 某 10kV 供电大工业用户，按容量计收基本电费。三台受电变压器，容量分别是 $B_1=500$kVA，$B_2=630$kVA，$B_3=250$kVA。其中，B_1、B_2 在其一次侧装有连锁装置，互为备用。2014 年 10 月，其受电方式为 B_1、B_3 运行，B_2 退出，若基本电价为 26 元/（千伏安·月），则该客户本月基本电费（　　）元。

答案： 22880

解：《供电营业规则》第八十五条规定，在受电装置一次侧装有连锁装置互为备用的变压器，按可能同时使用的变压器容量之和的最大值计算其基本电费。故本月基本电费为

$$26.00\times(630+250)=22880.00\ (\text{元})$$

3. 某饲料厂原有一台250kVA变压器和一台200kVA变压器并列运行，按容量计收基本电费。2015年6月，因原材料短缺影响生产，申请暂停200kVA变压器。供电企业于6月13日暂停并加封。后因原材料到货，该变压器又于6月27日启封恢复供电。抄表日期为每月26日，基本电价为26元/(千伏安·月)。该厂6月应交纳的基本电费为（　　）元。(有小数的保留两位小数)

答案： 11700

解：《供电营业规则》第24条规定，暂停时间少于十五天者，暂停期间基本电费照收。因此，本月基本电费为

$$(250+200)\times 26=11700\ (\text{元})$$

4. 已知三相三线有功表接线错误，其A相接线形式为$U_{ca}\cdot -I_a$，C相为$U_{ba}\cdot -I_c$。若功率因数角φ为30°，计算得出其更正系数为（　　）。(三相负载平衡)

答案： 1

解： 按题意有

(1) 正确接线时的功率表达式为$P=\sqrt{3}UI\cos\varphi$

(2) 错误接线时的功率表达式为$P'=P_A+P_C$

$$P_A=U_{ca}(-I_a)\cos(30°-\varphi),\quad P_C=U_{ba}(-I_c)\cos(90°-\varphi)$$

在对称的三相电路中：$U_{ca}=U_{ba}=U$，$(-I_a)=(-I_c)=I$，则

$$\begin{aligned}P'&=P_A+P_C=UI\cos(30°-\varphi)+UI\cos(90°-\varphi)\\&=\sqrt{3}UI\cos(60°-\varphi)\end{aligned}$$

(3) 更正系数的表达式为$K=\dfrac{P}{P'}=\dfrac{\sqrt{3}UI\cos\varphi}{\sqrt{3}UI\cos(60°-\varphi)}$

$$=\frac{2}{1+\sqrt{3}\tan\varphi}=\frac{2}{1+\sqrt{3}\tan30°}=1$$

五、识图题 (每小题2分，共6分)

1. 以下两部制电价的组成示意图是否正确（　　）。

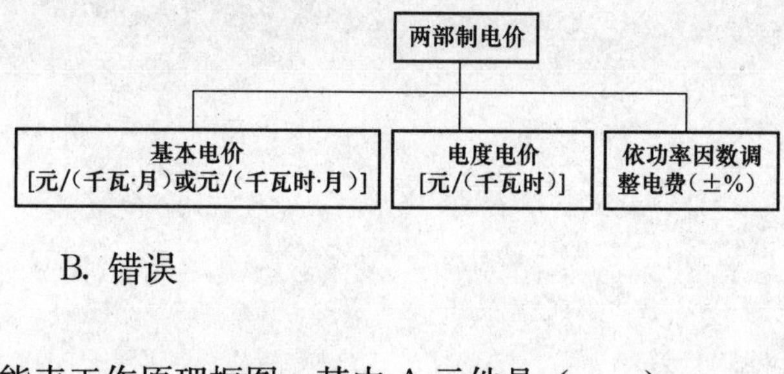

A. 正确　　　　B. 错误

答案： A

2. 如图为电子式电能表工作原理框图，其中A元件是（　　）。

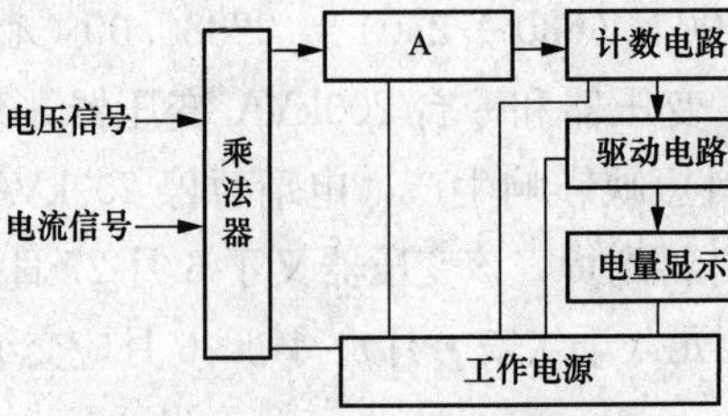

电子式电能表工作原理框图

A. V/F 变换器　B. 整流电路　C. 连接器　D. 选择电路

答案： A

3. 某电力系统如图，10kV 属于（　　）。

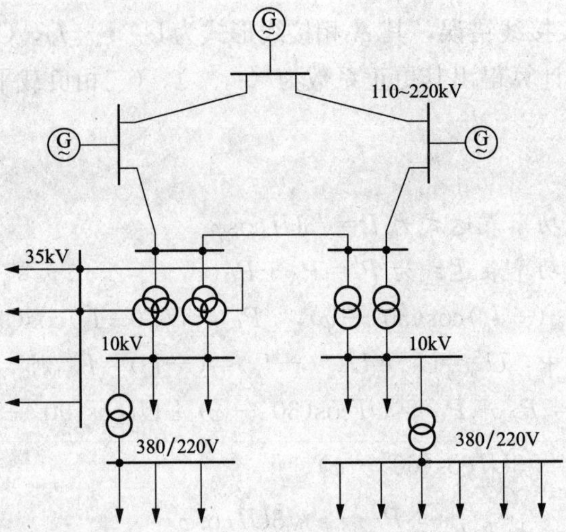

A. 配电网　B. 区域网　C. 输电网　D. 降压网

答案： A

抄表核算收费员（中级）模拟考卷及答案（六）

一、单选题 （每小题1分，共40分）

1. 单相智能电能表的RS-485接口设计的缺省波特率为（ ）bit/s。
   A. 1200　　B. 2400　　C. 4800　　D. 9600
   答案：B
2. 在公用供电设施尚未到达的地区，供电企业可委托有供电能力的直供户向（ ）的用电户转供电力。
   A. 其附近　　B. 效益好　　C. 郊区　　D. 非居民
   答案：A
3. 因供电设施临时检修需要停止供电时，供电企业应当提前（ ）h通知重要用户。
   A. 8　　B. 12　　C. 24　　D. 48
   答案：C
4. 应用右手定则时，拇指所指的是（ ）。
   A. 导线切割磁力线的运动方向　　B. 在导线中产生感应电动势的方向
   C. 导线受力后的运动方向　　D. 磁力线切割导线的方向
   答案：A
5. 销户是合同到期（ ）用电的简称。
   A. 终止　　B. 暂停　　C. 继续　　D. 减容
   答案：A
6. 未装设用电计量装置的临时用电，应根据其用电容量、双方约定的每日使用时数和使用期限、用电类别计收全部电费。用电终止时，如实际使用时间不足约定期限1/2的，可退还预收电费的（ ）。
   A. 全部　　B. 1/2　　C. 1/3　　D. 不退
   答案：B
7. 使用临时电源的用户改为正式用电，应按（ ）办理。
   A. 用户不需再办理手续　　B. 新装用电
   C. 供电企业直接转为正式用电　　D. 增加供电容量
   答案：B
8. 国家电网公司供电服务承诺，对已竣工验收合格具备供电条件的高压用户，装表接电期限不超过（ ）个工作日。
   A. 5　　B. 3　　C. 10　　D. 15

答案：A

9.《供电营业规则》规定，农业用电，功率因数为（　　）以上。

A. 0.90　　B. 0.85　　C. 0.80　　D. 0.75

答案：C

10. 熔丝的额定电流是指（　　）。

A. 熔丝 2min 内熔断所需电流　　B. 熔丝正常工作时允许通过的最大电流

C. 熔丝 1min 内熔断所需电流　　D. 熔丝 1s 内熔断所需电流

答案：B

11. 正弦交流电的平均值等于（　　）倍的最大值。

A. 2　　B. π　　C. 2/π　　D. 0.707

答案：C

12. 在并联的交流电路中，总电流等于各分支电流的（　　）。

A. 代数和　　B. 相量和　　C. 总和　　D. 方根和

答案：B

13. 下列说法中，错误的说法是（　　）。

A. 铁磁材料的磁性与温度有很大关系　　B. 当温度升高时，铁磁材料磁导率上升

C. 铁磁材料的磁导率高　　D. 表示物质磁化程度称为磁场强度

答案：B

14. 万用表使用完毕后，若万用表无“OFF”挡位，则转换开关应转到（　　）位置。

A. 直流电流最低挡　　B. 交流电压最高挡

C. 交流电压最低挡　　D. 直流电流最高挡

答案：B

15. 若 10kV 用户线路电流为 40A，线路电阻 2Ω，则线路损耗为（　　）kW。

A. 1.6　　B. 3.2　　C. 6.4　　D. 9.6

答案：D

16. 钳形电流表使用完后，应将量程开关挡位放在（　　）。

A. 最高挡　　B. 最低挡　　C. 中间挡　　D. 任意挡

答案：A

17. 配电装置中，代表 A 相相位色的为（　　）。

A. 红色　　B. 黄色　　C. 淡蓝色　　D. 绿色

答案：B

18. 配电电器设备安装图中被称作主接线图的是（　　）。

A. 一次接线图　　B. 二次接线图　　C. 平剖面布置图　　D. 设备安装图

答案：A

19. 某单相用户功率为 2.2kW，功率因数为 0.9，则计算电流为（　　）A。

A. 10　　B. 9　　C. 11　　D. 8

答案：C

20. 关于电压互感器下列说法正确的是（　　）。

A. 二次绕组可以开路 B. 二次绕组可以短路
C. 二次绕组不能接地 D. 二次绕组不能短路

答案：A

21. 如果一只电能表的型号为 DSD9 型，这只表应该是（ ）。
A. 三相三线多功能电能表 B. 三相预付费电能表
C. 三相最大需量表 D. 三相线复费率电能表

答案：A

22. 有功电能表是用来计量电能的有功部分，即视在功率的有功分量和时间的（ ）。
A. 总和 B. 差值 C. 积分 D. 乘积

答案：D

23. 三相四线有功电能表，抄表时发现一相电流接反，抄得电量为 500kWh，若三相对称，则应追补的电量为（ ）kWh。
A. 无法确定 B. 1000 C. 500 D. 366

答案：B

24. 三相三线电能表的 A 相电压和 C 相电压互换，其他接线正确，这时电能表将（ ）。
A. 跑慢 B. 停走 C. 跑快 D. 不确定

答案：B

25. 某用户月平均用电为 20 万 kWh，则应安装（ ）计量装置。
A. Ⅰ类 B. Ⅱ类 C. Ⅲ类 D. Ⅳ类

答案：C

26. 某用户安装一只低压三相四线有功电能表，B 相电流互感器二次极性反接达一年之久，三相负荷平衡，累计抄见电量为 2000kWh，该客户应追补电量为（ ）kWh。
A. 2000 B. 3000 C. 4000 D. 6000

答案：C

27. 装有带负荷调整电压装置的高压供电电力客户，功率因数应执行（ ）标准。
A. 0.80 B. 0.85 C. 0.90 D. 0.95

答案：C

28. 用户单相用电设备总容量不足（ ）kW 的可采用低压 220V 供电。
A. 5 B. 10 C. 15 D. 20

答案：B

29. 一个受电点有两路电源或两个回路供电，经供电企业认可，正常时互为备用基本电费如何计算。（ ）
A. 选择其中容量较大的变压器计收基本电费
B. 各路按受电变压器容量相加计算基本电费
C. 全部计收该时期的基本电费
D. 保安备用电源实行单一制电价

答案：A

30. 铁道、地下铁道充电站、下水道等电力用电，执行什么电价。（ ）

A. 居民照明电价 B. 大工业电价

C. 农业生产电价 D. 一般工商业及其他用电电价

答案：D

31. 受电设备容量为800kVA、高压供电的某市人民医院，其调整电费的功率因数标准值应是（ ）。

A. 0.90 B. 0.85 C. 0.80 D. 0.95

答案：B

32. 某单相用户的负载为2000W，每天使用5小时，一天用电为（ ）kWh。

A. 10 B. 400 C. 2005 D. 10000

答案：A

33. 通电导体在磁场中所受的力是（ ）。

A. 电磁力 B. 磁场力 C. 引力 D. 电场力

答案：B

34. 私自更改供电企业的电能计量装置者，除居民用户外，其他用户应承担（ ）元/次的违约使用电费。

A. 1000 B. 2000 C. 3000 D. 5000

答案：D

35. 若用户擅自使用已报暂停的电气设备，称为（ ）。

A. 窃电 B. 违约用电 C. 正常用电

答案：B

36. 擅自使用已在供电企业办理暂停手续的电力设备的，除两部制电价用户外，其他用户应承担擅自使用封存设备容量（ ）元/(次·千瓦)。

A. 20 B. 30 C. 40 D. 50

答案：B

37. 正常情况下，我国的安全电压定为（ ）V。

A. 220 B. 380 C. 110 D. 36

答案：D

38. 为了保证人身安全，防止触电事故而进行的接地叫作（ ）。

A. 工作接地 B. 重复接地 C. 保护接地 D. 工作接零

答案：C

39. 三相电路中，用电设备主要有以下连接法，即（ ）。

A. 三角形连接 B. 星形连接

C. 不完全星形连接 D. 三角形-星形连接

答案：D

40. 下列不属于辅助安全用具的是（ ）。

A. 绝缘手套 B. 绝缘靴（鞋） C. 绝缘垫 D. 验电器

答案：D

二、多选题 (每小题 2 分，共 16 分)

1. 正弦交流电的三要素是（ ）。

A. 最大值 B. 角频率 C. 初相角 D. 周期

答案： ABC

2. 用电信息采集终端按应用场所分为（ ）、分布式能源监控终端等类型。

A. 专变采集终端 B. 集中抄表终端

C. 抄表掌机 D. 电能表

答案： AB

3. 用电负荷按用电负荷在政治上和经济上造成损失或影响的程度，分为（ ）。

A. 一类负荷 B. 二类负荷 C. 三类负荷 D. 四类负荷

答案： ABC

4. 以下应加封的电能计量装置部位有（ ）。

A. 电能表两侧表耳和编程开关盖板 B. 电能表尾盖板

C. 试验接线盒盖板 D. 电能表箱（柜）门锁

答案： ABCD

5. 功率因数低的原因是（ ）。

A. 大量采用感应电动机或其他电感性用电设备

B. 电感性用电设备不配套或使用不合理，造成设备长期轻载或空载运行

C. 民用电器（照明、家用等）没有配置电容器

D. 变电设备有功负载率和年利用小时数过低

答案： ABCD

6. 大工业用户的电费如何计算。（ ）

A. 根据用户设备容量或用户最大需量来计算基本电费

B. 以用户实际使用的电量数计算电度电费

C. 以用户的实际功率因数对用户的电度电费与基本电费之和按功率因数调整办法进行调整（增-减）功率因数调整电费

D. 以用户实际使用的峰平谷电量数计算分时电费

答案： ABC

7. 安全生产的技术措施是（ ）。

A. 停电 B. 操作票制度 C. 验电 D. 装接地线

E. 悬挂标示牌和装设遮栏

答案： ACDE

8.《供电营业规则》对供电方案的确定期限规定正确的是（ ）。

A. 居民用户最长不超过 3 天 B. 低压电力用户最长不超过 10 天

C. 高压单电源的用户最长不超过 1 个月 D. 高压双电源用户最长不超过 2 个月

答案： BCD

三、判断题 (每小题 0.5 分，共 26 分)

1.《DL/T 448—2000 电能计量装置技术管理规程》低压供电负荷电流为 50A 及以下时，宜采用直接接入电能表负荷电流为 50A 以上时，宜采用经电流互感器接入式的接线方式。 (√)

2. 100kVA 及以上专用变压器用户（客户侧），专用变压器采集终端通过电能表的 RS-485 接口采集表数据。 (√)

3. 10kV 及以下公用高压线路供电的，以用户厂界外或配电室前的第一断路器或第一支持物为产权责任分界点，第一断路器或第一支持物属供电企业。 (√)

4. 160kVA（kW）及以上的高压供电的工业用户执行功率因数调整电费标准值是 0.90。 (×)

5. 35kV 及以下的用户，应采用专用的电流互感器和电压互感器专用二次回路或计量箱计量。 (√)

6. 变压器正常运行时的声音是连续均匀的嗡嗡声。 (√)

7. 不标明参考方向而说某电流或某电压的值是正或负是没有意义的。 (√)

8. 电能计量装置倍率＝电能表本身倍率×K_{TV}×K_{TA}。 (√)

9. 电压互感器铭牌上所标的额定电压是指一次绕组的额定电压。 (×)

10. 额定电流是指电气设备允许长期通过的电流。 (√)

11. 额定电压是指电气设备瞬间运行所能承受的工作电压。 (×)

12. 根据用户申请，受理改变用户名称的工作属于业务扩充工作。 (×)

13. 供电可靠性，以供电企业对用户停电的时间及次数来衡量。 (√)

14. 供电量就是售电量。 (×)

15. 红色安全色用来标志强制执行，如“必须戴安全帽”。 (×)

16. 计费电能表如不装在产权分界处，变压器损耗和线路损耗由产权所有者负担。 (√)

17. 经供电企业同意的被转供户视同供电企业的直供户，与直供户享有同样的用电权利，其一切用电事宜按直供户的规定办理。 (√)

18. 客户在申请验表期间，其电费可暂不按期交纳，验表结果确认后，再行退补电费。 (×)

19. 两部制电价是以合理的分担电力企业容量成本和电能成本为主要依据的电价制度，是一种很先进的电价计费办法。 (√)

20. 某单相用电居民客户所用电器设备不能运行，经用测电笔测量中性线、相线均带电，则可以判断进户总中性线断线。 (√)

21. 农业用电在电网高峰负荷时功率因数应达到 0.80。 (√)

22. 平地、造田、修渠、打井等农田基本建设用电，执行农业生产电价。 (√)

23. 窃电者应按所窃电量补交电费，并承担补交电费的 3～6 倍的违约使用电费。 (×)

24. 人们常用“负载大小”来指负载电功率大小，在电压一定的情况下，负载大小是指通过负载的电流大小。 (√)

25. 人体触电时的安全电压与人体安全电流和人体实际电阻有关。 (√)

26. 三角形连接电路构成的供电方式称为三相四线制。 (×)

27. 三相四线供电方式的中性线的作用是保证负载上的电压对称且保持不变，在负载不平衡时，不致发生电压突然上升或降低的线路，其他两相的电压不变。 (√)
28. 三相四线制有功电能表其中一相断压或断流时，少计 1/2 的总电量。 (×)
29. 使用中的电能表由于过负荷等原因，使电能表电流线圈部分匝间短路，可能造成电能表潜动。 (√)
30. 万用表使用后，应将转换开关旋至交流电压最低挡或空挡。 (×)
31. 伪造或开启供电企业加封的用电计量装置封印用电，属于违约用电。 (×)
32. 我国采用的安全色有红、黄、绿、蓝、黑色。 (√)
33. 线损电量包括电网输送损失电量和其他损失电量。 (√)
34. 校办工厂装接容量在 315kVA 及以下的执行一般工商业及其他用电电价。 (×)
35. 一般钳形电流表适用于低压电路的测量，被测电路的电压不能超过钳形电流表所规定的使用电压。 (√)
36. 医院用电，不论营利或非营利性质，执行一般工商业及其他用电电价。 (×)
37. 因用户过错，但由于供电企业责任而使事故扩大造成其他用户损害的，该用户应承担事故扩大部分 50%的赔偿责任。 (×)
38. 银行企业用电，执行一般工商业及其他用电电价。 (√)
39. 应收账是供电公司某段时间内的全部电力销售收入的账目。 (√)
40. 用户要求校验计费电能表时，供电部门应尽快办理，不得收取校验费。 (×)
41. 用万用表测量某一电路的电阻时，必须切断被测电路的电源，不能带电进行测量。 (√)
42. 由于不可抗力造成电力运行事故的，供电企业应当相应地补偿用户的部分损失。 (×)
43. 由于第三人的过错造成电力运行事故，应由电力企业承担赔偿责任。 (×)
44. 由于三相负荷不一样造成三相变压器绕组之间的电流差，称为变压器的不平衡电流。 (√)
45. 有功电能表的电能表常数是指每千瓦时的圆盘转数或脉冲数。 (√)
46. 在破产用户原址上用电的，按新装用电办理。 (√)
47. 在外电路中电流的方向总是从电源的正极流向负极。 (√)
48. 专变采集终端型号中第 3 个字母若为“G”表示终端的上行通信信道为 GPRS。 (√)
49. 装表接电是业扩报装全过程的终结，是用户实际取得用电权的标志，也是电力销售计量的开始。 (√)
50. 装换表时需对用户进行停电告知，若用户为普通居民用户，应提前 3 天进行告知。 (√)
51. 最大需量表测得的最大需量值是指电力用户在某一段时间内，负荷功率按规定时限平均功率的最大值。 (√)
52. Ⅲ类电能计量装置配置的有功电能表和无功电能表的准确度等级不应低于 1.0 级和 2.0 级。 (√)

四、计算题 **(每小题 3 分，共 12 分)**

1. 某单相电动机由 220V 的电源供电，电路中的电流为 12A，$\cos\varphi=0.85$，则电动机的视

在功率 S 为（ ）VA，有功功率 P 为（ ）W，无功功率 Q 为（ ）var。

答案：2640、2244、1390.7

解：按题意可得

$$P = S\cos\varphi$$

$$Q = \sqrt{S^2 - P^2}$$

$$S = UI = 220 \times 12 = 2640\ (\mathrm{VA})$$

$$P = S\cos\varphi = 2640 \times 0.85 = 2244\ (\mathrm{W})$$

$$Q = \sqrt{S^2 - P^2} = \sqrt{2640^2 - 2244^2} = 1390.7\ (\mathrm{var})$$

2. 某用电容量为 200kVA 的制砖厂，2014 年 5 月份抄见有功计量 W_p 为 54200kWh，无功电能表计量 W_q 为 29800kvarh，则该用户的本月平均功率因数 $\cos\varphi$ 是（ ）。

答案：0.88

解：按题意，该用户功率因数为

$$\cos\varphi = \frac{W_p}{\sqrt{W_p^2 + W_q^2}} = \frac{54200}{\sqrt{54200^2 + 29800^2}} = 0.88$$

3. 一正弦交流电的周期 T=0.02s，则该电流的角频率 ω 为（ ）rad/s。

答案：314

解：求该交流电的频率为

$$f = 1/0.02 = 50\ (\mathrm{Hz})$$

则角频率 $\omega = 2\pi f = 2\times3.14\times50 = 314$（rad/s）

4. 2015 年 3 月 20 日，因公用变压器中性线断落导致某居民小区赵、钱、孙三家家用电器损坏，且均不可修复。26 日供电公司收到赵、钱两家投诉，孙家未投诉。经调查核实购货发票，赵家损坏的电视机原价为 3126 元，已使用了 5 年；钱家损坏的电冰箱购价原价为 1860 元，已使用 6 年；孙家损坏的热水器购价为 1200 元，已使用 2 年。供电公司应分别赔付赵家（ ）元、钱家（ ）元、孙家（ ）元。

答案：1563、744、0

解：据《居民用户家用电器损坏处理办法》计算如下：

赵家及时投诉，应赔偿：$3126\times\left(1-\frac{5}{10}\right)=1563$（元）

钱家及时投诉，应赔偿：$1860\times\left(1-\frac{6}{10}\right)=744$（元）

孙家在事发 7 日内未投诉，视为其放弃索赔权，不予赔偿。

五、识图题 (每小题 2 分，共 6 分)

1. 判断以下硅晶体三极管的图形符号及标注是否正确。（ ）

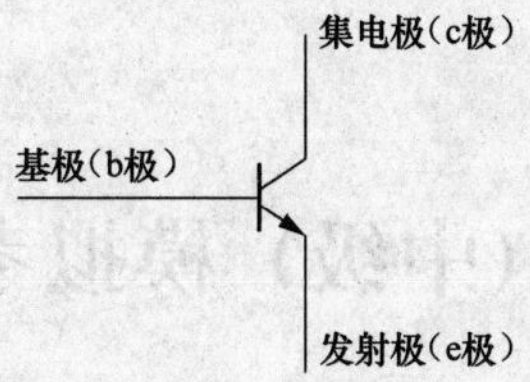

A. 正确　　　　B. 错误

答案：A

2. 用三只单相有功电能表计量三相四线有功电能，采用直接接入、共用电压线和电流线，下面两图中与此相符的接线图是（　　）。

A.

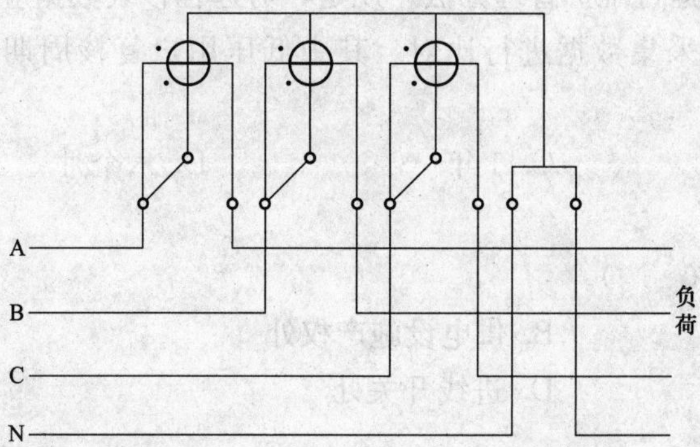

B.

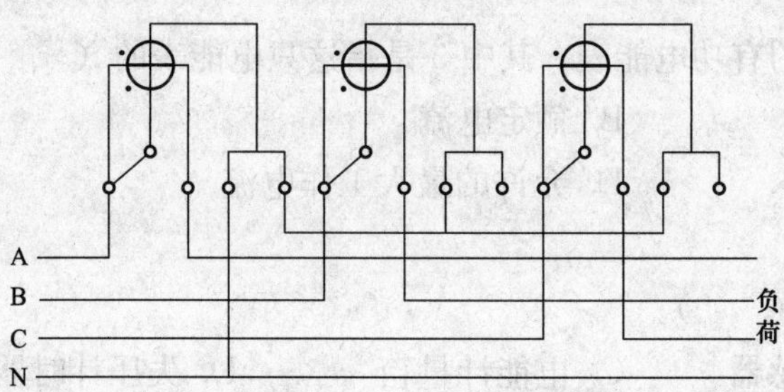

答案：B

3. 两台单相电压互感器按 V/V12 组接线（二次侧不接负载），以下接线图是否正确。（　　）

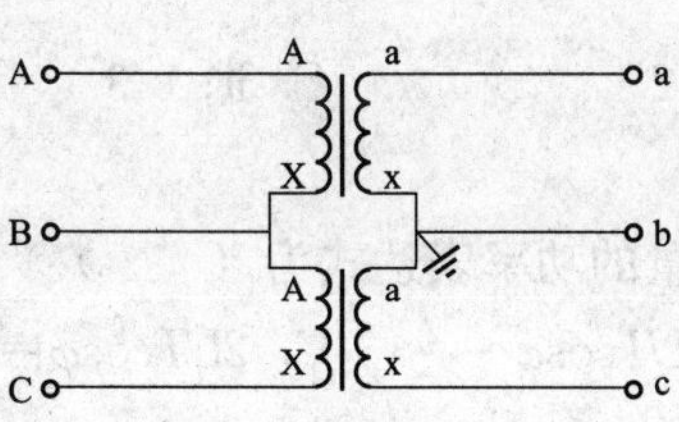

A. 正确　　　　B. 错误

答案：A

抄表核算收费员（中级）模拟考卷及答案（七）

一、单选题（每小题 1 分，共 40 分）

1.《国家电网公司用电信息采集系统运行维护管理办法》规定，对远程抄表数据应定期进行现场复核，将现场抄表数据与采集数据进行比对。其中低压用户复核周期不超过（　　）。

A. 二个月　B. 三个月　C. 1 年　D. 六个月

答案：C

2. 用电计量装置原则上应当安装在（　　）。

A. 受电设施产权处　B. 供电设施产权处

C. 供电和受电设施产权分界处　D. 进线开关处

答案：C

3. 一只 3×5(20)A，3×220/380V 的有功电能表，其中 5 是指这只电能表的（　　）。

A. 基本电流　B. 额定电流

C. 长期允许的工作电流　D. 允许的最大工作电流

答案：A

4. 下列设备不是电能计量装置的是（　　）。

A. 电能表　B. 计量用互感器　C. 电能计量箱　D. 失压计时器

答案：D

5. 未装设用电计量装置的临时用电，应根据其用电容量、双方约定的每日使用时数和使用期限、用电类别计收全部电费。用电终止时，如实际使用时间超过约定期限 1/2 的，预收电费（　　）。

A. 全部退回　B. 退 1/2　C. 退 1/3　D. 不退

答案：D

6. 三相四线有功电能表正确计量的功率表达式为（　　）。

A. $UI\cos$　B. $1.73UI\cos\varphi$　C. $2UI\cos\varphi=\varphi$　D. $3UI\cos\varphi$

答案：D

7. 用户的功率因数低，将不会导致（　　）。

A. 用户有功负荷提升　B. 用户电压降低

C. 设备容量需求增大　D. 线路损耗增大

答案：A

8. 用电负荷按供电可靠性要求分为（　　）类。

A. 3　B. 4　C. 5　D. 2

答案：A

9. 引起停电或限电的原因消除后，供电企业应在（　）日内恢复供电。

A. 1　B. 2　C. 3　D. 7

答案：C

10. 因用户原因连续（　）不能如期抄到计费电能表读数时，供电企业应通知该用户并终止供电。

A. 3个月　B. 6个月　C. 1年　D. 2年

答案：B

11. 以架空线进线的低压用户的责任分界点是（　）。

A. 接户线末端　B. 进户线末端　C. 电能表进线端　D. 电能表出线端

答案：A

12. 一般情况下选择供电电源应采取就近供电的办法为宜，因为供电距离近，对用户供电的（　）容易得到保证。

A. 接电　B. 可靠性　C. 电压质量　D. 电力负荷

答案：C

13. 业扩报装是我国电力企业（　）工作中的一个习惯用语。

A. 用电　B. 营业　C. 管理　D. 服务

答案：B

14. 线路损失电量占供电量的百分比称为（　）。

A. 变压器损耗　B. 线路损失率　C. 电压损失率　D. 电流损失率

答案：B

15. 我国规定电网频率偏差是（　）Hz。

A. ±0.5　B. ±0.2　C. ±0.1　D. ±1

答案：B

16. 通常所说的交流电220V或380V，是指它的（　）。

A. 平均值　B. 最大值　C. 瞬时值　D. 有效值

答案：D

17. 在正弦交流电的一个周期内，随着时间变化而改变的是（　）。

A. 瞬时值　B. 最大值　C. 有效值　D. 平均值

答案：A

18. 一条电压U为220V纯并联电路，共有额定功率P_1为40W的灯泡25盏，额定功率P_2为60W的灯泡20盏，此线路的熔断器容量应选（　）A。

A. 8　B. 9　C. 10　D. 11

答案：C

19. 线圈中感应电动势的大小与（　）。

A. 线圈中磁通的大小成正比，还与线圈的匝数成正比

B. 线圈中磁通的变化量成正比，还与线圈的匝数成正比

C. 线圈中磁通的变化率成正比，还与线圈的匝数成正比

D. 线圈中磁通的大小成正比，与线圈的匝数成反比

答案：C

20. 下列相序中为逆相序的是（ ）。

A. ABC　B. BCA　C. CAB　D. CBA

答案：D

21. 使用电压互感器时，高压互感器二次（ ）。

A. 必须接地　B. 不能接地

C. 接地或不接地　D. 仅在35kV及以上系统必须接地

答案：A

22. 若万用表无“OFF”挡位，使用完毕后，则转换开关应转到（ ）位置。

A. 直流电流最低挡　B. 直流电流最高挡

C. 交流电压最高挡　D. 交流电压最低挡

答案：C

23. 使用钳形电流表测量电流时，可将量程放在（ ）上进行粗测，然后再根据粗测，将量程开关放在合适的量程上。

A. 最大位置　B. 任意位置　C. 估计位置　D. 最小位置

答案：A

24. 坐收电费是指供电企业设立的营业站或收费站（ ）收费，即坐在柜台里收费。

A. 固定值班　B. 银行代收　C. 电费储蓄　D. 托收

答案：A

25. 总容量不足3kW的晒图机、医疗X光机、无影灯、消毒等用电，执行什么电价。（ ）

A. 居民照明电价　B. 大工业电价

C. 一般工商业及其他电价　D. 农业生产电价

答案：C

26. 有线广播站动力用电应按（ ）计费。

A. 城乡居民生活用电电价　B. 一般工商业及其他用电电价

C. 农业生产用电电价　D. 大工业电价

答案：B

27. 用电单位功率因数的算术平均值也称为月平均功率因数，是作为功率因数（ ）电费的依据。

A. 调整　B. 增加　C. 减少　D. 线损

答案：A

28. 银行承兑汇票通过银行贴现后，发生的贴现利息应由（ ）承担。

A. 银行　B. 客户　C. 供电企业　D. 供电企业和客户

答案：B

29. 以变压器容量计算基本电费的用户，其备用变压器（含高压电动机）属冷备用状态并经供电企业加封的，可（ ）基本电费。

A. 免收　B. 按 1/2 倍收取　C. 按 1/3 倍收取　D. 按 2 倍收取

答案：A

30. 一切电力收费票据均由（　　）负责保管、发行、回收。

A. 营业部门　B. 技术部门　C. 行政部门　D. 财务部门

答案：D

31. 在电价低的供电线路上，擅自接用电价高的用电设备，除应按实际使用日期补交其差额电费外，还应承担（　　）倍差额电费的违约使用电费。

A. 1　B. 2　C. 3　D. 5

答案：B

32. 用户私自改变计量装置接线，使电能表计量少计电量，称为（　　）。

A. 窃电　B. 违章用电　C. 正常增容　D. 装置断线

答案：A

33. 未经供电企业同意擅自供出电源的，除当即拆除接线外，应承担其供出电源容量（　　）元/千瓦的违约使用电费。

A. 100　B. 300　C. 500　D. 800

答案：C

34. 在没有约定的情况下，供电企业未经用户同意，在（　　）情况下可操作用户受电设备。

A. 紧急事故　B. 工程施工　C. 催收电费　D. 正常安全检查

答案：A

35. 线路检修挂接地线时，应先接（　　）。

A. 接地端　B. A 相　C. B 相　D. C 相

答案：A

36. 电气工作人员在 110kV 配电装置中工作，其正常活动范围与带电设备的最小安全距离是（　　）m。

A. 0.50　B. 1.0　C. 1.50　D. 2.0

答案：C

37. 在所有电力法律法规中，《中华人民共和国电力法》具有最高法律效力，是从（　　）施行的。

A. 1996 年 6 月 1 日　B. 1994 年 6 月 1 日

C. 1994 年 4 月 1 日　D. 1996 年 4 月 1 日

答案：D

38. 因违约用电或窃电导致他人财产、人身安全受到侵害的，受害人（　　）违约用电或窃电者停止侵害、赔偿损失。

A. 请求　B. 有权投诉　C. 有权要求　D. 有权上告

答案：C

39. 下列法律、法规和规章，不是供电企业查处窃电行为依据的是（　　）。

A.《电力供应与使用条例》　B.《用电检查管理办法》

C.《供电营业规则》 D.《供用电监督管理办法》

答案：D

40. 下列不属于解决合同争议方法的是（ ）。

A. 调解 B. 诉讼 C. 仲裁 D. 申诉

答案：D

二、多选题 （每小题 2 分，共 16 分）

1.《电力供应与使用条例》对供电企业因故需要停止供电的规定是（ ）。

A. 计划检修，应提前 7 天通知用户或者进行公告

B. 临时检修，供电企业应提前 24 小时通知重要用户

C. 因发电、供电系统发生故障，应按照事先确定的限电序位进行停电或者限电

D. 引起停电或者限电的原因消除后，应尽快恢复供电

答案：ABCD

2. 降低线损的具体措施有（ ）。

A. 减少变压层次，因变压器越多，有功损失越多

B. 提高负荷的功率因数

C. 降低负荷的功率因数

D. 合理运行调度，及时掌握有功和无功负载潮流，做到经济运行

答案：ABD

3. 接户线与广播通信线交叉时，接户线在上方的最小距离与接户线在下方的最小距离说法正确的是（ ）。

A. 接户线在上方的最小距离是 0.6m B. 接户线在上方的最小距离是 0.3m

C. 接户线在下方的最小距离是 0.6m D. 接户线在下方的最小距离是 0.3m

答案：AD

4. 触电者脱离电源后的处理方法正确的是（ ）。

A. 触电伤员若神志清醒，应使其就地躺平，严密观察，暂时不要站立或走动

B. 触电伤员若神志不清醒，应就地仰面躺平，且确保气道畅通，并用 5s 时间呼叫伤员或轻拍其肩部，以判定伤员是否意识丧失。禁止摇动伤员头部呼叫伤员

C. 需要抢救的伤员，应立即就地坚持正确抢救，并设法联系医疗部门接替救治

答案：ABC

5. 备用变压器如何计收基本电费。（ ）

A. 按变压器容量计算基本电费的用户，其备用的变压器（含高压电动机），属冷备用状态并经供电企业加封的，不收基本电费

B. 按变压器容量计算基本电费的用户，属热备用状态的或未经加封的，不论使用与否都计收基本电费

C. 在受电装置一次侧装有连锁装置互为备用的变压器（含高压电动机），按可能同时

使用的变压器（含高压电动机）容量之和的最大值计算其基本电费

D. 在受电装置一次侧装有连锁装置互为备用的变压器（含高压电动机），按最大的变压器（含高压电动机）容量计算其基本电费

答案：ABC

6. 10kV 及以下供电，有线路工程的业扩报装流程是由几个方面组成的工作过程。（　）

A. 用户安装内线报竣工

B. 用户提出书面申请，业扩部门现场查勘、拟定供电方案，通知客户交纳相关费用

C. 施工部门线路施工报决算

D. 业扩部门检验内线，装表接电，并传递信息资料

答案：ABCD

7. 用电信息采集系统的数据召测可以召测的数据包括（　）。

A. 历史数据　　B. 实时数据　　C. 参数数据　　D. 事件记录数据

答案：ABD

8. 用钳形电流表测量电流时有什么安全要求。（　）

A. 使用钳形电流表时，应注意钳形电流表的电压等级

B. 测量时戴绝缘手套，站在绝缘垫上，不得触及其他设备，以防短路或接地

C. 观测表计时，要特别注意保持头部与带电部分的安全距离

D. 使用钳形电流表时，应注意钳形电流表的电流等级

答案：ABC

三、判断题 （每小题 0.5 分，共 26 分）

1. 制订电价，应当合理补偿成本，合理确定收益，依法计入税金，坚持公平负担，促进电力建设。（√）
2. 指针式万用表在不用时，应将挡位打在交流电压挡上。（√）
3. 在一般情况下，电压互感器一、二次电压和电流互感器一、二次电流各与相应匝数的关系是成正比、反比。（√）
4. 在现场检验电能表时，应适当选择标准电能表的电流量程，一般要求通入标准电能表的电流应不低于电流量程的 20%。（√）
5. 在下列电力设备中不属于二次系统设备的是电流互感器。（√）
6. 在所有电力法律法规中，具有最高法律效力的是电力法。（√）
7. 在电力系统瓦解或不可抗力造成电力中断时，仍需要保证供电的重要用户的保安电源由用户自备。（√）
8. 在电力系统非正常状况下，用户受电端的电压最大允许偏差不应超过额定值的±10%。（√）
9. 在电价低的供电线路上擅自接用电价高的用电设备或私自改变类别的违约用电，应承担 1～2 倍差额电费的违约使用电费。（×）

10. 在串联电路中流过各电阻的电流都不相等。（×）
11. 在不同条件下人体的安全电压是相同的。（×）
12. 在RC串联电路中发生的谐振叫作串联谐振。（×）
13. 在220/380V公用供电线路上发生零线断线引起家用电器损坏，供电企业应承担赔偿责任。（√）
14. 在100Ω的电阻器中通以5A电流，则该电阻器消耗功率为500W。（×）
15. 运行中的电气设备或电力线路，如果由于绝缘损坏而使带电部分的金属构件碰撞接地或直接与大地连接时，称为接地短路。（√）
16. 变压器的损耗包括铜耗、铁耗两类。（√）
17. 运行中的电流互感器二次侧是不允许开路的。（√）
18. 运行中的变压器有两部分损耗，即铜损和铁损。（√）
19. 运行线路中，当功率因数降低时，无功电流增加，线路损耗随之增加。（√）
20. 有重要负荷的用户，在已取得供电企业供给的保安电源后，无需采取其他应急措施。（×）
21. 用万用表进行测量时，不得带电切换量程，以防损伤切换开关。（√）
22. 用万用表测量某一电路的电阻时，必须切断被测电路的电源，不能带电进行测量。（√）
23. 当发现配电箱、电表箱箱体带电时，应断开上一级电源将其停电，查明带电原因，并做相应处理。（√）
24. 用钳形表测量被测电流大小难于估计时，可将量程开关放在最小位置上进行粗测。（×）
25. 用来计算电能的有功部分，即视在功率的有功分量和时间乘积的计量表，称有功电能表。（√）
26. 用交流电流表、电压表测量的数值都是指最大值。（×）
27. 用户暂停，应在3天前向供电企业提出申请。（×）
28. 用户用电必须与供电企业签订供用电合同。（√）
29. 用户要求校验计费电能表时，供电部门应尽快办理，不得收取校验费。（×）
30. 用户需要备用电源时，供电企业按其负荷重要性、用电容量和供电的可能性与用户协商确定。（√）
31. 用户向供电企业提出校验表申请，并交付验表费后，供电企业应在15天内校验，并把结果通知用户。（×）
32. 用户提高功率因数对电力系统和用户都有利。（√）
33. 用户使用的电力、电量，必须由供电企业认可的用电计量装置的记录为准。（×）
34. 用户申请暂换（因受电变压器故障且无相同变压器替代，临时更换大容量变压器）的审批使用时间：10kV及以下的不超过3个月。（×）
35. 用户申请减容，其减容后的容量达不到实施二部制电价标准时，按单一制电价计费。（×）
36. 用户申请改压，由改压引起的工程费用由供电企业和用户各负担50%。（×）
37. 用户申请办理移表所需的工程费用等，应由用户自行负担。（√）
38. 用户迁址，迁移后的新址不论是否改变供电点，只收新址用电引起的工程费用。（×）
39. 用户减容期限内要求恢复用电时，应在5天前向供电企业办理恢复用电手续，基本电

费从启封之日起计收。（√）

40. 用户计量装置发生计量错误时，用户可等退补电量算清楚后再交纳电费。（×）
41. 用户发生人身伤亡事故应及时向供电企业报告，其他事故自行处理。（×）
42. 用电压表测量电压时应将仪表串入电路；用电流表测量电流时应将仪表同被测电路并联。（×）
43. 用电设备的功率因数对线损无影响。（×）
44. 用电客户对计量装置有异议时，可以拒交电费。（×）
45. 用电计量装置接线错误时，退补电费时间：从上次校验或换装投入之日起至接线错误更正日止的1/2时间计算。（×）
46. 某单相用电居民客户所用电器设备不能运行，经用验电笔测量中性线、相线均带电，则可以判断进户总零线断线。（√）
47. 单相插座的接法是左中性线、右相线。（√）
48. 从家用电器损坏之日起7日内，受害居民用户未向供电企业投诉并提出索赔要求的，即视为受害者已自动放弃索赔权。（√）
49. 在电阻为10Ω的负载中，要流过5A的电流，必须有50V的电压。（√）
50. 最大负荷是指电网或用户在某一段确定时间内所发生的负荷最大值。（√）
51. 在电力系统正常状况下，供电频率的允许偏差为装机容量在300万kW及以上的为±0.2Hz、装机容量在300万kW以下。（√）
52. 2013版单相智能电能表液晶显示屏下方具备两个指示灯：从左到右依次是脉冲指示灯、跳闸指示灯。（√）

四、计算题（每小题3分，共12分）

1. 某低压动力用户绕越电能表用电，$P=2.2$kW，且接用时间不清，按规定该用户应补交电费（　　）元，并承担违约使用电费（　　）元。（假设电价 d_j 为0.50元/千瓦时）

答案： 2376.00、7128.00

解： 该用户的行为是窃电行为。根据《供电营业规则》第102、103条，窃电时间无法查明，至少按180天计算：动力每天12小时，照明每天6小时违约使用电费按补交电费的三倍计算。

$$补交电费=2.2\times180\times12\times0.5=2376.00（元）$$

$$违约使用电费=2376.00\times3=7128.00（元）$$

2. 某村办养鸡场，10kV受电，变压器容量160kVA，某月计费电量为24700kWh，则鸡场当月电费为（　　）元（不考虑功率因数调整电费。1～10kV电度电价：居民生活用电电价为0.5364元/kWh，一般工商业及其他用电电价为0.8444元/千瓦时，大工业用电电价为0.6195元/千瓦时，农业生产用电电价为0.5501元/千瓦时）。

答案： 13587.47

解： 该用户应执行农业生产电价标准，当月电费为

$$0.5501\times24700=13587.47\text{（元）}$$

3. 某供电营业所当月总抄表户数 N 为 824 户，电费总额为 400000 元，经上级检查发现一户少抄电量 5000kWh，一户多抄电量 3000kWh，假设电价为 0.4 元/千瓦时，该供电营业所当月的抄表差错率为（ ）%。（结果小数点后保留三位）

答案：0.243

解：根据抄表差错率计算公式得：

$$\text{抄表差错率}=2\div824=0.243\%$$

4. 某供电所 2007 年 10 月份新发生电费 W 为 480000 元，11 月 5 日在电费抽查中，发现 10 月份少收基本电费 17000.00 元，其中，多收 A 客户 3000 元，少收 B 客户 20000.00 元，该所 10 月份电费差错率为（ ）%。

答案：4.79

解：电费差错率＝｜电费差错额｜÷应收电费总额×100％

＝｜3000＋20000｜÷480000×100％

＝4.79％

五、识图题 （每小题 2 分，共 6 分）

1. 如下两台单相双绕组电压互感器连接的 Vv 形接线图是否正确。（ ）

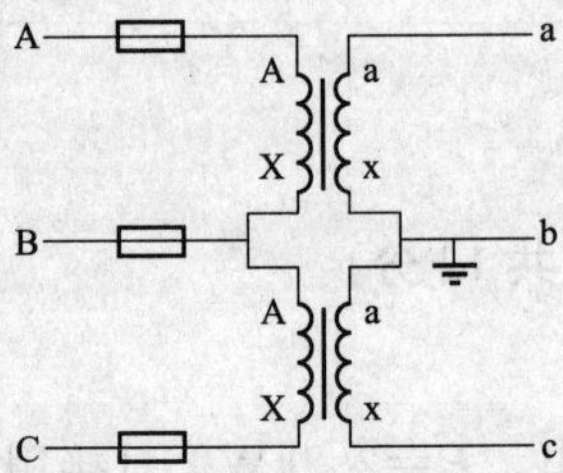

A. 正确　　B. 错误

答案：A

2. 在下图中，一进一出接线方式的单相电能表经电流互感器 TA 接入，共用电压线和电流线的接线图是（ ）。

A.

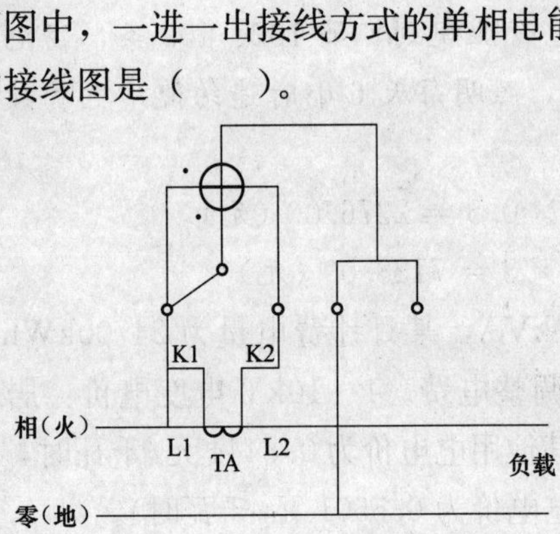

B.

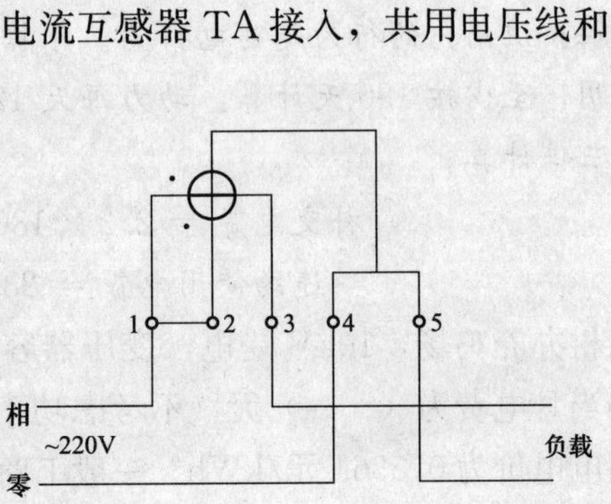

C.

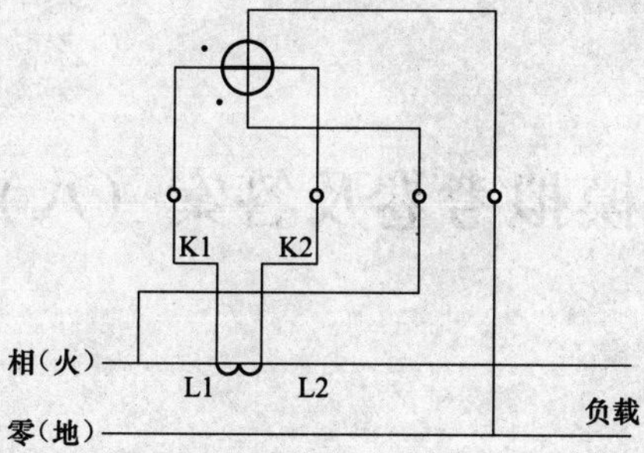

答案：A

3. 以下用两只双控开关在甲、乙两地控制一只灯的接线图是否正确。（　　）

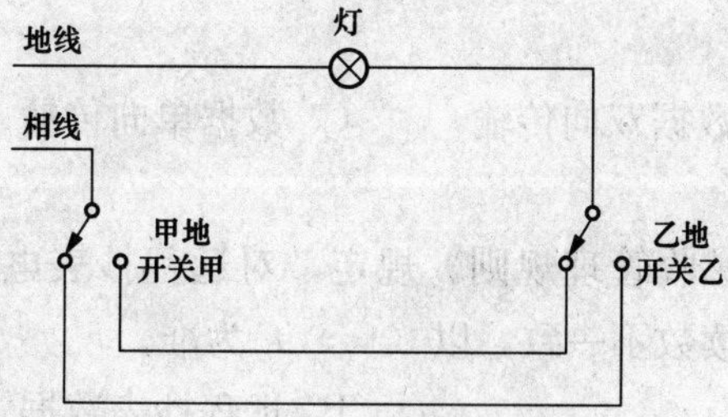

A. 正确　　　　　　B. 错误

答案：A

抄表核算收费员（中级）模拟考卷及答案（八）

一、单选题 （每小题1分，共40分）

1. 采集终端是可以实现电能表数据的采集、数据管理、（　　）以及转发或执行控制命令的设备。

A. 数据传输　　B. 数据双向传输　　C. 数据单向传输　　D. 数据无线传输

答案：B

2. 国家电网公司《电费抄核收管理规则》规定，对远程抄表电量异常现场核抄时，若现场抄见读数与远程获取读数不一致，以（　　）为准。

A. 现场抄见读数　　B. 远程抄表数据

C. 双方协商结果　　D. 查明原因后的真实用电量

答案：A

3. 私自更改供电企业的电能计量装置者，除居民用户外，其他用户应承担（　　）元/次的违约使用电费。

A. 1000　　B. 2000　　C. 3000　　D. 5000

答案：D

4. 擅自启用被供电企业封存的电力设备的，应停用违约使用的设备，用户应承担擅自启用封存设备容量每次每千瓦（　　）元的违约使用电费。

A. 20　　B. 30　　C. 50　　D. 500

答案：B

5. 若电力用户超过报装容量私自增加电气容量，称为（　　）。

A. 窃电　　B. 违约用电　　C. 正常增容　　D. 违法用电

答案：B

6. 在低压内线安装工程图中，反映配线走线平面位置的工程图是（　　）。

A. 平面布线图　　B. 配线原理接线图　　C. 展开图　　D. 主接线图

答案：A

7. 用户认为供电企业装设的计费电能表不准时，有权向供电企业提出校验申请，在用户交付验表费后，供电企业应在（　　）天内校验，并将校验结果通知用户。

A. 3　　B. 5　　C. 7　　D. 10

答案：C

8. 用电计量装置原则上应装在供用电设备的（　　）。

A. 装设地点　　B. 附近　　C. 区域内　　D. 产权分界处

答案：D

9. 用“六角图”法判断计量装置接线的正确性，必须满足的条件是（　　）。

A. 三相电压、电流基本对称，且功率因数值范围大致确定

B. 三相电压、电流对称和稳定，且功率因数为1.0～0.5（感）

C. 三相电压基本对称，负载电流、电压、功率因数基本稳定

答案：C

10. 如果一只电能表的型号为DSD9型，这只表应该是一只（　　）。

A. 三相预付费电能表　　B. 三相三线多功能电能表

C. 三相最大需量表　　D. 三相三线复费率电能表

答案：B

11. 电压互感器可把高电压变为标准的计量用（　　）V电压，便于计量表和指示仪表接入电路进行测量。

A. 110　　B. 100　　C. 220　　D. 200

答案：B

12. DD862-4型单相电能表的电流规格为5(20)A，当此电能表工作在20A时，电能表（　　）。

A. 能长期工作但不能保证准确度　　B. 能保证准确度但不能长期工作

C. 能长期工作且保证准确度　　D. 以上说法均不正确

答案：C

13. 终止用电是指供用电合同双方当事人（　　）了合同关系。

A. 暂时中止　　B. 停止　　C. 变更　　D. 解除

答案：D

14. 在我国，110kV及以上的电力系统中性点往往（　　）。

A. 不接地　　B. 直接接地　　C. 经消弧线圈接地　　D. 以上都可以

答案：B

15. 在高压电能传输中，一般用（　　）。

A. 钢芯铝绞线　　B. 钢缆　　C. 铜芯线　　D. 铝芯线

答案：A

16. 电力用户可根据用电需求变化情况申请暂停用电，每次不得少于（　　）天，每一日历年内累计暂停时间不得超过六个月。

A. 30　　B. 20　　C. 15　　D. 10

答案：C

17. 用户用电的设备容量在100kW或变压器容量在50kVA及以下的，一般应以（　　）方式供电。

A. 三相三线　　B. 专线　　C. 转供　　D. 低压三相四线

答案：D

18. 某用电户生产形势发生变化后，受电设备容量富裕。某月其周边新建居民住宅，于是该户利用其设备向居民户供电，其行为属（　　）。

A. 窃电行为　　B. 违约用电行为

C. 正当行为　　D. 违反治安处罚条例行为

答案：B

19. 在一般情况下，电压互感器一、二次电压和电流互感器一、二次电流各与相应匝数的关系是（　　）。

A. 成正比、成反比　　B. 成正比、成正比

C. 成反比、成反比　　D. 成反比、成正比

答案：A

20. 在带电的电流互感器二次回路上工作，可以（　　）。

A. 将互感器二次侧开路　　B. 用短路匝或短路片将二次回路短路

C. 将二次回路永久接地点断开　　D. 在电能表和互感器二次回路间进行工作

答案：B

21. 在变压器铁芯中产生铁损的原因是（　　）。

A. 磁滞现象　　B. 涡流现象

C. 磁阻的存在　　D. 磁滞现象和涡流现象

答案：D

22. 运行中的电流互感器开路时，最重要的是会造成（　　），危及人身和设备安全。

A. 二次侧产生峰值相当高的电压　　B. 一次侧产生峰值相当高的电压

C. 一次侧电流剧增，线圈损坏　　D. 激磁电流减少，铁芯损坏

答案：A

23. 用万用表测量回路通断时，（　　）。

A. 用电压挡　　B. 用电流挡　　C. 用电阻挡大量程　　D. 用电阻挡小量程

答案：D

24. 用来控制、指示、测量和保护一次电路及其设备运行的电路图是（　　）。

A. 主接线图　　B. 一次电路图　　C. 一次接线图　　D. 二次回路图

答案：D

25. 使用绝缘电阻表时注意事项错误的是（　　）。

A. 绝缘电阻表用线应用绝缘良好的单根线

B. 禁止在有感应电可能产生的环境中测量

C. 在测量电容器等大电容设备时，读数后应先停止摇动，再拆线

D. 使用前应先检查绝缘电阻表的状态

答案：C

26. 三相四线电能表的电压线圈应（　　）在电流端的相线与中性线之间。

A. 串接　　B. 跨接　　C. 连接　　D. 混接

答案：B

27. 三相电源的线电压为380V，对称负载Y形接线，没有中性线，如果某相突然断掉，则其余两相负载的相电压（　　）。

A. 不相等　　B. 380V　　C. 190V　　D. 220V

答案：C

28. 若误用 500 型万用表的直流电压 250V 挡测量 220V、50Hz 的交流电，则指针指示在（　　）位置。

A. 220V　　B. 110V　　C. 0V　　D. ∞

答案：C

29. 母线应涂漆区分相位，U 相应涂（　　）色。

A. 红　　B. 绿　　C. 黄　　D. 黑

答案：C

30. 3200kVA 以上高压供电的农业排涝站，功率因数应执行（　　）标准。

A. 0.80　　B. 0.85　　C. 0.90　　D. 0.95

答案：A

31. 现代化或专业化禽、畜养殖业用电，执行什么电价。（　　）

A. 农业生产用电电价　　B. 大工业电价

C. 照明电价　　D. 一般工商业及其他用电电价

答案：A

32. 未装设用电计量装置的临时用电，应根据其用电容量、双方约定的每日使用时数和使用期限、用电类别计收全部电费。用电终止时，如实际使用时间不足约定期限二分之一的，可退还预收电费的（　　）。

A. 全部　　B. 1/2　　C. 1/3　　D. 不退

答案：B

33. 铁道、航运等信号灯用电应按（　　）计费。

A. 城乡居民生活用电电价　　B. 一般工商业及其他用电电价

C. 农业生产用电电价　　D. 大工业电价

答案：B

34. 售电量是指供电企业通过（　　）测定并记录的各类电力用户消耗使用的电能量的总和。

A. 电能计量装置　B. 电流表　　C. 电压表　　D. 功率表

答案：A

35. 某自来水厂 10kV、200kVA 用电应按（　　）计费。

A. 农业生产用电电价　　B. 一般工商业及其他用电电价

C. 大工业电价　　D. 城乡居民生活用电电价

答案：B

36. 在全部停电和部分停电的电气设备上工作，必须装设接地线，接地线应用多股软裸铜线，其截面积应符合短路电流的要求，但不得小于（　　）mm^2。

A. 20　　B. 25　　C. 30　　D. 35

答案：B

37. 室内 0.4kV 无遮栏裸导体至地面的距离不应小于（　　）m。

A. 1.9　　B. 2.1　　C. 2.3　　D. 2.4

答案：C

38. 人体与电气设备的带电部分接触发生的触电可分为（ ）。

A. 单相触电和三相触电　　B. 两相触电和三相触电

C. 三相触电　　D. 单相触电和两相触电

答案：D

39. 低压测电笔使用不正确的是（ ）。

A. 用手接触前端金属

B. 用手接触后端金属

C. 只能测 500V 及以下电压

D. 测量时应先在带电体上试测一下，以确认其好坏

答案：A

40. 当发现有人员触电时，应做到（ ）。

A. 首先使触电者脱离电源

B. 当触电者清醒时，应使其就地平躺，严密观察

C. 高处触电时应有预防摔伤的措施

D. 以上 A、B、C 说法均正确

答案：D

二、多选题 （每小题 2 分，共 16 分）

1.《供电营业规则》规定，在计算转供户最大需量时，应扣除被转供户的有功、无功电量，并按以下规定折算（ ）。

A. 照明及一班制：每月用电量 180kWh 折合为 1kW

B. 二班制：每月用电量 360kWh 折合为 1kW

C. 三班制：每月用电量 540kWh 折合为 1kW

D. 农业用电：每月用电量 270kWh 折合为 1kW

答案：ABCD

2. 国家电网公司的企业理念是（ ）。

A. 以人为本　B. 忠诚企业　C. 服务社会　D. 奉献社会

答案：ABD

3. 接户线对地的最小距离是（ ）。接户线跨越通车的街道路面中心最小距离是（ ）。

A. 接户线对地的最小距离是 2.5m

B. 接户线对地的最小距离是 3m

C. 接户线跨越通车的街道路面中心最小距离是 6m

D. 接户线跨越通车的街道路面中心最小距离是 8m

答案：AC

4. 一般智能电能表的通信方式有几种。（ ）

A. RS-485 通信　B. 红外通信　C. 载波通信　D. 无线通信

答案：ABCD

5. 用电负荷中属于一级负荷的有（　　）。

A. 中断供电将造成人身伤亡

B. 中断供电将影响重要用电单位的正常工作

C. 中断供电将在政治、经济上造成重大损失时

D. 中断供电将影响有重大政治-经济意义的用电单位的正常工作

答案：ACD

6. 用电信息采集系统采集的主要方式有（　　）。

A. 定时自动采集　B. 请求上报　C. 主动上报　D. 人工召测

答案：ACD

7. 用户的最大需量低于变压器容量的40%时，应如何计收基本电费。（　　）

A. 用户的最大需量低于变压器容量（含高压电动机）的40%时，则按变压器容量（含高压电动机）的40%确定需量，并计算基本电费

B. 用户的最大需量低于变压器容量（含高压电动机）的40%时，则按实际需量并计算基本电费

C. 用户的最大需量大于变压器容量（含高压电动机）的40%时，则按变压器容量（含高压电动机）的40%确定需量并计算基本电费

D. 用户的最大需量大于变压器容量（含高压电动机）的40%时，则按实际需量及电费电价政策规定计算基本电费

答案：AD

8. 用户在电价低的供电线路上擅自接用电价高的用电设备，以下处理办法正确的是（　　）。

A. 应按使用日期补交其差额电费，并承担2倍差额电费的违约使用电费

B. 使用起讫日期难以确定的，实际使用时间按3个月计算

C. 按窃电处理，计算时间至少不低于六个月

D. 根据用电量，高低电价各占一半计算电费

答案：AB

三、判断题（每小题0.5分，共26分）

1.《供电营业规则》规定供电企业对已受理的低压电力用户申请用电，最长期限不超过10天书面通知用户。（√）

2. 100kVA及以上的工业用户执行功率因数标准值为0.9。（×）

3. 160kVA（或160kW）及以上的高压供电的工业用户执行《功率因数调整电费办法》，功率因数标准值是0.90。（×）

4. 2.0级的电能表误差范围是±1%。（×）

5. DTZY341-Z型电能表是三相四线费控智能电能表。（√）

6. TN-C系统中保护线与中性线合并为PEN线。（√）

7. 变压器空载损耗仅是在变压器空载运行时产生的。 (×)
8. 测量交流电流应选择交流电流表，交流电流表在测量时应考虑接线端的极性。 (×)
9. 测量直流电流应选择直流电流表并将电路中的高电势端接电表的“+”极，低电势端接电表的“-”极。 (√)
10. 大宗工业生产车间空调用电，可按一般工商业及其他用电电价计费，也可按大工业电价执行。 (×)
11. 低压载波电能表是一种新型智能电能表。 (√)
12. 低压中性点接地系统中，人体在无绝缘情况下直接触及三相相线任何一相时，将承受220V 危险电压。 (√)
13. 第十二届全国人民代表大会常务委员会第十次会议于 2014 年 8 月 31 日通过新修订的《中华人民共和国安全法》，该法于 2014 年 12 月 1 日起施行。 (√)
14. 电场强度反映电场的力的特征，电位反映电场的能的特征，电压反映电场力做功的能力。 (√)
15. 电费“三率”是指抄表的“实抄率”“回收率”“差错率”。 (√)
16. 电费回收的目的是电力企业生产全过程的最终环节，也是电力企业生产成果的最终体现。 (×)
17. 电力客户认为计费电能表不准时，有权向供电企业提出校验申请，并交纳验表费。电能表经校验后，误差超出允许范围，验表费全额退还。 (√)
18. 电力企业可以对用户执行电力法律、行政法规的情况进行监督检查。 (×)
19. 电流互感器的额定电压指的是加在一次绕组两端的额定相电压。 (×)
20. 电能表的电流线圈串接在相线中，电压线圈并接在相线和中性线上。 (√)
21. 电能表铭牌上电流标准值为 3(6)A，其中括号外表示最大标定电流。 (×)
22. 电能表型号中“Y”字表示无功电能表。 (×)
23. 电气设备的外壳接地是属于保护接地。 (√)
24. 电网的电压质量取决于电力系统中无功功率的平衡，无功功率不足电网电压偏低。 (√)
25. 对 10kV 供电、容量在 315kVA 以下的用户，经供用电双方协商，可在低压侧装表计量。 (√)
26. 对农田水利、市政建设等非永久性用电可供给临时电源。临时用电期限除经供电企业准许外，一般不得超过 3 个月。 (×)
27. 额定转速（N_n）在额定运行情况下，电动机的转动速度（r/min）。 (√)
28. 二极管的伏安特性是用来描述加在二极管两个电极间的电压 U 和通过二极管的电流 I 之间关系的特性曲线。 (√)
29. 高压三相三线有功电能表电流接线相序接反时，电能表读数反走。 (×)
30. 根据电力生产特点，在一个供电营业区域内可设一个或多个供电营业机构。 (×)
31. 根据沟通的渠道不同，沟通可以分为口头沟通、书面沟通、非语言沟通和电子媒介沟通这些形式。 (√)
32. 工厂、企业、机关、学校、商业等照明用电不得与居民合用电能表，以便正确执行分类电价。 (√)

33. 供电频率质量，以允许波动的偏差来衡量。 (√)
34. 供电企业不接受使用不符合国家标准频率和电压的设备的用户的用电申请。 (√)
35. 供电企业对在超过抄表例日 35 天，并经通知催交仍不交费的用户，可以终止供电。(×)
36. 国家电网公司智能电能表红外通信接口默认通信速率为 1200bit/s。 (×)
37. 基建工地施工（含施工照明）用电应按一般工商业及其他用电电价计费。 (√)
38. 集中器与主站通信不成功有可能是通信接口、主站 IP 地址、连接方式或端口号设置不正确，终端地址设置错误。 (√)
39. 检修 10kV 及以下的设备，工作人员正常活动范围边沿与设备带电部位的安全距离小于 0.7m 时，应停电检修。 (√)
40. 两部制电价的用户擅自启用暂停或已封存的电力设备，应补交该设备容量的基本电费，并承担两倍补交基本电费的违约电费。 (√)
41. 商业、非居民照明及动力用电实行《功率因数调整电费办法》。 (×)
42. 使用两部制电价能促使用户均衡生产，提高设备利用率，压低尖峰负荷，提高负荷率。 (√)
43. 使用万用表时，红色表笔应插入有“+”号的插孔，黑色表笔应插入有“−”号的插孔，以避免测量时接反。 (√)
44. 私自迁移、更改和擅自操作供电企业的电能计量装置按窃电行为处理。 (×)
45. 为防止因电气设备绝缘损坏而使人身遭受触电的危险，将电气设备的金属外壳与中性线相连接称为保护接零。 (√)
46. 无功电能表的系列代号为 T。 (×)
47. 无功功率补偿的基本原理是：把具有容性功率负荷的装置与感性功率负荷并联接在同一电路，当容性负荷释放能量时，感性负荷吸收能量，而感性负荷释放能量时，容性负荷却在吸收能量，能量在两种性质的负荷之间互相交换。 (√)
48. 以变压器容量计算基本电费的用户，属热备用状态的或未经加封的变压器，不论使用与否都计收基本电费。 (√)
49. 因自然灾害等原因断电，供电人应当按照国家有关规定及时抢修。未及时抢修，造成用电人损失的，应当承担损害赔偿责任。 (√)
50. 用电客户连续 6 个月不用电，也不申请办理暂停用电手续者，供电企业应予以销户；客户需要用电时，按新装用电办理。 (√)
51. 运行中的电气设备包括全部带有电压的设备、一部分带有电压的设备和一经操作即有电压的设备。 (√)
52. 装接地线时，应先装导体端，后装接地端；拆接地线时，应先拆接地端，后拆导体端。 (×)

四、计算题 **(每小题 3 分，共 12 分)**

1. 某电能表在电流回路无电流时潜动一转的时间为 48s，每天不用电的时间为 15h，电能

表的常数为 3600r/kWh，共潜动了 68 天，应向用户退电量（　　）kWh。（结果保留整数）

答案：21

解：(1) 求每天不用电的时间为

$$T = 15 \times 3600 = 54000\ (\text{S})$$

(2) 每天多计的电量为

$$W' = 54000 \div 48 \div 3600 = 0.3125\ (\text{kWh})$$

(3) 应退电量为

$$W = 0.3125 \times 68 = 21.25\ (\text{kWh})$$

2. 某客户电力变压器额定视在功率 S_N＝200kVA，空载损耗 P_0＝0.4kW，额定电流时的短路损耗 P_k＝2.2kW，测得该变压器输出有功功率 P_2＝160kW 时，二次侧功率因数 $\cos\varphi_2$＝0.8，则变压器此时的负荷率 β 为（　　）和工作效率 η（　　）。（小数点后保留两位）

答案：78.13%、98.63%

解：$P_2 = \beta \times S_N \times \cos\varphi_2 \times 100\%$

$$\beta = P_2 \div (S_N \times \cos\varphi_2) \times 100\%$$

$$= 125 \div (200 \times 0.8) \times 100\% = 78.13\%$$

$$P_1 = P_2 + P_0 + \beta^2 + P_K$$

$$= 125 + 0.4 + (0.7813)^2 \times 2.2 = 126.74\ (\text{kW})$$

$$\eta = \frac{P_2}{P_1} \times 100\% = \frac{125}{126.74} \times 100\% = 98.63\%$$

3. 某地兴田机械厂，10kV 供电，500kVA 变压器，高供高计。2015 年 8 月抄见有功、无功电量和结算电价、代收基金见以下模拟发票。则该用户当月电费是（　　）元。

电力公司模拟电费发票

发票代码：

发票号码：

计费月份　201508

客户户名	兴田机械有限公司			户号		地址	南骏汽车产业园		
用电类别	止数	起数	倍率	实用电量	损耗	加减	合计电量	电价	电费
大工业 12 峰	797.2800	788.0900	600	5514				0.727110	
大工业 12 平	1963.1900	1938.8400	600	14610				0.484740	
大工业 12 谷	101.2200	100.5000	600	432				0.242370	
无功 12	1094.1900	1079.2200	600	8982				0.000000	
反无功 12	102.3200	102.2200	600	60				0.000000	
城市附加	14610	0.01	146.1					本期电费	
农网还贷	14610	0.02	292.2						
库区移民基金	14610	0.0088	128.57	基本电费	26.00				
水利基金	14610	0.007	102.27						
再生能源附加	14610	0.015	219.15	力调电费					
合计人民币（大写）：							（小写）		

单位（盖章）：　　抄表人：　　审核员：　　收费员：

答案：22734.90

解：目录电费，峰：5514×0.72711＝4009.28（元）

平：(14610－5514－432)×0.48474＝4199.79

谷：432×0.24237＝104.70（元）

小计：8313.77元

基本电费为 500×26＝13000.00（元）

实际功率因数 $\cos\varphi=\cos\left(\arctan\frac{W_q}{W_p}\right)=\cos\left(\arctan\frac{8982+60}{14610}\right)=0.85$

功率因数标准为0.90，当 $\cos\varphi=0.85$ 时，调整比例为2.5%。

功率因数调整电费为（8313.77＋13000.00）×2.5%＝532.84（元）

代征基金为 146.10＋292.20＋128.57＋102.27＋219.15＝888.29（元）

合计电费为 8313.77＋13000.00＋532.84＋888.29＝22734.90（元）

4. 三相负载接成星形，已知线电压有效值为380V，每相负载的阻抗 Z 为22Ω。则相电压的有效值为（　）V，相电流的有效值为（　）A，线电流的有效值为（　）A。

答案：219.39、9.97、9.97

解：当负载接成星形时，有线电压＝$\sqrt{3}$相电压，线电流＝相电流

当负载接成三角形时，有线电压＝相电压，线电流＝$\sqrt{3}$相电流

此题中负载接成星形，相电压＝380/$\sqrt{3}$＝219.39（V）

线电流＝相电流＝相电压/每相负载＝219.39/22＝9.97（A）

五、识图题 （每小题2分，共6分）

1. 以下抄表段维护流程图是否正确。（　）

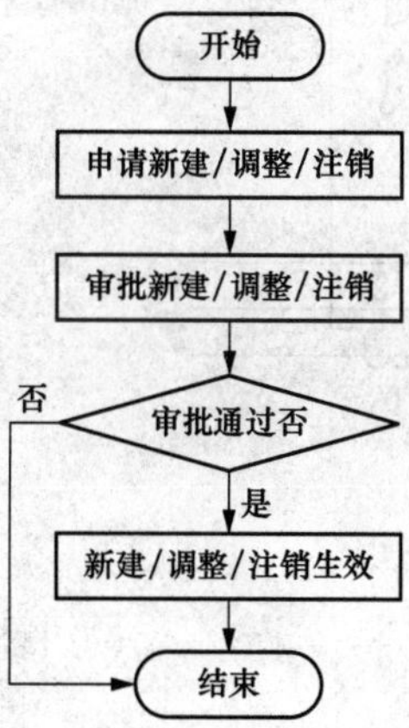

A. 正确　　　B. 错误

答案：A

2. 以下错误接线中容易造成电能表不转的是（　）。

A.

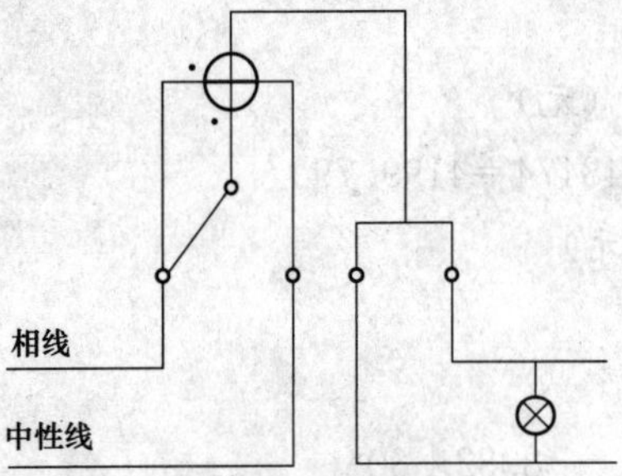

B.

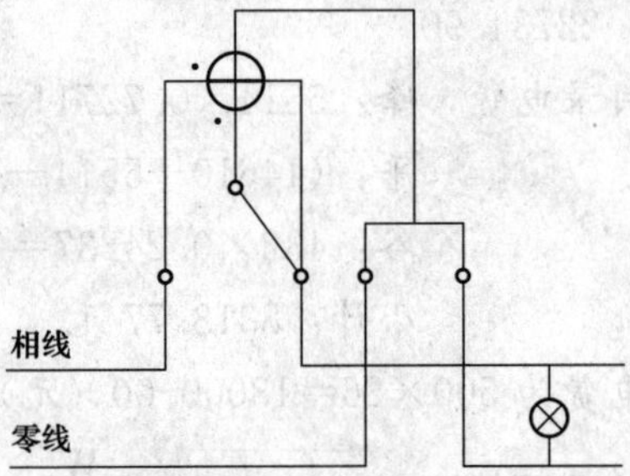

C.

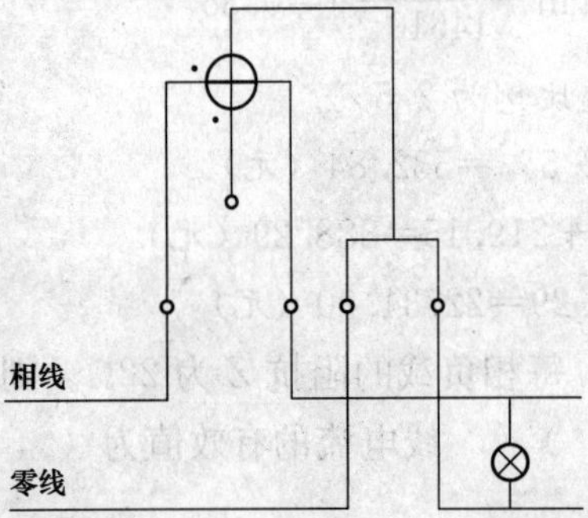

D.

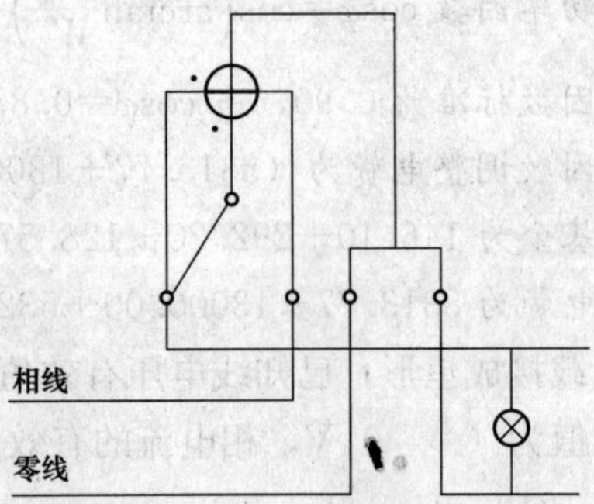

答案：C

3. 以下属于三相三线两元件有功电能表直接接入方式的接线图是（　　）。

A.

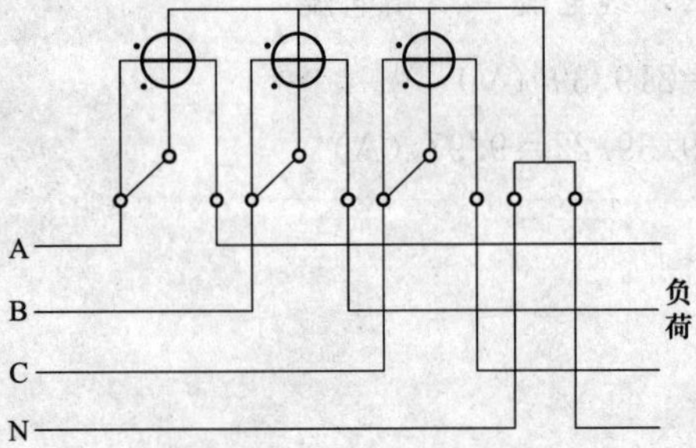

B.

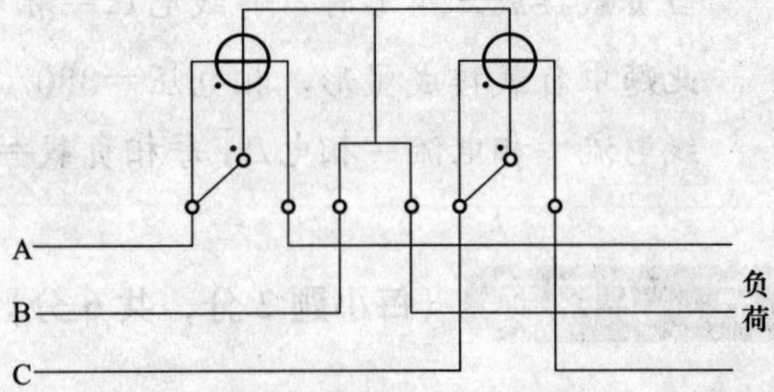

C.

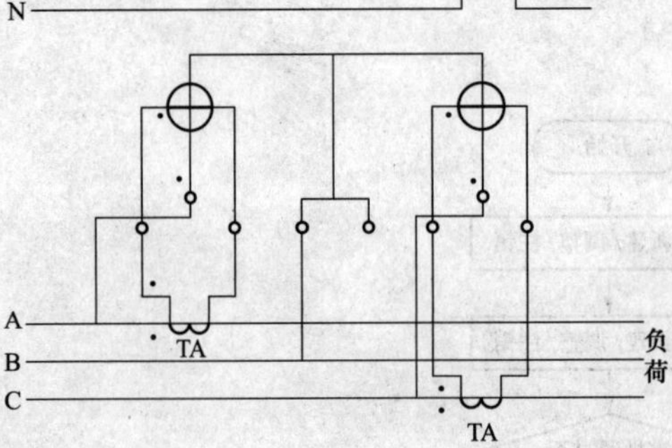

答案：B

第三部分

高　级　工

抄表核算收费工（高级）模拟考卷及答案（一）

一、单选题（每小题1分，共40分）

1. 集中抄表终端是对低压用户用电信息进行采集的设备，包括（　　）。

A. 集中器、采集器　　B. 集中器

C. 采集器　　D. 集中器、采集器、采集模块

答案： A

2. 用电信息采集系统是对电力用户的（　　）进行采集、处理和实时监控的系统。

A. 用电量　　B. 用电功率　　C. 用电信息　　D. 电能表工况

答案： C

3. 10kV高压设备不停电时的最小安全距离是（　　）m。

A. 0.35　　B. 0.7　　C. 1.0　　D. 1.5

答案： B

4. 触电急救时，首先要将触电者迅速（　　）。

A. 送往医院　　B. 用心肺复苏法急救　　C. 脱离电源　　D. 注射强心剂

答案： C

5. 电力系统的主网络是（　　）。

A. 配电网　　B. 输电网　　C. 发电厂　　D. 微波网

答案： B

6. 我国现行的电力网中，交流电压额定频率为（　　）Hz。

A. 100　　B. 80　　C. 50　　D. 30

答案： C

7.《供电营业规则》规定，客户用电设备容量在100kW及以下或需用变压器容量在50kVA及以下者，可采用（　　）供电。

A. 220V　　B. 380/220V　　C. 10kV　　D. 10kV以上

答案： B

8. N型半导体中，电子数目多于空穴数目，其导电能力主要由电子决定，所以称为（　　）型半导体。

A. 空穴　　B. 电子　　C. 光敏　　D. 热敏

答案： B

9. P型半导体中，自由电子的数目少于空穴的数目，其导电能力主要由空穴决定，所以称为（　　）型半导体。

A. 空穴 B. 电子 C. 光敏 D. 热敏

答案：A

10. 把并联在回路的四个相同大小的电容器串联后接入回路，则其电容是原来并联的（ ）倍。

A. 4 B. 1/4 C. 16 D. 1/16

答案：D

11. 变压器在额定电压下，二次侧开路时在铁芯中消耗的功率称为（ ）。

A. 铜损耗 B. 铁损耗 C. 无功损耗 D. 铜损耗和铁损耗

答案：B

12. 并联电力电容器的补偿方式按安装地点可分为（ ）。

A. 分散补偿、个别补偿

B. 集中补偿、分散补偿

C. 集中补偿、个别补偿

D. 集中补偿、分散补偿、个别补偿

答案：D

13. 测量直流电压时，正确接入电路的方法是（ ）。

A. 和负载串联，"＋"极端接高电位

B. 和负载并联，"＋"极端接低电位

C. 和负载并联，"＋"极端接高电位

D. 可以随便接

答案：C

14. 对法拉第电磁感应定律的理解，正确的是（ ）。

A. 回路中的磁通变化量越大，感应电动势一定越高

B. 回路中包围的磁通量越大，感应电动势越高

C. 回路中的磁通量变化率越大，感应电动势越高

D. 当磁通量变化到零时，感应电动势必为零

答案：C

15. 二极管的主要特性有（ ）。

A. 单向导电性 B. 电流放大作用 C. 电压放大作用 D. 滤波作用

答案：A

16. 根据欧姆定律，导体中电流 I 的大小（ ）。

A. 与加在导体两端的电压 U 成反比，与导体的电阻 R 成反比

B. 与加在导体两端的电压 U 成正比，与导体的电阻 R 成正比

C. 与加在导体两端的电压 U 成正比，与导体的电阻 R 成反比

答案：C

17. 关于电压互感器下列说法正确的是（ ）。

A. 二次绕组可以开路 B. 二次绕组可以短路

C. 二次绕组不能接地 D. 二次绕组不能短路

答案：A

18. 家用电器熔丝的选择原则是：总熔丝的额定电流应大于各电器额定电流之和，但不应大于（　　）。

A. 电能表额定最大电流　　B. 电能表额定电流
C. 电能表额定电流 1.5 倍　　D. 电能表标称电流

答案：A

19. 相序是电压或电流三相相位的顺序，通常习惯 A 相用（　　）色表示。

A. 黄　　B. 红　　C. 蓝　　D. 绿

答案：A

20.（　　）是电力企业向用户收费的凭证，也是专为销售电能产品后直接开给消费者的账单。

A. 电费发票　　B. 电费收据　　C. 计算清单　　D. 结算凭证

答案：A

21. 160kVA 高压供电的农业客户，功率因数应执行（　　）标准。

A. 0.80　　B. 0.85　　C. 0.90　　D. 0.95

答案：A

22. 315kVA 以下用户电热、电解、电化、冷藏等用电，电执行什么电价。（　　）

A. 居民照明电价　　B. 大工业电价
C. 农业生产电价　　D. 一般工商业及其他用电电价

答案：D

23. 大工业电价适用范围是工业生产用户设备容量在（　　）kVA 及以上的用户。

A. 100　　B. 200　　C. 240　　D. 315

答案：D

24. 基建工地施工用电（包括施工照明）按（　　）计收电费。

A. 普通工业电价　　B. 一般工商业及其他用电电价
C. 商业电价　　D. 非居民照明电价

答案：B

25.（　　）电压等级贸易结算用电能计量装置中的电压互感器二次回路应装设熔断器。

A. 35kV 以上　　B. 35kV 及以下　　C. 110kV 以上　　D. 220kV 以上

答案：B

26. "S"级电流互感器，能够正确计量的电流范围是（　　）I_b。

A. 10%～120%　　B. 5%～120%　　C. 2%～120%　　D. 1%～120%

答案：D

27. 110kV 高供高计多功能电能表的接线方式是（　　）。

A. 单相　　B. 两相　　C. 三相三线　　D. 三相四线

答案：D

28. 35kV 供电网络中性点运行方式为经消弧线圈接地，供电区域内有一新装用电户，35kV 专线受电，计量点定在产权分界处，宜选用（　　）有功电能表计量。

A. 三相三线　　B. 三相四线
C. 三相三线或三相四线　　D. 一只单相
答案：A

29. DTSD型电能表是（　）。
A. 三相四线全电子式多功能电能表
B. 三相三线全电子式多功能电能表
C. 三相三线全电子式复费率电能表
D. 三相四线全电子式电能表
答案：A

30. 按照DL/T 448—2000《电能计量装置技术管理规程》，用户Ⅱ类电能计量装置的有功、无功电能表和测量用电压、电流互感器的准确度等级应分别为（　）。
A. 0.5级、2.0级、0.2S级、0.2S级
B. 0.5或0.5S级、2.0级、0.2级、0.2S或0.2级
C. 0.5S级、2.0级、0.2级、0.2S级
D. 0.5或0.5S级、2.0级、0.2S级、0.2S级
答案：B

31. 单相插座的接法是（　）。
A. 左中性线右相线　　B. 右中性线左相线
C. 左地线右相线　　D. 左相线右地线
答案：A

32. 单相照明用电容量为6kW以下时，应使用（　）进行计量。
A. 一只单相电能表　　B. 两只单相电能表
C. 一只三相电能表　　D. 三只单相电能表
答案：A

33. 某用户月平均用电为20万kWh，则应安装（　）计量装置。
A. Ⅰ类　　B. Ⅱ类　　C. Ⅲ类　　D. Ⅳ类
答案：C

34. 三相三线电能表的A相电压和C相电压互换，其他接线正确，这时电能表将（　）。
A. 跑慢　　B. 停走　　C. 跑快　　D. 不确定
答案：B

35. 中性点不接地或非有效接地的三相三线高压线路，宜采用（　）计量。
A. 三相三线电能表　　B. 三相四线电能表
C. 三相三线、三相四线电能表均可　　D. 单相电能表
答案：A

36. 2001年10月5日，因供电方责任的电力运行事故使某居民户家用电视机损坏后，已不可修复。其出示的购货发票日期为1991年10月1日，金额为人民币4000元。供电企业应赔偿该居民户人民币（　）元。
A. 400　　B. 4000　　C. 2000　　D. 0

答案：A

37. 按照现金和银行存款科目设置并按经济业务发生的时间先后顺序逐日逐笔进行登记，并在每日终了结出余额的账簿是（　）。

A. 日记账　B. 总分类账　C. 用户分类账　D. 明细分类账

答案：A

38. 按照最高人民法院所做的处理触电损害赔偿案件司法解释，高电压是指（　）。

A. 380V 以上等级　B. 1kV 及以上等级

C. 220V 以上等级　D. 10kV 以上等级

答案：B

39.《居民用户家用电器损坏处理办法》适用于由供电企业以（　）V 电压供电的居民用户，因发生电力运行事故导致电能质量劣化，引起居民用户家用电器损坏时的索赔处理。

A. 220　B. 380　C. 36　D. 220/380

答案：D

40. 若电力用户超过报装容量而私自增加电气容量，称为（　）。

A. 窃电　B. 计划外用电　C. 正常增容　D. 违章用电

答案：D

二、多选题（每题 2 分，共 20 分）

1. 智能电能表是具有（　）、信息交互等功能的电能表。

A. 电能量计量　B. 信息存储及处理　C. 实时监测　D. 自动控制

答案：ABCD

2. 国家对电力供应和使用，实行（　）的管理原则。

A. 安全用电　B. 节约用电　C. 计划用电　D. 统一调度

答案：ABC

3. 在全部停电或部分停电的电气设备上工作，保证安全的技术措施有（　）。

A. 停电　B. 验电

C. 装设接地线　D. 悬挂标示牌和装设遮栏（围栏）

答案：ABCD

4. 电子式电能表按其工作原理的不同可分为（　）。

A. 模拟乘法器型电子式电能表　B. 数字乘法器型电子式电能表

C. 模拟数字转换型电子式电能表

答案：AB

5. 三相交流电具有以下特性（　）。

A. 频率相同　B. 电动势振幅相等　C. 相位互差 120°角　D. 电流相等

答案：ABC

6. 电力运行事故对用户造成的损害由下列哪些原因引起时，电力企业不承担赔偿责任。( )

A. 不可抗力 B. 用户自身的过错 C. 第三人责任 D. 供电企业自身过错

答案：ABC

7. 用电信息采集系统采集主要方式包括（ ）。

A. 定时自动采集 B. 随机召测 C. 主动上报 D. 每日零时冻结

答案：ABC

8. 智能电能表用户首次开卡充值时下列说法正确的有（ ）。

A. 需要前往各售电网点通过工作人员人工操作完成开卡方可购电

B. 确保户号、表号、户名、用电地址及智能电能表安装位置等信息正确

C. 首次开卡购电时，将从购电费中扣除装表时代为预存的电费

D. 往月欠费及换表前的旧表的尾度电费将从首次开卡购电的电费中扣除

答案：ABCD

9.《中华人民共和国电力法》中所指的电价是（ ）。

A. 电力生产企业的上网电价 B. 电网间的互供电价

C. 电网销售电价 D. 电力生产企业的生产成本电价

答案：ABC

10. 三相电路中，用电设备主要有以下连接法，即（ ）。

A. 三角形连接 B. 星形连接 C. 不完全星形连接 D. 以上都不正确

答案：ABC

三、判断题 （每小题 0.5 分，共 22 分）

1. 电力行业常说的作业过程“四不伤害”指不伤害自己、不伤害他人、不被他人伤害、不让他人伤害他人。 （√）
2. 最大需量是指用户 1 个月中每一固定时段的平均有功功率的最大指示值。 （√）
3. 最大需量是指用电户在全月中 15min 内平均最大负荷值。 （√）
4. 阻值分别为 R 和 $2R$ 的两只电阻串联后接入电路，则阻值小的电阻发热量是阻值大的电阻发热量的 1/2 倍。 （√）
5. 装有带负荷调整电压装置的高压供电电力客户，功率因数的标准值为 0.90。 （√）
6. 属于用户专用，且不在公用变电站内的供电设施，由用户运行维护管理。 （√）
7. 中性点接地系统比不接地系统供电可靠性高。 （√）
8. 中断供电将造成人身死亡，产品大量报废，主要设备损坏以及企业的生产不能很快恢复，造成重大政治影响的用电负荷属一类负荷。 （√）
9. 中断供电将在政治上、经济上造成较大损失的用电负荷属二类负荷。 （√）
10. 中断供电后对生活、生产影响不大的用电负荷属于三级负荷。 （√）
11. 指针式万用表在不用时，应将挡位打在交流电压挡上。 （√）

12. 执行两部制电价用户的电价分成两个部分：一部分是用以计算用户用电容量或需量计算的基本电价；另一部分是用以计算用户实用电量的电度电价。 (√)
13. 造成配电变压器低压侧熔丝熔断的原因可能是变压器低压侧负载短路。 (√)
14. 暂换变压器的使用时间，35kV 及以上的不得超过 3 个月，逾期不办理手续的，供电企业可中止供电。 (√)
15. 暂拆是指暂时停止用电，并拆除电能表的简称。 (√)
16. 在计算转供户用电量、最大需量及功率因数调整电费时，应扣除被转供户公用线路与变压器消耗的有功、无功电量。最大需量折算：照明用电量 180 千瓦时/月折合为 1kW。 (√)
17. 在计算转供户用电量、最大需量及功率因数调整电费时，应扣除被转供户公用线路与变压器消耗的有功、无功电量。最大需量折算：三班制用电量 540 千瓦时/月折合为 1kW。 (√)
18. 在计算转供户用电量、最大需量及功率因数调整电费时，应扣除被转供户公用线路与变压器消耗的有功、无功电量。最大需量折算：农业生产用电量 270 千瓦时/月折合为 1kW。 (√)
19. 在计算转供户用电量、最大需量及功率因数调整电费时，应扣除被转供户公用线路与变压器消耗的有功、无功电量。最大需量折算：二班制用电量 360 千瓦时/月折合为 1kW。 (√)
20. 在公用供电设施尚未到达的地区，供电企业可委托有供电能力的直供户向其附近的用电户转供电力。 (√)
21. 在负荷不变时，功率因数越高线路压降越小。 (√)
22. 在电力系统正常状况下，电力系统装机容量在 300 万 kW 及以上的，供电频率的允许偏差为±0.2Hz。 (√)
23. 在电力系统非正常状况下，用户受电端的电压最大允许偏差不应超过额定值的±10%。 (√)
24. 在测量变压器 10kV 的绝缘电阻时，应选用 2500V 绝缘电阻表。 (√)
25. 有功电能表是用来计量电能的有功部分，即视在功率的有功分量和时间的乘积。 (√)
26. 由于供电质量问题引起的家用电器损坏，需对家用电器进行修复时，供电企业应承担被损坏元件的修复责任。 (√)
27. 用万用表测量回路通断时用电阻挡小量程。 (√)
28. 伪造或者开启供电企业加封的电能计量装置封印的属窃电行为。 (√)
29. 供电质量包括供电频率、供电电压和供电可靠性等指标。 (√)
30. 供电企业内部用于承包考核的计量点的电能计量装置属于Ⅲ类计量装置。 (√)
31. 感应式电能表驱动元件由电压元件和电流元件组成。 (√)
32. 感应电流的磁场总是阻碍原磁场的变化。 (√)
33. 对高压供电用户，应在高压侧计量，经双方协商同意，可在低压侧计量，但应加计变压器损耗。 (√)
34. 电能计量装置原则上应装在供电设施的产权分界处。 (√)

35. 电路中任一节点的电流代数和等于零。 (√)
36. 电流互感器在运行中二次回路不允许开路，否则易引起高电压，危及人身与设备安全。 (√)
37. 到用户现场带电检查时，检查人员应不得少于 2 人。 (√)
38. 当发现确有窃电行为时，不经批准即可中止供电，但事后应报告本单位负责人。 (√)
39. 磁场强度的单位名称是“安培每米”简称“安每米”。 (√)
40. 测量电力设备的绝缘电阻常使用绝缘电阻表。 (√)
41. DTSD 表示三相三线全电子式多功能电能表。 (×)
42. DS864 为三相三元件有功电能表。 (×)
43. 220V 单相供电的供电电压允许偏差为额定值的±7%。 (×)
44. 100kW（kVA）及以上工业、非工业、农业用户均要实行功率因数考核，因此需加装无功电能表。 (√)

四、计算题 (每小题 3 分，共 12 分)

1. 某用户装设三相二元件有功电能表计量，三相负荷平衡。用电检查时发现接线方式为 $U_{ab}\cdot I_a$、$U_{cb}\cdot(-I_c)$，计量接线相量图如下，$\varphi=30°$。错误接线期间抄见电量 W' 为 -15000kWh。该用户当月实际用电量为（ ）kWh。

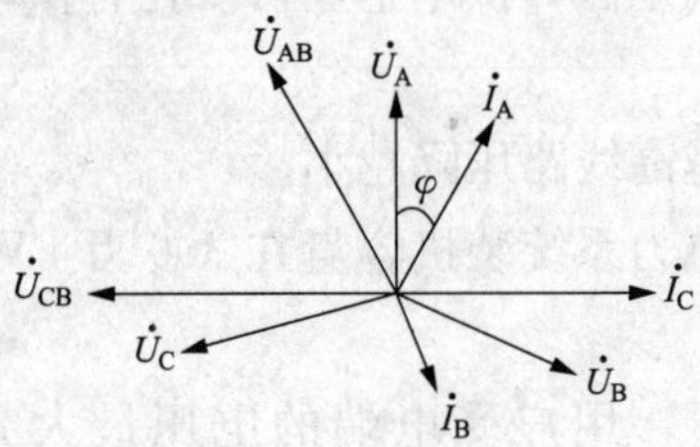

答案：45000

解：(1) 正确接线状态下的功率表达式为

$$P_{正}=\sqrt{3}U/I\cos\varphi=\sqrt{3}UI\cos30°=1.5UI$$

(2) 错误接线状态下的功率表达式为 $P_A=U_{ab}I_a\cos60°$

$$P_C=U_{cb}(-I_c)\cos180°$$

在对称的三相电路中：$U_{ab}=U_{cb}=U$，$I_a=-I_c=I$，则

(3) $P_{误}=P_A+P_C=U_{ab}I_a\cos60°+U_{cb}(-I_c)\cos180°-0.5UI$

(4) 更正系数：$K=\dfrac{P_{正}}{P_{误}}=\dfrac{1.5UI}{-0.5UI}=-3$

(5) 实际用电量：$W=KW'=-3\times(-15000)=45000$（kWh）

2. 某市众源塑胶发展有限公司，10kV 供电，装见容量为 650kVA，高供高计。2015 年 8 月，因远程采集数据失败，抄表人员到现场手工补抄。电费发行后，检查发现抄表员在手工录入抄表数据时，因一时疏忽，漏录反向无功电量，电费核算员亦未发现。该月实际发行的电量、电费见如下模拟发票。该用户应补电费（ ）元。

电力公司模拟电费发票

发票代码：
发票号码：

计费月份　　201508

客户户名	市众源塑胶发展有限公司			户号		地址	外环路工业园区		
用电类别	止数	起数	倍率	实用电量	损耗	加减	合计电量	电价	电费
大工业 76 峰	3271.6100	3224.2700	800	37872			37872	0.727110	27537.11
大工业 76 平	9941.6600	9778.3800	800	130624		−87296	43328	0.484740	21002.81
大工业 76 谷	3517.8200	3456.0400	800	49424			49424	0.242370	11978.89
无功 76	3048.8000	2995.5200	800	41024			41024	0.000000	0.00
反无功 76	66.4700	66.4700	800				0	0.000000	0.00
城市附加	130624	0.01	1306.24					本期电费	84780.11
农网还贷	130624	0.02	2612.48						
库区移民基金	130624	0.0088	1149.49	基本电费	26.00	850.00	16900		
水利基金	130624	0.007	914.37						
再生能源附加	130624	0.015	1959.36	力调电费		−0.0075	−580.64		
合计人民币（大写）：			捌万肆仟柒佰捌拾元壹角壹分					（小写）	84780.11

单位（盖章）：　　抄表人：　　审核人：　　收费员：

答案： 348.39

解： 错误电量下的功率因数：$\cos\varphi_1=\cos\left(\arctan\frac{W_q}{W_p}\right)=\cos\left(\arctan\frac{41024+0}{130624}\right)=0.95$

该用户执行功率因数标准值为 0.9，当 $\cos\varphi=0.95$ 时，电费调整率为−0.75%。

$$\begin{aligned}调整电费&=（基本电费+目录电费）\times 调整比例\\&=(26.00\times650+27537.11+21002.81+11978.89)\\&\quad\times(-0.75\%)=-580.64（元）\end{aligned}$$

正确的抄录电量为，有功电量不变，即 $W_p=130624$（kWh）

$$总无功电量\ W_q=41024+(86.74-66.47)\times800=57240\ (\text{kvarh})$$

实际电费功率因数：$\cos\varphi_2=\cos\left(\arctan\frac{W_q}{W_p}\right)=\cos\left(\arctan\frac{57240}{130624}\right)=0.92$

当 $\cos\varphi=0.92$ 时，电费调整率应为−0.30%。

$$\begin{aligned}正确的调整电费&=（基本电费+目录电费）\times 调整比例\\&=(26.00\times500+27537.11+21002.81+11978.89)\\&\quad\times(-0.30\%)=-232.25（元）\end{aligned}$$

$$应追补电费=-232.25-(-580.64)=348.39（元）$$

3. 某企业装有 40kW 电动机一台，三班制生产，居民生活区总用电容量为 10kW，办公用电总容量 15kW，未装分表。根据该企业用电负荷，确定该用户用电比例，工业为（　　）%，居民生活为（　　）%，非居民照明为（　　）%。（有小数的保留两位小数）

答案： 84.21、5.26、10.53

解：根据用电负荷的用电特性，通常每天的用电时间按三班制生产用电 24h，生活用电按 6h，办公用电按 8h 计算。则每天理论计算电量为：

$$40\times24+10\times6+15\times8=1400\ (\text{kWh})$$

则确定工业用电比例为：$40\times24/1140=84.21\%$

居明生活用电比例为：$10\times6/1140=5.26\%$

非居民照明用电比例为：$15\times8/1140=10.53\%$

4. 某工厂单相供电线路的额定电压 $U_e=10\text{kV}$，平均负荷 $P=400\text{kW}$，无功功率 $Q=260\text{kvar}$，功率因数较低，现要将该厂的功率因数提高到 0.9，需要装（　　）μF 的补偿电容。（保留两位小数）

答案：2.06

解：补偿电容前的功率因数为

$$\cos\varphi_1=\frac{P}{S}=\frac{P}{\sqrt{P^2+Q^2}}=\frac{400}{\sqrt{400^2+260^2}}=0.84$$

$$\cos\varphi_1=0.84,\quad \varphi_1=\arccos0.84=32.86°$$

补偿后的功率因数 $\cos\varphi_2=0.9$，$\varphi_2=\arccos0.9=25.84°$

需安装的补偿电容为

$$C=\frac{P}{\omega U^2}(\tan\varphi_1-\tan\varphi_2)=\frac{P}{2\pi fU^2}(\tan\varphi_1-\tan\varphi_2)$$

$$=\frac{400}{2\times3.14\times50\times10^2}(\tan32.86°-\tan25.84°)=2.06\ (\mu\text{F})$$

五、识图题 （每小题 1.5 分，共 6 分）

1. 以下电工符号正确的是（　　）。

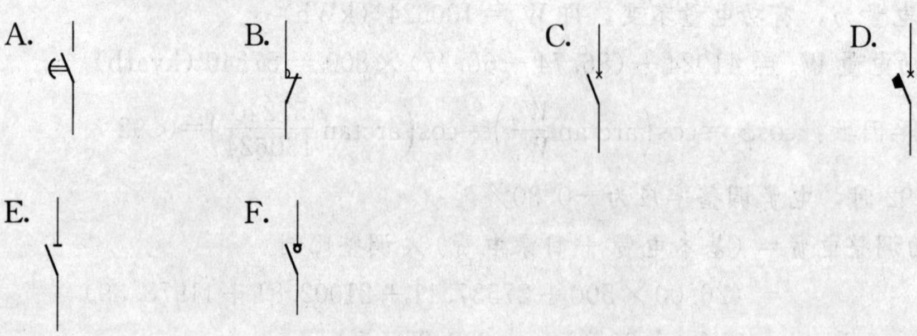

A. 延时闭合的动合触点　　B. 接触器主动断触点

C. 断路器　　D. 自动开关（低压断路器）

E. 隔离开关　　F. 负荷开关

答案：ABCDE

2. 在以下电流互感器的接线图中，（　　）是三相星形接线图；（　　）是两相不完全星形接线图；（　　）是三角形接线图。

A.
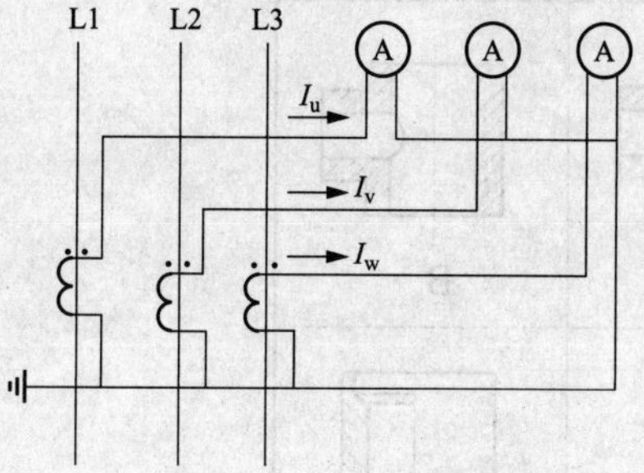

B.
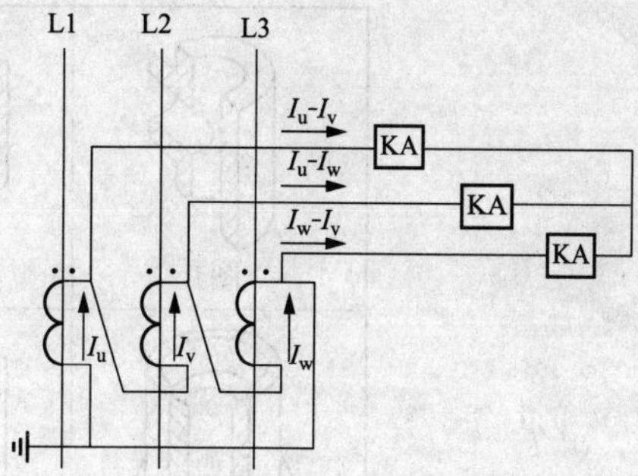

C.
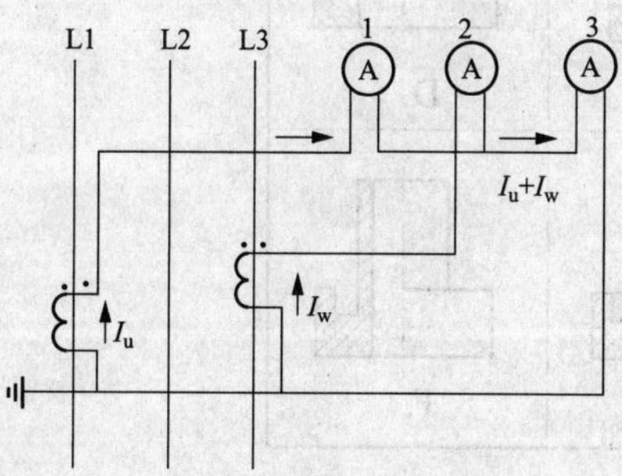

答案： A、C、B

3. 以下临时用电业务流程图是否正确。(　　)

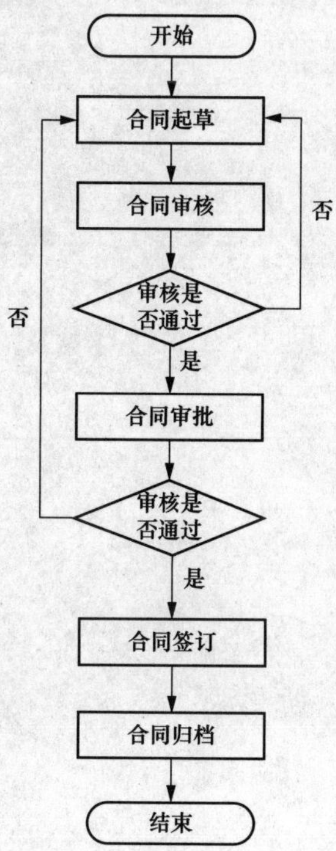

A. 正确　　　　B. 错误

答案： A

4. 根据以下左侧的侧视图，在右侧找出其正确的剖视图。其中图 1 的全剖视图是（　　），图 2 的半剖视图是（　　），图 3 的半剖视图是（　　）。

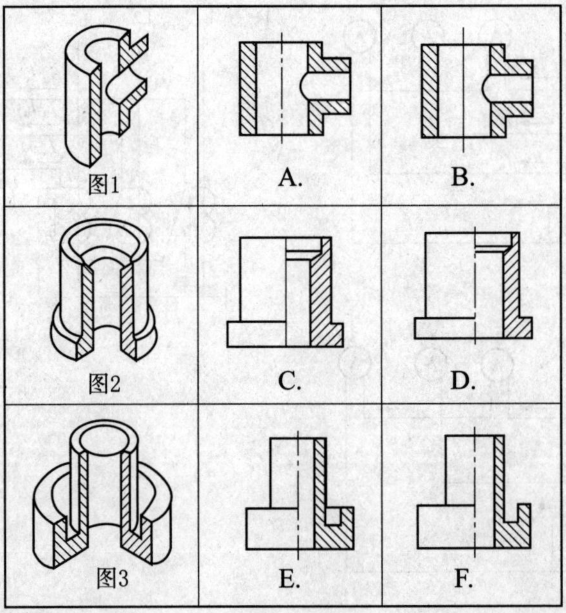

答案：A、D、E

抄表核算收费工（高级）模拟考卷及答案（二）

一、单选题（每小题1分，共40分）

1. 集中器采集电能表数据的方式有（　　）。

A. 实时采集　B. 定时自动采集　C. 自动补抄　D. 以上ABC三种

答案：D

2.《供电营业规则》规定，用电计量装置原则上应装在（　　）。

A. 受电点

B. 便于装设计量装置的并符合安全规定的地方

C. 便于抄表的位置

D. 供电设施的产权分界处

答案：D

3. 10kV高压设备不停电时的最小安全距离是（　　）m。

A. 0.35　B. 0.7　C. 1.0　D. 1.5

答案：B

4. 高压设备上工作需全部停电或部分停电者，需执行（　　）方式，才能进行工作。

A. 第一种工作票　B. 第二种工作票　C. 口头命令　D. 电话命令

答案：A

5. 高供低计指的是（　　）。

A. 高压供电的用户在高压侧装设电能计量装置，高压侧计量

B. 高压供电的用户在高压侧装设电能计量装置，低压侧计量

C. 高压供电的用户在低压侧装设电能计量装置，低压侧计量

D. 以上都不对

答案：C

6. 100kVA以上的中型电力排灌站，趸购转售电企业，在当地供电企业规定的电网高峰负荷时的功率因数为（　　）以上。

A. 0.85　B. 0.90　C. 0.80　D. 0.95

答案：A

7. 100kW低压供电的工业客户，功率因数应执行（　　）标准。

A. 0.80　B. 0.85　C. 0.90　D. 0.95

答案：B

8. 315kVA以下用户电热、电解、电化、冷藏等用电执行的电价是（　　）。

A. 居民照明电价　　B. 大工业电价
C. 农业生产电价　　D. 一般工商业及其他用电电价
答案：D

9. 最大需量表测得的最大值是指电力用户在某一段时间内负荷功率的（　）。
A. 最大值　　B. 平均值
C. 按规定时限平均功率的最大值　　D. 最大峰值
答案：C

10. 用右手定则判断感应电动势的方向时，应（　）。
A. 使手心迎着磁力线的方向　　B. 使四根手指指向磁力线的方向
C. 使大拇指指向磁力线的方向　　D. 使四根手指指向导体的运动方向
答案：A

11. JDJ－35 表示（　）。
A. 单相油浸式 35kV 电压互感器型号　　B. 单相环氧浇注式 10kV 电压互感器型号
C. 母线式 35kV 电流互感器型号　　D. 环氧浇注线圈式 10kV 电流互感器型号
答案：A

12. 测量变压器直流电阻，对于中小型变压器高压绕组可用（　）测量。
A. 万用表　　B. 绝缘电阻表　　C. 单臂电桥　　D. 双臂电桥
答案：C

13. 电灯开关要串接在（　）上。
A. 相线　　B. 中性线　　C. 地线　　D. 相线或中性线
答案：A

14. 电流互感器二次回路的连接导线，至少应不小于（　）mm^2。
A. 5　　B. 4　　C. 3　　D. 2
答案：B

15. 关于电流互感器下列说法正确的是（　）。
A. 二次绕组可以开路　　B. 二次绕组可以短路
C. 二次绕组不能接地　　D. 二次绕组不能短路
答案：B

16. 架空配电线路多采用（　）来进行防雷保护。
A. 架空避雷线　　B. 避雷器　　C. 放电间隙　　D. 避雷针
答案：B

17. 配电变压器的绝缘油在变压器内的作用是（　）。
A. 绝缘、灭弧　　B. 绝缘、冷却　　C. 绝缘　　D. 灭弧
答案：B

18. 配电装置中，代表 A 相相位色的为（　）。
A. 红色　　B. 黄色　　C. 淡蓝色　　D. 绿色
答案：B

19. 用指针式万用表测量未知电阻时（　）。

A. 可以带电切换量程　　B. 可以带电测量电阻
C. 应先放在欧姆挡的大量程上　　D. 应先放在欧姆挡的小量程上
答案： C

20. 电力网按供电范围的大小和电压高低可分为（　　）。
A. 低压电网、高压电网、超高压电网　　B. 低压电网、中压电网、高压电网
C. 低压电网、高压电网　　D. 高压电网、中压电网、配电网
答案： A

21. 配电电器设备安装图中被称作主接线图的是（　　）。
A. 一次接线图　B. 二次接线图　C. 平剖面布置图　D. 设备安装图
答案： A

22. 10kV 供电线路可输送电能的距离为（　　）km。
A. 20～50　B. 6～20　C. 1～5　D. 4～15
答案： D

23. Ⅰ类负荷采用双电源供电，其双电源是指两个（　　）的电源。
A. 生产　B. 备用　C. 保安　D. 独立
答案： D

24. 35kV 及以上电压供电的，电压正、负偏差绝对值之和不超过额定值的（　　）。
A. 5%　B. 7%　C. 10%　D. 15%
答案： C

25. 通常所说的交流电 220V 或 380V，是指它的（　　）。
A. 平均值　B. 最大值　C. 瞬时值　D. 有效值
答案： D

26. 在同一回路相同负荷大小时，功率因数越高，（　　）。
A. 电流越大　B. 线路损耗越大　C. 线路压降越小　D. 线路压降越大
答案： C

27. 35kV 供电网络中性点运行方式为经消弧线圈接地，供电区域内有一新装用电户，35kV 专线受电，计量点定在产权分界处，宜选用（　）有功电能表计量。
A. 三相三线　　B. 三相四线
C. 三相三线或三相四线　　D. 一只单相
答案： A

28. 带互感器的单相感应式电能表，如果电流进出线接反，则（　　）。
A. 停转　B. 反转　C. 正常　D. 烧表
答案： B

29. 电能表检定装置首次检定后（　　）年进行第一次后续检定。
A. 1　B. 2　C. 3　D. 4
答案： A

30. 电压互感器 Y/y 接线，线电压为 100V，若 W 相极性接反，则 U_{uv}为（　　）V。
A. 33.3　B. 50　C. 57.7　D. 100

答案：D

31. 对于单相供电的家庭照明用户，应该安装（ ）。

A. 单相长寿命技术电能表　B. 三相三线电能表

C. 三相四线电能表　D. 三相复费率电能表

答案：A

32. 负荷容量为315kVA以下的低压计费用户的电能计量装置属于（ ）类计量装置。

A. Ⅰ　B. Ⅱ　C. Ⅲ　D. Ⅳ

答案：D

33. 复费率电能表为电力部门实行（ ）电价提供计量手段。

A. 两部制　B. 功率因数调整　C. 不同时段分时　D. 储蓄

答案：C

34. 两只单相电压互感器Y/yo接法，测得$U_{ab}=U_{ac}=57.7$V，$U_{bc}=100$V，则可能是（ ）。

A. 二次侧A相极性接反　B. 二次侧B相极性接反

C. 二次侧C相极性接反　D. 二次侧熔丝烧断

答案：A

35. 某一型号单相电能表，铭牌上标明C＝1667r/kWh，该表转盘转一圈所计量的电能为（ ）Wh。

A. 1.7　B. 0.6　C. 3.3　D. 1.2

答案：B

36. 型号为DSZY331C-Z的电能表是（ ）。

A. 单相费控智能电能表　B. 三相三线费控智能电能表

C. 三相四线费控智能电能表　D. 三相四线普通电能表

答案：B

37. 一只5(20)A、220V单相电能表，5A是指这只电能表的（ ）。

A. 标定电流　B. 额定电流　C. 最大额定电流　D. 最大电流

答案：A

38. 在检测三相两元件表的接线时，经常采用力矩法。其中将A、B相电压对调，电能表应该（ ）。

A. 正常运转　B. 倒走　C. 停走　D. 慢走一半

答案：C

39.《居民用户家用电器损坏处理办法》规定，电冰箱、空调器、洗衣机等电机类家用电器平均使用年限为（ ）年。

A. 2　B. 5　C. 10　D. 12

答案：D

40. 对35kV及以上电压供电的用户的停电次数，每年不应超过（ ）次。

A. 三　B. 二　C. 一　D. 四

答案：C

二、多选题（每小题2分，共20分）

1. 国家电网公司计划利用5年（2010～2014），建成电力用户用电信息“全覆盖、全采集、全费控”采集系统，这分别是指（　　）。

A. 覆盖公司系统全部用户　　B. 采集全部用电信息

C. 由计算机网络完成抄表、收费全过程　　D. 支持全面电费控制

答案：ABD

2.（　　）叫运行中的电气设备。

A. 全部带有电压的电气设备　　B. 部分带有电压的电气设备

C. 一经操作即带有电压的电气设备　　D. 所有的电气设备

答案：ABC

3. 对同一电网内的（　　）用户，执行相同的电价标准。

A. 同一电压等级　B. 同一用电类别　C. 同一地区　D. 同一装表

答案：AB

4. 电工仪表按动作原理分类有（　　）。

A. 全电子电动式　B. 电子闭锁式　C. 电磁式　D. 机械电子式

答案：ACD

5. 电流互感器的作用有（　　）。

A. 避免测量仪表和工作人员与高压回路直接接触，保证人员和设备的安全

B. 使测量仪表小型化、标准化

C. 利用电流互感器扩大表计的测量范围，提高仪表测量的准确度

D. 降低生产成本

答案：ABC

6. 功率因数低的原因是（　　）。

A. 大量采用感应电动机或其他电感性用电设备

B. 电感性用电设备不配套或使用不合理，造成设备长期轻载或空载运行

C. 民用电器（照明、家用等）没有配置电容器

D. 变电设备有功负载率和年利用小时数过低

答案：ABCD

7. 三相电流（或电压）通过正的最大值的顺序叫相序。其中顺相序包括的组合有（　　）。

A. ABC　B. BCA　C. ACB　D. CAB

答案：ABD

8. 下列（　　）是对RS-485接口的正确描述。

A. 美国电子工业协会（EIA）的数据传输标准

B. 采用串行二进制数据交换

C. 平衡电压数字接口

D. 英国电子工业协会（EIA）的数据传输标准

答案：ABC

9. 下列三相异步电动机参数含义描述正确的是（ ）。

A. 额定功率（Pn）：在额定运行情况下，电动机轴上输出的机械功率

B. 额定功率因数：在额定运行状态下，定子相电压与相电流之间相位角的余弦值

C. 额定转速（N_n）：在额定运行情况下，电动机的转动速度

D. 额定电压（U_n）：电动机的定子绕组，在运行时允许所加的线电压值

答案：ABCD

10. 导线 BX、BV、BLV、BVV 型号中的各字母代表含义正确的是（ ）。

A. 第二个字母“X”表示橡皮绝缘

B. 第二个字母“V”表示聚氯乙烯型料绝缘线

C. 第三个字母“V”表示塑料护套

D. 型号中带“L”字母的为铜芯线，不带“L”的为铝导线

答案：ABC

三、判断题 （每小题 0.5 分，共 22 分）

1. 220V 单相供电的供电电压允许偏差为额定值的±7%。（×）
2. Ⅴ类电能计量装置应配置 2.0 级有功电能表及 0.5S 级电流互感器。（√）
3. 用户安装最大需量表的准确度不应低于 1.0 级。（√）
4. 用户重要负荷的保安电源，应由供电企业或用户提供电源。（√）
5. 用户受、用电设施是按产权划分的。（√）
6. 用户单相用电设备总容量不足 10kW 的可采用低压 220V 供电。（√）
7. 用电容量是指用户的用电设备容量的总和。（√）
8. 用电计量装置原则上应当安装在供电和受电设施产权分界处。（√）
9. 用电负荷是指用户电气设备在某一时刻向电力系统取用的电功率的总和。（√）
10. 用电单位功率因数的算术平均值也称为月平均功率因数，是作为功率因数调整电费的依据。（√）
11. 因用户或者第三人的过错给供电企业或者其他用户造成损害的，该用户或者第三人应当依法承担赔偿责任。（√）
12. 因抢险救灾需要紧急供电时，所需工程费和电费由地方人民政府有关部门从抢险救灾经费中支出。（√）
13. 因供电设施临时检修需要停止供电时，供电企业应当提前 24h 通知重要用户。（√）
14. 异步电动机不宜空载或轻载运行，因为功率因数较低。（√）
15. 已批准的未装表的临时用电户，在规定时间外使用电力，称为窃电。（√）
16. 一只电流表与一只变流比为 600/5 的电流互感器配用，当电流表读数为 3A 时，电路的实际电流为 360A。（√）
17. 一只 3×5(20)A，3×220/380V 的有功电能表，其中 5 是指这只电能表的基本电流。（√）

18. 销户是合同到期终止用电的简称。（√）
19. 相序是电压或电流三相相位的顺序，通常C相用红色表示。（√）
20. 相序是电压或电流三相相位的顺序，通常B相用绿色表示。（√）
21. 线路损失率即为线路损失电量占、供电量的百分比。（√）
22. 无论采用何种计量方式，均应将照明、动力分表分线计量。（√）
23. 未装设用电计量装置的临时用电，应根据其用电容量、双方约定的每日使用时数和使用期限、用电类别计收全部电费。用电终止时，如实际使用时间超过约定期限二分之一的，预收电费不退。（√）
24. 为了防止断线，电流互感器二次回路中不允许有接头、隔离开关辅助触点、开关。（√）
25. 推动PDCA循环，关键在于总结阶段。（√）
26. 私自迁移供电企业的电能计量装置者，属于居民用户的，应承担500元/次的违约使用电费。（√）
27. 售电量是指供电企业通过电能计量装置测定并记录的各类电力用户消耗使用的电能量的总和。（√）
28. 使用钳形表测量导线电流时，保证其准确度，应使被测导线尽量居中。（√）
29. 使用临时电源的用户改为正式用电，应按新装用电办理。（√）
30. 供电企业在新装、换装及现场校验后应对用电计量装置加封，并请用户在工作凭证上签章。拆回的电能计量装置应在表库至少存放1个月。（√）
31. 高压电流互感器二次侧应有一点接地，以防止一次、二次绕组绝缘击穿，危及人身和设备安全。（√）
32. 负荷容量为315kVA以下的计费用户、发供电企业内部经济技术指标分析、考核用的电能计量装置属于Ⅳ类计量装置。（√）
33. 二次回路是指对一次回路设备的控制、保护、测量和监视运行状况、断路器位置等信号的回路。（√）
34. 额定功率因数是在额定运行状态下，转子相电压与相电流之间相位角的余弦值（$\cos\phi$）。（×）
35. 对高压供电用户，应在高压侧计量，经双方协商同意，可在低压侧计量，但应加计变压器损耗。（√）
36. 电位的符号为ϕ，电位的单位为V。（√）
37. 电网运行应当连续、稳定、保证供电可靠性。（√）
38. 电能计量装置原则上应装在供电设施的产权分界处。（√）
39. 电力企业的管理人员和查电人员、抄表收费人员勒索用户、以电谋私，都应当追究刑事责任。（×）
40. 低压三相四线制线路中，在三相负荷对称情况下，A、C相电压接线互换，电流线不变，则电能表停转。（√）
41. 低压带电作业可以不用设专人监护。（×）
42. 到用户现场带电检查时，检查人员应不得少于2人。（√）
43. 当发现确有窃电行为时，不经批准即可中止供电，但事后应报告本单位负责人。（√）

44. 测量电力设备的绝缘电阻常使用绝缘电阻表。 (√)

四、计算题 (每小题3分，共12分)

1. 某公司U=380V三相供电，用电日平均有功负荷P_{av}为100kW，高峰负荷电流I为200A，功率因数$\cos\varphi$为0.9。则该公司的日负荷率K_d为（ ）%。

答案：84.4

解：日负荷率K_d=日平均有功负荷P_{av}/日最高有功负荷$P_{max}\times 100\%$

日最高有功负荷：$P_{max}=\sqrt{3}UI\cos\varphi=\sqrt{3}\times 0.38\times 200\times 0.9=118.47$

则日负荷率：$K_d=100/118.47\times 100\%=84.4\%$

2. 某机械厂采用10kV供电，变压器运行容量为250kVA，在低压侧计量。根据《供用电合同》，每月应加收线损电量3%和变损电量。2015年5月抄见有功电量为48000kWh，无功电量为19000kvarh，有功变损为1300kWh，无功变损为8100kvarh。则该用户5月的功率因数调整电费为（ ）元。（设电价为0.7836元/千瓦时）

答案：397.90

解：总有功电量=抄见电量+变损电量+线损电量

=(48000+1300)×(1+3%)=50779（kWh）

总无功电量=(19000+8100)×(1+3%)

=27913（kvarh）

功率因数$\cos\varphi=\cos\left(\arctan\dfrac{27913}{50779}\right)=0.88$

该用户功率因数标准为0.90，功率因数为0.88时，电费调整率为1%。

功率因数调整电费=50779×0.7836×1%=397.90（元）

3. 某感性负载，在额定电压U为380V，额定功率P是15kW，额定功率因数$\cos\varphi$是0.4，额定频率是50Hz，则该感性负载的直流电阻R为（ ）Ω，电感L为（ ）mH。（计算结果保留两位小数）

答案：1.54、11.24

解：设负载阻抗为$|Z|$，则$|Z|=U/I=380/98.7=3.85$（Ω）

则

$$R=|Z|\cos\varphi=3.85\times 0.4=1.54\ (\Omega)$$

$$X_L=\sqrt{|Z|^2-R^2}=3.53\ (\Omega)$$

$$L=X_L/3\pi f=3.53/(2\pi\times 50)=0.01124\ (\text{H})=11.24\ (\text{mH})$$

4. 某农场现代化养鸡场装有10kV变压器1台，容量为320kVA，高供高计。该户本月抄见有功电量W_p为68000kWh，无功电量为W_q=51000kWh。该户本月应交电量电费为（ ）元。（电价标准见《表一电费计算参考电价表》，若收基本电费则按容量计收，不考虑各项代收基金，有小数的保留两位小数）

答案：37406.80

解：根据《国家发展改革委关于调整销售电价分类结构有关问题的通知》发改价格〔2013〕973 号精神，农业生产用电价格中的畜牧业用电是指为了获得各种畜禽产品而从事的动物饲养活动用电。故该户应执行农业生产用电价格。根据功率因数调整办法，100kVA（kW）及以上的农业用户功率因数标准值为 0.80。

实际功率因数：$\cos\varphi=\cos\left(\arctan\frac{W_q}{W_p}=\right)=\cos\left(\arctan\frac{51000}{68000}=\right)=0.8$

或 $\cos\varphi=\frac{W_p}{\sqrt{W_p^2+W_q^2}}=\frac{68000}{\sqrt{68000^2+51000^2}}=0.8$

当月功率因数调整电费为 0。

当月电费＝68000×0.5501＝37406.80（元）

五、识图题 （每小题 1.5 分，共 6 分）

1. 在下图低压验电笔的握法中，正确的握法是（　　）。

A.  B.  C. 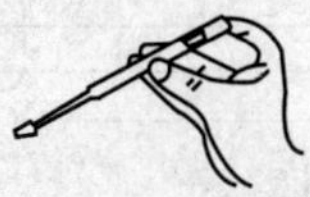 D. 

答案：A、C

2. 以下 10kV 高供高计三相三线有功电能计量装置正确接线的是（　　）。

A.

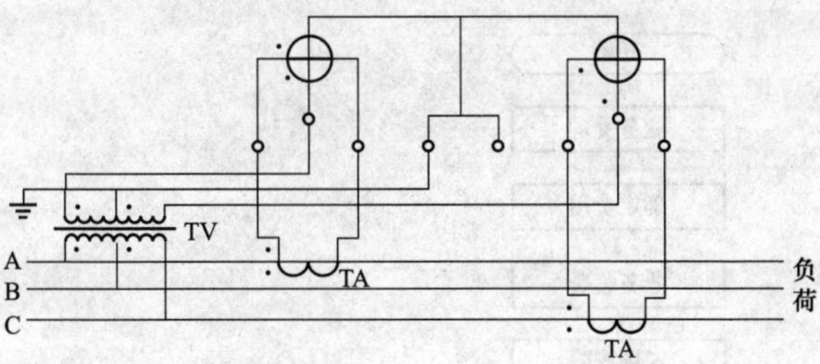

B.

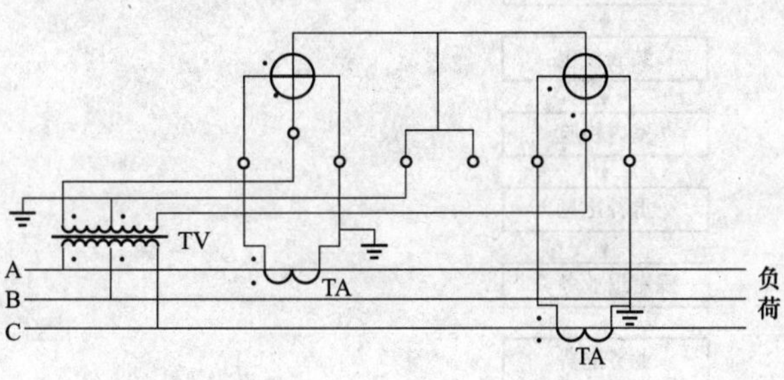

C.

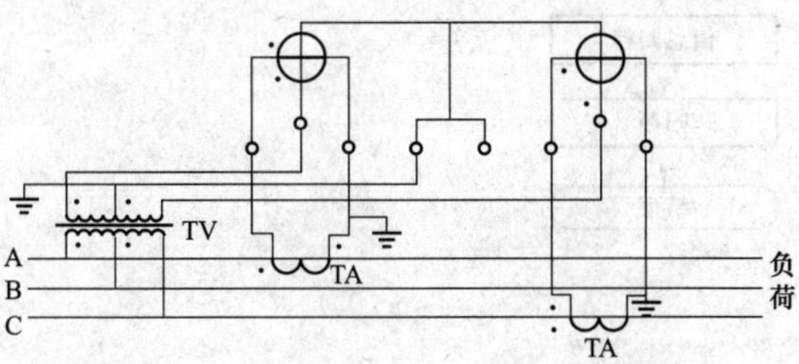

D.

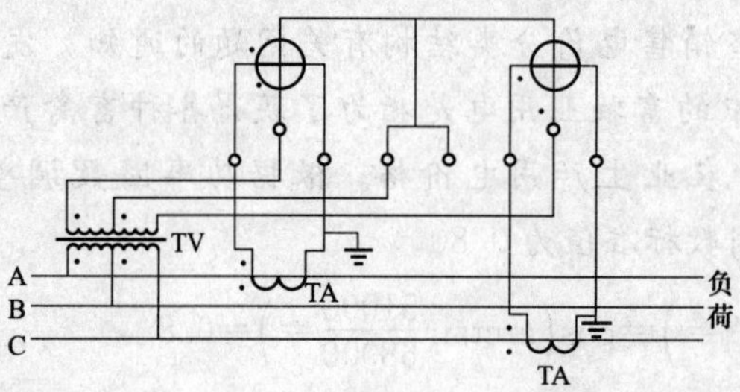

答案：B

3. 如图用一只三相四线有功电能表计量三相四线有功电能，采用经 TA 接入、分用电压线和电流线的接线图是否正确。（　　）

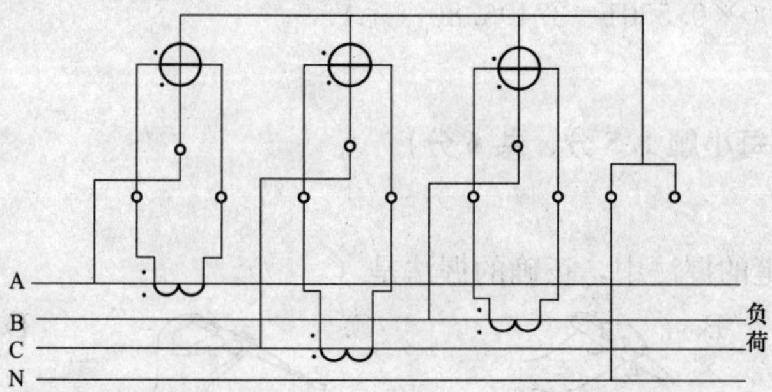

A. 正确　　　　B. 错误

答案：B

4. 以下办理客户申请电能表校验的流程框图是否正确。（　　）

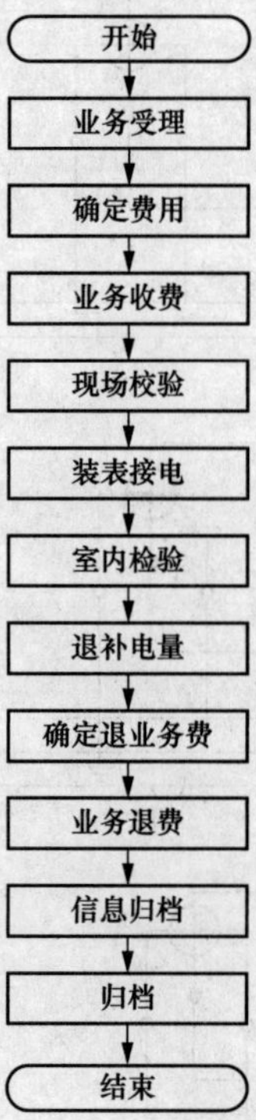

A. 正确　　　　B. 错误

答案：A

抄表核算收费工（高级）模拟考卷及答案（三）

一、单选题 （每小题 1 分，共 40 分）

1. 在所有电力法律法规中，《中华人民共和国电力法》具有最高法律效力，是从（　　）起施行。

A. 1996 年 6 月 1 日　　B. 1994 年 6 月 1 日

C. 1994 年 4 月 1 日　　D. 1996 年 4 月 1 日

答案：D

2. 属于公用性质或占用公用线路规划走廊的供电设施，由（　　）统一管理。

A. 居民　　B. 工业企业　　C. 商业企业　　D. 供电企业

答案：D

3. 中断供电将造成人身死亡，产品大量报废，主要设备损坏以及企业的生产不能很快恢复，中断供电将造成重大（　　）影响的用电负荷属一类负荷。

A. 市场　　B. 社会　　C. 质量　　D. 政治

答案：D

4. 暂换变压器的使用时间，10kV 及以下的不得超过（　　），逾期不办理手续的，供电企业可中止供电。

A. 半年　　B. 4 个月　　C. 3 个月　　D. 2 个月

答案：D

5. 电场中，正电荷受电场力的作用总是（　　）移动。

A. 从高电位向低电位　　B. 从低电位向高电位

C. 垂直于电力线的方向　　D. 保持原位。

答案：A

6. 在电力系统正常状况下，电力系统装机容量在 300 万 kW 以下的，供电频率的允许偏差为（　　）Hz。

A. ±0.2　　B. ±0.3　　C. ±0.4　　D. ±0.5

答案：D

7. 在电力系统非正常状况下，供电频率允许偏差不应超过（　　）Hz。

A. ±0.2　　B. ±0.3　　C. ±0.4　　D. ±1.0

答案：D

8. 由供电企业以 220/380V 电压供电的居民户，家用电器因电力运行事故损坏后，（　　）日内不向供电企业投诉并索赔的，供电企业不再负赔偿责任。

A. 5　B. 6　C. 7　D. 10

答案： C

9. 用户暂拆，应持有关证明向供电企业提出申请暂拆时间，最长不得超过（　　），暂拆期间供电企业保留该用户原容量的使用权。

A. 三个月　B. 六个月　C. 一年　D. 二年

答案： B

10. 用户连续（　　）个月不用电也不办理暂停手续，供电企业须以销户终止其用电。

A. 1　B. 3　C. 6　D. 9

答案： C

11. 用户对供电质量有特殊要求的，供电企业应当根据其必要性和电网的可能提供相应的（　　）。

A. 电能　B. 电量　C. 电压　D. 电力

答案： D

12. 由于外界工作条件的改变而造成仪表的额外误差，称作仪表的（　　）。

A. 附加误差　B. 绝对误差　C. 相对误差　D. 基本误差

答案： A

13. 用户的计量方式有（　　）种。

A. 2　B. 3　C. 4　D. 5

答案： B

14. 若电阻的真值是1000，测量结果是1002，则正确的结论是（　　）。

A. 该电阻的误差是2　B. 测量结果的误差是0.2%

C. 计量器具的准确度是0.2%

答案： B

15. 电路中（　　）定律指出：流入任意一节点的电流必定等于流出该节点的电流。

A. 欧姆　B. 基尔霍夫第一　C. 楞次　D. 基尔霍夫第二

答案： B

16. 某电能表常数为2000imp/kWh，测得10imp的时间为12s，则功率为（　　）kW。

A. 6　B. 3　C. 1.5　D. 12

答案： C

17. 指针式万用表在不用时，应将挡位打在（　　）挡上。

A. 直流电流　B. 交流电流　C. 电阻　D. 交流电压

答案： D

18. 正弦交流电的平均值等于（　　）倍最大值。

A. 2　B. $\pi/2$　C. $2/\pi$　D. 0.707

答案： C

19. 在正弦交流电的一个周期内，随着时间变化而改变的是（　　）。

A. 瞬时值　B. 最大值　C. 有效值　D. 平均值

答案： A

20. 在正常运行情况下，中性点不接地系统的中性点位移电压不得超过额定电压的（　）。

A. 15%　B. 10%　C. 7.5%　D. 5%

答案：A

21. 在交流电路中，当电压的相位超前电流的相位时，（　）。

A. 电路呈感性，$\Phi>0$　B. 电路呈容性 $\Phi>0$

C. 电路呈感性，$\Phi<0$　D. 电路呈容性，$\Phi<0$

答案：A

22. 在串联电路中（　）。

A. 流过各电阻元件的电流相同　B. 加在各电阻元件上的电压相同

C. 各电阻元件的电流、电压都相同　D. 各电阻元件的电流、电压都不同

答案：A

23. 有一台三相发电机，其绕组连成星形，每相额定电压为220V。在一次试验时，用电压表测得 $U_A=U_B=U_C=220$V，而线电压 $U_{AB}=U_{CA}=220$V，$U_{BC}=380$，这是因为（　）。

A. A相绕组接反　B. B相绕组接反　C. C相绕组接反　D. A、B相绕组接反

答案：A

24. 有一块内阻为0.15Ω，最大量程为1A的电流，先将它并联一个0.05Ω的电阻，则这块电流表的量程将扩大为（　）A。

A. 3　B. 4　C. 2　D. 6

答案：B

25. 用钳形电流表测量三相平衡电流时，夹住一相线读数为 I，夹住两相线读数为 I，夹住三相线读数为（　）。

A. I　B. $2I$　C. 0　D. $1.5I$

答案：C

26. 用钳形电流表测量电流互感器V/V接线时，I_a 和 I_c 电流值相近，而 I_a 和 I_c 两相电流合并后测试值为单独测试时电流的1.732倍，则说明（　）。

A. 一相电流互感器的极性接反　B. 有两相电流互感器的极性接反

C. 有一相电流互感器断线　D. 有两相电流互感器断线

答案：A

27. 使用绝缘电阻表时注意事项错误的是（　）。

A. 绝缘电阻表用线应用绝缘良好的单根线

B. 禁止在有感应电可能产生的环境中测量

C. 在测量电容器等大电容设备时，读数后应先停止摇动，再拆线

D. 使用前应先检查绝缘电阻表的状态

答案：C

28. 在每一日历年内，电力用户可申请全部（含不通过受电变压器的高压电动机）或部分用电容量的暂时停止用电，每次不得少于（　）天，一年累计暂停时间不得超过六个月。

A. 十　B. 十五　C. 二十　D. 三十

答案：B

29. 总容量不足3kW的晒图机、医疗X光机、无影灯、消毒等用电，执行什么电价。(　　)

A. 居民照明电价　B. 大工业电价

C. 一般工商业及其他用电电价　D. 农业生产电价

答案：C

30. 总分类账的清理与核对，要求各栏数字与所属各明细账相加后的各项数字以及各种(　　)数字完全相符。

A. 账单　B. 报表　C. 收据　D. 款项

答案：B

31. 装有两路及以上进线的用户，其最大需量应(　　)计量。

A. 相加　B. 按最高值　C. 按低值　D. 分别

答案：D

32. 正确核算电费是用电营业部门进行(　　)的重要工作环节。

A. 差错分析　B. 质量检查　C. 电力销售　D. 负荷管理

答案：C

33. 照相制版工业水银灯用电，受电变压器容量在315kVA，执行什么电价。(　　)

A. 居民照明电价　B. 大工业电价

C. 照明电价　D. 一般工商业及其他用电电价

答案：B

34. 在下列计量方式中，考核用户用电需要计入变压器损耗的是(　　)。

A. 高供高计　B. 高供低计

C. 低供低计　D. 高供高计和低供低计

答案：B

35. 用户在供电企业规定的期限内未交清电费，应承担电费滞纳的违约责任。电费违约金从逾期之日计算至交纳日止，居民用户按欠费总额的(　　)计算。

A. 1‰　B. 2‰　C. 3‰　D. 4‰

答案：A

36. 用户电费违约金的计算：除居民外其他用户跨年度欠费部分每日按欠费总额的(　　)计算。

A. 千分之一　B. 千分之二　C. 千分之三　D. 千分之四

答案：C

37. 私自更改供电企业的电能计量装置者，除居民用户外，其他用户应承担(　　)元/次的违约使用电费。

A. 1000　B. 2000　C. 3000　D. 5000

答案：D

38. 在电力系统电气装置中，为运行需要所设的接地(如中性点直接接地或经其他装置接地等)称为(　　)。

A. 保护接零 B. 工作接地 C. 重复接地 D. 保护接地

答案：B

39. 在 Word 中，当需要输入一些键盘上没有的特殊符号时可通过（ ）来完成。

A. 专门的符号按钮 B. “格式”菜单中的“插入符号”命令

C. 在“区位码”方式下 D. “插入”菜单中的“符号”命令

答案：D

40. 供电企业通过媒体宣传，窗口服务和产品展示等手段在全社会和消费者中树立电力产品优质、可靠、价格合理的形象属于（ ）。

A. 形象销售策略 B. 优质服务策略

C. 市场开拓策略 D. 推进需求侧管理策略

答案：A

二、多选题 （每小题 2 分，共 20 分）

1. 智能表通信模块包括以下（ ）种。

A. 载波模块 B. 微功率无线模块 C. 公网无线模块 D. 光纤模块

答案：ABCD

2. 正弦交流电的三要素是（ ）。

A. 最大值 B. 角频率 C. 初相角 D. 周期

答案：ABC

3. 短路的后果是（ ）。

A. 由于导线的电流大幅度增加，会引起电气设备的过热，甚至烧毁电气设备，引起火灾

B. 短路电流还会产生很大的电动力，使电气设备遭受破坏

C. 严重的短路事故，甚至还会破坏系统稳定

D. 没有任何危害

答案：ABC

4. 接户线与广播通信线交叉时，接户线在上方的最小距离是（ ），接户线在下方的最小距离是（ ）。

A. 接户线在上方的最小距离是 0.6m B. 接户线在上方的最小距离是 0.3m

C. 接户线在下方的最小距离是 0.6m D. 接户线在下方的最小距离是 0.3m

答案：AD

5. 使用钳形电流表进行测量时，应注意的有（ ）。

A. 使用钳形电流表前，先应注意其测量挡位，使其指针正确指示，不能使指针过头或指示过小

B. 可以同时钳住两根导线或多根导线

C. 测量时铁芯钳口要紧密闭合，被测导线尽量置于孔中心，以减小测量误差

D. 要保持安全距离，不得造成相间短路或接地，烧坏设备或危及人身安全

答案：ACD

6. 全电子式电能表的特点有（ ）。

A. 测量精度高，工作频带宽，过负荷能力强

B. 本身功耗比感应式电能表低

C. 由于可将测量值（脉冲）输出，故可进行远方测量

D. 引入单片微机后，可实现功能扩展，制成多功能和智能电能表等

答案：ABCD

7. 三相电能表接线判断方法有（ ）。

A. 测量各相、线电压值　　B. 判断 B 相

C. 测定三相电压的排列顺序　　D. 检查电流

E. 检查电压、电流间的相位关系

答案：ABCDE

8. 使用电流互感器时应注意的事项有（ ）。

A. 电流互感器的配置应满足测量表计，继电保护和自动装置的要求可以用同一个二次绕组供电，不会互相影响

B. 极性应连接正确，连接表计必须注意电流互感器的极性，只有极性连接正确，表计才能正确指示或计量

C. 运行中的电流互感器一次绕组不允许开路

D. 电流互感器二次应可靠接地

答案：BD

9. 使用活络扳手时，要注意（ ）。

A. 应按螺母大小选用适当大小的扳手　　B. 扳动大螺母时，手应握在手柄尾部

C. 活络扳手不可反过来使用　　D. 不得当撬棒或锤子使用

答案：ABCD

10. 大工业电力客户电费发票的主要内容有（ ）。

A. 户名、户号、用电地址、收费日期

B. 计费有功、无功电能表的起止码、倍率，实用电量，线变损电量，计费容量，功率因数

C. 电费计算：电价、电度电费、功率因数调整电费

D. 应收电费、基本电费、附加费、合计应收电费

答案：ABCD

三、判断题 （每小题 0.5 分，共 22 分）

1. 截面均匀的导线，其电阻与导线横截面积成反比。（√）

2. 斜口钳是用来割绝缘导线的外包绝缘层。（×）

3. 接临时负载，必须装有专用的隔离开关和可熔熔断器。(√)
4. 接入中性点绝缘系统的电压互感器，35kV 以下的宜采用 V/v 方式接线。(√)
5. 钳形电流表的钳头实际上是一个电流互感器。(√)
6. 家用剩余电流保护器的动作电流不应大于 30mA。(√)
7. 窃电时间无法查明时，窃电天数至少按 180 天计算。(√)
8. 某家庭装有 40W 电灯 3 盏、1000W 空调 2 台、100W 电视机 1 台，则计算负荷为 2300W。(×)
9. 某单相用户功率为 2.2kW，功率因数为 0.9，则计算电流为 11A。(√)
10. 某用电户生产形势发生变化后，受电设备容量富裕。(√)
11. 某月其周边新建居民住宅，于是该户利用其设备向居民户供电，其行为属违约用电行为。(√)
12. 某用户原报装非工业用电，现要求改为商业用电，该户应办理改类。(√)
13. 某一型号单相电能表，铭牌上标明电能表常数为 1667r/kWh，该表转盘转一圈所计量的电能应为 0.6Wh。(√)
14. 某 10kV 高供高计用户接 50/5 电流互感器，若电能表读数为 20kWh，则用户实际用电量为 20000kWh。(√)
15. 某 10kV 供电、受电变压器容量为 400kVA 的公用污水处理厂，其用电行业和电价应分别按重工业、大工业执行。(√)
16. 客户使用的电力电量，以计量检定机构依法认可的用电计量装置的记录为准。(√)
17. 临时用电的用户，可不安装用电计量装置，根据用电容量、使用时间计收电费。(×)
18. 金属导体的电阻值随温度的升高而增大。(√)
19. 若电力用户超过报装容量私自增加电气容量，称为违章用电。(√)
20. 建立用户档案工作是实现计算电费管理的第一步基础工作。(√)
21. 居民用户的违约金每日按欠费总额的 1‰计算。(√)
22. 居民用户以外的其他用户私自移表，应承担 5000 元的违约使用电费。(√)
23. 进户线应采用绝缘良好的铜芯线，不得使用软导线，中间不应有接头，并应穿钢管或硬塑料管进户。(√)
24. 有功电能表的电能表常数是指每千瓦时的圆盘转数或脉冲数。(√)
25. 如果一只电能表的型号为 DSD9 型，这只表应该是一只三相三线多功能电能表。(√)
26. 在破产用户原址上用电的，按新装用电办理。(√)
27. 在 35kV 变电站内，10kV 线路供电，使用 500/5 电流互感器，则起实用倍率为 35000。(×)
28. 用万用表进行测量时，不得带电切换量程，以防损伤切换开关。(√)
29. 正确接线时，三相三线两元件有功电能表第一元件和第二元件的功率表达式分别为 $P_1=U_{ab}I_a\cos(30°+\varphi_a)$，$P_2=U_{cb}I_a\cos(30°-\varphi_c)$。(√)
30. 正常情况下，安全电压规定为 36V 以下。(√)
31. 计算机在工作中突然断电，则计算机的信息被丢失的是 RAM 中的信息。(√)
32. 计费电能表及附件的安装、移动、更换、校验、拆除、加封、启封均由供电企业负责

办理。（√）

33. 月平均电量 100 万 kWh 及以上或变压器容量为 2000kVA 及以上的高压计费用户，应采用Ⅱ类计量装置。（√）

34. 无论什么原因使电能表出现或发生故障，供电企业应负责换表，不收费用。（×）

35. 无功电能表的系列代号为 T。（×）

36. 三相电源的线电压为 380V，对称负载Y形接线，没有中性线，如果某相突然断掉，则其余两相负载的相电压为 190V。（√）

37. 三相电能表应采用正相序接线。（√）

38. 三相电能计量的接线方式中，ABC 接线为正相序，那么 CBA 就为逆相序。（√）

39. 三相四线制供电的用电设备可装一只三相四线电能表计量。（√）

40. 三段式电流保护，其保护动作时间一段最短。（√）

41. 三极管中有两个 PN 结组成，可以对电流起放大作用。（√）

42. 三级用电检查员仅能担任 0.4kV 及以下电压受电的用户的用电检查工作。（√）

43. 人体与电气设备的带电部分接触发生的触电可分为单相触电和两相触电。（√）

44. 一根导线的电阻是 6Ω，把它折成等长的 3 段，合并成一根粗导线，它的电阻是 2Ω。（×）

四、计算题 （每小题 3 分，共 12 分）

1. 有一只三相四线有功电能表，其 B 相电流互感器从二次反接运行达半年之久，电能表的累积电量 W' 为 1200kWh，假设功率因数 $\cos\varphi$ 为 1.0，三相负载平衡，则该表少计电量（　）kWh。

答案： 2400

解： 正确接线时的功率为

$$P = 3UI\cos\varphi$$

据题意，当 B 相电流互感器反接其功率为

$$P' = U_A/I_A\cos\varphi - U_B I_B\cos\varphi + U_C I_C\cos\varphi = UI\cos\varphi$$

更正系数为

$$K = \frac{P}{P'} = \frac{3UI\cos\varphi}{UI\cos\varphi} = 3$$

实际用电度数为

$$W = K \times W' = 3 \times 1200 = 3600(\text{kWh})$$

半年内少计电度数为

$$3600 - 1200 = 2400(\text{kWh})$$

2. 某居民用户使用的机械电子一体式电能表准确等级为 2.0，常数 C 为 3600r/kWh。抄表人员发现该户用电量与实际负荷不符，经用电检查人员测量，当用户使用一盏 P 为 100W 灯泡时，用秒表测得电能表转 N 为 10r 时，用电时间 t 为 2min。该表的相对误差为（　）%。（保留两位小数）

答案： −16.67

解：本题中，$N=6r$，$C=3600r/kWh$，$P=100W=0.1kW$

正常情况下该表转 6r 所需时间 T 为 $T=\frac{N\times3600}{C\times P}=\frac{10\times3600}{3600\times0.1}=100$（s）

测得转 6r 的实际用电时间 $t=2min=120s$，

相对误差为 $R=\frac{T-t}{t}\times100\%=\frac{100-120}{120}\times100\%=16.67\%$

3. 某工业用户装有两台电动机，第一台额定有功功率 P_1 为 8kW，功率因数 $\cos\varphi_1$ 为 0.8；第二台额定有功功率 P_2 为 18kW，功率因数 $\cos\varphi_2$ 为 0.9。当两台电动机同时运行在额定状态时，该用户的总有功功率为（　　）kW，总功率因数为（　　）。（结果有小数的保留两位小数）

答案：26、0.87

解：同时运行时总有功功率为

$$P=P_1+P_2=8+18=26\ (\text{kW})$$

第一台电动机视在功率：$S_1=\frac{P_1}{\cos\varphi_1}=\frac{8}{0.8}=10$（kVA）

第一台电动机视在功率：$S_2=\frac{P_2}{\cos\varphi_2}=\frac{18}{0.9}=20$（kVA）

同时运行时总有视在功率：$S=S_1+S_2=10+20=30$（kVA）

同时运行时的功率因数：$\cos\varphi=\frac{P}{S}=\frac{26}{30}=0.87$

4. 有一个三相负载，每相的等效电阻 $R=30\Omega$，等效感抗 $X_L=25\Omega$。接线为星形。当把它接到线电压 $U=380V$ 的三相电源时，该负载消耗的电流 I 为（　　）A、有功功率 P 为（　　）W 和功率因数 $\cos\varphi$ 为（　　）。

答案：5.6、2838、0.77

解：因为是对称三相电路，所以各相电流相等，设为 I

则（1）$I=\frac{U_{相}}{|Z|}=\frac{U/\sqrt{3}}{\sqrt{R^2+X_L^2}}=\frac{380/\sqrt{3}}{\sqrt{30^2+25^2}}\approx5.6$（A）

相电流等于线电流，且相角差为 120°。

（2）功率因数为

$$\cos\varphi=\frac{R}{|Z|}=\frac{30}{\sqrt{30^2+25^2}}\approx0.77$$

（3）三相有功功率为

$$P=\sqrt{3}UI\times380\times5.6\times0.77=2838\ (\text{W})$$

五、识图题（每小题 1.5 分，共 6 分）

1. 下图是用 220V 三相三线有功电能表计量单相 380V 电焊机等设备的接线图（经 TA 接入，分用电压线和电流线），该图是否正确（　　）。

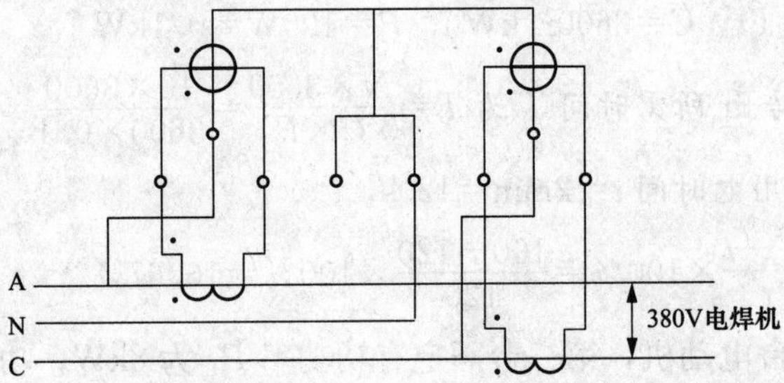

A. 正确　　　B. 错误

答案： A

2. 下图中，三相电压互感器 Y/Y0-12 接线组别的正确接线图是（　　）。两台单相双绕组电压互感器连接的 V-V 形接线图是（　　）。

A.

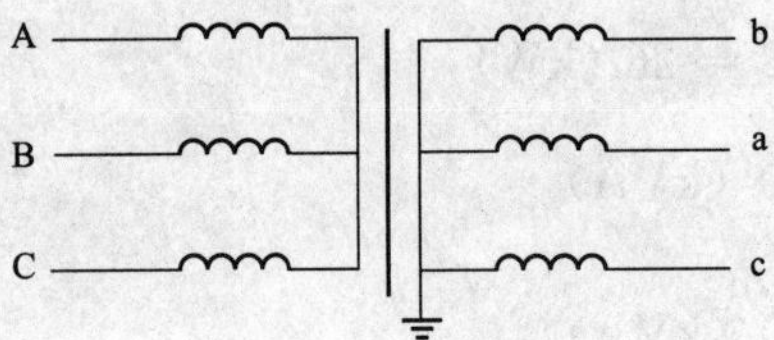

B.

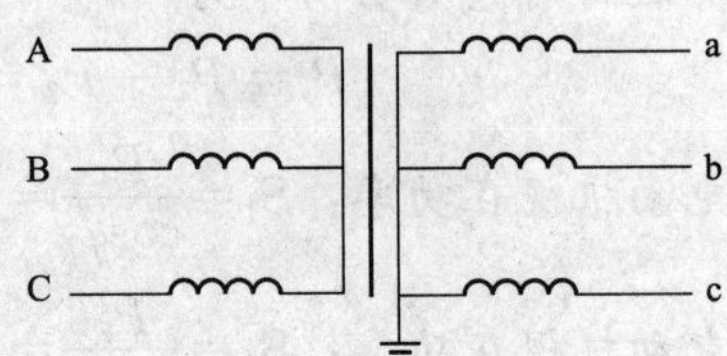

C.

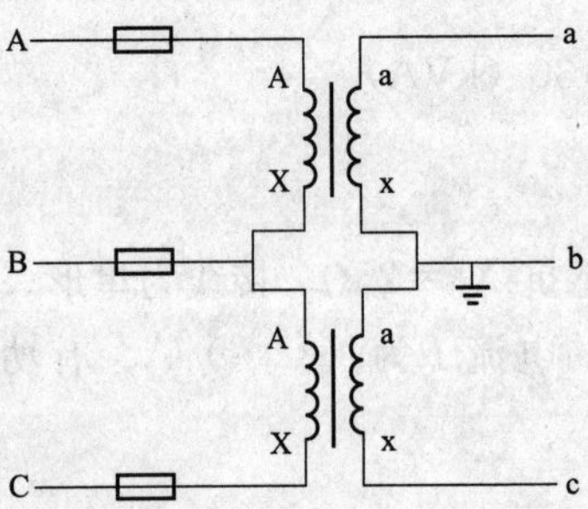

答案： B、C

3. 在下列示意图中，（　　）是电动机单向旋转控制电路图。（　　）是电动机的自耦变压器降压启动原理线路图。（　　）是星-三角降压起动原理接线图。

A.

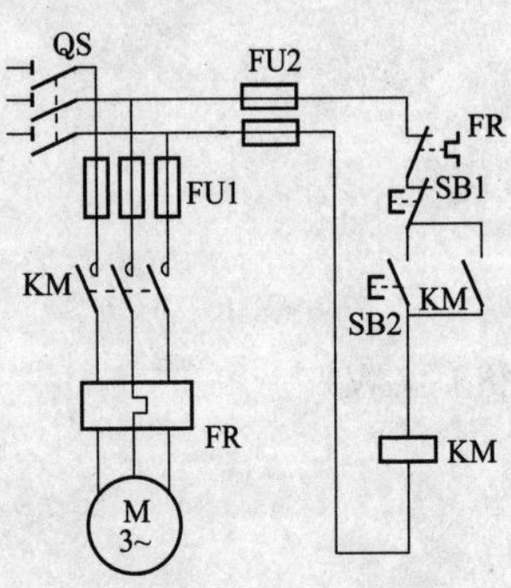

B.

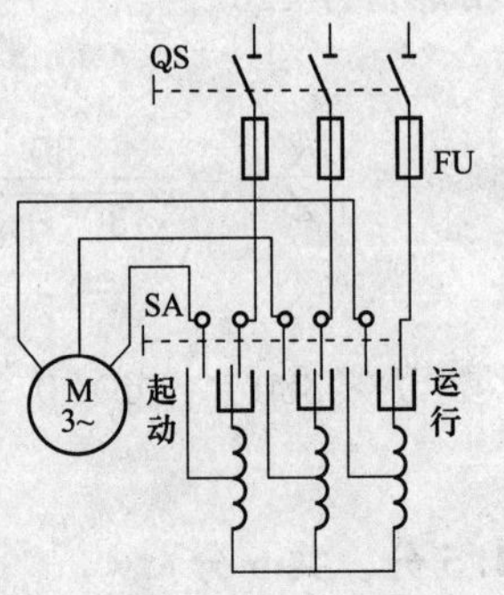

C.

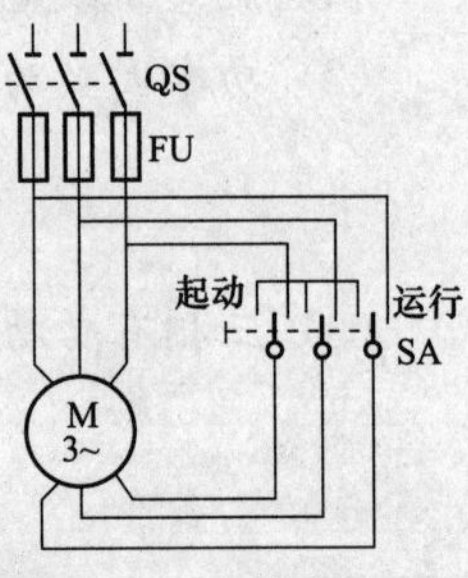

答案： A、B、C

4. 若三相三线两元件有功电能表经 TA、TV 接入，计量高压用户电量，以下的接线图是否正确。（　　）

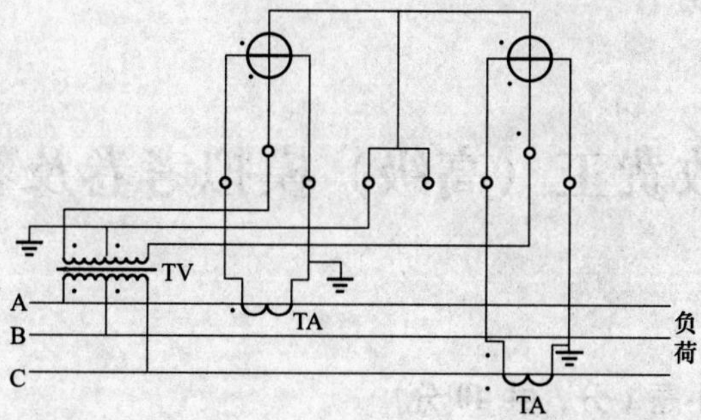

A. 正确　　　　　　B. 错误

答案：A

抄表核算收费工（高级）模拟考卷及答案（四）

一、单选题 （每小题1分，共40分）

1. 触电者心跳、呼吸停止，应立即进行（　　）抢救，不得延误或中断。

A. 心肺复苏法　B. 心脏按压　C. 人工呼吸　D. 放弃抢救

答案：A

2. 当发现配电箱、电能表箱箱体带电时，应（　　），查明带电原因，并做相应处理。

A. 检查接地装置　B. 断开上一级电源将其停电

C. 通知用户停电　D. 将带电箱体接地

答案：B

3. 高压供电的工业用户和高压供电装有带负荷调整电压装置的电力用户，功率因数应不小于（　　）。

A. 0.80　B. 0.85　C. 0.90　D. 0.95

答案：C

4. 委托银行代收电费是指电力企业与银行（或信用社）签订特约委托代收电费（　　），电力企业则依据协议规定按月付给银行代收电费手续费。

A. 协议　B. 凭证　C. 传单　D. 账户

答案：A

5. 现行电价制度是由电价种类、计价方式、电压等级等内容组成，并且对不同（　　）的用电规定不同的价格。

A. 规模　B. 业务　C. 性质　D. 制度

答案：C

6. 业扩报装是我国电力企业（　　）工作中的一个习惯用语。

A. 用电　B. 营业　C. 管理　D. 服务

答案：B

7. 一养牛场，动力用电和照明用电执行价格正确的是（　　）。

A. 全部为农业生产电价

B. 动力执行非工业电价，照明执行非居民照明电价

C. 全部为非工业电价

D. 动力执行农业生产电价，照明执行非居民照明电价

答案：D

8. 以变压器容量计算基本电费的用户，其备用变压器（含高压电动机）属冷备用状态并

经供电企业加封的，可（ ）基本电费。

A. 免收 B. 按 1/2 收取 C. 按 1/3 收取 D. 按 2/3 收取

答案：A

9. 以下用电中应执行居民生活电价的是（ ）。

A. 中、小学校 B. 小区路灯 C. 报警器用电 D. 有线广播站

答案：A

10. 银行承兑汇票通过银行贴现后，发生的贴现利息应由（ ）承担。

A. 银行 B. 客户 C. 供电企业 D. 供电企业和客户

答案：B

11. 营业管理既是电力工业企业产品——电能的销售环节，也是综合体现电力企业（ ）的所在。

A. 经营成果 B. 经济效益 C. 市场营销 D. 销售收入

答案：A

12. 单股导线连接：当单股导线截面在（ ）mm^2 以下时，可用绞接法连接。

A. 8 B. 6 C. 4 D. 2

答案：B

13. 二极管的主要特性有（ ）。

A. 向导电性 B. 电流放大作用 C. 电压放大作用 D. 滤波作用

答案：A

14. 使用钳形表测量导线电流时，应使被测导线（ ）。

A. 尽量离钳口近些 B. 尽量离钳口远些

C. 尽量居中 D. 无所谓

答案：C

15. 使用手锤时错误的说法是（ ）。

A. 保持锤柄干净无油污 B. 要戴工作手套

C. 使用前应检查锤柄是否紧固 D. 锤柄用整根硬木制成

答案：B

16. 无功补偿的基本原理是把容性负载与感性负载接在同一电路中，当容性负载（ ）能量时，感性负载吸收（释放）能量。

A. 释放（吸收） B. 释放（释放） C. 吸收（吸收） D. 吸收（释放）

答案：A

17. 相序是电压或电流三相（ ）的顺序，通常习惯用 A（黄）-B（绿）-C（红）表示。

A. 电位 B. 相位 C. 功率 D. 接线

答案：B

18. 选择电动机应根据电压、功率、转速、频率、功率因数、防护形式、结构形式和起动转矩等进行（ ）。

A. 合理选择 B. 考虑选用 C. 功率比较 D. 规格选择

答案：A

19. 仪表在正常工作条件下，由于结构、工艺等方面不够完善而产生的误差，称为仪表的（ ）。

A. 附加误差 B. 绝对误差 C. 相对误差 D. 基本误差

答案：D

20. 已知 $R=3\Omega$，$X_L=15\Omega$，$X_C=11\Omega$，将它们串联时，总阻抗 Z 等于（ ）。

A. 29Ω B. 7Ω C. 5Ω D. 3Ω

答案：C

21. 异步电动机因具有结构简单、价格便宜、坚固耐用、维修方便等一系列优点而得到广泛应用，但它的主要缺点是（ ）。

A. 性能差 B. 功率因数低 C. 体积大 D. 过负荷能力差

答案：B

22. 用来控制、指示、测量和保护一次电路及其设备运行的电路图是（ ）。

A. 主接线图 B. 一次电路图 C. 一次接线图 D. 二次回路图

答案：D

23. 用钳形电流表测量电流互感器 V/v 接线时，I_a 和 I_c 电流值相近，而 I_a 和 I_c 两相电流合并后测试值为单独测试时电流的 1.732 倍，则说明（ ）。

A. 一相电流互感器的极性接反 B. 有两相电流互感器的极性接反

C. 有一相电流互感器断线 D. 有两相电流互感器断线

答案：A

24. 用右手定则判断感应电动势的方向时，应（ ）。

A. 使手心迎着磁力线的方向 B. 使四根手指指向磁力线的方向

C. 使大拇指指向磁力线的方向 D. 使四根手指指向导体的运动方向

答案：A

25. 运动导体切割磁力线，产生最大电动势时，导体与磁力线间夹角应为（ ）。

A. 0° B. 30° C. 60° D. 90°

答案：D

26. 运行中变压器的两部分损耗是（ ）。

A. 铜损耗和线损耗 B. 铁损耗和线损耗

C. 铜损耗和铁损耗 D. 线损耗和网损耗

答案：C

27. 变压器是（ ）电能的设备。

A. 生产 B. 传递 C. 使用 D. 既生产又传递

答案：B

28. 国家电网公司承诺，对已竣工验收合格具备供电条件的高压用户，装表接电时间不超过（ ）个工作日。

A. 5 B. 3 C. 10 D. 15

答案：A

29. 未经供电企业同意擅自供出电源的，除当即拆除接线外，应承担其供出电源容量（ ）

元/kW 的违约使用电费。

A. 100　　B. 300　　C. 500　　D. 800

答案： C

30. 因电能质量某项指标不合格而引起责任纠纷时，不合格的质量责任由（　　）负责技术仲裁。

A. 国家技术监督局

B. 地方技术监督局

C. 电力企业

D. 电力管理部门认定的电能质量技术检测机构

答案： D

31. 用户单相用电设备总容量在（　　）kW 以内时，可采用 220V 供电。

A. 10　　B. 15　　C. 20　　D. 30

答案： A

32. 用户的功率因数低，将不会导致（　　）。

A. 用户有功负荷提升　　B. 用户电压降低

C. 设备容量需求增大　　D. 线路损耗增大

答案： A

33. 变压器容量为 500kVA 高供低计用户的电能计量装置属于（　　）类计量装置。

A. Ⅰ　　B. Ⅱ　　C. Ⅲ　　D. Ⅳ

答案： C

34. 电压互感器 V/v 接线，当 V 相二次断线，若 U_{uw} 为 100V，在二次侧空载时，U_{uv} 为（　　）V。

A. 0　　B. 50　　C. 57.7　　D. 100

答案： A

35. 电压互感器 Y/y 接线，一次侧 U 相断线，二次侧空载时，则（　　）。

A. $U_{uv}=U_{vw}=U_{wu}=100V$　　B. $U_{uv}=U_{vw}=U_{wu}=57.7V$

C. $U_{uv}=U_{wu}=50V$，$U_{wu}=100V$　　D. $U_{uv}=U_{wu}=57.7V$，$U_{vw}=100V$

答案： D

36. 未装设用电计量装置的临时用电，应根据其用电容量、双方约定的每日使用时数和使用期限、用电类别计收全部电费。用实际使用时间不足约定期限二分之一的，可退还预收电费的（　　）。

A. 全部　　B. 1/2　　C. 1/3　　D. 不退

答案： B

37. 我国规定的对电能表型号的表示方式的第一部分是（　　）。

A. 类别代号　　B. 组别代号　　C. 设计序号　　D. 结构形式

答案： A

38. 用电计量装置原则上应当安装在（　　）。

A. 受电设施产权处　　B. 供电设施产权处

C. 供电和受电设施产权分界处　　D. 进线开关处

答案：C

39. 因电力运行事故造成居民家用电器损坏后，对于用外币购买的家用电器，供电企业应以（　）给予赔偿。

A. 人民币　　B. 外币

C. 购买时外币兑换价兑换成人民币　　D. 现行的外币兑换价兑换成人民币

答案：C

40. 用电检查人员在执行用电检查任务时，应遵守用户的保卫保密规定，不得在检查现场（　）用户进行电工作业。

A. 命令　　B. 指挥　　C. 替代　　D. 要求

答案：C

二、多选题 （每小题 2 分，共 20 分）

1. 在电力用户用电信息采集系统中，远程费控智能电表远程停/送电的操作菜单及步骤是（　）。

A. 基本应用　　B. 催费控制　　C. 费控管理　　D. 电表控制命令管理

E. 跳闸/合闸命令

答案：ACBDE

2. 在金属导体中，习惯上规定电流的方向（　）。

A. 与正电荷运动的方向相同　　B. 与正电荷运动的方向相反

C. 与自由电子运动的方向相同　　D. 与自由电子运动的方向相反

答案：AD

3. 在电气设备上工作，保证安全的组织措施有（　）。

A. 工作票制度　　B. 工作许可制度

C. 工作监护制度　　D. 工作间断、转移和终结制度

答案：ABCD

4. 在（　）场所必须使用铜芯线。

A. 易燃、易爆

B. 重要的建筑，重要的资料室、档案室、库房

C. 人员聚集的公共场所、娱乐场所、舞台照明

D. 计量等二次回路

答案：ABCD

5. 用电客户向供电企业对申请销户的用户，按下列规定办理（　）。

A. 销户必须停止全部用电容量的使用

B. 用户向供电企业结清电费

C. 查验用电计量装置完好后，拆除接户线和用电计量装置

D. 用户持供电企业出具的凭证，领还电能表保证金与电费保证金

答案：ABCD

6. 异步电动机的启动有（　　）方式。

A. 串接电阻或电抗器降压启动

B. 直接启动

C. 三角形接线变星形接线启动，启动后再还原成三角形接线

D. 并接电阻或电抗器降压启动

答案：ABC

7. 下列法律、法规和规章，作为供电企业查处窃电行为依据的是（　　）。

A.《电力供应与使用条例》　B.《用电检查管理办法》

C.《供电营业规则》　D.《供用电监督管理办法》

答案：ABC

8. 下列（　　）电气设备需要保护接地。

A. 变压器、电动机、电器、手握式及移动式电器

B. 电力设备的传动装置

C. 配电装置的金属框架、配电柜及保护控制屏的框架

D. 配电线的金属保护管、开关金属接线盒等

答案：ABCD

9. 抄表周期随意调整后影响（　　）。

A. 线损的正确计算

B. 功率因数、基本电费、变压器损耗的正确计算

C. 电费回收

D. 若遇电价调整，可能引起电费纠纷

E. 客户核算成本和产品单耗管理

答案：ABCDE

10. 为客户办理暂停用电手续，下列说法正确的有（　　）。

A. 大工业客户暂停部分容量后，其未停运的设备容量，仍按两部制电价计费

B. 暂停期间计量装置对计量影响不大的，可不更换电流互感器的变比

C. 装新、增容客户 2 年内不得申办暂停

D. 暂停时间少于 15 天者，暂停期间基本电费减半计收

答案：ABC

三、判断题 （每小题 0.5 分，共 22 分）

1. 市政建设等临时用电如需改为正式用电，应按新装用电办理。（√）

2. 三元件三相四线有功电能表接线时，不接 B 相电流。（×）

3. 三相异步电动机的额定电流（I_n）：在额定运行情况下，转子绕组所通过的线电流值

(A)。 (×)

4. 三相异步电动机的额定电流（I_n）：在额定运行情况下，定子绕组所通过的线电流值(A)。 (√)

5. 三相四线有功电能表零线接法是零线不剪断，只在零线上用不小于 2.5mm² 的铜芯绝缘线 T 接到三相四线电能表零线端子。 (√)

6. 三相四线有功电能表的中线不能与 ABC 中任何一根相线颠倒。 (√)

7. 三相四线有功电能表，当相序接反时，电能表不一定反转。 (√)

8. 三相三线有功电能表，由于错误接线，在运行中始终反转，则算出的更正系数必定是负值。 (√)

9. 三相三线电能表中相电压断了，此时电能表应走慢 1/3。 (×)

10. 三相电路中，线电压为 100V，线电流为 2A，负载功率因数为 0.8，则负载消耗的功率为 277.1W。 (√)

11. 如因供电企业责任或不可抗力致使计费电能表出现或发生故障的，供电企业负责换表不收费用；其他原因引起的，用户负担赔偿费或修理费。 (√)

12. 窃电时间无法查明时，窃电日至少以三个月计算。 (×)

13. 钳形电流表的钳头实际上是一个电流互感器。 (√)

14. 某用户一个月有功电能为 2000kWh，平均功率因数 $\cos\phi$ 为 0.8，则其无功电能为 1500kvarh。 (√)

15. 某用户供电电压为 380/220V，有功电能表抄读数为 1500kWh，无功电能表抄读数为 1250kvarh，该用户的平均功率因数为 0.85。 (×)

16. 基建工地所有的临时用电，不得用于生产、试生产和生活照明用电。 (√)

17. 互感器二次侧负载不应大于其额定负载，但也不宜低于其额定负载的 25%。 (√)

18. 过户实际上涉及新旧用户之间用电权和经济责任与义务关系的改变。 (√)

19. 供电营业场所“三公开”的具体内容是电价、收费标准、服务程序。 (√)

20. 供电企业在接到居民家用电器损坏投诉后，应在 24 小时内派员赴现场调查、核实。 (√)

21. 供电企业与电力用户一般应签订“供用电合同”，明确双方的权利、义务和经济责任。 (√)

22. 供电企业用电检查人员实施现场检查时，用电检查的人数不得少于两人。 (√)

23. 供电企业可以向有增值税一般纳税人资格的电力客户开具增值税专用发票。 (√)

24. 供电企业可以适用不安抗辩权，促使用电人履行供用电合同。 (√)

25. 供电企业供电的额定电压，低压单相为 220V，三相为 380V。 (√)

26. 供电企业对用户送审的受电工程设计文件和有关资料审核的时间，低压供电的用户最长不超过 10 天。 (√)

27. 供电企业对用户送审的受电工程设计文件和有关资料的审核时间，高压供电的用户最长不超过 1 个月。 (√)

28. 供电企业对已受理的用电申请应尽快确定供电方案，高压单电源用户最长不超过 1 个月正式书面通知用户。 (√)

29. 供电企业对已受理的用电申请应尽快确定供电方案，高压双电源用户最长不超过 2 个月正式书面通知用户。（√）
30. 无论城市还是农村，对同一电网同一电压等级、同一用电类别的用户，都执行相同的电价标准。（√）
31. 供电企业对查获的窃电者，有权追补电费，并加收违约使用电费。（√）
32. 供电频率质量以允许波动的偏差来衡量。（√）
33. 供电可靠性以供电企业对用户停电的时间及次数来衡量。（√）
34. 公用路灯、交通信号灯公用设施，应由当地政府及有关管理部门负责维护管理和交纳电费。（√）
35. 工业试验用电，受电变压器容量在 315kVA，执行大工业电价。（√）
36. 根据欧姆定律，导体中电流 I 的大小与加在导体两端的电压 U 成正比，与导体的电阻 R 成反比。（√）
37. 根据目前销售电价执行政策，可将售电单价分解为电量电价、基本电价、峰谷增收电价、力率调整电价。（√）
38. 根据创“国际一流供电企业”的要求，月末抄见电量占全月公司抄见电量的百分率应不小于 75%。（√）
39. 根据《供电营业规则》规定，电网装机容量 300 万 kW 及以上的，供电频率允许偏差是±0.2Hz。（√）
40. 根据《供电营业规则》，用户的无功电力应就地平衡。（√）
41. 高压供电的工业用户和高压供电装有带负荷调整电压装置的电力用户，功率因数应不小于 0.90。（√）
42. 高压 35kV 供电，电压互感器电压比为 35kV/100V，电流互感器电流比为 50/5A，其倍率应为 3500 倍。（√）
43. 高压 110kV 供电，电压互感器电压比为 110kV/100V，电流互感器电流比为 50/5A，其倍率应为 11000 倍。（√）
44. 按《居民用户家用电器损坏处理办法》规定，以外币购置的家用电器，按购置时国家外汇牌价折人民币，以人民币进行清偿。（√）

四、计算题 （每小题 3 分，共 12 分）

1. 某电力用户装有一只三相电能表，其铭牌说明与 250/5A 的电流互感器配套使用，结算电费时按 250/5 倍率计算。检查发现装表时误装了一组 300/5A 的电流互感器，其间抄见有功电量为 2500kWh，则该用户的实际用电量为（　　）kWh。

答案： 3000

解： 实际用电量＝抄见电量×实装互感器变比/标注互感器变比

$$=2500\times\left(\frac{300}{5}\div\frac{250}{5}\right)=3000\ (\text{kWh})$$

2. 检查发现，某用户的电能计量装置接线错误，接入电能表电压端钮相序为 W、U、

V，其接线图和相量图片如下，感性负载，$\varphi=30°$。设三相负载平衡，则该用户更正系数值为（　　）。

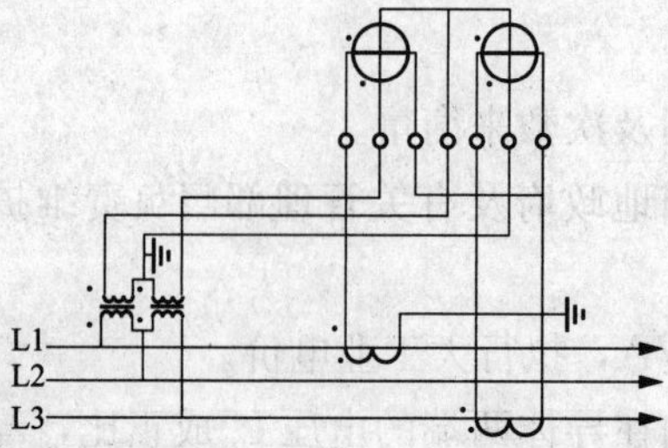

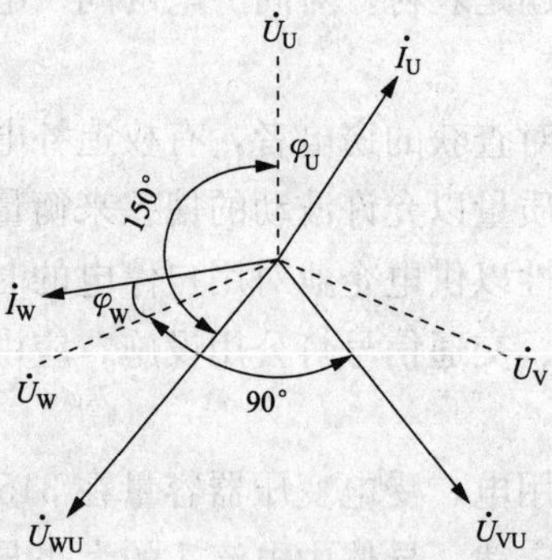

答案：－1

解：(1) 正确接线状态下的功率表达式：$P_{正}=\sqrt{3}UI\cos\varphi$

(2) 错误接线状态下的功率表达式：

$$P_A=U_{WU}I_U\cos(150°+\varphi)$$

$$P_C=U_{VU}I_W\cos(90°+\varphi)$$

在三相对称电路中，$U_{WU}=U_{VU}=U$，$I_U=I_W=I$

故 $P_{误}=P_A+P_C=-\sqrt{3}\cos(60°-\varphi)$

更正系数：$K=P_{正}/P_{误}=\sqrt{3}UI\cos\varphi/-\sqrt{3}\cos\ (60°-\varphi)$

$$=\frac{-2}{1+\sqrt{3}\tan\varphi}$$

因 $\varphi=30°$，故 $K=-1$

3. 某工业用户本月电量波动异常。三相四线制低压供电，电流互感器倍率为150/5A。在电能表端子上实测相电压为220V，电流为4.8A，抄见有功电量起度1000.4，无功电量起度400.1；经过6min后，抄见有功电量止度1000.6，无功电量止度400.2。该用户的电能计量误差为（　　）%。(保留两位小数)

答案：－29.42

解：倍率＝150/5＝30，时间＝6/60＝0.1 (h)

根据测量结果求得实际视在功率 S_1：

$$S_1=220\times4.8\times30\times3=95040(\text{VA})=95.04\ (\text{kVA})$$

根据抄见电量求得有功功率 P_2、无功功率为 Q_2：

$$P_2=(1000.6-1000.4)\times30\div(6/60)=60\ (\text{kW})$$

$$Q_2=(400.2-400.1)\times30\div(6/60)=30\ (\text{kvar})$$

总视在功率为 $S_2=\sqrt{P_2^2+Q_2^2}=\sqrt{60^2+30^2}=67.08\ (\text{kVA})$

计量误差＝(67.08－95.04)/95.04＝－29.42%

4. 某10kV供电电力用户的配电变压器容量 S_N 为400kVA，变压器铁损 ΔP_0 为0.567kW，铜损 ΔP_K 为4.93kW，空载电流百分比 I_0 为0.7%，短路电压百分比 U_K 为

4.0%。若变压器视在功率 S 为 256kVA，该变压器此时的有功功率损耗为（　　）kW，无功功率损耗为（　　）kW。(保留两位小数)

答案： 2.59、9.05

解： 有功功率损耗为

$$\Delta P_T = \Delta P_0 + \Delta P_K \left(\frac{S}{S_N}\right)^2 = 0.567 + 4.93 \times \left(\frac{256}{400}\right)^2 = 2.59\ (kW)$$

无功功率损耗为

$$\Delta S_T = I_0 S_N + U_K S_N \left(\frac{S}{S_N}\right)^2 = 0.7\% + 4.0\% \times 400 \times \left(\frac{256}{400}\right)^2 = 9.05\ (kW)$$

五、识图题 (每小题 1.5 分，共 6 分)

1. 下图中，正确的一进一出接线方式的单相电能表内外部接线图是（　　）。

A.

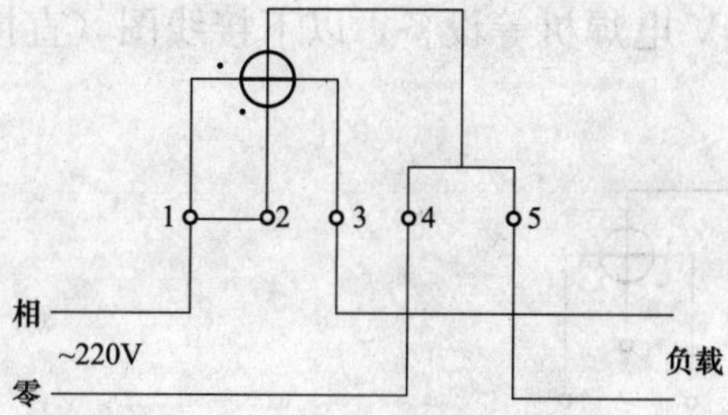

B.

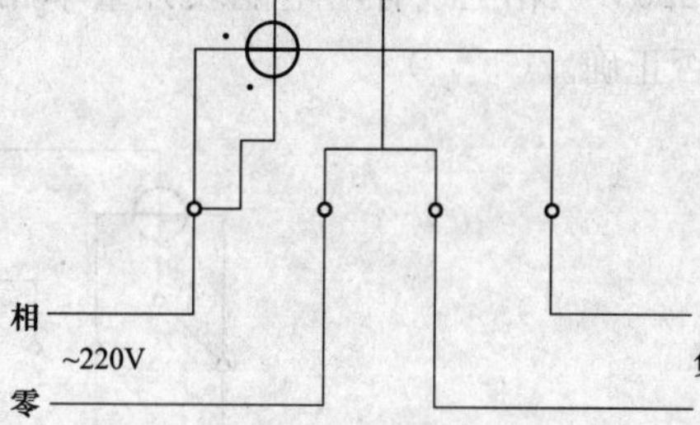

C.

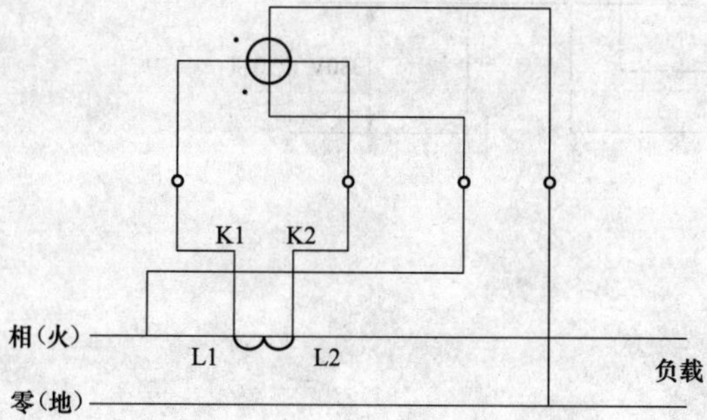

答案： A

2. 一台三相五线柱电压互感器，按 Y/y0-12/开口三角形组别连接，以下原理接线图是否正确。（　　）

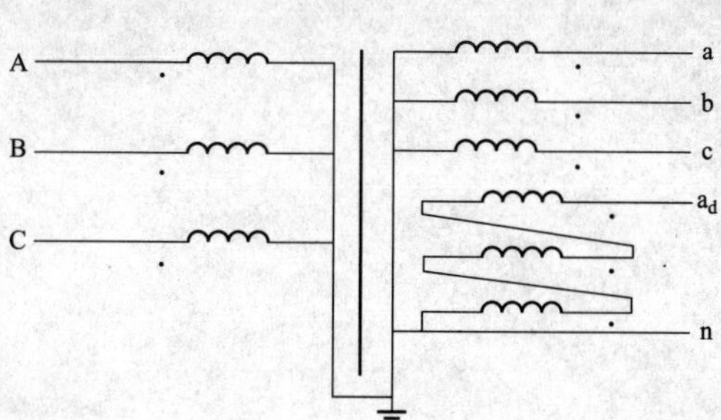

A. 正确　　　　B. 错误

答案：A

3. 在下列示意图中，三相五线制（TN-S）供电系统中，若采用 PE 线接地保护方式，（　　）为三级剩余电流动作保护器的接线方式图，（　　）为四级剩余电流动作保护器的接线方式图。

A.

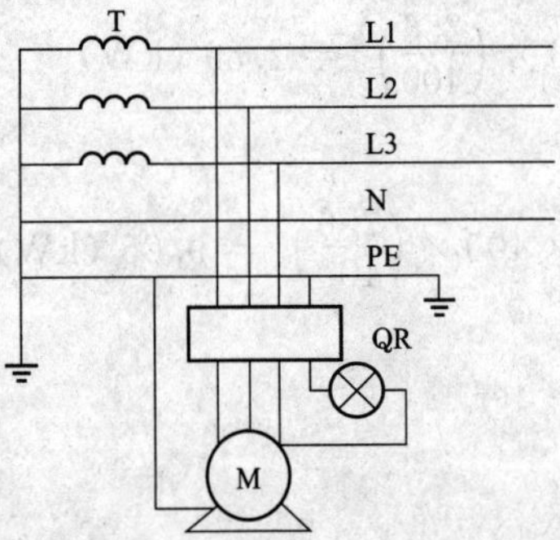

B.

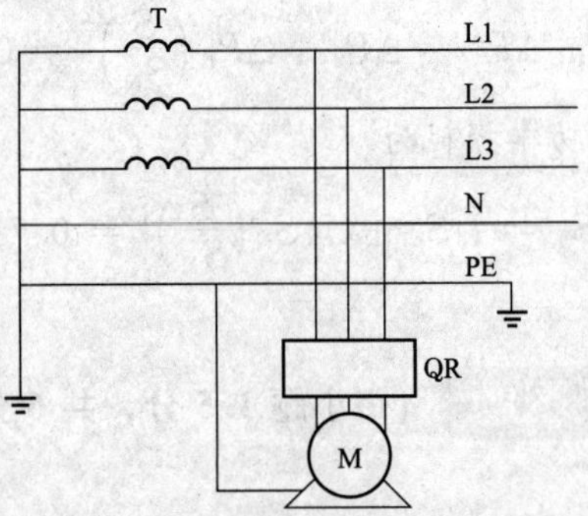

答案：B、A

4. 用 220V 三相三线有功电能表计量单相 380V 电焊机等设备，以下接线图（直接接入）是否正确。（　　）

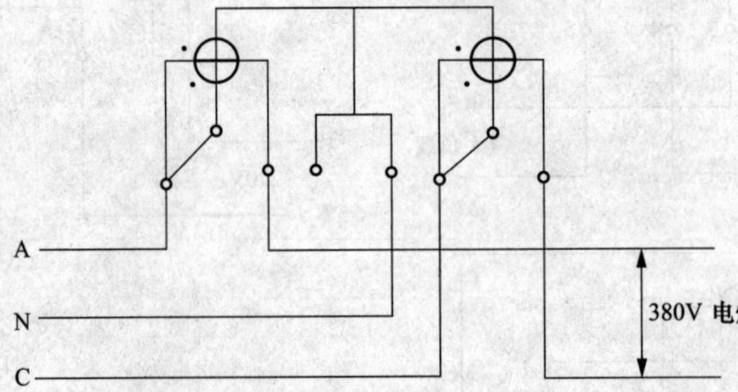

A. 正确　　　　B. 错误

答案：A

抄表核算收费工（高级）模拟考卷及答案（五）

一、单选题（每小题 1 分，共 40 分）

1. 采集器是用于采集多个或单个电能表的电能信息，并可与集中器（　　）数据的设备。

A. 下载　B. 上传　C. 传输　D. 交换

答案：D

2. GPRS 用电信息采集终端正常上线时，在屏幕上应显示（　　）字符。

A. “G”　B. “C”　C. “S”　D. “W”

答案：A

3. 电工用的安全带，以（　　）N 静拉力试验，以不破断为合格。

A. 2500　B. 3500　C. 4500　D. 5500

答案：C

4. 电力变压器的中性点接地属于（　　）类型。

A. 保护接地　B. 防雷接地　C. 工作接地　D. 工作接零

答案：C

5. 人体同时触及两相带电体，这时加于人体的电压比较高，这就是（　　）触电。

A. 相电压　B. 线电压　C. 相电流　D. 线电流

答案：B

6. 人体与 10kV 高压带电体应保持的最小距离为（　　）m。

A. 0.3　B. 0.6　C. 0.7　D. 1

答案：C

7. 电力系统的频率标准规定，不足 300 万 kW 容量的系统频率允许偏差是（　　）。

A. 不得超过±0.2Hz　B. 不得超过±0.3Hz

C. 不得超过±0.5Hz　D. 不得超过±0.1Hz

答案：C

8. 电力系统的电压波形应是（　　）波形。

A. 正弦　B. 余弦　C. 正切　D. 余切

答案：A

9. 低压用户接户线自电杆至用户第一个支持物最大允许档距为（　　）m。

A. 25　B. 50　C. 65　D. 80

答案：A

10. 所有客户申请用电地址范围内移动用电计量装置安装位置的，选择使用（　　）流程。

A. 迁址　B. 移表　C. 更名或过户　D. 销户

答案：B

11. 供电营业规则规定，农业用电功率因数为（　）以上。

A. 0.90　B. 0.85　C. 0.80　D. 0.75

答案：C

12. 受电设备容量为800kVA、高压供电的某市人民医院，其调整电费的功率因数标准值应是（　）。

A. 0.90　B. 0.85　C. 0.80　D. 0.95

答案：B

13. 铁道、航运等信号灯用电应按（　）电价计费。

A. 城乡居民生活用电　B. 一般工商业及其他用电

C. 农业生产用电　D. 大工业用电

答案：B

14. LQJ-10表示（　）。

A. 单相油浸式35kV电压互感器型号　B. 单相环氧浇注式10kV电压互感器型号

C. 母线式35kV电流互感器型号　D. 环氧浇注线圈式10kV电流互感器型号

答案：D

15. 电流互感器二次回路的连接导线，至少应不小于（　）mm^2。

A. 5　B. 4　C. 3　D. 2

答案：B

16. 母线应涂漆区分相位，A相应涂（　）色。

A. 红　B. 绿　C. 黄　D. 黑

答案：C

17. 钳形电流表测量电流，可以在（　）电路电压上使用。

A. 380/220V　B. 35kV　C. 6kV　D. 10kV

答案：A

18. 熔断器保护的选择性要求是（　）。

A. 后级短路时，前、后级熔丝应同时熔断

B. 前级先熔断，后级1min后必须熔断

C. 后级先熔断，以缩小停电范围

D. 后级先熔断，前级1min后必须熔断

答案：C

19. 如果电动机外壳未接地，当电动机发生一相碰壳时，它的外壳就带有（　）。

A. 线电压　B. 线电流　C. 相电压　D. 相电流

答案：C

20. 若正弦交流电压的有效值是220V，则它的最大值是（　）。

A. 380V　B. 311V　C. 440V　D. 242V

答案：B

21. 三段式电流保护，其保护范围（　　）。

A. 一段最大　B. 二段最大　C. 三段最大　D. 一样大

答案：C

22. 三相电路中流过每相电源或每相负载的电流叫（　　）。

A. 线电流　B. 相电流　C. 工作电流　D. 额定电流

答案：B

23. 使用钳形电流表测量电流时，可将量程放在（　　）上进行粗测，然后再根据粗测，将量程开关放在合适的量程上。

A. 最大位置　B. 任意位置　C. 估计位置　D. 最小位置

答案：A

24. 用电负荷指用户用电设备在某一瞬间实际发生的（　　）总和。

A. 有功功率　B. 无功功率　C. 视在功率　D. 电量

答案：A

25. 在变压器铁芯中产生铁损的原因是（　　）。

A. 磁滞现象　B. 涡流现象

C. 磁阻的存在　D. 磁滞现象和涡流现象

答案：D

26. 在一般情况下，电压互感器一、二次电压和电流互感器一、二次电流各与相应匝数的关系是（　　）。

A. 成正比、成正比　B. 成正比、成反比

C. 成反比、成正比　D. 成反比、成反比

答案：B

27. 万用表使用完毕后，若万用表无“OFF”挡位，则转换开关应转到（　　）位置。

A. 直流电流最低挡　B. 交流电压最高挡

C. 交流电压最低挡　D. 直流电流最高挡

答案：B

28. 带互感器的单相感应式电能表，如果电流进出线接反，则（　　）。

A. 停转　B. 反转　C. 正常　D. 烧表

答案：B

29. 当电流互感器一、二次绕组的电流 I_1、I_2 的方向相反时，这种极性关系称为（　　）。

A. 减极性　B. 加极性　C. 正极性　D. 同极性

答案：A

30. 低压电流互感器，至少每（　　）年轮换或现场检验一次。

A. 5　B. 10　C. 15　D. 20

答案：D

31. 电压互感器 Y/y 接线，线电压为 100V，若 W 相极性接反，则 U_{uv}＝(　　) V。

A. 33.3　B. 50　C. 57.7　D. 100

答案：D

32. 两只单相电压互感器 Y/Y0 接法，测得 $U_{ab}=U_{ac}=57.7V$，$U_{bc}=100V$，则可能是（　　）。

A. 二次侧 A 相极性接反　B. 二次侧 B 相极性接反

C. 二次侧 C 相极性接反　D. 二次侧熔丝烧断

答案：A

33. 某用户计量电能表允许误差为±2%，经校验该用户计量电能表实际误差为+5%，计算退回用户电量时应按（　　）计算。

A. +2%　B. +3%　C. +5%　D. −2%

答案：C

34. 某用户月平均用电量为 20 万 kWh，则应安装（　　）计量装置。

A. Ⅰ类　B. Ⅱ类　C. Ⅲ类　D. Ⅳ类

答案：C

35. 农村供电站“四到户”指的是（　　）。

A. 销售到户、抄表到户、收费到户、服务到户

B. 承诺到户、抄表到户、收费到户、服务到户

C. 销售到户、抄表到户、收费到户、承包到户

D. 以上都不对

答案：A

36. 根据《关于完善两部制电价用户基本电价执行方式的通知》（发改办〔2016〕1583 号），电力用户在每一日历年内可申请全部或部分用电容量的暂停用电（　　）次。

A. 5　B. 3　C. 2　D. 以上说法都不正确

答案：D

37. 窃电者除应按所窃电量补交电费外，还应承担补交电费（　　）倍的违约使用电费。

A. 3　B. 4　C. 5　D. 6

答案：A

38. 擅自启用被供电企业封存的电力设备的，应停用违约使用的设备，用户应承担擅自启用封存设备容量每次每千瓦（　　）元的违约使用电费。

A. 20　B. 30　C. 50　D. 500

答案：B

39. 擅自使用已在供电企业办理暂停手续的电力设备的，除两部制电价用户外，其他用户应承担擅自使用封存设备容量（　　）元/(次·千瓦)。

A. 20　B. 30　C. 40　D. 50

答案：B

40. 为电力客户提供电能表的校验和检定工作，属于（　　）。

A. 售前服务　B. 售中服务　C. 售后服务　D. 电力社区服务

答案：B

二、多选题 （每小题 2 分，共 20 分）

1. 受理用户的移表申请，下列说法正确的是（　　）。

A. 应查清移表原因和电源

B. 选择适当的新表位，并考虑用户线路架设应符合安全技术规定等问题

C. 对较大的动力用户，还应注意因移表引起的计量方式和运行方式的变化

答案：ABC

2. 使用中的电流互感器二次回路若开路，会产生的后果是（　）。

A. 铁芯磁通密度急剧增加，可能使铁芯过热、烧坏线圈

B. 会在铁芯中产生剩磁，使电流互感器性能变坏，误差增大

C. 对一、二次绕组绝缘造成破坏，对人身及仪器设备造成极大威胁，甚至对电力系统造成破坏

D. 无不良后果

答案：ABC

3. 窃电量按下列方法确定。（　）

A. 在供电企业的供电设施上擅自接线用电，所窃电量按私接设备容量（kVA 视同 kW）乘以实际使用时间计算确定

B. 以其他行为窃电的，所窃电量按计费电能表标定电流值（kVA 视同 kW）乘以实际窃用的时间计算确定

C. 窃电时间无法查明时，窃电日数至少以 180 天计算。每日窃电时间：电力用户按 12h 计算，照明用户按 6h 计算

答案：ABC

4. 接户线与广播通信线交叉时，距离达不到要求应采取（　）安全措施。

A. 在接户线或广播通信线上套软塑料管

B. 软塑料管管壁厚不小于 1.2mm

C. 软塑料管长不小于 2000mm

D. 应注意接户线尽量不在档距中间接头，以防接头松动或氧化后发生故障

答案：ABCD

5. 关于变更用电，下列说法正确的有（　）。

A. 暂时停止全部或部分受电设备的用电为暂停

B. 减少全同约定的用电容量为减容

C. 临时更换在容量变压器为暂换

D. 暂时停止用电并拆表为暂停

答案：ABD

6. 电能计量装置封印，按使用用途、使用场合、使用权限，分为（　）。

A. 出厂封　　B. 检定封　　C. 安装维护封　　D. 现场检验封

E. 用电检查封

答案：ABCDE

7. 电力行业“三个百分之百”保安全是指（　）百分之百。

A. 人员　　B. 设备　　C. 时间　　D. 力量

答案：ABD

8. 抄表员现场抄表有何要求（　）。

A. 抄表员到客户处抄表应主动出示证件

B. 抄表员应遵守客户的内部保卫、保密管理规定

C. 正确抄录示数，不随意估抄，抄表过程中应严格遵守有关安全规定

D. 使用文明用语，热情回答客户提问

答案： ABCD

9. 国家电网公司长期坚持的基本工作思路是“三抓一创”，三抓是指（　）。

A. 抓建设　B. 抓发展　C. 抓管理　D. 抓队伍

答案： BCD

10. 本地费控智能用户表计欠费不跳闸的原因，用户表计剩余金额低于 0 元或透支金额低于透支门限（−10 元）后没有跳闸，原因有（　）。

A. 负荷电流大于 30A，电能表处于大电流延时跳闸状态

B. 当电能表电流小于 30A 或 24 小时后应补跳闸

C. 负荷开关损坏等表计故障

D. 用户有窃电行为

答案： ABCD

三、判断题 （每小题 0.5 分，共 22 分）

1. 触电者心跳、呼吸停止时，应立即进行心肺复苏法抢救，不得延误或中断。（√）
2. 新投运或改造后的Ⅰ、Ⅱ、Ⅲ、Ⅳ类高压电能计量装置应在一个月内进行首次现场检验。（√）
3. 高压 10kV 供电，电能表配置 50/5A 的高压电流互感器，其倍率应为 1000 倍。（√）
4. 通常规定把负电荷定向移动的方向作为电流的方向。（×）
5. 型号为 DX862 的电能表，属三相三线有功电能表。（×）
6. 非居民客户抄表周期一般每月一次。（√）
7. 现场检验电能表时，严禁电流互感器二次回路开路，严禁电压互感器二次回路短路。（√）
8. 所谓运用中的电气设备指全部带有电压、部分带有电压或一经操作即带有电压的电气设备。（√）
9. 所有电流互感器和电压互感器的二次绕组应有一点且仅有一点永久性的、可靠的保护接地。（√）
10. 使用电流互感器时，一次绕组应串联接入被测线路中。（√）
11. 改压是改变供电电压等级的简称。（√）
12. 因违约用电或窃电造成供电企业供电设施损坏的，责任者必须承担供电设施的修复费用或进行赔偿。（√）
13. 因电力运行事故给用户或者第三人造成损害的供电企业应当依法承担赔偿责任。（√）
14. 因用户原因连续 6 个月不能抄表时，供电企业可通知对其终止供电。（√）

15. 电源频率增加一倍，变压器绕组感应电动势增加一倍。 (√)
16. 电能表铭牌上有一三角形标志，该三角形内置一代号，如 A、B 等，该标志指的是电能表使用条件组别。 (√)
17. 电能表型号中“Y”符号代表预付费电能表。 (√)
18. 电能表电流线圈严重过负荷烧损时，电能表仍然工作，但记录的电量减少。 (√)
19. 电能计量装置的综合误差实质上是电能表的误差、互感器的合成误差以及电压互感器二次导线压降引起的误差的总和。 (√)
20. 电流互感器是把大电流变为标准的计量用 5A 电流，用于计量表和指示仪表以及保护回路中进行测量和保护。 (√)
21. 电流互感器的一次绕组必须与相线串联。 (√)
22. 电流互感器二次侧不装设熔断器。 (√)
23. 电视机、充电器的使用寿命为 10 年。 (√)
24. 电压互感器可把高电压变为标准的计量用 100V 电压，便于计量表和指示仪表接入电路进行测量。 (√)
25. 电压互感器二次绕组的额定电压为 100V。 (√)
26. 电气设备的高压是设备对地电压在 250V 以上者。 (√)
27. 电气设备的低压是设备对地电压在 250V 及以下者。 (√)
28. 电力系统的主网络是输电网。 (√)
29. 电力企业通过采用有效的激励措施，引导消费者改变用电的方式和时间，使电力资源得到优化配制的手段属于推进需求侧管理策略。 (√)
30. 电力企业不仅要满足用户对电力数量不断增长的需要，而且也要满足对电能的质量要求。 (√)
31. 电力生产与电网运行应当遵循安全、优质、经济的原则。 (√)
32. 用电容量在 100kVA（100kW）及以上的工业、非工业、农业用户均要实行功率因数考核，需要加装无功电能表。 (√)
33. 用电压表依次测量三相三线电能表电压端子，三个线电压相差较大，且某线电压明显小于 100V，则说明电压回路有断线或接触不良的情况。 (√)
34. 用“六角图法”判断计量装置接线的正确性，必须满足三相电压基本对称，负载电流、电压、基本稳定且值大致确定。 (√)
35. 磁通量的单位名称是韦伯，单位符号为 Wb。 (√)
36. 对用户提出异议的电能计量装置的检验申请后，低压和照明用户，一般在 7 个工作日内将电能表和低压互感器检定完毕。 (√)
37. 对于高压供电用户，一般应在高压侧计量。 (√)
38. 对于单相供电的家庭照明用户，应该安装单相电子式电能表。 (√)
39. 无功功率的单位符号可用 var（乏），视在功率的单位符号可用 VA（伏安）。 (√)
40. 分时电能表为电力部门实行不同时段的分时电价提供电能计量手段。 (√)
41. 凡高供低计计收铜、铁损耗的用户为合理负担，应按用电类别分担损耗。 (√)
42. 凡实行功率因数用户应装设带有防倒装置的或双向无功电能表。 (√)

43. 三相对称负载星形连接时，线电压是相电压的$\sqrt{3}$倍，线电流是相电流的1倍；三相对称负载三角形连接时，线电压是相电压的1倍，线电流是相电流的$\sqrt{3}$倍。 (√)

44. 一次接线图也称主接线图，它是电气设备按顺序连接的图纸，反映了实际的连接关系。 (√)

四、计算题 (每小题3分，共12分)

1. 用电检查发现，某用户三相四线电能计算装置A、B、C三相所配电流互感器变比分别为$K_A=150/5$、$K_B=40$、$K_C=200/5$，且C相电流互感器极性反接。供电企业按$K=150/5$计收其电量$W=10000$kWh。该用户实际用电量是（ ）kWh。

答案： 30000

解： 正确电量：$A_p=\frac{1}{3}+\frac{1}{3}+\frac{1}{3}=1$

错误电量：$A_p'=\frac{1}{3}+\frac{1}{3}\times\left(\frac{150}{5}\div 40\right)-\frac{1}{3}\times\left(\frac{150}{5}\div\frac{200}{5}\right)=\frac{1}{3}$

更正系数：$K=\frac{A_p}{A_p'}=1\div\frac{1}{3}=3$

实际用电量：$W'=WK=10000\times 3=30000$ (kWh)

2. 某用户某三相四线电能计算装置，三相负荷平衡；第一元件接$U_{AN}I_a$，第二元件接$U_{CN}(-I_b)$，第三元件接$U_{BN}I_c$。错误接线期间计收其电量W为500kWh。假设用户平均功率因数角φ为20°，该用户实际用电量是（ ）kWh。

答案： 4059

解： 正确接线的总功率表达式：$P=3UI\cos\varphi$

错误接线的总功率表达式：

$$P'=P'_1+P'_2+P'_3$$

$$=U_AI_a\cos\varphi+U_C(-I_b)\cos(60°+\varphi)+U_BI_C\cos(120°+\varphi)$$

设$U_A=U_B=U_C=U$，$I_a=-I_b=I_c=I$。因$\varphi=20°$，则

$$P'=UI(\cos 20°+\cos 80°+\cos 140°)$$

更正系数：$K=\frac{P}{P'}=\frac{3UI\cos\varphi}{UI\ (\cos 20°+\cos 80°+\cos 140°)}=8.117$

实际用电量：$W'=500\times 8.117=4059$ (kWh)

3. 已知某变压器铭牌参数：$S_N=30$kVA，$U_{1N}=10(1\pm 5\%)$kV，$U_{2N}=0.4$kV，当该变压器运行挡位U_I为10.5kV挡时，此时该变压器高压侧额定电流（ ）A，低压侧电流（ ）A。(有小数的保留两位小数)

答案： 1.65、43.33

解： 由于该变压器高压侧额定电压为10.5kV。

高压侧额定电流 $I_{1N}=S_N/(\sqrt{3}\times U_{1N})$

$=30/(\sqrt{3}\times 10.5)=1.65$ (A)

低压侧额定电流 $I_{2N}=1.65\times(10.5/0.4)=43.3$ (A)

4. 中国石油天然气公司某销售分公司，10kV 供电，低压侧计量，TA 为 200/5。2015 年 6 月抄见有功电量总、峰、谷段止度分别为 29693.21、10448.64、4732.37kWh，上月止度分别为 29331.85、10332.31、4671.19kWh；变压器有功损耗为 406kWh。若假定 6 月为丰水期，电价下浮 10%，峰谷电价在丰枯电价基础上，分别上下浮动 50%。已知电量电价为 0.8444 元/千瓦时，其中每千瓦时代收基金为：农网还贷 0.02 元，水利建设基金 0.007 元，城市附加 0.01 元，库区移民扶持基金 0.0088 元，可再生能源附加 0.015 元。该用户本月电费为（　　）元。

答案：12183.45

解：计费倍率，200/5＝40

抄见电量，总：29693.21×40－29331.85×40＝1187728－1173284＝14454 (kWh)

峰：10448.64×40－10332.31×40＝417946－413294＝4654 (kWh)

谷：4732.37×40－4671.19×40＝189295－186848＝2447 (kWh)

平：14454－4654－2447＝7353 (kWh)

有功损耗分摊到时段，峰：$406\times\frac{4654}{14454}=131$ (kWh)

谷：$406\times\frac{2447}{14454}=69$ (kWh)

平：406－131－69＝206 (kWh)

结算电量，峰：4654＋131＝4785 (kWh)

谷：2447＋69＝2516 (kWh)

平：7353＋206＝7559 (kWh)

总：14454＋406＝14860 (kWh)

结算电价：据题意，该户执行一般工商业及其他用电电价。

平水平段目录电价＝平水平段电量电价－代收基金

＝0.8444－(0.02＋0.007＋0.01＋0.0088＋0.015)＝0.7836 (元/kWh)

6 月为丰水期，故结算电价为

峰：0.7836×0.9×1.5＝1.05786 (元/kWh)

谷：0.7836×0.9×0.5＝0.35262 (元/kWh)

平：0.7836×0.9＝0.70524 (元/kWh)

目录电费，峰：1.05786×4785＝5061.86 (元)

谷：0.35262×2516＝887.19 (元)

平：0.70524×7559＝5330.91 (元)

目录电费小计：5061.86＋887.19＋5330.91＝11279.96 (元)

代收基金，农网还贷：0.02×14860＝297.20 (元)

水利基金：0.007×14860＝104.02 (元)

城市附加：0.01×14860＝148.60 (元)

库区移民基金：0.0088×14860=130.77（元）

可再生能源附加：0.015×14860=222.90（元）

代收基金小计：297.20+104.02+148.60+130.77+222.90=903.49（元）

合计电费：目录电费+代收基金=11279.96+903.49=12183.45（元）

五、识图题 （每小题1.5分，共6分）

1. 以下二极管伏安特性曲线图是否正确。（ ）

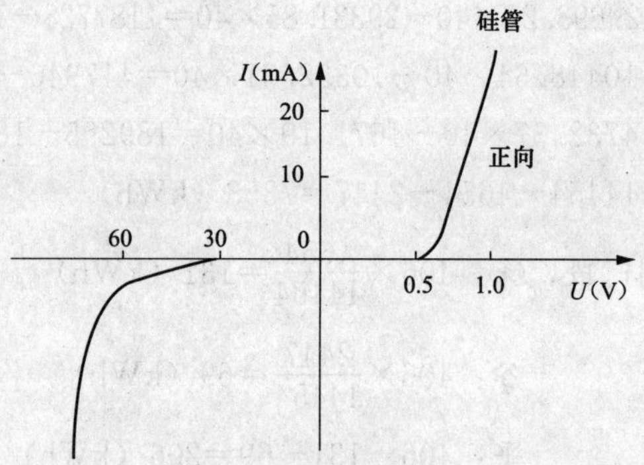

A. 正确 B. 错误

答案：A

2. 以下用一只三相两元件有功电能表、一只三相两元件60°无功电能表、两只TA、两只TV计量高压用户电量的联合接线图是否正确。（ ）

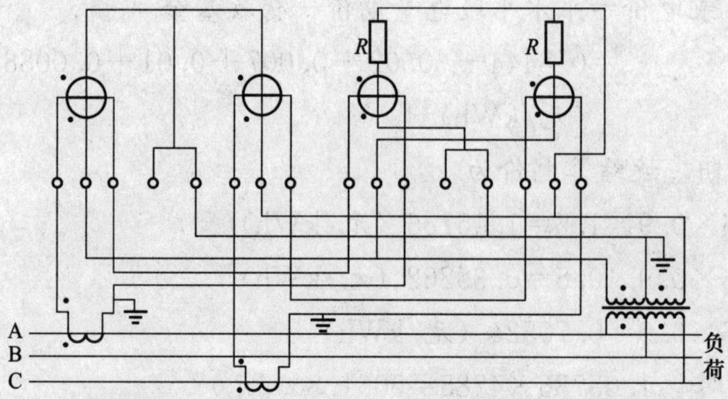

A. 正确 B. 错误

答案：A

3. 在下图中，三相三线两元件380/220V低压有功电能表经TA接入，且电压线和电流线分别接入的接线图是（ ）。

A.

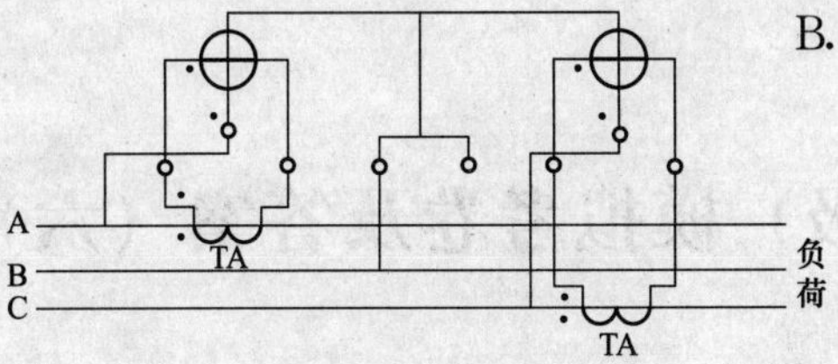

B.

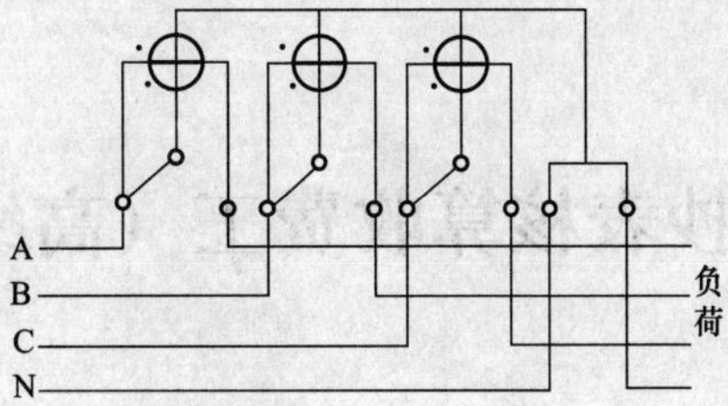

C.

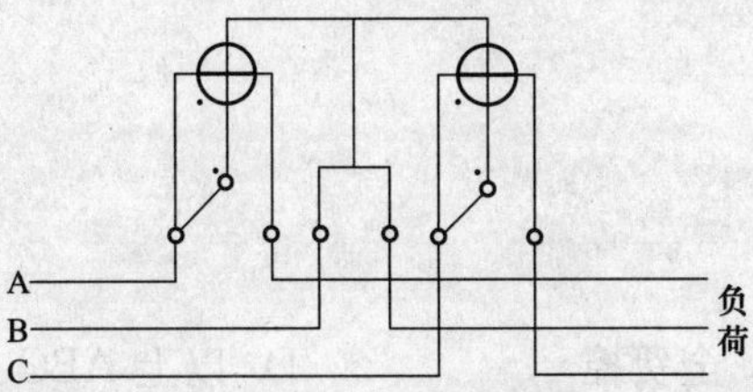

答案：A

4. 请看下列示意图，以下说法正确的是（　）。

A. 图 1 是正确的三相四线电能表经电流互感器接入接线图

B. 图 2 是正确的三相四线电能表经电流互感器接入接线图

C. 图 3 是正确的三相四线电能表直接接入式的接线图

D. 图 4 是正确的三相三线电能表经电流、电压互感器接入接线图

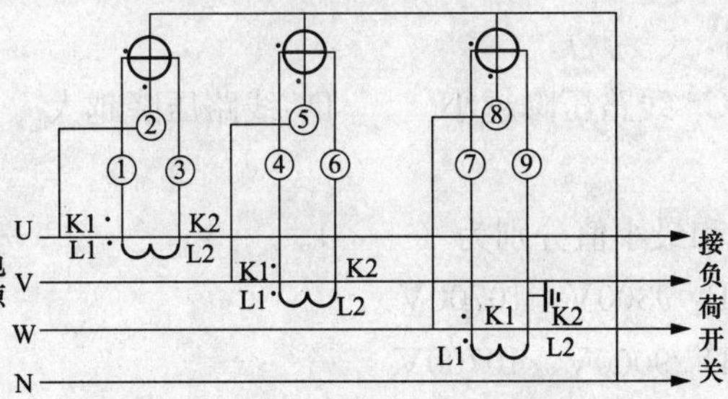

图 1

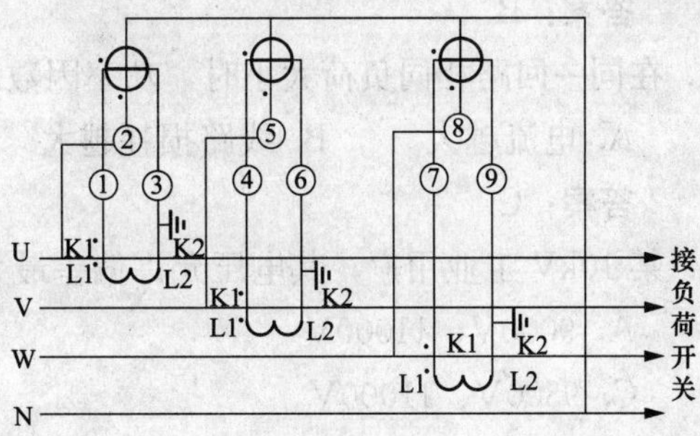

图 2

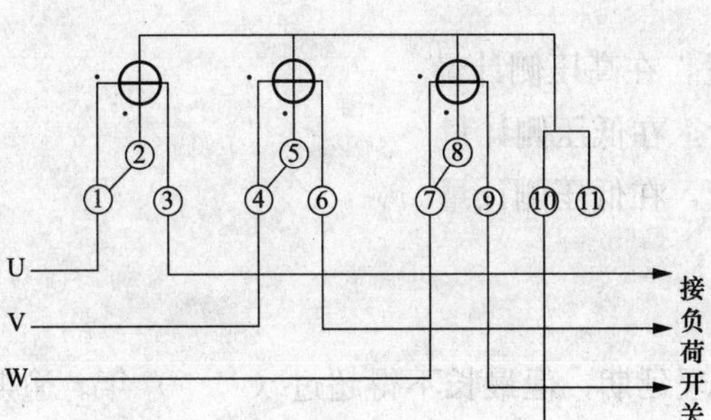

图 3

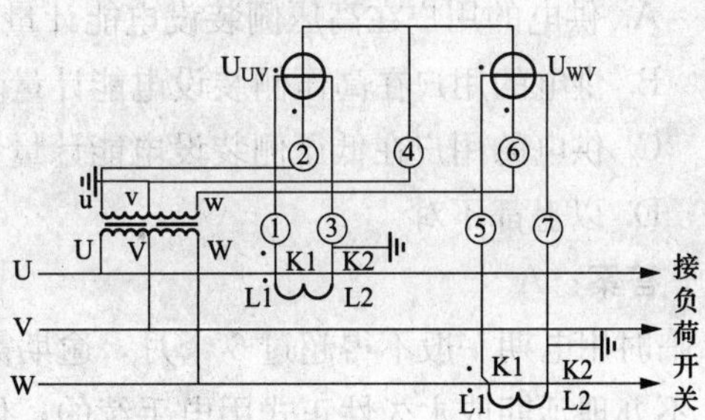

图 4

答案：BCD

抄表核算收费工（高级）模拟考卷及答案（六）

一、单选题 (每小题 1 分，共 40 分)

1. 国家电网用电信息采集总体目标是（　　）。

A. 全覆盖　B. 全采集　C. 全费控　D. 以上 ABC 三项

答案： D

2. 对电力用户的用电信息进行采集、处理和实时监控的系统是（　　）。

A. GPMS 系统　B. 用电信息采集系统　C. 营销业务系统　D. 电压监测系统

答案： B

3. 在我国，110kV 及以上的电力系统中性点往往（　　）。

A. 不接地　B. 直接接地　C. 经消弧线圈接地　D. 以上都可以

答案： B

4. 在同一回路相同负荷大小时，功率因数越高，（　　）。

A. 电流越大　B. 线路损耗越大　C. 线路压降越小　D. 线路压降越大

答案： C

5. 某 10kV 工业用户，其电压允许偏差最大值和最小值分别为（　　）。

A. 9000V、11000V　B. 9300V、10700V

C. 9300V、11000V　D. 9000V、10700V

答案： B

6. 高供高计指的是（　　）。

A. 供电的用户在高压侧装设电能计量装置，在高压侧计量

B. 供电的用户在高压侧装设电能计量装置，在低压侧计量

C. 供电的用户在低压侧装设电能计量装置，在低压侧计量

D. 以上都不对

答案： A

7. 临时用电期一般不得超过 6 个月，逾期需办理延期，但最长不得超过（　　）年。逾期不办理延期或永久性正式用电手续的，供电企业应终止供电。

A. 1　B. 2　C. 3　D. 4

答案： C

8. 将生产、输送和使用电能的各种电气设备连接在一起而组成的整体称为（　　）。

A. 发电系统　B. 变电系统　C. 电力系统　D. 综合系统

答案： C

9. 某用户擅自向另一用户转供电，供电企业对该户应（　　）。

A. 当即拆除转供线路

B. 处以其供出电源容量收取每千瓦（千伏·安）500元的违约使用电费

C. 当即拆除转供线路，并按其供出电源容量收取每千瓦（千伏·安）500元的违约使用电费

D. 当即停该户电力，并按其供出电源容量收取每千瓦（千伏·安）500元的违约使用电费

答案：C

10. 新投运或改造后的Ⅰ、Ⅱ、Ⅲ、Ⅳ类高压电能计量装置应在（　　）个月内进行首次现场检验。

A. 12　　B. 9　　C. 3　　D. 1

答案：D

11. 全电子式多功能与机电一体式的主要区别在于电能测量单元的（　　）不同。

A. 测量原理　　B. 结构　　C. 数据处理方法　　D. 采样信号

答案：A

12. 应用右手定则时，拇指所指的是（　　）。

A. 导线切割磁力线的运动方向　　B. 在导线中产生感应电动势的方向

C. 导线受力后的运动方向　　D. 磁力线切割导线的方向。

答案：A

13. 某一单相电子式电能表脉冲常数为1600imp/kWh，正确说法是（　　）。

A. 脉冲灯闪1次累计为1kWh电量　　B. 脉冲灯闪16次累计为1kWh电量

C. 脉冲灯闪160次累计为1kWh电量　　D. 脉冲灯闪1600次累计为1kWh电量

答案：D

14. 某低压三相四线用户，正常负荷电流约30A，则应选用（　　）A的电能表。

A. 10(30)　　B. 10(40)　　C. 15(30)　　D. 15(60)

答案：B

15. 客户对电能表未妥善保管，造成丢失，（　　）。

A. 客户负责赔偿　　B. 电力部门负责赔偿

C. 客户与电力部门协商解决　　D. 各赔偿一半

答案：A

16. 互感器或电能表误差超出允许范围时，以“0”误差为基准，按验证后的误差值追补电量。退补时间从上次校验或换装后投入之日起至误差更正之日止的（　　）时间计算。

A. 1/3　　B. 1/2　　C. 1/4　　D. 全部

答案：B

17. 关于电能表铭牌，下列说法正确的是（　　）。

A. D表示单相，S表示三相，T表示三相低压，X表示复费率

B. D表示单相，S表示三相三线，T表示三相四线，X表示无功

C. D表示单相，S表示三相低压，T表示三相高压，X表示全电子

D. D表示单相，S表示三相，T表示三相高压，X表示全电子

答案：B

18. 电流互感器铭牌上所标的额定电压是指（ ）。

A. 一次绕组的额定电压　　B. 一次绕组对二次绕组和对地的绝缘电压

C. 二次绕组的额定电压　　D. 一次绕组所加电压的峰值

答案：B

19. DSSD331型电能表是（ ）。

A. 三相三线全电子式多功能电能表　　B. 三相四线全电子式多功能电能表

C. 三相三线机电式多功能电能表　　D. 三相四线机电式多功能电能表

答案：A

20. 在下列电力设备中不属于二次系统设备的是（ ）。

A. 继电器　　B. 电流互感器　　C. 电能表　　D. 控制开关

答案：B

21. 低压测电笔使用不正确的是（ ）。

A. 用手接触前端金属

B. 用手接触后端金属

C. 只能测500V及以下电压

D. 测量时应先在带电体上试测一下，以确认其好坏

答案：A

22. 客户配电间带电指示灯（ ）亮，代表设备处于运行状态。

A. 红灯　　B. 绿灯　　C. 黄灯　　D. 蓝灯

答案：A

23. 截面均匀的导线，其电阻（ ）。

A. 与导线横截面积成反比　　B. 与导线长度成反比

C. 与导线电阻率成反比　　D. 与导线中流过的电流成正比

答案：A

24. 将一根电阻为R的电阻线对折起来，双股使用时，它的电阻等于（ ）。

A. $2R$　　B. $R/2$　　C. $R/4$　　D. $4R$

答案：C

25. 关于电压互感器下列说法正确的是（ ）。

A. 二次绕组可以开路　　B. 二次绕组可以短路

C. 二次绕组不能接地　　D. 二次绕组不能开路

答案：A

26. 关于电位、电压和电动势，正确的说法是（ ）。

A. 电位是标量，没有方向性，但它的值可为正、负或零

B. 两点之间的电位差就是电压，所以电压也没有方向性

C. 电压和电动势是一个概念，只是把空载时的电压称为电动势

D. 电动势也没有方向

答案：A

27. 高压供电的工业用户和高压供电装有带负荷调整电压装置的电力用户，功率因数应不小于（　）。

A. 0.80　　B. 0.85　　C. 0.90　　D. 0.95

答案：C

28. 以变压器容量计算基本电费的用户，其备用变压器（含高压电动机）属热备用状态的或未加封的，如果未用应（　）基本电费。

A. 收100%　　B. 收75%　　C. 收50%　　D. 免收

答案：A

29. 某工业电力用户2008年12月份的电费为2000元，该用户2008年12月份与2009年1月份应分别按（　）比例缴纳违约金。（假设约定的交费日期为每月10～15日）

A. 1‰、2‰　　B. 2‰、3‰　　C. 1‰、3‰　　D. 3‰、2‰

答案：B

30. 理发用电吹风、电剪、电烫发等电器用电执行什么电价。（　）

A. 居民照明电价　　B. 大工业电价

C. 一般工商业及其他用电电价　　D. 农业生产电价

答案：C

31. 开展营业（　）的目的是加强营业管理，堵漏增收，提高效益，促进发展。

A. 检查　　B. 普查　　C. 调查　　D. 稽查

答案：B

32. 江河堤坝防汛期间的临时用电（　）。

A. 按城乡居民生活用电电价收费　　B. 按一般工商业和其他用电电价收费

C. 按农业生产电价收费　　D. 不收电费

答案：C

33. 国家实行分类电价和分时电价，分类标准和分时办法由（　）确定。

A. 县人民政府　　B. 市人民政府　　C. 省人民政府　　D. 国务院

答案：D

34. 功率因数标准值为0.90，适用于以下哪类用户。（　）

A. 160kVA及以上的高压供电工业用户　　B. 160kVA及以上的高压供社队工业用户

C. 100kVA及以上的高压供电工业用户　　D. 160kVA以上的高压供电工业用户

答案：D

35. 在年平均雷电日大于（　）天的地区，配电变压器低压侧每相宜装设低压避雷器。

A. 10　　B. 20　　C. 30　　D. 40

答案：C

36. 离地面（　）m以上的工作均属高空作业。

A. 2　　B. 5　　C. 3　　D. 4

答案：A

37. 触电急救进行口对口人工呼吸时，应每（　）s一次为宜。

A. 2　B. 3　C. 5　D. 10

答案：C

38.《居民用户家用电器损坏处理办法》规定，电冰箱、空调、洗衣机、电风扇使用寿命为（　）年。

A. 2　B. 5　C. 10　D. 12

答案：D

39. 供电企业可以向（　）电力客户开具增值税专用发票。

A. 大工业　B. 容量在 100kW 以上的

C. 商业　D. 有增值税一般纳税人资格的

答案：D

40.《供电营业规则》于（　）年 10 月 8 日发布施行。

A. 1996　B. 1997　C. 1998　D. 1995

答案：A

二、多选题 （每小题 2 分，共 20 分）

1. 左手定则又称电动机左手定则或电动机定则，用于判断载流导体的运动方向。其判断方法如下（　）。

A. 伸平左手手掌，张开拇指并使其与四指垂直

B. 使磁力线垂直穿过手掌心

C. 使四指指向导体中电流的方向，则拇指指向为载流导体的运动方向

D. 使拇指指向导体中电流的方向，则四指指向为载流导体的运动方向

答案：ABC

2. 专变采集终端本地通信调试的参数包括（　）。

A. 电能表地址　B. 规约　C. 波特率　D. 信号频率

答案：ABC

3. 在电气设备上工作，保证安全的组织措施有（　）。

A. 工作票制度　B. 工作许可制度

C. 工作监护制度　D. 工作间断、转移和终结制度

答案：ABCD

4. 电力安全生产“四不放过”指的是（　）。

A. 事故原因没有查清楚不放过

B. 事故责任者没有受到处理不放过

C. 事故责任单位领导和职工没有受到教育不放过

D. 防范措施未落实不放过

答案：ABCD

5. 用户配电变压器并列运行应满足的条件是（　）。

A. 接线组别相同　　B. 变比差值不得超过±0.5％

C. 短路电压值不得超过10％　　D. 两台并列变压器容量比不宜超过3∶1

答案： ABCD

6. 以下可申办临时用电的有（　）。

A. 基建施工　B. 市政建设　C. 防汛或抗旱　D. 集会演出

E. 小型餐厅

答案： ABCD

7. 下列哪些行为属窃电行为。（　）

A. 擅自操作供电企业的电能计量装置

B. 开启授权的计量鉴定机构加封的电能计量装置封印用电

C. 故意使供电企业的电能计量装置计量失效

D. 故意使供电企业的电能计量装置计量不准

答案： BCD

8. 办理减容业务，根据《关于完善两部制电价用户基本电价执行方式的通知》（发改办价格〔2016〕1583号）下列说法正确的是（　）。

A. 减容必须是整台或整组变压器的停止或更换为小容量变压器用电

B. 减容超过两年的按新装或增容手续办理

C. 减容时间不受时间限制

D. 减容设备自设备加封之日起，减容部分免收基本电费

答案： ABCD

9. 《供电营业规则》对供电方案的确定期限规定是（　）。

A. 居民用户最长不超过5天

B. 低压电力用户最长不超过10天

C. 高压单电源用户最长不超过1个月

D. 高压双电源用户最长不超过2个月

答案： ABCD

10. 2014年3月10日，某居民小区因公用变压器故障损坏赵某电冰箱一台，已使用6年，原购价2500元；损坏钱某电视机一台，已使用5年，原价3000元；损坏孙某空调一台，已使用3年，原价3600元。赵某、钱某、孙某分别于3月15、16、20日投诉，经供电企业调查属实。根据《居民用户家用电器损坏处理办法》，以下赔偿正确的是（　）。

A. 应赔偿赵某1250元　　B. 应赔偿钱某1500元

C. 应赔偿孙某2700元　　D. 对孙某不予赔偿

答案： ABD

三、判断题（每小题0.5分，共22分）

1. 抄表质量十分重要，是电力企业生产经营最终体现经济效益的重要方面。（√）

2. 触电者神志不清，判断意识无，有心跳，但呼吸停止或极微弱时，应对伤员进行口对口人工呼吸，切记不能对伤员施行心脏按压。 (√)
3. 创建“国际一流供电企业”对电费差错率规定是差错率不大于0.05%。 (√)
4. 从理论上讲，电流互感器一次电流、二次电流之比与一、二次绕组匝数成反比。 (√)
5. 大工业用户暂停部分用电容量后，其未停止运行的设备容量应按大工业电价计费。 (√)
6. 带电换表时，若接有电压、电流互感器，则应分别开路、短路。 (√)
7. 带互感器的单相感应式电能表，如果电流进出线接反，则反转。 (√)
8. 单相半波整流电路的特点有接线简单，使用的整流元件少，输出的电压低、脉动大，效率低。 (√)
9. 单相插座的接法是左中性线右相线。 (√)
10. 单相电能表每5年轮换1次。 (√)
11. 当待测电压高于电压表量程时，必须经过电压互感器进行测量。 (√)
12. 当电容器C1、C2、C3串联时，等效电容为$1/(1/C_1+1/C_2+1/C_3)$。 (√)
13. 当电线搭落在触电者身上或压在身下时，可用干燥的衣服、皮带、木棒等绝缘物作为工具，拉开触电者或者挑开电线，使触电者脱离电源。 (√)
14. 当某电路有n个节点，m条支路时，用基尔霍夫第一定律可以列出$n-1$个独立的电流方程，$m-(n-1)$个独立的回路电压方程。 (√)
15. 导电性能介于导体和绝缘体之间的物质如硅（Si）、锗（Ge）等称为半导体。 (√)
16. 盗窃电能价格在1000元以上者，即构成犯罪。应该依照《中华人民共和国刑法》的规定，追究其刑事责任。 (√)
17. 低压供电的，以供电接户线的最后支持物（或称用电户的户外第一支持物）为分界点，支持物的资产属供电部门所有。 (√)
18. 低压供电方案的有效期为3个月。 (√)
19. 低压裸母线至接地金属之间的安全距离应不小于20mm。 (√)
20. 低压用户若需要装设备用电源，可另设一个进户点。 (√)
21. 地下防空设施通风、照明等用电应执行一般工商业用其他用电电价。 (√)
22. 电动机按所接电源性质分为直流电动机和交流电动机两大类。 (√)
23. 电饭煲、电热水器的使用寿命为5年。 (√)
24. 电费管理的重要任务是按照商品等价交换的原则从用户处收回电费。 (√)
25. 电费管理人员必须执行国家电价政策，严格遵守财经纪律，遵守职业道德和职业纪律，牢固树立为用户服务的思想。 (√)
26. 银行企业用电，执行一般工商业及其他用电电价。 (√)
27. 电价政策是国家物价政策的组成部分，也是国家制订和管理电价的行为准则。 (√)
28. 电价制度的执行应有相应计量装置配合，否则就难以核算。 (√)
29. 电气工作人员在110kV配电装置工作时，正常活动范围与带电设备的最小安全距离为1.5m。 (√)
30. 对同一电网内的同一电压等级、同一用电类别的用户，执行相同的电价标准。 (√)

31. 对于高温中暑患者，应立即将病人转移到阴凉通风处休息，并及时给病人注射葡萄糖。（×）
32. 日平均负荷与最大负荷之比，称为日平均负荷率。（√）
33. 凡在坠落高度基准面 2m 及以上的高处进行的作业，都应视作高处作业。（√）
34. 工作人员在 10kV 线路工作中正常活动范围与带电设备的安全距离为 0.35m。（√）
35. 黄色安全色用来标志“有人工作，已接地”。（×）
36. 计量用低压电流互感器二次侧额定电流均为 5A。（√）
37. 进行电气设备的操作时应两人进行，一人进行操作，另一人进行监护。（√）
38. 抢救过程中，若判定颈动脉已有搏动但无呼吸，则暂停胸外按压，而再进行 2 次口对口人工呼吸，接着每分钟吹气 12 次。（√）
39. 任何人进入生产现场（包括办公室、控制室、值班室和检修班组室）都应戴安全帽。（×）
40. 在带电设备周围禁止使用钢卷尺、皮卷尺和线尺（夹有金属丝者）进行测量工作。（√）
41. 装表接电是业扩报装全过程的终结，是用户实际取得用电权的标志，也是电力销售计量的开始。（√）
42. 装设接地线，应先接导线端后接接地端。（×）
43. 最大需量表测得的最大需量值是指电力用户在某一段时间内，负荷功率按规定时限平均功率的最大值。（√）
44. 伪造或者开启供电企业加封的电能计量装置封印用电的属窃电行为。（√）

四、计算题（每小题 3 分，共 12 分）

1. 某工厂以 10kV 供电，变压器容量 S 为 3200kVA，本月有功电量 W_p 为 216000kWh，无功电量 W_q 为 136000kvarh。基本电价 26.00 元/kVA，目录电价 0.56（元/kWh），代收基金为 0.0608 元/千瓦时，则该厂本月功率因数为（　　），应付电费为（　　）元，平均电价为（　　）元/千瓦时。（不考虑丰枯峰谷电价浮动）

答案： 0.85、222396.80、0.96881

解： 功率因数为：$\cos\varphi=\cos\left(\arctan\dfrac{W_q}{W_p}\right)=\cos\left(\arctan\dfrac{136000}{216000}\right)=0.85$

基本电费：26.00×3200=83200.00（元）

目录电费：0.56×216000=120960.00（元）

该户功率因数考核标准值为 0.90，当其为 0.85 时，调整电费比例为 2.5%。功率因数调整电费为

$$(83200.00+120960.00)\times2.5\%=5104.00\text{（元）}$$

代收基金为 216000×0.0608=13132.80（元）

合计 83200.00+120960.00+5104.40+13132.80=222396.80（元）

计算平均电价应扣除各种代收基金，所以该用户当月的平均电价为

(222396.80−13132.80)÷216000=0.96881(元/千瓦时)

2. 用电检查发现，某用户三相四线电能计算装置A、B、C三相所配电流互感器变比分别为$K_A=150/5$、$K_B=20$、$K_C=200/5$，且B相电流互感器极性反接。计量期间，供电企业按$K=150/5$计收其电量$W=12000$kWh。该用户实际用电量是（ ）kWh。(结果有小数的保留两位小数)

答案：240000

解：正确电量：$A_p=\frac{1}{3}+\frac{1}{3}+\frac{1}{3}=1$

错误电量：$A_p'=\frac{1}{3}-\frac{1}{3}\times\left(\frac{150}{5}\div 20\right)+\frac{1}{3}\times\left(\frac{150}{5}\div\frac{200}{5}\right)=\frac{1}{12}$

更正系数：$K=\frac{A_p}{A_p'}=1\div\frac{1}{12}=12$

实际用电量：$W'=WK=12000\times 12=144000$ (kWh)

3. 用电检查发现，某用户某三相四线电能计算装置，第一元件接$U_{AN}\cdot I_b$，第二元件接$U_{BN}\cdot I_c$，第三元件接$U_{CN}\cdot I_a$。设三相负荷平衡，错误接线期间计收其电量$W=-200$kWh。假设用户平均功率因数角φ为20°，该用户实际用电量是（ ）kWh。

答案：245

解：正确接线时的总功率表达式：$P=3UI\cos\varphi$

错误接线时的总功率表达式：

$$P'=P'_1+P'_2+P'_3$$
$$=U_AI_b\cos(120°+\varphi)+U_BI_c\cos(120°+\varphi)+U_CI_a\cos(120°+\varphi)$$

设$U_A=U_B=U_C=U$，$I_a=I_b=I_c=I$，则

$$P'=3UI\cos(120°+\varphi)$$

更正系数：$K=\frac{P}{P'}=\frac{3UI\cos\varphi}{3UI\cos(120°+\varphi)}=\frac{3UI\cos 20°}{3UI\cos(120°+20°)}=-1.227$

实际用电量：$W'=-200\times(-1.227)=245$ (kWh)

4. 某厂有电容器10台，每台10kvar，每台介质损耗ΔP为0.005kW。在额定电压下运行30天的电能损失为（ ）kWh。(结果有小数的保留两位小数)

答案：36

解：已知条件$\Delta P=0.005$kW，计算公式：

10台总损耗：$\Delta P'=10\times\Delta P=10\times 0.05=0.5$ (kW)

30天总电能损失：$\Delta A=\Delta P'\times 30\times 24=0.5\times 30\times 24=36$ (kWh)

五、识图题 (每小题1.5分，共6分)

1. 请判断以下暂停流程框图是否正确。（ ）

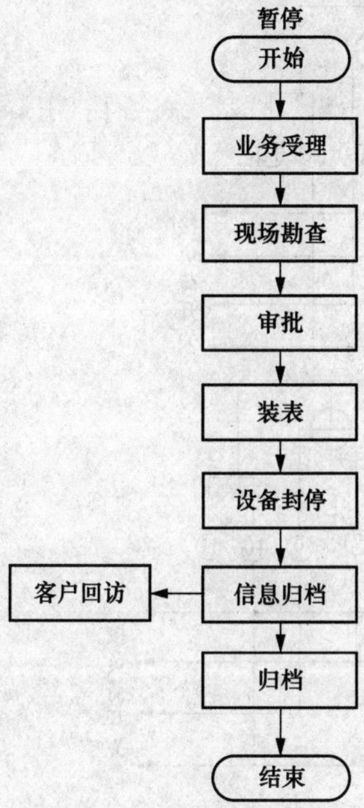

A. 错误　　　　　B. 正确

答案： B

2. 在下列示意图中，表示单相桥式整流电路的是（　　），表示三相桥式整流电路的是（　　）。

A.

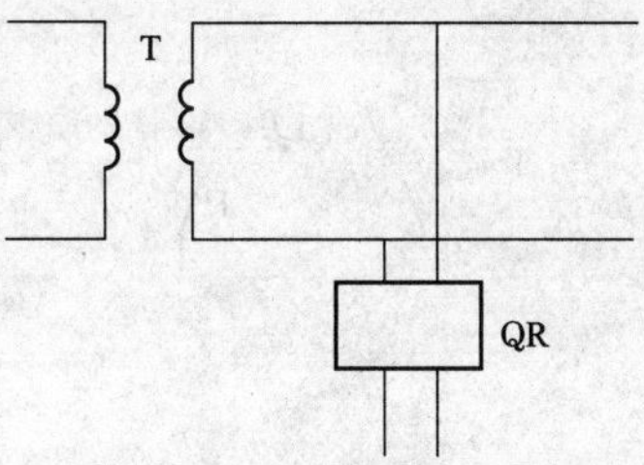

B.

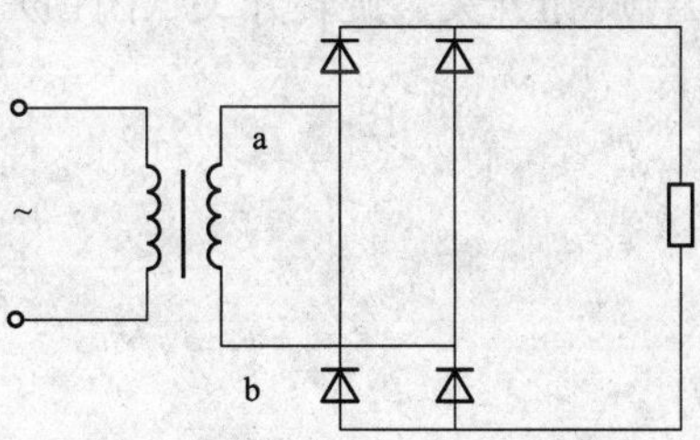

C.

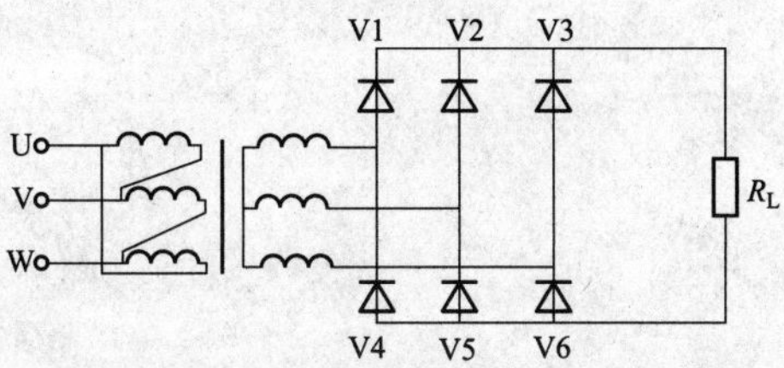

答案： B、C

3. 在下列示意图中属于正确的三相四线电能表直接接入接线图的是（　　）。

A.

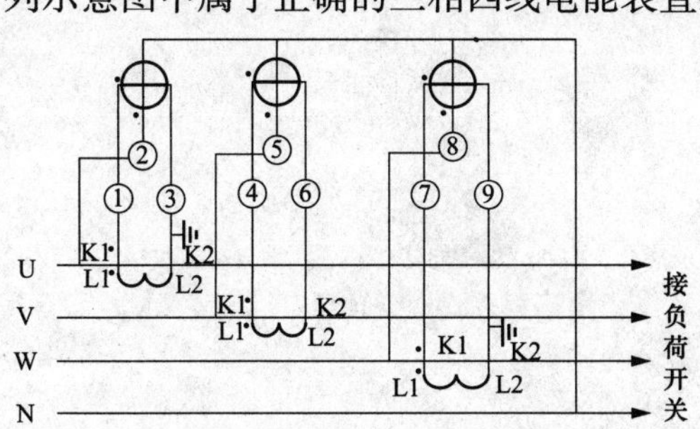

B.

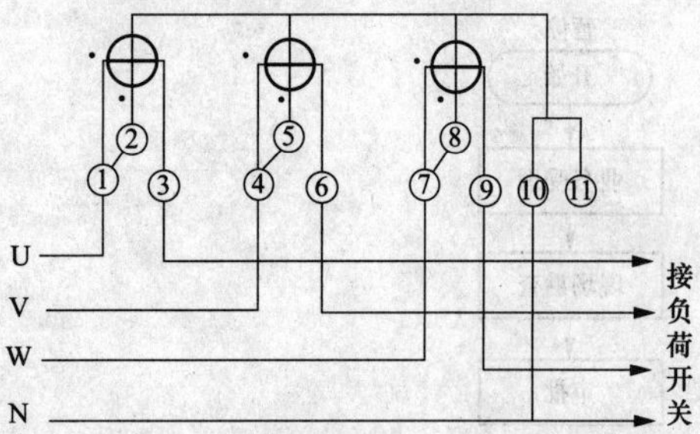

C.

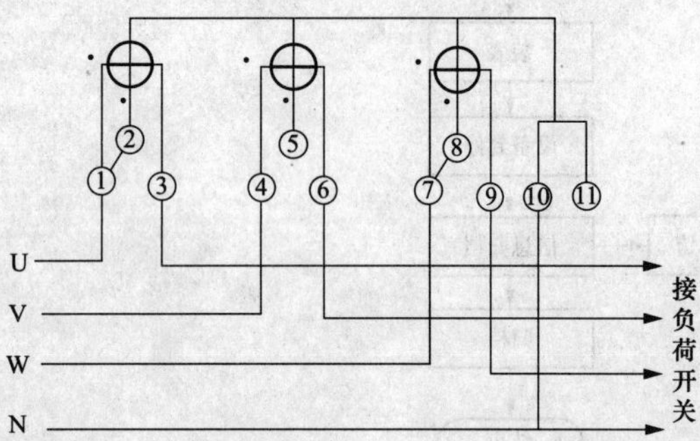

答案： B

4. 列常用图形符号图中，表示位置开关和限制开关的动合触点是（　　），位置开关和限制开关的动断触点是（　　），拉拔开关的是（　　），按钮开关（动断按钮）的是（　　），旋钮开关、旋转开关（闭锁）的是（　　）。

A. 

B. 

C. 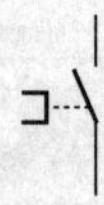

D. 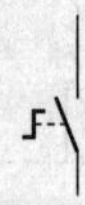

E. 

答案： A、B、C、E、D

抄表核算收费工（高级）模拟考卷及答案（七）

一、单选题（每小题 1 分，共 40 分）

1. 终端与电能表的数据通信规约应符合（　　）标准。

A. DL/T 645　　B. DL/T 614　　C. DL/T 698　　D. DL/T 719

答案： A

2. 用电信息采集系统与 SG186 营销系统进行抄表数据传输，以（　　）作为关键字。

A. 户号　　B. 电能表型号　　C. 电能表条码号　　D. 电能表通信地址

答案： C

3. 国家电网公司《用电信息采集系统运行维护管理办法》规定，对远程抄表数据应定期进行现场复核，将现场抄表数据与采集数据进行比对。其中低压用户复核周期不超过（　　）。

A. 二个月　　B. 三个月　　C. 1 年　　D. 六个月

答案： C

4. 某淡水鱼研究所，10kV 受电，其功率因数调整电费应按（　　）执行。

A. 0.75 功率因数调整标准　　B. 0.80 功率因数调整标准

C. 0.85 功率因数调整标准　　D. 0.90 功率因数调整标准

答案： C

5. 用电计量装置原则上应当安装在（　　）。

A. 受电设施产权处　　B. 供电设施产权处

C. 供电和受电设施产权分界处　　D. 进线开关处

答案： C

6. 引起电能表潜动的主要原因是（　　）。

A. 驱动力矩与制动力矩不平衡引起的

B. 轻载补偿力矩补偿不当或电磁元件不对称引起的

C. 驱动力矩的增减与负载功率的增减成反比引起的

D. 电流铁芯的非线性引起的

答案： B

7. 型号为 $DSSD99A_1$ 型的电能表是一只（　　）。

A. 三相预付费电能表　　B. 三相三线多功能电能表

C. 三相最大需量表　　D. 三相三线复费率电能表

答案： B

8. 下列设备不是电能计量装置的是（　　）。

A. 电能表　B. 计量用互感器　C. 电能计量箱　D. 失压计时器

答案：D

9. 三相四线有功电能表正确计量的功率表达式为（　　）。

A. $UI\cos\varphi$　B. $1.73UI\cos\varphi$　C. $2UI\cos\varphi$　D. $3UI\cos\varphi$

答案：D

10. 对两路及以上线路供电（不同的电源点）的用户，装设计量装置的形式为（　　）。

A. 两路合用一套计量装置，节约成本

B. 两路分别装设有功电能表，合用无功电能表

C. 两路分别装设电能计量装置

D. 两路合用有功电能表，但分别装设无功电能表

答案：C

11. 属于用户专用，且不在公用变电站内的供电设施，由（　　）运行维护管理。

A. 线路工区　B. 变电维护　C. 营业管理部门　D. 用户

答案：D

12. 线路损失电量占供电量的百分比称为（　　）。

A. 变压器损耗　B. 线路损失率　C. 电压损失率　D. 电流损失率

答案：B

13. 供用电合同中（　　）。

A. 可以约定用电人不得窃电　B. 不可以约定用电人不得窃电

C. 可以约定用电人窃电由电力企业处理　D. 几个表述都不对

答案：B

14. 供电企业对已受理的用电申请，应尽快确定供电方案，低压电力用户最长不超过（　　）天正式书面通知用户。

A. 5　B. 7　C. 10　D. 15

答案：C

15. 供电企业不受理（　　）用电的变更用电事宜。

A. 正式　B. 增容　C. 临时　D. 新装

答案：C

16. 供电方案的有效期是指从供电方案正式通知书发出之日起至交纳供电贴费并受电工程开工日为止。高压供电方案的有效期为（　　）年，逾期注销。

A. 半　B. 1　C. 2　D. 3

答案：B

17. 高供低计多功能电能表的接线方式是（　　）。

A. 单相　B. 两相　C. 三相三线　D. 三相四线

答案：D

18. 对10kV供电的用户，供电设备计划检修停电次数不应超过（　　）次/年。

A. 2　B. 3　C. 5　D. 6

答案：B

19. 10kV 以下高压供电的用户，其受电端电压变动幅度，一般不超过（ ）的额定电压。

A. ±5% B. ±6% C. ±7% D. ±10%

答案：C

20. 熔丝的额定电流是指（ ）。

A. 熔丝 2min 内熔断所需电流 B. 熔丝正常工作时允许通过的最大电流

C. 熔丝 1min 内熔断所需电流 D. 熔丝 1s 内熔断所需电流

答案：B

21. 关于有功功率和无功功率，错误的说法是（ ）。

A. 无功功率就是无用的功率

B. 无功功率有正有负

C. 在 RLC 电路中，有功功率就是在电阻上消耗的功率

D. 在纯电感电路中，无功功率的最大值等于电路电压和电流的乘积

答案：A

22. 关于电流互感器下列说法正确的是（ ）。

A. 二次绕组可以开路 B. 二次绕组可以短路

C. 二次绕组不能接地 D. 二次绕组不能短路

答案：B

23. 关于电感 L、感抗 X，正确的说法是（ ）。

A. L 的大小与频率有关 B. L 对直流来说相当于短路

C. 频率越高，X 越小 D. X 值可正可负

答案：B

24. 关于磁感应强度，下面说法中错误的是（ ）。

A. 磁感应强度 B 和磁场 H 有线性关系，H 定了，B 就定了

B. B 值的大小与磁介质性质有关

C. B 值还随 H 的变化而变化

D. 磁感应强度是表征磁场的强弱和方向的量

答案：A

25. 功率为 100W 的灯泡和 40W 的灯泡串联后接入电路，40W 的灯泡消耗的功率是 100W 的灯泡的（ ）倍。

A. 4 B. 0.4 C. 2.5 D. 0.25

答案：C

26. 导体中通过电流时产生的磁场方向可用（ ）来判断。

A. 左手定则 B. 右手定则 C. 右手螺旋定则 D. 以上均不正确

答案：C

27. 供电设施的运行维护管理范围，按产权归属确定。公用低压线路供电的，以供电接户线用户端最后支持物为分界点，支持物产权属（ ）。

A. 供电企业 B. 市政管理部门 C. 公用设施 D. 低压用户

答案：A

28. 制定电价应当合理补偿成本，合理确定收益，依法计入税金，坚持（ ），促进电力建设。

A. 效益第一 B. 利益均沾 C. 公平负担 D. 依法治企

答案：C

29. 有线广播站动力用电应按（ ）电价计费。

A. 城乡居民生活用电 B. 一般工商业及其他用电

C. 农业生产用电 D. 大工业用电

答案：B

30. 工业用单相电热总容量不足 2kW 而又无其他工业用电者，其计费电价应按（ ）电价计费。

A. 城乡居民生活用电 B. 农业生产用电

C. 一般工商业及其他用电 D. 大工业用电

答案：C

31. 对于暂停用电不足 15 天的大工业电力客户，暂停期间（ ）基本电费。

A. 按实际暂停天数减收 B. 按 15 天减收

C. 不扣减 D. 减收当月

答案：C

32. 对同一电网内的同一电压等级、同一用电类别的用电户执行（ ）的电价标准。

A. 相同 B. 相近 C. 不同 D. 相似

答案：A

33. 室内 0.4kV 无遮栏裸导体至地面的距离不应小于（ ）m。

A. 1.9 B. 2.1 C. 2.3 D. 2.4

答案：C

34. 国家电网公司电力安全工作规程规定高压电气设备是指电压等级在（ ）。

A. 250V 及以上者 B. 250V 以上者

C. 1000V 以上者 D. 1000V 以上者

答案：C

35. 工作人员工作中正常活动范围与 10kV 带电设备的安全距离小于（ ）m 时必须停电。

A. 0.35 B. 1 C. 0.7 D. 0.25

答案：A

36. 未经供电企业同意擅自供出电源的，除当即拆除接线外，应承担其供出电源容量（ ）元/千瓦的违约使用电费。

A. 100 B. 300 C. 500 D. 800

答案：C

37. 若电力用户超过报装容量私自增加电气容量，称为（ ）。

A. 窃电 B. 违约用电 C. 正常增容 D. 违法用电

答案：B

38. 供电企业通过媒体宣传，窗口服务和产品展示等手段在全社会和消费者中树立电力产品优质、可靠、价格合理的形象属于（ ）。

A. 形象销售策略　　B. 优质服务策略

C. 市场开拓策略　　D. 推进需求侧管理策略

答案：A

39. 供电企业对检举、查获违约用电的非供电企业人员进行奖励，奖金每次按违约金总额的 20%计算，奖金最高额每人每次不超过（ ）元。

A. 1000　　B. 800　　C. 600　　D. 500

答案：A

40. 对违反《电力设施保护条例》规定的，电力管理部门处以（ ）以下的罚款。

A. 1000　　B. 5000　　C. 10000　　D. 15000

答案：C

二、多选题 （每小题 2 分，共 20 分）

1. 国家电网公司的企业理念是（ ）。

A. 以人为本　　B. 忠诚企业　　C. 服务社会　　D. 奉献社会

答案：ABD

2. 电能信息采集终端根据使用场合不同，可分为（ ）四种。

A. 厂站采集终端　　B. 配电变压器监测计量终端

C. 低压集中抄表采集终端　　D. 公变采集终端

E. 专变采集终端

答案：ABCD

3. 在（ ）情况下，供电企业不经批准即可终止向客户供电。

A. 不可抗力和紧急避险　　B. 欠电费

C. 客户确有窃电行为　　D. 拒绝用电安全检查

答案：AC

4. 运行中的变压器在有以下异常情况时应退出运行。（ ）

A. 油位在油位线下，外壳清洁、有渗漏现象

B. 油温异常，超过 70℃

C. 防爆管、爆破或油枕冒油

D. 出现接头过热、喷油、冒烟

答案：CD

5. 国家电网公司员工服务“十个不准”中规定的不准为客户指定（ ）。

A. 设计　　B. 施工　　C. 供电设备　　D. 供货单位

答案：ABD

6. 用万用表测电阻时应注意的事项有（ ）。

A. 不可带电测试

B. 测前在欧姆挡将表笔短接用“欧姆调零器”调整零位，如调不到零位则可能要换电池

C. 眼睛正视表盘读数以减少视差

D. 测试是应注意表针的正负极性，防止极性接反带来附加误差

答案： ABC

7. 以下属于开关柜的五防功能的有（　　）。

A. 防止带负荷拉、合隔离开关　　B. 防止雷电击入

C. 防止误跳、合断路器　　D. 防止带地线合隔离开关

答案： ACD

8. 系统误差分类按误差来源包括（　　）。

A. 工具误差　B. 装置误差　C. 人员误差　D. 方法误差

E. 环境误差

答案： ABCDE

9. 居民户表要求校验电能表时，正确的规定是（　　）。

A. 用户有权向供电企业提出校验申请

B. 用户交付验表费后，在 7 天内校验，并将校验结果通知用户

C. 如误差在允许范围内，验表费不退

D. 用户在申请验表期间，其电费仍应按期交纳

E. 如误差超出允许范围，退还验表费，并按规定退补电费

答案： ABCDE

10.《供电营业规则》规定，在计算转供户最大需量时，应扣除被转供户的有功、无功电量，并按以下规定折算。（　　）

A. 照明及一班制：每月用电量 180kWh 折合为 1kW

B. 二班制：每月用电量 360kWh 折合为 1kW

C. 三班制：每月用电量 540kWh 折合为 1kW

D. 农业用电：每月用电量 270kWh 折合为 1kW

答案： ABCD

三、判断题（每小题 0.5 分，共 22 分）

1. 焦耳是当 1N 的力作用在力的方向上移动 1m 距离所做的功。（√）
2. 接户线跨越人行道时，其对地最小距离是 3.5m。（√）
3. 接入中性点有效接地的高压线路的计量装置，应采用三相四线电能表。（√）
4. 测量绝缘电阻前，将被测设备对地放电，测量时禁止他人接近设备。（√）
5. 测量直流电位时，电压表的“—”端钮要接在电位较低的点。（√）
6. 测量交流低压 200A 以上大电流负载的电能，采用电能表经电流互感器接入电阻。（√）
7. 某 10kV 高压侧计量用户，TA 变比为 200/5，其综合倍率为 4000。（√）

8. 按照《居民用户家用电器损坏处理办法》的说明，电风扇使用年限为 12 年。（√）
9. 变配电站内用于接受和分配电能的各种电气设备统称为配电装置。（√）
10. 变压器温度升高，绝缘电阻值降低。（√）
11. 变压器容量在 100kVA 及以上的工业用户实行功率因数调整电费。（√）
12. 变压器空载损耗实为铁损，包括铁芯产生的磁滞损耗和涡流损耗。（√）
13. 变压器的负荷电流一般在额定电流的 70%左右较为合适。（√）
14. 变压器的电压比是指变压器在空载运行时，一次电压与二次电压的比值。（√）
15. 变压器分为电力变压器和特种变压器两大类。（√）
16. 变电站采集终端的采集回路只须接入电能表 485 回路，无须接入脉冲和遥信回路。（√）
17. 保护中性线应选用黄绿双色绝缘导线。（√）
18. 采集器Ⅰ型下行通信灯红色闪烁表示采集器下行通道接收数据，绿色闪烁表示采集器下行通道发送数据。（√）
19. 采集点和采集对象、计量点的关系都是一对多。（√）
20. 采集终端下行规约至少应支持包括 DL/T 645 在内的两种以上通信规约。（√）
21. 抄表卡片是供电企业每月向用户采集用电计量计费信息、开具发票、收取电费必不可少的基础资料。（√）
22. 应用右手定则时，拇指所指的是导线切割磁力线的运动方向。（√）
23. 安装在用户处的 35kV 以上计费用电压互感器二次回路，应不装设隔离开关辅助触点，但可装设熔断器。（√）
24. 安装电能表时，要按照“先进后出、先相后零、从右到左”的原则进行接线。（×）
25. 安全第一是电力生产的方针。（√）
26. 在采集系统中，为方便主站识别各终端，要求每个终端的地址码都不相同。（√）
27. 在电力系统正常状况下，10kV 及以下三相供电电压允许偏差为额定电压的±7%。（√）
28. 在公用供电设施尚未到达的地区，供电企业可以委托重要的国防军工用户转供电。（×）
29. 产权属于供电企业的计量装置，因过负荷烧坏而发生故障由用户负责。（√）
30. 产权分界点是指供电企业和用户的电气设备连接处。（√）
31. 白炽灯、调光灯的使用寿命为两年。（√）
32. 电流互感器在运行中二次回路不允许开路，否则易引起高电压，危及人身与设备安全。（√）
33. 用户用电设备容量在 100kW 及以下者，特殊情况也可采用高压供电。（√）
34. 计量装置更换后的 3 个抄表周期内应实施重点监控，远程抄表方式首次使用应进行现场核对，以后应至少两年进行一次现场核对。（×）
35. 计费电量装置接线错误时，以其实际记录的电量为基准，按正确与错误接线的差额率退补电量，退补时间从上次校验或换装后投入之日起至接线错误更正之日止。（√）
36. Windows 中的“任务栏”上存放的是系统正在运行的所有程序。（√）
37. Windows 中，剪切板是内存中的一块区域。（√）
38. RLC 串联电路中，如把 L 增大一倍，C 减少到原有电容的 1/4，则该电路的谐振频率变为原频率 f 的 1.414 倍。（√）

39. DX9 型电能表是无功电能表。 (√)

40. DT862 型电能表是三相四线电能表。 (√)

41. DT862 型电能表在测量平衡负载的三相四线电能时，若 A、C 两相电流进出线接反，则电能表将倒走。 (√)

42. DT862 型电能表在平衡负载条件下，B 相元件损坏，电量则少计。 (√)

43. 3200kVA 以上高压供电的农业排涝站，功率因数应执行 0.80 标准。 (√)

44. $\cos\varphi$ 为 0.8 的条件下测定误差，但对二次额定电流为 5A 的电流互感器，其负载下限不小于 0.15Ω。 (×)

四、计算题 (每小题 3 分，共 12 分)

1. 某感性负载，其额定电压 $U=380$V，额定功率 $P=16$kW，额定功率因数 $\cos\varphi=0.88$，额定频率 f 为 50Hz 时，该感性负载的直流电阻 R 为（　）Ω，电感 L 为（　）mH。

答案：6.99、12

解：设负载电流为 I，则

$$I=P/(U\cos\varphi)=16\times10^3/(380\times0.88)=47.85\ (\text{A})$$

设负载阻抗为 $|Z|$，则

$$|Z|=U/I=380/47.85=7.94\ (\Omega)$$

$$R=|Z|\cos\varphi=7.94\times0.88=6.99\ (\Omega)$$

则 $X_L=\sqrt{|Z|^2-R^2}=\sqrt{|7.94|^2-6.99^2}=3.77\ (\Omega)$

$$L=X_L/2\pi f=3.77/(2\pi\times50)=0.012\text{H}=12\ (\text{mH})$$

2. 已知一台直流电动机，其额定功率 P_N 为 100kW，额定电压 U_N 为 220V，额定转速 n 为 1500r/min，额定效率 η 为 90%，该电动机额定运行时的输入功率为（　）kW，额定电流为（　）A。

答案：111.11、505.05

解：额定运行时的输入功率 $P_1=P_N/\eta_N$

$$=100/0.9=111.1\ (\text{kW})$$

额定电流 $I_N=P_1/U_N$

$$=111.11\times1000/220=505.05\ (\text{A})$$

3. 某低压动力用户由 380/220V 供电，三相四线多功能电能表计量。原装有三台 200/5 电流互感器，某日其中有一台电流互感器因过负荷烧毁后，用户私自更换为 300/5 的电流互感器，半年后被用电检查发现。在此期间有功抄见电量 36000kWh，应追补电量为（　）kWh。

答案：4500

解：更正率$=\dfrac{\text{正确电量}-\text{错误电量}}{\text{错误电量}}\times100\%$

正确电量 $=\frac{1}{3}+\frac{1}{3}+\frac{1}{3}=1$

错误电量 $=\frac{1}{3}+\frac{1}{3}+\frac{1}{3}\times\frac{200/5}{300/5}=\frac{8}{9}$

更正率 $=\left[\left(1-\frac{8}{9}\right)\div\frac{8}{9}\right]\times100\%=12.5\%$

追补电量＝更正率×抄见电量＝12.5%×36000＝4500（kWh）

4. 经查，某用户的电能计量装置电气接线图如下，$\varphi=40°$，感性负载，设三相负载平衡，则该用户更正系数值为（　　）。（结果保留两位小数）

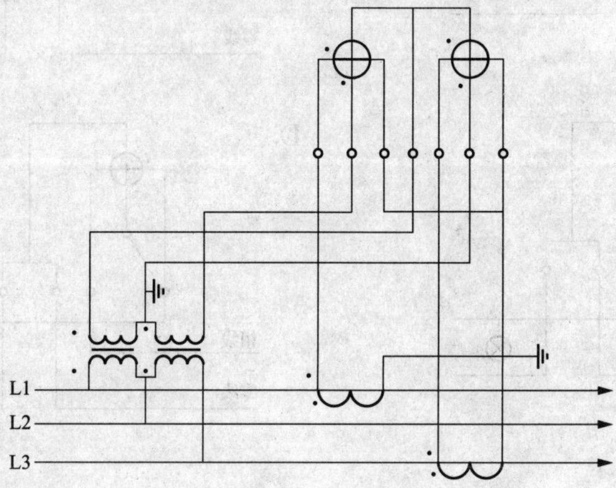

答案： －0.82

解：（1）正确接线状态下的功率表达式：$P_{正}=\sqrt{3}UI\cos\varphi$

（2）错误接线状态下的功率表达式：

$$P_A=U_{ca}I_a\cos(150°+\varphi),\quad P_C=U_{ba}I_c\cos(90°+\varphi)$$

在三相对称电路中，$U_{ca}=U_{ba}=U$，$I_a=I_c=I$

$$P_{误}=P_A+P_C=-\sqrt{3}UI\cos(60°-\varphi)$$

更正系数：$K=\frac{P_{正}}{P_{误}}=\frac{\sqrt{3}UI\cos\varphi}{-\sqrt{3}UI\cos(60°-\varphi)}=\frac{-2}{1+\sqrt{3}\tan\varphi}$

因 $\varphi=40°$，故 $K=-0.82$

五、识图题 （每小题 1.5 分，共 6 分）

1. 三相电压互感器 Y/Y0-12 接线组别的接线图如下，该图是否正确。（　　）

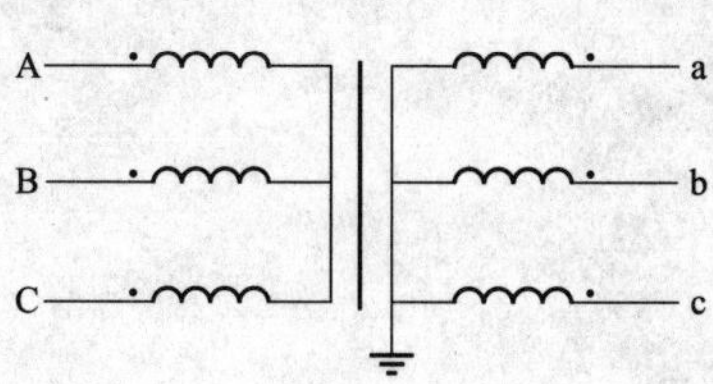

A. 正确　　　　　B. 错误

答案： A

2. 以下错误接线中容易造成电能表反转的是（　　）。

A.

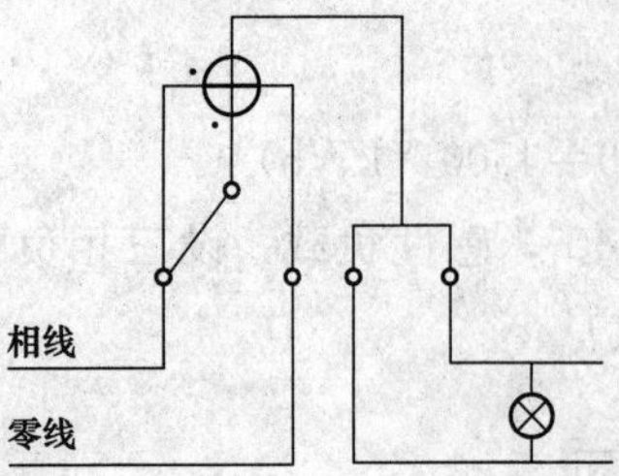

B.

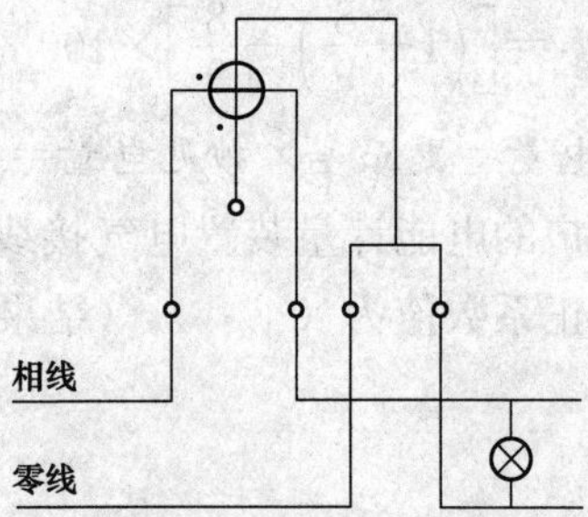

C.

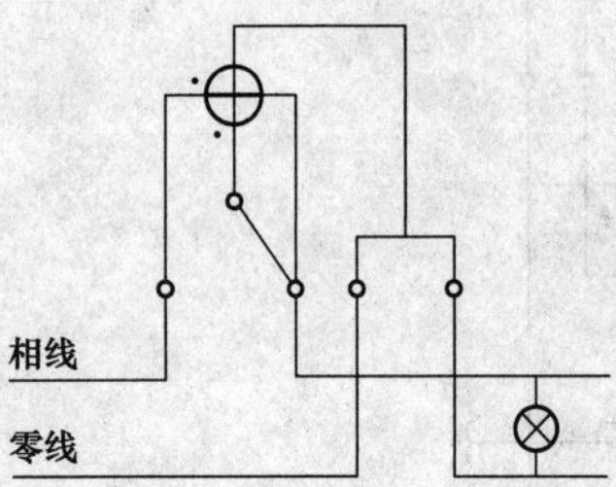

D.

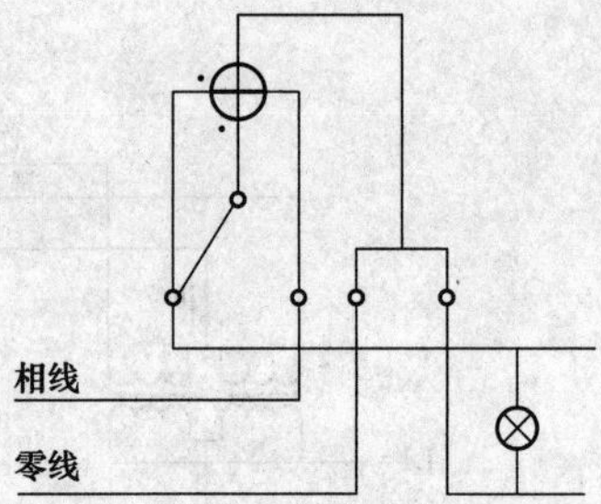

答案： D

3. 以下在感性负载下三相三线有功电能表相量图正确的是（　　）。

A.

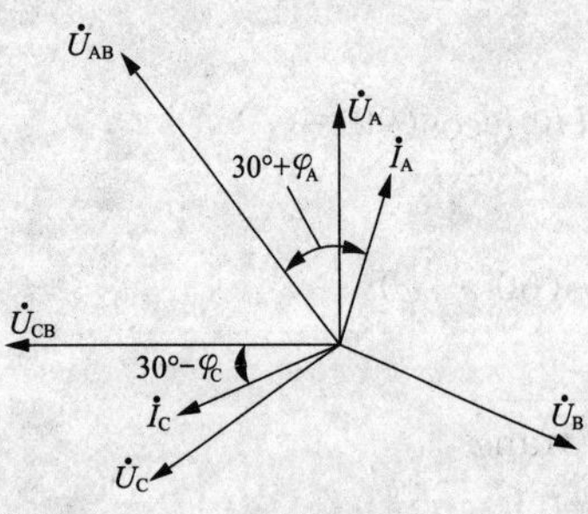

B.

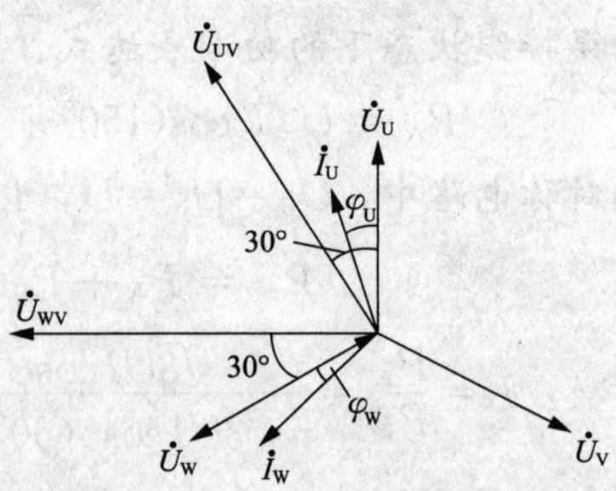

答案： A

4. 如下低压批量新装业务流程图是否正确。（　　）

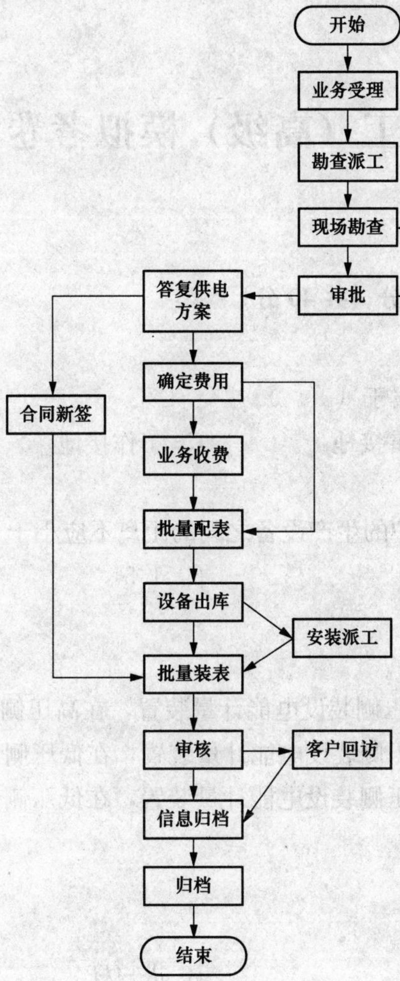
开始
业务受理
勘查派工
现场勘查
审批
答复供电方案
确定费用
合同新签
业务收费
批量配表
设备出库
安装派工
批量装表
审核
客户回访
信息归档
归档
结束

A. 正确　　　　B. 错误

答案：A

抄表核算收费工（高级）模拟考卷及答案（八）

一、单选题（每小题 1 分，共 40 分）

1. 电器设备的金属外壳接地属于（　　）。

A. 保护接地　B. 防雷接地　C. 工作接地　D. 工作接零

答案：A

2. 室内裸导线与需要经常维护的生产设备之间的距离不应小于（　　）m。

A. 0.7　B. 1.0　C. 1.5　D. 2.0

答案：C

3. 高供低计指的是（　　）

A. 高压供电的用户在高压侧装设电能计量装置，在高压侧计量

B. 高压供电的用户在高压侧装设电能计量装置，在低压侧计量

C. 高压供电的用户在低压侧装设电能计量装置，在低压侧计量

D. 以上都不对

答案：C

4. 低压用户进户装置包括（　　）。

A. 进户线　B. 进户杆

C. 进户管　D. 进户线、进户杆、进户管

答案：D

5. 电网的电压质量取决于电力系统中（　　）的平衡。

A. 视在功率　B. 无功功率　C. 有功功率　D. 额定功率

答案：B

6. 供电企业对已受理的用电申请应尽快确定供电方案，高压单电源用户最长不超过（　　）正式书面通知用户。

A. 15 天　B. 1 个月　C. 2 个月　D. 3 个月

答案：B

7. 某临时用电单位因负荷有多余，未经供电企业同意，后擅自将电力转供给一特困企业进行生产自救，该行为是（　　）。

A. 违纪行为　B. 违法行为　C. 违约行为　D. 正常行为

答案：C

8. 下列设备属于二次设备的是（　　）。

A. 断路器　B. 隔离开关　C. 互感器　D. 交流继电器

答案：D

9. 在电力系统正常状况下，供电企业供到用户受电端的供电电压允许偏差为（　　），220V 单相供电的，为额定值的（　　）。

A. −7%、−10%　　B. +7%、+10%

C. −7%、+10%　　D. +7%、−10%

答案：D

10. 电力销售收入是指（　　）。

A. 应收电费　B. 实收电价　C. 临时电价　D. 实收电费和税金

答案：A

11. 高压供电的工业用户和高压供电装有带负荷调整电压装置的电力用户，功率因数应不小于（　　）。

A. 0.80　B. 0.85　C. 0.90　D. 0.95

答案：C

12. 某国有农场奶粉厂受电变压器容量 315kVA，该奶粉厂应按（　　）电价计费。

A. 农业生产用电　　B. 一般工商业及其他用电

C. 大工业用电　　D. 城乡居民生活用电

答案：C

13. 某一供电企业 2008 年某月发行全口径电费 6200 万元，当月发生新欠 310 万元，该供电企业当月电费回收率为（　　）。

A. 5%　B. 95%　C. 98%　D. 90%

答案：B

14. 某用户有 315kVA 和 400kVA 受电变压器各一台，运行方式互为备用，应按（　　）kVA 的设备容量计收基本电费。

A. 315　B. 400　C. 715　D. 实用设备容量

答案：B

15. 某自来水厂 10kV、200kVA 用电应按（　　）电价计费。

A. 农业生产用电　　B. 一般工商业及其他用电

C. 大工业用电　　D. 城乡居民生活用电

答案：B

16. 当某电路有 n 个节点，m 条支路时，用基尔霍夫第一定律可以列出 $n-1$ 个独立的电流方程，（　　）个独立的回路电压方程。

A. $m-(n-1)$　B. $m-n-1$　C. $m-n$　D. $m+n+1$

答案：A

17. 电压互感器（　　）加、减极性，电流互感器（　　）加、减极性。

A. 有、无　B. 无、有　C. 有、有　D. 无、无

答案：C

18. 电压互感器文字符号用（　　）标志。

A. PA　B. PV　C. TA　D. TV

答案：D

19. 二极管的主要特性有（ ）。

A. 单向导电性 B. 电流放大作用 C. 电压放大作用 D. 滤波作用

答案：A

20. 某电焊机的额定功率为 10kW，铭牌暂载率为 25%，则其设备计算容量为（ ）kW。

A. 10 B. 5 C. 2.5 D. 40

答案：B

21. 某商店，使用建筑面积共 $2250m^2$，则照明负荷为（ ）kW。（按 $30W/m^2$ 计算）

A. 50 B. 100 C. 75 D. 2500

答案：C

22. 使用绝缘电阻表时注意事项错误的是（ ）。

A. 绝缘电阻表用线应用绝缘良好的单根线

B. 禁止在有感应电可能产生的环境中测量

C. 在测量电容器等大电容设备时，读数后应先停止摇动，再拆线

D. 使用前应先检查绝缘电阻表的状态

答案：C

23. 下列说法中，错误的说法是（ ）。

A. 铁磁材料的磁性与温度有很大关系 B. 当温度升高时，铁磁材料磁导率上升

C. 铁磁材料的磁导率高 D. 表示物质磁化程度称为磁场强度

答案：B

24. 线圈中感应电动势的大小与（ ）。

A. 线圈中磁通的大小成正比，还与线圈的匝数成正比

B. 线圈中磁通的变化量成正比，还与线圈的匝数成正比

C. 线圈中磁通的变化率成正比，还与线圈的匝数成正比

D. 线圈中磁通的大小成正比，还与线圈的匝数成反比

答案：C

25. 一台单相 380V 电焊机额定容量为 10kW，功率因数为 0.35，额定电压为 380V。求得其计算电流为（ ）A。

A. 26 B. 44 C. 56 D. 75

答案：D

26. 一只 220V、60W 的灯泡，把它改接到 110V 的电源上，消耗功率为（ ）W。

A. 10 B. 15 C. 20 D. 40

答案：B

27. 应用右手定则时，拇指所指的是（ ）。

A. 导线切割磁力线的运动方向 B. 磁力线切割导线的方向

C. 导线受力后的运动方向 D. 在导线中产生感应电动势的方向

答案：A

28. 用钳形电流表测量较小负载电流时，将被测线路绕两圈后夹入钳口，若钳形表读数为

6A，则负载实际电流为（ ）A。

A. 2　B. 3　C. 6　D. 12

答案： B

29. 由测量仪表、继电器、控制及信号器具等设备连接成的回路称为（ ）。

A. 一次回路　B. 二次回路　C. 仪表回路　D. 远动回路

答案： B

30. 在并联的交流电路中，总电流等于各分支电流的（ ）。

A. 代数和　B. 相量和　C. 总和　D. 方根和

答案： B

31. 正弦交流电的最大值和有效值的大小与（ ）。

A. 频率、相位有关　B. 频率、相位无关

C. 只与频率有关　D. 只与相位有关

答案： B

32. 电压互感器的一次绕组的匝数（ ）二次绕组的匝数。

A. 多于　B. 少于

C. 等于　D. 或多于或少于或等于

答案： A

33. 电能表电流线圈严重过负荷烧损时，电能表仍然工作，但记录的电量（ ）。

A. 增加　B. 减少

C. 正常　D. 有时增加、有时减少

答案： B

34. 电能计量用电压和电流互感器的二次导线截面积至少应不小于（ ）。

A. $1.5mm^2$、$2.5mm^2$　B. $2.5mm^2$、$4mm^2$

C. $4mm^2$、$6mm^2$　D. $6mm^2$、$2.0mm^2$

答案： B

35. 若三相三线计量装置采用双电压互感器 V，v 形接线，测得二次电压 $U_{AB}=0$，$U_{BC}=100V$，$U_{AC}=100V$ 时，可判断为（ ）一次熔断器熔断。

A. B 相　B. A 相　C. C 相　D. A、C 相

答案： B

36. 电力运行事故因（ ）原因造成的，电力企业不承担赔偿责任。

A. 电力线路故障　B. 电力系统瓦解

C. 不可抗力和用户自身的过错　D. 除电力部门差错外的

答案： C

37. 订立合同须经过（ ）两个法定程序。

A. 要约和承诺　B. 意思和表示　C. 起草和抄写　D. 协商和谈判

答案： A

38. 因电力运行事故引起居民家用电器损坏的，使用年限已超过本《办法》规定的使用寿命，或折旧后的差额低于原价 10%的，按原价的（ ）赔偿。

A. 不予以　B. 10%　C. 20%　D. 30%

答案：B

39. 质量管理中，PDCA 循环反映了质量管理活动的规律，其中 C 表示（　）。

A. 执行　B. 处理　C. 检查　D. 计划

答案：C

40. 用电检查发现，某低压动力用户超过合同约定私自增加用电设备 4kW，应交违约使用电费（　）元。

A. 200　B. 120　C. 400　D. 600

答案：A

二、多选题 （每小题 2 分，共 20 分）

1. 电力生产与电网运行的原则是（　）。

A. 电网运行应当连续、稳定

B. 保证供电可靠性

C. 电力生产与电网运行应当遵循安全的原则

D. 电力生产与电网运行应当遵循优质、经济的原则

答案：ABCD

2. 我国电价制订的具体原则是（　）。

A. 成本补偿原则　B. 合理收益原则　C. 市场竞争原则　D. 公平负担原则

E. 相对稳定原则

答案：ABDE

3. 两部制电价由以下（　）部分组成。

A. 基本电价　B. 电量电价　C. 功率因数调整电费　D. 代收基金

答案：ABC

4. 智能电表的好处是（　）。

A. 计量更为精准　B. 缴费方便快捷　C. 消费自主透明　D. 电价相对便宜

答案：ABC

5. 卡式预付费电能表的优点有（　）。

A. 抗破坏性强、耐用性高

B. IC 卡信息可长久保存，读写又方便，读写次数高达 15 万次以上

C. 存储容量高，加密性强

D. 相关设备成本不高

答案：ACD

6. 2013 年版智能电能表插卡操作异常代码 Err-33，是卡与表不匹配，提示以下错误信息（　）。

A. 表号不一致　B. 客户编号不一致　C. 卡序列号不一致　D. 以上都不对

答案：ABC

7. 下列用电（　　）执行城镇居民生活电价。

A. 幼儿园、中学、小学校

B. 驾校、美容学校、厨师培训学校

C. 纯居民住宅大楼内电梯、水泵、楼道照明用电

D. 公共广场、绿地、楼宇、店面等具有广告性质的用电

E. 蓄冰制冷专门用于居民生活的

答案：ACE

8. 触电急救心肺复苏法三项基本要领是（　　）。

A. 通畅气道　　B. 口对口（鼻）人工呼吸

C. 胸外按压（人工循环）　　D. 脱离电源

答案：ABC

9. PDCA 管理循环是美国管理专家戴明总结的质量管理经验，其含义是（　　）。

A. P 代表计划　B. D 代表执行　C. C 代表检查　D. A 代表处理

答案：ABCD

10. 用户认为供电企业电能表不准，有权申请校验。供电企业按以下规定办理。（　　）

A. 用户交付校表费后，7 天内检验，并将结果通知客户

B. 电能表误差在允许范围内，验表费不退

C. 电能表超过允许误差范围，除退还验表费外，并按规定退补电费

D. 校表期间，电费仍应按期交纳，验表结果确认后，再行退补

答案：ABCD

三、判断题 （每小题 0.5 分，共 22 分）

1. “供用电合同”是供电企业与用户之间就电力供应与使用等问题经过协商建立供用电关系的一种协议。（√）
2. 《电力法》中所指的电价是电力生产企业的上网电价、电网间的互供电价、电网销售电价。（√）
3. 《电力法》属于经济法范畴。（√）
4. 《电力供应与使用条例》是根据《中华人民共和国电力法》制定的。（√）
5. 《电力供应与使用条例》中指出：逾期未交付电费的，供电企业可以从逾期之日起每日按照欠费总额的 1‰～3‰加收违约金，自逾期之日计算超过 30 天经催交仍未交付电费的，供电企业可以按照国家规定的程序停止供电。（√）
6. 《供电营业规则》规定，用户对供电企业对其电能表校验结果有异议时，可向供电企业上级计量检定机构申请检定。（√）
7. 《供电营业规则》规定，供电企业对已受理的用电申请，应尽快确定供电方案，低压电力用户最长不超过 10 天正式书面通知用户。（√）

8.《供电营业规则》规定，用户应当按供电企业规定的期限和交费方式交清电费。（√）

9.《居民用户家用电器损坏处理办法》电机类使用寿命为12年。（√）

10.《居民用户家用电器损坏处理办法》对家用电器使用寿命规定，电炒锅使用寿命为5年。（√）

11.《居民用户家用电器损坏处理办法》规定对不可修复的家用电器，其购置时间在6个月及以内的，按原购货发票价，供电企业全额予以赔偿。（√）

12.《居民用户家用电器损坏处理办法》适用于由供电企业以220/380V电压供电的居民用户，因发生电力运行事故导致电能质量劣化，引起居民用户家用电器损坏时的索赔处理。（√）

13. 100kVA以上的中型电力排灌站，趸购转售电企业，在当地供电企业规定的电网高峰负荷时的功率因数为0.85以上。（√）

14. 100kVA以上高压供电的客户，电网高峰负荷时功率因数应执行0.90标准。（√）

15. 160kVA高压供电的工业客户，功率因数应执行0.85标准。（√）

16. 3200kVA及以上高压供电的电力排灌站，功率因数应执行0.90标准。（√）

17. 安装在用户处的用电计量装置，由用户负责保护。（√）

18. 电测量单元是智能表的关键，其测量精度直接决定电能表的精度和准确度。（√）

19. 电压、频率属于供电质量指标。（√）

20. 对用电信息采集终端安装业务流程包括安装任务接收、制定安装工作单、申领安装设备、现场安装作业和录入安装信息。（√）

21. 对于照明用户，负载电流应不大于电能表的额定电流的80%。（√）

22. 费控智能电能表跳闸指示灯在负荷开关分断时黄灯亮。（√）

23. 负荷控制终端在进行遥控跳闸时，如果主站未下发允许合闸命令，现场的合闸操作可以完成，但过一会儿还会跳掉。（√）

24. 负荷率越高，说明平均负荷越接近最大负荷，越好。（√）

25. 供电方式是供电公司向申请用电的用户提供的电源特性、类型及其管理关系的总称。（√）

26. 供电公司某段时间内的全部电力销售收入的账目是应收账。（√）

27. 供电企业接到居民用户家用电器损坏投诉后，应在24小时内派员赴现场进行调查核实。（√）

28. 供电企业用电检查人员实施现场检查时，用电检查员的人数不得少于两人。（√）

29. 换装智能电能表前应对装在现场的原电能表进行底度拍照，拆回的电能表应在表库至少存放1个抄表或电费结算周期，便于客户备查或客户提出异议时进行复核。（√）

30. 集中器的电源线要正确安装，相线、中性线接反或不接中性线都会影响集中器的抄读效果。（√）

31. 集中器对在规定时间内未抄读到数据的电能表应有自动补抄功能。补抄失败时，生成事件记录，并向主站报告。（√）

32. 集中器与本地通信模块间的通信协议应符合Q/GDW 1376.2—2013。（√）

33. 计费电量装置接线错误时，以其实际记录的电量为基准，按正确与错误接线的差额率

退补电量，退补时间从上次校验或换装后投入之日起至接线错误更正之日止。（√）

34. 计量装置更换后的3个抄表周期内应实施重点监控，远程抄表方式首次使用应进行现场核对，以后应至少两年进行一次现场核对。（×）

35. 检查经电流互感器接入的三相电能表时，将相线和零线同时穿过钳形电流表的钳口，相、中性线电流之和应为零。（√）

36. 将配置在不同测量点的重复表地址下发到同一个集中器，集中器无法正常抄表。（√）

37. 接地线应用多股软裸铜线，其截面积应符合短路电流的要求，但不得小于25mm²。（√）

38. 接入中性点有效接地的高压线路的计量装置，应采用三相四线电能表。（√）

39. 农村抗旱临时用电应由用户交付电费。（√）

40. 无论城市还是农村，对同一电网同一电压等级、同一用电类别的用户都执行相同的电价标准。（√）

41. 自抄表之日起计算超过30日，经催交仍未交付电费的，供电企业可以按规定程序停止供电。（×）

42. 对远程自动抄表异常客户现场核抄时，如现场抄见读数与远程获取读数不一致，以现场抄见读数为准。（√）

43. 新装客户应在归档后3个工作日内编入抄表段；注销客户应在下一抄表计划发起前撤出抄表段。（√）

44. 由于用户的原因未能如期抄录计费电能表读数时，可通知用户待期补抄或暂按前次用电量计收电费，待下次抄表时一并结清。（√）

四、计算题 （每小题3分，共12分）

1. 某低压三相四线动力用户，三相负荷平衡。有功功率 P 为100kW，实测相电流为 I 为188A，线电压 U 为380V，该用户功率因数为（ ）。（有小数的保留两位小数）

答案：0.81

解：$P=\sqrt{3}UI\cos\varphi$

$$\cos\varphi=\frac{P}{\sqrt{3}UI}=\frac{100\times10^3}{\sqrt{3}\times380\times188}=0.81$$

2. 某厂全年的电能消耗 P 为120000kW，Q 为76000kvar。则该厂平均功率因数为（ ）。（有小数的保留两位小数）

答案：0.84

解：视在功率：$S=\sqrt{P^2+Q^2}=\sqrt{120000^2+76000^2}=142042.25$（kW）

功率因数：$\cos\varphi=\frac{P}{S}=\frac{120000}{142042.25}=0.84$

3. 某三相低压用户，安装的是三相四线有功电能表，计量TA变比为250/5，装表时计量人员误将A相TA极性接反，发现故障时抄见有功电量止度128.53；电能表起度为0。故障期间平均功率因数为0.85的感性负载，设三相负载平衡，应追补的电量为（ ）

kWh。(电量取整数)

答案: 12853

解: 根据题意，求更正率 K:

$$K=\frac{3IU\times0.85}{2IU\times0.85-IU\times0.85}=3$$

抄见电量=(128.53-0)×250/5=6427 (kWh)

实际用电量=K×抄见电量=3×6427=19281 (kWh)

应追补的电量=实际用电量-抄见电量=19281-6427=12853 (kWh)

4. 某用户有功负荷为400kW，功率因数为0.85，应装(　　)kvar无功功率 Q 的电容器能将功率因数提高到0.96。

答案: 131

解: 补偿前的无功总量 Q_1 为

$$Q_1=P\tan\varphi_1=400\times\tan(\arccos0.85)=248\ (\text{kvar})$$

补偿后的无功总量 Q_2 为

$$Q_2=P\tan\varphi_2=400\times\tan(\arccos0.96)=117\ (\text{kvar})$$

故应装的补偿电容器无功功率 Q 为

$$Q=Q_1-Q_2=248-117=131\ (\text{kvar})$$

五、识图题 (每小题1.5分，共6分)

1. 如图所示接线图，是单相电能表经电流互感器接入(电压、电流分开)的接线图是(　　)。

A.

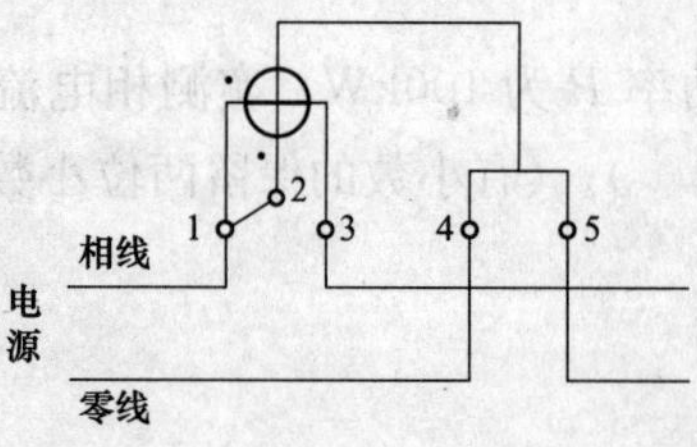

B.

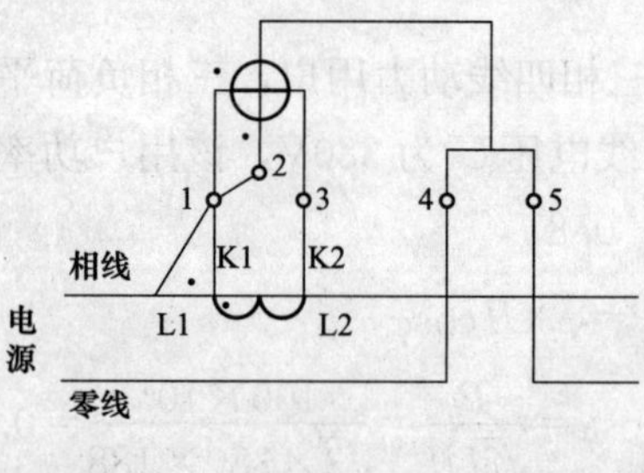

C.

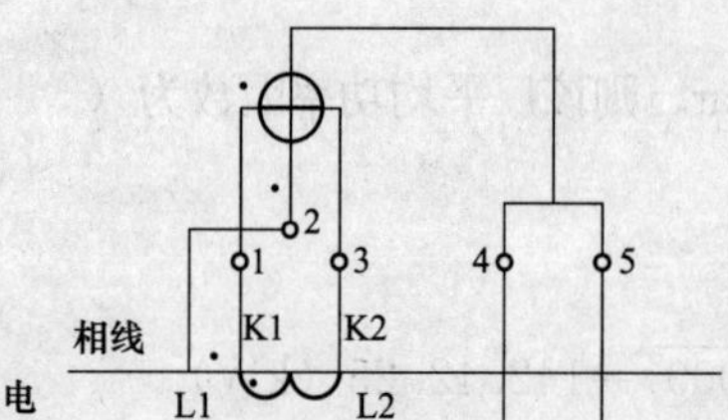

D.

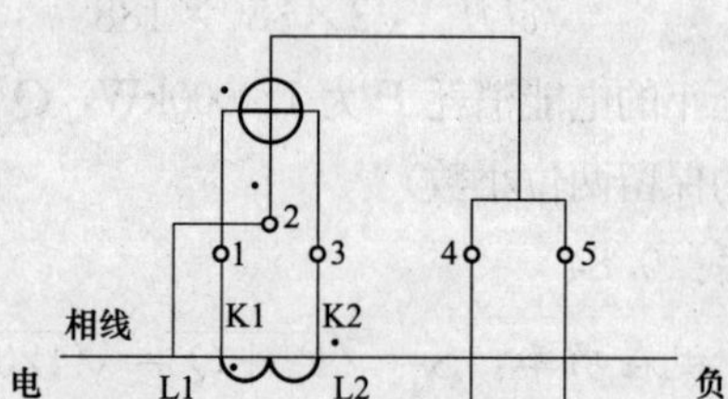

答案: C

2. 如图带附加电流线圈的三相两元件无功电能表经TA接入、分用电压线和电流线的内外部接线图是否正确。(　　)

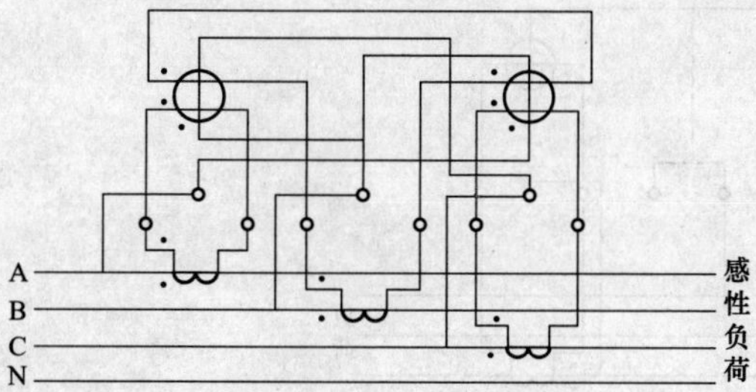

A. 正确　　　　B. 错误

答案：A

3. 有三台单相三绕组（一次侧一绕组、二次侧二绕组）电压互感器，按 Y/y0-12/开口三角形组别连接，以下接线图是否正确。（　　）

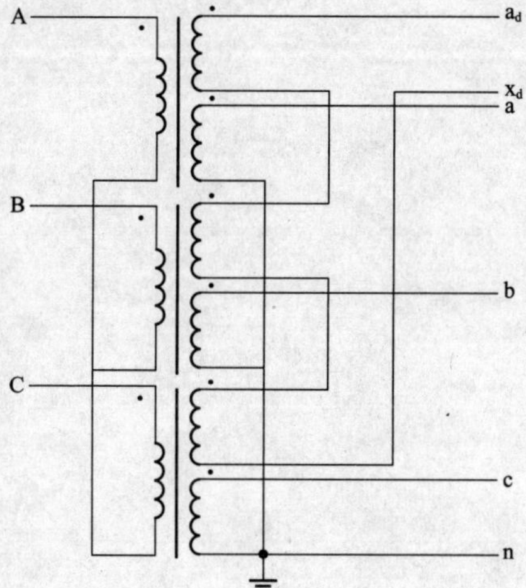

A. 正确　　　　B. 错误

答案：A

4. 以下属于三相三线两元件有功电能表直接接入方式的接线图是（　　）。

A.

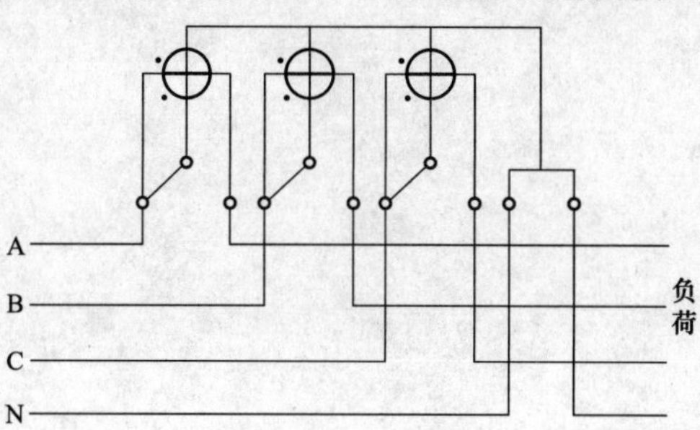

B.

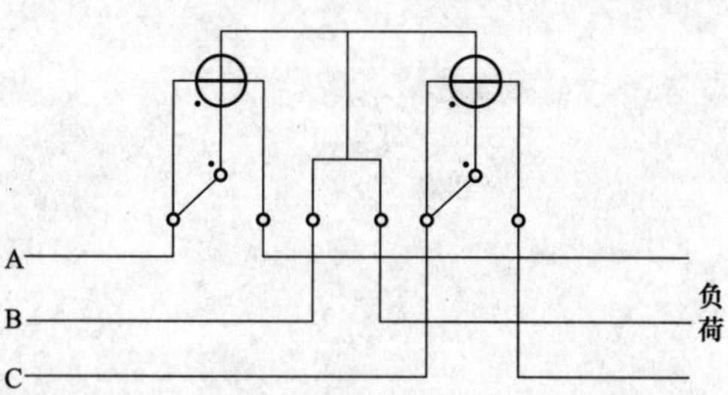

C.

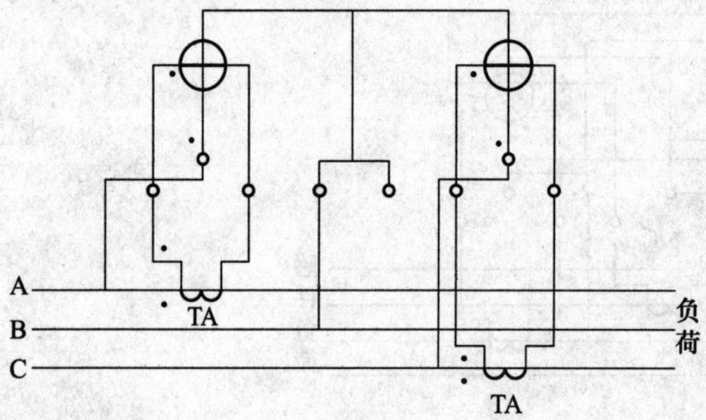

答案： B

第四部分

技　师

抄表核算收费员（技师）模拟考卷及答案（一）

一、单选题 （每小题 0.5 分，共 21 分）

1. 电力生产与电网运行应当遵循（　　）的原则。
   A. 安全第一，预防为主，自主经营　　B. 安全、优质、经济
   C. 奉献清洁能源，服务经济社会发展　　D. 优质、方便、规范、真诚
   答案： B
2. 国家电网公司供电服务方针是（　　）。
   A. 优质、方便、规范、真诚　　B. 真诚服务、共谋发展
   C. 诚信、责任、创新、奉献　　D. 奉献清洁能源，服务和谐社会
   答案： A
3. 智能电能表集中抄表终端是对低压用户用电信息进行采集的设备，包括（　　）。
   A. 集中器、抄表器　　B. 采集器、负控终端
   C. 集中器、采集器　　D. 集中器、采集器、采集模块
   答案： C
4. 国家电网公司规定，远程抄表数据应定期进行现场复核，专变用户复核周期、低压用户复核周期分别不超过（　　）。
   A. 1 个月、半年　　B. 6 个月、1 年
   C. 3 个月、6 个月　　D. 3 个月、1 年
   答案： B
5. 用户用电功率因数达到规定要求时，在电力系统非正常状况下，用户受电端的电压最大允许偏差不应超过额定值的（　　）。
   A. ±7%　　B. ±10%
   C. +7%，−10%　　D. 10%
   答案： B
6. 电能质量指的是（　　）。
   A. 电压、频率和波形质量　　B. 供电可靠性
   C. 电压合格率　　D. 用电负荷率
   答案： A
7. 型号为 DTZY862-G 的电能表是（　　）。
   A. 三相四线智能电能表　　B. 三相三线多功能电能表
   C. 单相智能电能表　　D. 感应式电能表

答案：A

8. 一只3×5(20)A，3×220/380V的有功电能表，其中5是指这只电能表的（　　）。

A. 基本电流　　B. 额定电流
C. 长期允许的工作电流　　D. 允许的最大工作电流

答案：A

9. 新投运或改造后的Ⅰ、Ⅱ、Ⅲ、Ⅳ类高压电能计量装置应在（　　）内进行首次现场验收，并检查二次回路接线的正确性。

A. 10个工作日　B. 半个月　C. 1个月　D. 3个月

答案：C

10. 现场测得电能表第一元件接U_{VW}、I_U，第二元件接U_{UW}、$-I_W$，则更正系数为（　　）。

A. $\frac{2\sqrt{3}}{\sqrt{3}+\tan\varphi}$　B. $\frac{2}{1-\sqrt{3}\tan\varphi}$　C. $\frac{-2}{1-\sqrt{3}\tan\varphi}$　D. $\frac{\sqrt{3}}{\sqrt{3}+\tan\varphi}$

答案：A

11. 关于电流互感器下列说法正确的是（　　）。

A. 二次绕组可以开路　　B. 二次绕组可以短路
C. 二次绕组不能接地　　D. 二次绕组不能短路

答案：B

12. 高供低计指的是（　　）。

A. 高压供电，在高压侧装设电能计量装置，在高压侧计量
B. 高压供电，在低压侧装设电能计量装置，在低压侧计量
C. 高压供电，在高压侧装设电能计量装置，在低压侧计量
D. 高压供电，在低压侧装设电能计量装置，在高压侧计量

答案：B

13. 当三相三线电路的中性点直接接地时，宜采用（　　）的有功电能表测量有功电能。

A. 三相三线　　B. 三相四线
C. 三相三线或三相四线　　D. 三相三线和三相四线

答案：B

14. 异步电动机空载运行时，（　　）。

A. 定子电流较大　　B. 功率因数较低
C. 转速太高有危险　　D. 转子电流过小

答案：B

15. 一只电流表与一只变流比为600/5的电流互感器配用，当电流表读数为3A时，电路的实际电流为（　　）A。

A. 3　B. 120　C. 360　D. 600

答案：C

16. 一只220V、60W的灯泡，把它改接到110V的电源上，消耗功率为（　　）W。

A. 10　B. 15　C. 20　D. 40

答案：B

17. 相序的定义是指三相电压或电流（　　）的顺序，通常习惯用 A（黄）—B（绿）—C（红）表示。

A. 电位　B. 相位　C. 功率　D. 接线

答案： B

18. 线圈中感应电动势的大小与（　　）。

A. 线圈中磁通的大小成正比，还与线圈的匝数成正比

B. 线圈中磁通的变化量成正比，还与线圈的匝数成正比

C. 线圈中磁通的变化率成正比，还与线圈的匝数成正比

D. 线圈中磁通的大小成正比，还与线圈的匝数成反比

答案： C

19. 基尔霍夫第二定律（回路电压定律）：在复杂电路的任一闭合回路中，电动势的代数和等于各（　　）电压降的代数和。

A. 电容　B. 电感　C. 电阻　D. 电功率

答案： C

20. 电压表的内阻为 3kΩ，最大量程为 3V，现将它串联一个电阻，改装成量程为 15V 的电压表，则串联电阻值为（　　）kΩ。

A. 15　B. 12　C. 9　D. 3

答案： B

21. 变压器并列运行的基本条件是（　　）。

A. 联接组别相同　B. 电压变比相等

C. 短路阻抗相等　D. 三项表述均要满足

答案： D

22. 以变压器容量计算基本电费的用户，其备用变压器（含高压电动机）属热备用状态的或未加封的，如果未用应（　　）基本电费。

A. 收 100%　B. 收 75%　C. 收 50%　D. 免收

答案： A

23. 已经开具的发票存根联和登记簿，应当保存（　　）年。

A. 3　B. 2　C. 5　D. 长期

答案： C

24. 对售电量、售电收入、售电平均单价完成情况的分析称（　　）。

A. 财务分析　B. 电费管理分析　C. 营销分析　D. 计量分析

答案： C

25. 当月应收但未收到的电费应（　　）。

A. 从应收电费报表中扣除

B. 在营业收支汇总表的欠费项目中反映

C. 不在财务报表中反映，另外单独上报

D. 导入欠费辅助系统，内部掌握，不在电力营销系统显现

答案： B

26. 变压器容量在（ ）kVA 及以上的大工业用户实行两部制电价。

A. 250　B. 315　C. 160　D. 320

答案： B

27. 160kVA 高压供电的工业客户，功率因数应执行（ ）标准。

A. 0.80　B. 0.85　C. 0.90　D. 以上都不正确

答案： B

28. 15min 最大需量表计量的是计量期内（ ）。

A. 最大的一个 15min 的平均功率　B. 最大的一个 15min 功率瞬时值

C. 最大 15min 的平均功率的平均值　D. 最大 15min 的电量冻结值

答案： A

29.《供电营业规则》规定，在计算转供户最大需量时，应扣除被转供户公用线路与变压器消耗的有功、无功电量。最大需量折算：一班制每月用电量（ ）kWh 折合为 1kW。

A. 270　B. 180　C. 360　D. 540

答案： B

30. 根据发改委〔2016〕1583 号《关于完善两部制电价用户基本电价执行方式的通知》，大工业客户办理减容（暂停）后，其容量不足两部制电价规定容量标准的，应按（ ）电价计费，并执行相应的分类电价标准。

A. 大工业　B. 单一制

C. 一般工商业及其他　D. 居民用电

答案： B

31. 某大工业用户在受电装置一次侧装有连锁装置互为备用的变压器，其基本电费按（ ）计算。

A. 可能同时使用的变压器容量之和的最大值

B. 可能同时使用的变压器容量之和的最小值

C. 最大的变压器容量

D. 变压器容量之和

答案： A

32. 下列情况，基本电费按月计算的是（ ）。

A. 新装用电　B. 增容用电

C. 变更与终止用电　D. 事故停电、检修停电、计划限电

答案： D

33. 某经教育部门批准成立的私立幼儿园，属于经营性质，按现行电价政策，应执行（ ）电价。

A. 一般工商业及其他　B. 居民生活　C. 商业　D. 非工业

答案： B

34. 执行两部制电价的用户、执行单一制电价及功率因数调整电费的用户，抄表周期不能大于（ ）。

A. 1 个月　B. 2 个月

C. 3个月 D. 与用户协商的抄表周期

答案：A

35. 国家电网公司《电费抄核收工作规范》规定，抄表员应定期轮换抄表区域，除远程自动抄表方式外，同一抄表员对同一抄表段的抄表时间最长不得超过（　　）。

A. 二年 B. 三年 C. 一年 D. 半年

答案：A

36. 已批准的未装表的临时用电户，在规定时间外使用电力，称为（　　）。

A. 正常用电 B. 违章用电 C. 窃电 D. 计划外用电

答案：C

37. 私自迁移供电企业的电能计量装置者，属于居民用户的，应承担（　　）元/次的违约使用电费。

A. 100 B. 500 C. 50 D. 300

答案：B

38.《居民用户家用电器损坏处理办法》规定，从家电损坏之日起超过（　　）日的，受害居民用户未向供电企业投诉并提出索赔要求，即视为受害者已自动放弃索赔权。

A. 十五 B. 十 C. 七 D. 三

答案：C

39. 当运行中的电气设备发生火灾时，不能用（　　）进行灭火。

A. 黄砂 B. 泡沫灭火器 C. 四氯化碳灭火器 D. 二氧化碳灭火器

答案：B

40.《电力安全生产规程》规定，电气工作人员在10kV配电装置中工作，其正常活动范围与带电设备的最小安全距离是（　　）m。

A. 0.35 B. 0.40 C. 0.50 D. 1

答案：A

41. 电费收费人员在设置的收费柜台，使用本单位收费系统以现金、POS刷卡、支票、汇票等结算方式，完成客户电费、违约金或预缴费用的收缴，并出具收费凭证的一种收费方式是（　　）。

A. 走收 B. 代扣 C. 代收 D. 坐收

答案：D

42. 当日解款前发现的错收电费可进行（　　）处理，撤销当笔错误操作，重新按正确客户及金额收取费用。

A. 隔日退费 B. 当日冲正 C. 隔日调账 D. 资金冻结

答案：B

二、多选题 **（每小题2分，共24分）**

1. 国家电网公司的企业宗旨是（　　）。

A. 服务党和国家的工作大局　　B. 服务电力客户

C. 服务发电企业　　D. 服务经济社会发展

答案：ABCD

2. 在配电线路和设备上工作，保证安全的组织措施有（　）。

A. 现场勘察制度　B. 工作票制度　C. 工作许可制度　D. 工作监护制度

E. 工作间断、转移和终结制度

答案：ABCD

3. 电力营销信息系统应用涉及（　）、客户关系管理和辅助分析决策等电力营销业务的全过程，是促进电力营销技术创新、服务创新、管理创新的基础和重要保证。

A. 客户服务管理　　B. 计费与营销账务管理

C. 电能采集信息管理　　D. 电能计量管理

E. 市场管理　　F. 需求侧管理

答案：ABCDEF

4. 基本电费以月计算，下列情况下不减基本电费的有（　）。

A. 抄表后10日内办理增容、减容或暂停用电业务者

B. 事故停电、检修停电、拖欠电费按规定程序停（限）电者

C. 暂停期满或每一日历年内累计暂停用电时间超过六个月者

D. 暂停时间少于十五天者

答案：BCD

5. 电能计量装置是用于测量和记录相关电量的电能计量器具及其辅助设备的总称。它包括（　）。

A. 各种类型的电能表　　B. 计量用的电压、电流互感器及其二次回路

C. 电能计量柜、计量箱等　　D. 电能表检定仪表

答案：ABC

6. 办理临时用电应注意的事项有（　）。

A. 对基建工地、农田水利、市政建设等非永久性用电，可供给临时电源

B. 使用临时电源的用户不得向外转供电，也不得转让给其他用户

C. 供电企业不受理临时用电用户变更用电事宜，如需改为正式用电，应按新装用电办理

D. 因抢险救灾需要紧急供电时，供电企业应迅速组织力量，架设临时电源供电，并承担工程费用和使用的电费

答案：ABC

7. 供电企业业扩报装管理的“四个原则”是（　）。

A. 一口对外　B. 便捷高效　C. 三不指定　D. 办事公开

E. 免费办理

答案：ABCD

8. 下列关于变更用电的说法正确的是（　）。

A. 减少合同约定的用电容量简称减容

B. 暂时停止全部或部分受电设备的用电简称暂拆

C. 暂时停止用电并拆表简称暂拆

D. 改变用户的名称简称更名或过户

E. 改变供电电压等级简称改类

F. 改变用电类别简称改压

答案： ACD

9. 调整抄表计划的注意事项有（　　）。

A. 客户抄表日期一经确定不得擅自变更，如需调整抄表日期须上报审批

B. 居民用户抄表日期变更时，应考虑到客户对阶梯电价的敏感性，须事前告知客户

C. 新装客户的第一次抄表，必须在送电后的第一个抄表周期内完成，严禁超周期抄表

D. 对每月多次抄表的客户，严格按《供用电合同》约定的日期抄表

E. 抄表计划的调整只影响本次抄表计划

答案： ABCDE

10. 退费、调账是收费差错处理与考核的关键环节，关系到电费资金的准确安全，在业务处理中应始终坚持的原则有（　　）。

A. 谁收谁退原则　　B. 原资金结算形式退费原则

C. 确认到账后处理原则　　D. 严格审批手续原则

E. 客户确认原则

答案： ABCD

11. 窃电行为包括以下几项。（　　）

A. 在供电企业的供电设施上擅自接线用电

B. 绕越供电企业用电计量装置用电

C. 伪造或开启供电企业加封的用电计量装置封印用电

D. 故意损坏供电企业用电计量装置

E. 故意使供电企业用电计量装置不准或失效

F. 采用其他方法窃电

答案： ABCDEF

12. 关于电能表的发展历程，以下说法正确的是（　　）。

A. 1880 年，德国人爱迪生利用化学原理制成了世界上最早的电能表，又叫电解式电能表

B. 1888 年意大利物理学教授费拉里斯首先提出将旋转磁场理论用于交流电能的测量

C. 1889 年德要人布鞋勒泰制作出了无单独电流铁芯的感应式电能表

D. 1890 年带电流铁芯的感应式电能表诞生，到 19 世纪末，感应式电能表基本成型

答案： ABCD

三、判断题 **（每小题 0.5 分，共 25 分）**

1. 智能电能表脉冲指示灯在计量有功电能时，闪烁红灯。　（√）

2. 执行功率因数调整电费的用电客户，可以实行双月抄表。（×）
3. 在用公式法计算变压器损耗时，一班制 240 小时，二班制 480 小时，三班制 720 小时，对应的修正系数 K 值分别为 3、1.5、1。（√）
4. 在对称的三相系统中，线电压的大小是相电压的$\sqrt{3}$倍。（√）
5. 在串联电路中，流经各串联电阻的电流相同；端电压等于各串联电阻的电压之和。（√）
6. 在不可抗力和紧急避险、确有窃电行为的情况下，不经批准即可中止供电。（√）
7. 在并联电路中，各并联电阻两端的电压相等；总电流等于并联各电阻的电流之和。（√）
8. 一个台区可以有多个抄表段，需要进行台区线损考核的，同一台区下的多个抄表段的抄表例日必须相同。（√）
9. 未装表的临时用电户，在规定时间外使用电力者应按违约用电处理。（×）
10. 室外 10kV 带电高压线断落地面时，在断落点外 8m 周围应装设临时遮栏或设专人看守，以防人身触电。（√）
11. 临时用电期限除经供电企业准许外，一般不得超过六个月，逾期不办理延期或永久性正式用电手续的，供电企业应终止供电。（√）
12. 基本电费以月计算，但新装、增容、变更与终止用电当月的基本电费，按实用天数计算，每日为全月基本电费的 1/30。（√）
13. 供用电设备计划检修时，对 10kV 供电的用户，每年不应超过三次。（√）
14. 供电企业接到居民客户家用电器损坏投诉后，应在 24 小时内派员到现场核实。（√）
15. 根据《供电营业规则》第七十四条规定，当电能计量装置未安装在产权分界处的专线客户其线损电量应由产权所有者负担。（√）
16. 复费率表的变压器总有功损耗电量按各时段抄见电量比例进行分摊，变压器无功损耗电量无须分摊。（√）
17. 对于分期结算的客户，每月最后一次结算时，计算其全月基本电费。（√）
18. 对高压客户现场抄表，进入现场应分清电压等级，保证足够的安全距离。（√）
19. 电压的方向由高电位指向低电位，电动势的方向由低电位指向高电位。（√）
20. 电压参考方向可用双下标表示，如U_{ab}表示电压的参考方向是从 b 指向 a。（×）
21. 电场中两点间的电压大小取决于电场的性质及这两点在电场中的位置，它与参考点的选择有关。（×）
22. 低于按变压器容量（kVA 视同 kW）和高压电动机容量总和的 40%时，则按容量总和的 40%核定最大需量。（√）
23. 低供低计客户的变压器损耗是由供电部门承担的。（√）
24. 单位 kW 小时（kWh），俗称“度”，是电功率的单位。（×）
25. 带互感器的单相感应式电能表，如果电流进出线接反则反转。（√）
26. 大工业用户的生产照明应执行大工业电价。（√）
27. 从家电损坏之日起超过 3 日的，受害居民用户未向供电企业投诉并提出索赔要求的，即视为受害者已自动放弃索赔权。（×）
28. 抄表必须按例日实抄，不得估抄、漏抄。确因特殊情况不能按期抄表的，应按抄表制度的规定采取补抄措施。（√）

29. 采用三相四线制供电，可以同时提供两种电压值，即 380V 线电压和 220V 相电压，即可供三相动力负荷使用，又可供单相照明使用。（√）
30. 变压器铭牌上所标的短路损耗是变压器空载时的铁损。（×）
31. 变压器利用电磁感应原理，能把交流电压变为不同频率的交流电压输出。（×）
32. 变压器既可以改变交流电压的大小，也可以改变直流电压的大小。（×）
33. 避雷针是用来防止直接雷过电压直接对其保护范围内的设备设施进行放电。（√）
34. 办理减容用电的大工业用户，供电部门受理后，不论容量大小均按原计费方式计费。（√）
35. 按最大需量计收基本电费的用户，申请暂停用电，可采取减少最大需量核定数方式办理。（×）
36. 按照现行电价制度分类，所有客户分为执行单一制电价和两部制电价。（√）
37. 按国民经济行业分类，负荷有农业负荷。（√）
38. 按抄见功率（kW）数计算最大需量时，可直接按每小时抄见功率（kW）数计算最大需量。（×）
39. 按变压器实际运行天数进行容量计算时，如有小数，计算基本电费时将变压器容量保留到小数到 2 位。（√）
40. 安装在配电盘、控制盘上的电气仪表外壳，必须重复接地。（×）
41. 安装式电能表的基本电流（标定电流）是指电能表长期允许的工作电流。安装接地装置时可以将多个电气设备外壳的接地部分相互串接接地。（×）
42. N 型半导体中，电子数目少于空穴数目，其导电能力主要由空穴决定。P 型半导体中，电子数目多于空穴数目，其导电能力主要由电子决定。（×）
43. DL/T 448—2000《电能计量装置技术管理规程》要求Ⅲ类电能表至少每年现场校验一次。（√）
44. DL/T 448—2000《电能计量装置技术管理规程》要求：Ⅰ类电能计量装置的有功、无功电能表与计量用电流互感器的准确度等级可分别为 0.2S 或 0.5S 级、2.0 级、0.2S 或 0.2 级。（√）
45. 对经教育部门批准成立的私立幼儿园用电，执行居民生活电价。（√）
46. 160kVA（或 160kW）及以上的高压供电的工业用户执行《功率因数调整电费办法》，功率因数标准值是 0.90。（×）
47. 10kV 高供低计用户电流互感器变比为 600/5，则倍率为 12000。（×）
48. 35kV 以上计费用电压互感器二次回路，应不装设隔离开关辅助触点和熔断器。（×）
49. 35kV 及以上公用高压线路供电的，以用户厂界外或用户变电站外第一基电杆为分界点。（√）
50. “最大需量”就是在一定结算期内，每 15min 的平均功率中最大值。（√）

四、计算题 **（每小题 5 分，共 20 分）**

1. 某电力用户装有一只三相电能表，其铭牌说明与 300/5A 的电流互感器配套使用，在装设时由于工作失误而装设了一组 400/5A 的电流互感器。月底电能表的抄见用电量为 2000kWh，若电价为 0.532 元/千瓦时，该户当月应交纳的电费（ ）元。

答案：1418.84

解：(1) 实际用电量为

=抄见电量×(换装互感器变比/表标注互感器变比)

$$=2000\times\frac{400/5}{300/5}=2667\ (\text{kWh})$$

(2) 应交纳电费为 0.532×2667=1418.84（元）

2. 某 10kV 专线供电的工业用户，线路长度 $L=6$km，线型为 LGJ-120，电阻率 $r_0=0.27\Omega/\text{km}$，已知该用户有功功率 P 为 260kW，无功功率 Q 为 180kvar。则该导线上的有功功率损失率 μ 为（ ）。(保留两位小数)

答案：6.23%

解：该线路上损失的有功功率为

$$\Delta P=\frac{P^2+Q^2}{U^2}\times R\times 10^{-3}=\frac{P^2+Q^2}{U^2}\times r_0\times L\times 10^{-3}$$

$$=\frac{260^2+180^2}{10^2}\times 0.27\times 6\times 10^{-3}=16.2\ (\text{kW})$$

其中，R 为每相导线电阻，$R=r_0L$。

该导线上的有功功率损失率为

$$\mu=\frac{\Delta P}{P}=\frac{16.2}{260}=6.23\%$$

3. 某 10kV 供电的橡胶厂受电变压器容量为 2000kVA，TA 为 500/5，高供高计；按需量结算基本电费，合同需量为 850kW。受供电部门委托对附近一居民社区进行转供电。某月抄见有功电量为 388400kWh，总无功电量为 202900kvarh，最大需量值为 0.0965，居民合表有功电量为 27000kWh。则本月该厂基本电费为（ ）元，功率因数为（ ）。[设基本电费电价为 39 元/(千瓦·月)；设实际需量值小于核定值按实际需量值计收，大于或等于核定值但不超过核定值 105%时按核定值计收，超过核定值 105%的部分按双倍计收，不考虑居民用电无功电量]

答案：31785、0.87

解：根据《供电营业规则》规定，在计算转供户用电量、最大需量及功率因数调整电费时，应扣除被转供户、公用线路与变压器消耗的有功、无功电量；照明及一班制最大需量按每月用电量 180kWh 折合为 1kW。故

居民用电电量折算最大需量值=27000÷180=150（kW）

$$\text{大工业用户计费需量值}=\frac{10}{0.1}\times\frac{500}{5}\times 0.0965-150=815\ (\text{kW})$$

基本电费=815×39=31785（元）

大工业用户的功率因数

$$\cos\varphi=\frac{W_P}{\sqrt{W_P^2+W_P^2}}=\frac{388400-27000}{\sqrt{(388440-27000)^2+202900^2}}=0.87$$

4. 某减速机制造有限公司，10kV 供电，三班制生产，变压器为 S9-630，计量方式为高供高计，TA 为 40/5A。该用户于 2015 年 7 月 4 日申请报停，7 月 17 日恢复生产。抄表例日为每月 25 日。在总表下面装有一只办公用电表，当月起、止度见表一。若根据当年该地执行的电费电价政策（见附录 B），7 月丰水期电价下浮 10%，峰谷时段电价上下浮动 50%，该客户 7 月电费为（　　）元。

表一　　抄见示数表

类别	时段		
	总	峰	谷
总表有功止度	1731.05	612.97	280.79
总表有功起度	1703.60	603.33	277.52
正向无功止度	884.96		
正向无功起度	872.24		
反向无功止度	5.12		
反向无功起度	5.01		
办公用电能表止度	27948.00	9878.00	6291.00
办公用电能表起度	27238.00	9629.00	6136.00

电量电费计算表见表二。

答案：30141.82

解：

电量电费计算表

1）结算倍率计算	总表倍率：40/5×10/0.1＝800 分表倍率：1
2）抄见电量计算	总表抄见电量： 总段：1731.05×800－1703.60×800＝21960（kWh） 峰段：612.97×800－603.33×800＝7712（kWh） 谷段：280.79×800－277.52×800＝2616（kWh） 平段：21960－7712－2616＝11632（kWh） 正向无功：884.96×800－872.24×800＝10176（kvarh） 反向无功：5.12×800－5.01×800＝88（kvarh） 无功总电量：10176＋88＝10264（kvarh） 分表抄见电量： 总段：27948×1－27238×1＝710（kWh） 峰段：9878×1－9629×1＝249（kWh） 谷段：6291×1－6136×1＝155（kWh） 平段：710－249－155＝306（kWh）
3）损耗电量计算	查变压器参数表得到 S9-630 型相关参数值：P_0＝1.8kW，Q_0＝5.67kvar，P_h＝6.2kW，Q_h＝28.35kvar，S_e＝630kVA。三班制生产，K＝1，T＝24×17＝408（h）， 变压器有功损耗：$\Delta P=P_0\times T+K\times(A_p^2+A_q^2)\times P_h/(S_e^2\times T)$ ΔP＝1.2×408＋1×(21960^2＋10264^2)×6.2/(630^2×408)＝877（kWh） 分表变损：877×710/21960×＝28（kWh）　大工业变损：877－28＝849（kWh）
4）结算电量计算	分表损耗电量分摊： 峰段：28×249/710＝10（kWh） 谷段：28×155/710＝6（kWh） 平段：28－10－6＝12（kWh） 非居民结算电量： 总段：710＋28＝738（kWh）

续表

4）结算电量计算	峰段：249＋10＝259（kWh） 谷段：155＋6＝161（kWh） 平段：306＋12＝318（kWh） 大工业结算电量： 总段：21960－710－28＝21222（kWh） 峰段：7712－249－10＝7453（kWh） 谷段：2616－155－6＝2455（kWh） 平段：11632－306－12＝11314（kWh） 有功结算总电量＝21960（kWh） 无功结算总电量＝10264（kvarh）
5）结算电价计算	查表得10kV大工业基准电价为0.5587元/千瓦时，10kV非居民照明基准电价为0.7836元/千瓦时。 该省7为丰水期，故 大工业结算电价： 峰段：0.5587×0.9×1.5＝0.75425（元/千瓦时） 谷段：0.5587×0.9×0.5＝0.25142（元/千瓦时） 平段：0.5587×0.9＝0.50283（元/千瓦时） 非居民照明结算电价： 峰段：0.7836×0.9×1.5＝1.05786（元/千瓦时） 谷段：0.7836×0.9×0.5＝0.35262（元/千瓦时） 平段：0.7836×0.9＝0.70524（元/千瓦时）
6）目录电费计算	大工业目录电费： 峰段：7453×0.75425＝5608.01（元） 谷段：2455×0.25142＝617.24（元） 平段：11314×0.50283＝5689.02（元） 小计：11914.27元 非居民照明目录电费： 峰段：259×1.05786＝273.99（元） 谷段：161×0.35262＝56.77（元） 平段：318×0.70524＝224.27（元） 小计：555.03元 目录电费合计：12469.30元
7）基本电费计算	因用户变压器报停天数不足15天，故基本电费按全月收取。基本电费： 630×26.00＝16380.00（元）
8）功率因数计算	$\cos\varphi=\cos\left(\arctan\dfrac{\text{结算无功电量}}{\text{结算有功电量}}\right)=\cos\left(\arctan\dfrac{10264}{21960}\right)=0.91$
9）力调电费计算	根据现行电价政策，该客户的功率因数考核标准为0.90，经查表得知当$\cos\varphi=0.91$时，增减电费百分数为－0.15％。 力调电费＝(12469.30＋16380)×(－0.0015)＝－42.65（元）
10）代收基金计算	水利基金：21960×0.007＝153.72（元） 城市附加：21960×0.01＝219.60（元） 农网还贷：21960×0.02＝439.20（元） 库区移民基金：21960×0.0088＝193.25（元） 可再生能源附加2：21960×0.015＝329.40（元） 小计：1335.17元
11）合计电费计算	12469.30＋16380.00－42.65＋1335.17.00＝30141.82（元）

五、识图题（每小题 2.5 分，共 10 分）

1. 如下图高压验电器的握法中，正确的握法是（　　）。

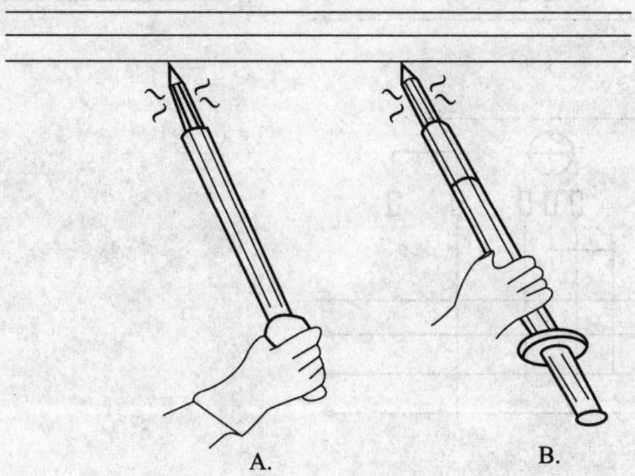

答案：A

2. 以下电流表经电流互感器接入的测量电路图是否正确。（　　）

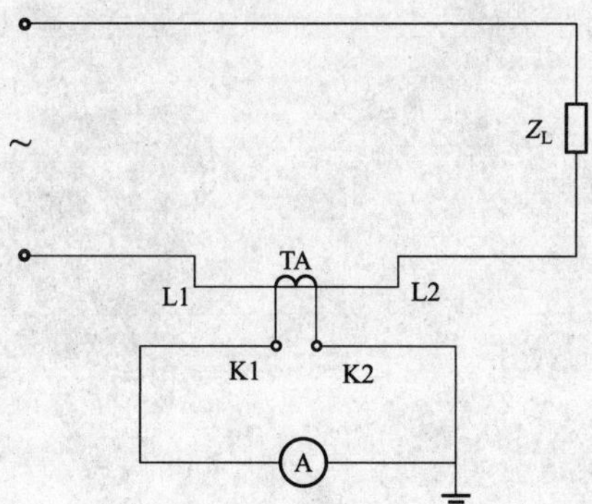

A. 正确　　　　B. 错误

答案：A

3. 以下电工符号正确的是（　　）。

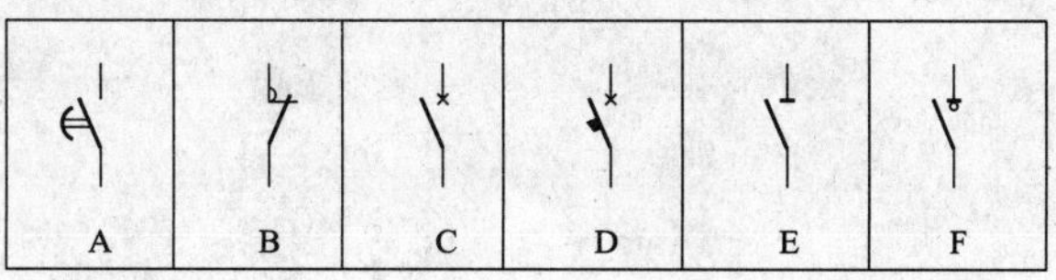

A. 延时闭合的动合触点　　B. 接触器主动断触点

C. 断路器　　D. 自动开关（低压断路器）

E. 隔离开关　　F. 负荷开关

答案：ABCDE

4. 以下三相四线计量装置经 TA 接入三种常见错接线方式中，（　　）为一相电流断线，（　　）为一相电压断线，（　　）为一相 TA 接反。

A.

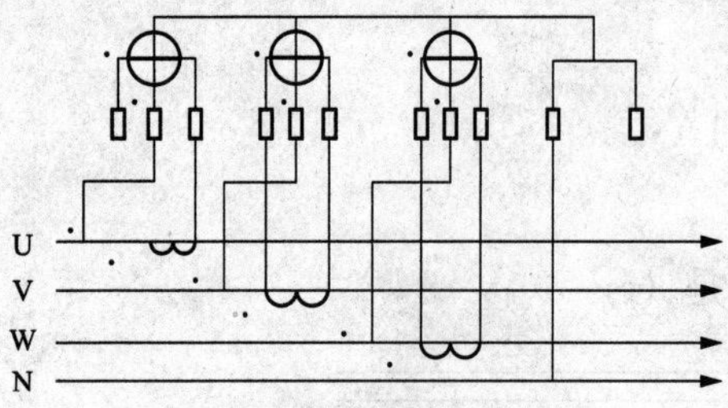

B.

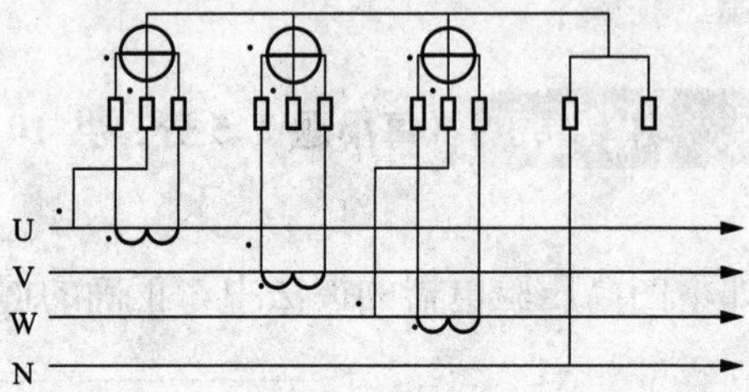

C.

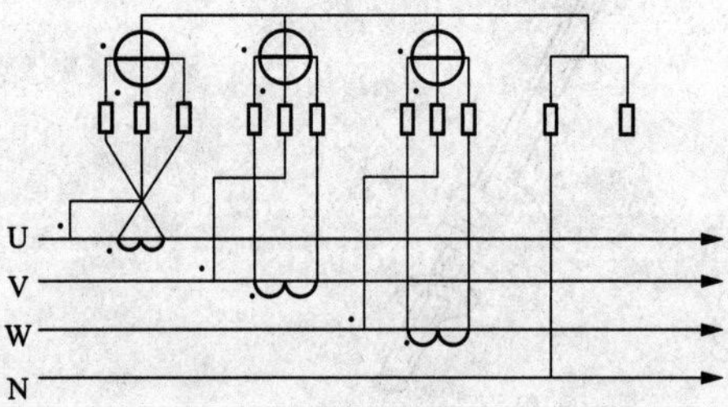

答案： A、B、C

抄表核算收费员（技师）模拟考卷及答案（二）

一、单选题 （每小题0.5分，共21分）

1. “以人为本、忠诚企业、奉献社会”是国家电网公司的（　　）。

A. 企业精神　　B. 企业理念　　C. 服务理念　　D. 核心价值观

答案：B

2. 国家电网公司十项承诺：城市地区供电可靠率达到（　　），城市地区居民客户端电压合格率不低于（　　）。

A. 99.89%、96%　　B. 99.9%、95%

C. 99.90%、95%　　D. 99.95%、96%

答案：C

3. 采集器是用于采集（　　）电能表电能信息，并可与集中器交换数据的设备。

A. 多个　　B. 单个　　C. 多个或单个　　D. 5个

答案：C

4. 当单相智能电能表液晶上显示Err-04代码时，表示的意义为（　　）。

A. 控制回路错误　　B. ESAM错误

C. 内卡初始化错误　　D. 时钟电池电压低

答案：D

5. 采集系统主站可以对时钟误差（　　）的电能表进行远程校时。

A. 小于5min　　B. 大于5min　　C. 不大于5min　　D. 不小于5min

答案：A

6. V/v接线的电压互感器在正常运行时二次回路对地电压是（　　）。

A. 57.7V　　B. 100V　　C. 173V　　D. 0

答案：B

7. DL/T 448—2000规程中规定，电能计量用电压和电流互感器的二次导线最小截面积为（　　）。

A. $1.5mm^2$、$2.5mm^2$　　B. $2.5mm^2$、$4mm^2$

C. $4mm^2$、$6mm^2$　　D. $6mm^2$、$2mm^2$

答案：B

8. DDZY1506C型电能表的准确度等级是（　　）级。

A. 3.0　　B. 2.0　　C. 1.0　　D. 0.5

答案：B

9. Ⅲ类客户电能计量装置，应配置有、无功电能表与测量用电压、电流互感器的准确等级分别应为（　　）。

A. 1.0、2.0、0.5、0.5S　　B. 2.0、3.0、0.5、0.5S

C. 0.5S、2.0、0.2、0.2S　　D. 0.2S、2.0、0.2、0.2S

答案：A

10.《供电营业规则》规定，用电计量装置原则上应装在（　　）。

A. 受电点

B. 便于装设计量装置的并符合安全规定的地方

C. 便于抄表的位置

D. 供电设施的产权分界处

答案：D

11. 向被转供户供电的公用线路与变压器的损耗电量应由（　　）承担。

A. 供电企业　　B. 转供户

C. 被转供户　　D. 以上说法均不正确

答案：A

12. 客户用电设备容量在 100kW 及以下或需要变压器容量在 50kVA 及以下者，可采用（　　）供电，特殊情况也可采用高压供电。

A. 低压 220V　B. 低压三相四线制　C. 高压三相三线制　D. 以上方式均可

答案：B

13. 高压供电方案的有效期为（　　）。

A. 半年　B. 1 年　C. 10 个月　D. 2 年

答案：B

14. 工厂企业等动力用户因生产任务临时改变、设备检修等原因需短时间内停止使用一部分或全部用电容量的叫（　　）。

A. 暂拆　B. 停用　C. 暂停　D. 减容

答案：C

15. 根据《供电营业规则》规定，电网装机容量 300 万 kW 及以上的，供电频率允许偏差是（　　）Hz。

A. ±0.5　B. ±0.2　C. ±0.1　D. ±1

答案：B

16. 根据《供电营业规则》，用户的无功电力应（　　）。

A. 就地平衡　B. 分组补偿　C. 集中补偿　D. 集中平衡

答案：A

17.《供电营业规则》规定：供电企业对已受理的用电申请，应尽快确定供电方案，低压电力用户最长不超过（　　）天正式书面通知用户。

A. 5　B. 7　C. 10　D. 15

答案：C

18.（　　）是供电公司向申请用电的用户提供的电源特性、类型及其管理关系的总称。

A. 供电方案　　B. 供电容量　　C. 供电对象　　D. 供电方式

答案： D

19. 根据欧姆定律，导体中电流 I 的大小（　　）。

A. 与加在导体两端的电压 U 成反比，与导体的电阻 R 成反比

B. 与加在导体两端的电压 U 成正比，与导体的电阻 R 成正比

C. 与加在导体两端的电压 U 成正比，与导体的电阻 R 成反比

D. 与加在导体两端的电压 U 成反比，与导体的电阻 R 成正比

答案： C

20. 导线型号是由代表导线材料、结构的汉语拼音字母和标称截面积（mm^2）三部分表示的，如 T 字母处于第一位置时则表示（　　）。

A. 钢线　　B. 铜线　　C. 铝线　　D. 铝合金线

答案： B

21. 当需用转速接近 1500r/min 的三相电动机时，应选用（　　）对极的电动机。

A. 1　　B. 2　　C. 3　　D. 4

答案： B

22. 变压器的损耗分为（　　）。

A. 有功损耗和无功损耗　　B. 空载损耗

C. 有功铜损　　D. 无功铜损

答案： A

23. 把一条 32m 长的均匀导线截成 4 份，然后将四根导线并联，并联后电阻为原来的（　　）倍。

A. 4　　B. 1/4　　C. 16　　D. 1/16

答案： D

24. 工业试验用电，受电变压器容量在 315kVA，执行什么电价。（　　）

A. 居民照明电价　　B. 大工业电价

C. 照明电价　　D. 一般工商业及其他用电电价

答案： B

25. 根据目前销售电价执行政策，可将售电单价分解为（　　）。

A. 电量电价、基本电价、用电分类电价、力率调整电价

B. 电量电价、基本电价、峰谷增收电价、力率调整电价

C. 电量电价、基本电价、力率调整电价、用电分类电价

D. 电量电价、用电分类电价、力率调整电价、峰谷增收电价

答案： B

26. 高压供电的工业用户和高压供电装有带负荷调整电压装置的电力用户，功率因数应不小于（　　）。

A. 0.80　　B. 0.85　　C. 0.90　　D. 0.95

答案： C

27. 高压 35kV 供电，电压互感器电压比为 35kV/100V，电流互感器电流比为 50/5A，高

供高计，则其计费倍率应为（ ）倍。

A. 350 B. 700 C. 3500 D. 7000

答案：C

28. 创建“国际一流供电企业”对电费差错率规定是（ ）。

A. 差错率小于0.05％ B. 差错率不大于0.5％

C. 差错率不大于0.05％ D. 差错率不大于0.1％

答案：C

29. 160kVA高压供电的农业客户，功率因数应执行（ ）标准。

A. 0.80 B. 0.85 C. 0.90 D. 0.95

答案：A

30.《电力供应与使用条例》中规定，自逾期之日计算超过（ ）天经催交仍未交付电费的，供电企业可以按照国家规定的程序停止供电。

A. 10 B. 15 C. 20 D. 30

答案：D

31.《中华人民共和国电力法》中所指的电价是（ ）。

A. 电力生产企业的上网电价、电网销售电价

B. 电力生产企业的生产成本电价、电网销售电价

C. 电力生产企业的上网电价、电网间的互供电价、电网销售电价

D. 电力生产企业的生产成本电价、电网购电价、电网销售电价

答案：C

32. 某大工业用户经供电企业委托对附近一个二班制砖厂转供电。在计算大工业用户最大需量时，砖厂电量按（ ）扣除。

A. 每月用电量180kWh，折合为1kW B. 每月用电量360kWh，折合为1kW

C. 每月用电量540kWh，折合为1kW D. 农业用电:每月用电量270kWh,折合为1kW

答案：B

33.（ ）是应收账。

A. 供电公司某段时间内的全部电力销售收入的账目

B. 供电公司某段时间内实际收到的用户电费总和账目

C. 供电公司某段时间内未收到的用户电费总和账目

D. 以上都不对

答案：A

34. 工作人员的正常活动范围与110kV带电设备的安全距离为（ ）m。

A. 0.6 B. 0.9 C. 1.5 D. 2.0

答案：C

35. 10kV带电高压线断落地面时，在断点室外（ ）m周围应装设临时遮栏或专人看守，以防人身触电。

A. 6 B. 7 C. 8 D. 9

答案：C

36. 10kV线路在最大计算风偏情况下，边导线与城市多层建筑最小水平距离是（　　）m。

A. 1.01　　B. 1.5　　C. 3　　D. 4

答案： B

37. 登记账簿时，书写的文字要清晰，数字要规范，文字、数字一般占格距的（　　）。

A. 二分之一　　B. 三分之一　　C. 四分之一　　D. 五分之一

答案： A

38. 关于同一抄表段抄表方式，下列说法不正确的是（　　）。

A. 可采用手工抄表方式

B. 可采用普通抄表器抄表方式

C. 可采用自动化抄表方式

D. 可同时采用手工抄表、抄表器抄表、自动化抄表方式

答案： D

39. 在下列情况下，不经批准即可中止供电的错误选项是（　　）。

A. 拖欠电费逾期30天，按规定程序发出停电通知书

B. 不可抗力

C. 紧急避险

D. 确有窃电行为

答案： A

40. 供电业扩报装“三不指定”的具体内容不包括（　　）。

A. 不得指定设计单位　　B. 不得指定施工单位

C. 不得指定供货单位　　D. 不得指定供电单位

答案： D

41. 《居民用户家用电器损坏处理办法》对电光源类家用电器使用寿命有（　　）规定。

A. 电光源类使用寿命为2年　　B. 电光源类使用寿命为5年

C. 电光源类使用寿命为10年　　D. 电光源类使用寿命为12年

答案： A

42. Windows中的“任务栏”上存放的是（　　）。

A. 系统正在运行的所有程序　　B. 系统中保存的所有程序

C. 系统当前的运行程序　　D. 系统后台运行的程序

答案： A

二、多选题 （每小题2分，共24分）

1. 国家电网公司营销业务应用系统中，在数据采集项中，包括以下（　　）业务子项目。

A. 抄表数据下载　　B. 抄表数据上传　　C. 手工抄表　　D. 自动化抄表

E. 抄表段管理

答案： ABCD

2. 电力供应与使用双方应当根据（　　）原则，按照国务院制定的电力供应与使用办法签订供用电合同，确定双方的权利和义务。

A. 平等互利　B. 利益共享　C. 平等自愿　D. 协商一致

答案：CD

3. 用电负荷中属于一级负荷的有（　　）。

A. 中断供电将造成人身伤亡

B. 中断供电将影响重要用电单位的正常工作

C. 中断供电将在政治、经济上造成重大损失时

D. 中断供电将影响有重大政治、经济意义的用电单位的正常工作

答案：ACD

4. 属于供用电合同条款选项有（　　）。

A. 供电方式、供电质量和供电时间　B. 用电容量和用电地址、用电性质

C. 计量方式和电价、电费结算方式　D. 双方共同认为应当约定的其他条款

答案：ABCD

5. 大工业电价包括（　　）。

A. 基本电价　B. 电度电价　C. 功率因数调整电费　D. 代收基金

答案：ABC

6. 根据国家发改委《关于调整销售电价分类结构有关问题的通知》（发改价格〔2013〕973号），销售电价分类结构原则上5年左右调整到位。过渡期间可采取的措施有（　　）。

A. 暂单列大工业用电类别

B. 将现行非居民照明、非工业及普通工业、商业三类用电归并为一般工商业及其他用电类别

C. 一般工商业及其他用电与大工业用电，逐步并为工商业及其他用电类别

D. 将目前单列的农业排灌用电、贫困县农业排灌用电和深井高扬程用电逐步归并到农业生产用电类别

E. 在用电类别归并过程中，按电压等级进行分档定价

F. 一般工商业及其他用电中，受电变压器容量（含不通过变压器接用的高压电动机容量）在315kVA（kW）及以上的，可先行与大工业用电实行同价并执行两部制电价

答案：ABCDEF

7. 关于电气化铁路用电，《关于电气化铁路配套供电工程有关电价问题的通知》（发改价格〔2011〕1002号）规定如下（　　）。

A. 执行两部制电价

B. 基本电费可按最大需量或变压器容量计收

C. 实行功率因数考核

D. 执行分时电价

答案：ABC

8. 用户配电变压器并列运行应满足的条件是（　　）。

A. 接线组别相同　　B. 变比差值不得超过±0.5%

C. 短路电压值不得超过10%　　D. 两台并列变压器容量比不宜超过3：1

答案：ABCD

9. 正确使用钳形电流表的方法是（　　）。

A. 测量电流时，应按动手柄使铁芯张开，把被测导线（必须是单根）穿到钳口中央

B. 先选用较大量程，然后再视读数的大小，逐渐减小量程

C. 测量小于5A以下电流时，可把导线多绕几圈放进钳口测量

D. 测量完毕把转换开关放在最大电流量程的位置上

答案：ABCD

10. 用户在电价低的供电线路上擅自接用电价高的用电设备，应承担的违约责任是（　　）。

A. 按使用日期补交其差额电费

B. 承担2倍差额电费的违约使用电费

C. 使用起讫日期难以确定的，实际使用时间按3个月计算

D. 使用起讫日期难以确定的，实际使用时间按180天计算

答案：ABC

11. 安全帽佩戴要求及注意事项有（　　）。

A. 凡进入现场进行工作的所有人员均必须佩戴安全帽

B. 佩戴应正确规范，任何时候都要扣好下颌带

C. 安全帽应完好，使用前应进行外观检查

D. 对不合格、不能保障安全的安全帽应及时更换，不得带入现场使用

答案：ABCD

12. 抄表数据准备注意事项有（　　）。

A. 只允许在上月电量电费数据归档完毕后，在电费发生当月形成

B. 允许操作的数据范围依据抄表计划确定，以保障抄表日程执行的正确性、及时性和抄表任务的合理性

C. 抄表数据准备工作应与抄表例日对应提前一至两日，不宜在月初批量处理，以便抄表前及时获取业扩变更导致的客户档案数据变化

D. 批量准备后若有单户档案变更，可通过单户准备的方式重取档案

答案：ABCD

三、判断题 **（每小题0.5分，共25分）**

1. 正弦量的三要素指最大值、角频率、初相。（√）
2. 我国电力工业的正弦电流频率规定为50Hz，周期为0.02s。（√）
3. 容量为400kVA工业用户生产车间空调设备，按大工业电度电价计费。（√）
4. 任何一个电路总是由电源、负载、导线、控制器件四个基本部分组成。（√）

5. 计算机病毒传播的途径主要是通过带病毒的软盘或是通过从计算机网络交换得来的带病毒程序。（√）
6. 基建工地施工（含施工照明）用电应按一般工商业及其他用电电价计费。（√）
7. 广播电台、电视台的用电，按供电可靠性要求应为一级负荷。（√）
8. 供电企业在接到居民家用电器损坏投诉后，应在 72 小时内派员赴现场。（×）
9. 供电企业考核用户功率因数不用瞬时值，而用加权平均值。（√）
10. 供电企业对申请用电的用户提供的供电方式，应从供用电的安全、经济、合理和便于管理出发，由供电企业确定。（×）
11. 工厂、企业、机关、学校、商业等照明用电不得与居民合用电能表，以便正确执行分类电价。（√）
12. 额定功率相同的三相异步电动机，转速低的转矩大，转速高的转矩小。（√）
13. 对造成电能计量差错超过 10 万 kWh 及以上者，应及时上报省级电网经营企业管理部门。（√）
14. 对同一电网内的同一电压等级、同一用电类别的用户，执行相同的电价标准。（√）
15. 电子式多功能电能表电压线路视在功率消耗不应超过 10VA。（√）
16. 电业部门对大用户实行两部制电价，其中基本电费以最大需量作为计算依据。（×）
17. 电压和电流的大小和方向随时间变化的电路叫交流电路。（√）
18. 电网的电压质量取决于电力系统中无功功率的平衡，无功功率不足电网电压偏低。（√）
19. 电器设备着火后，不能直接用水冲浇。（√）
20. 电气母线（或母排）采用不同颜色区别设备特征，规定：A 相为黄色、B 相为绿色、C 相为红色，明敷的接地线涂黑色。（√）
21. 电气工作人员在 110kV 配电装置工作时，正常活动范围与带电设备的最小安全距离为 1.0m。（×）
22. 电能表抄表机不仅有抄表功能，而且有防止估抄功能及纠错功能。（√）
23. 电流通过人体，从左手到脚对人体危害最大。（√）
24. 电流互感器一、二次绕组的电流 I_1、I_2 的方向相同时，这种极性关系称为减极性。（×）
25. 电力供应与使用双方应当根据平等自愿、协商一致的原则签订供用电合同，确定双方的权利和义务。（√）
26. 电费“三率”是指抄表的“到位率”“估抄率”“缺抄率”。（×）
27. 电能表远程采集系统，现场与主站数据传输方式主要有有线、无线和红外三种。（×）
28. 电能表远程采集系统，电能表与采集器通信方式有 RS-485 接口和脉冲接口两种。（√）
29. 第三人责任致使居民用户家用电器损坏的，供电企业应协助受害居民用户向第三人索赔，并可比照《居民用户家用电器损法》进行处理。（√）
30. 低压供电线路负荷电流在 50A 及以下时，宜采用直接接入式电能表。（√）
31. 当中性点直接接地时，该中性点称为零点。由零点引出的导线称为零线。（√）
32. 当三相三线电路的中性点直接接地时，宜采用三相四线有功电能表测量有功电能。（√）
33. 当电能计量装置不安装在产权分界处时，线路与变压器损耗的有功与无功电量由供电企业和用户分摊。（×）

34. 当磁铁处于自由状态时，S极指向北极，N极指向南极。 (×)
35. 单相电能表的电流线圈串接在相线中，电压线圈并接在相线和中性线上。 (√)
36. 单相电能表的电流线圈不能接反，若接反，则电能表要倒走。 (√)
37. 大工业电价中的电度电价代表电力企业的容量成本。 (×)
38. 从保护人身安全的可靠性出发，一般触电保护器启动电流应在15～30mA范围之内。(√)
39. 磁场强的地方，磁力线密集；磁场弱的地方，磁力线稀疏。 (√)
40. 纯净的半导体中，自由电子和空穴数目有限，因而导电能力差。但如果在其中掺以杂质，则导电能力会大大提高。 (√)
41. 处理用电方面的人民来信、来访，解答用户询问工作属于用电服务工作。 (√)
42. 处理日常营业工作属于业务扩充工作的内容。 (×)
43. 城镇电力排灌站（泵站）动力用电，执行农业排灌电价。 (×)
44. 抄见电量是供电企业与电力客户最终结算电费的电量。 (×)
45. 不可在设备带电情况下使用绝缘电阻表测量绝缘电阻。 (√)
46. 表用互感器是一种变换交流电压或电流使之便于测量的设备。 (√)
47. 变压器正常运行时，应是均匀的“嗡嗡”声。 (√)
48. 变压器铜损的大小与电流的二次方成正比。 (√)
49. 变电站的母线中A相是黄色，B相是绿色，C相是红色。 (√)
50. 把电路中某一部分的两端用导体直接连接，使这两端的电压为零，电路的这部分叫短路。 (√)

四、计算题 （每小题4分，共20分）

1. 某厂使用的三相三线有功电能表，原读数为3000kWh，两个月后读数为1000kWh，电流互感器变比为100/5A，电压互感器变比为6000/100V，经检查错误接线功率表达式为 $P'=-2UI\cos(30°+\varphi)$，功率因数为cos30°，则实际电量为（ ）kWh。

答案： 3600000

解： 错误接线电能表反映的功率为

$$P'=-2UI\cos(30°+\varphi)$$

更正系数：

$$K=\frac{P}{P'}=\frac{\sqrt{3}UI\cos\varphi}{-2UI\cos(30°+\varphi)}$$

$$=\frac{-\sqrt{3}}{\sqrt{3}-\tan\varphi}$$

$$K=\frac{-\sqrt{3}}{\sqrt{3}-\tan30°}=-1.50$$

实际有功电量＝更正系数×抄见电量

$$=-1.50\times(1000-3000)\times\frac{100}{5}\times\frac{6000}{100}$$

$$=3600000\ (\text{kWh})$$

2. 一电网某月供电量为800万kWh，线损率为5%，购电总成本为175万元，供电成本为44.8万元，管理费为2.8万元。则购电单位成本为（　）元/千瓦时、平均供电成本为（　）元/千瓦时、售电单位成本为（　）元/千瓦时。（保留两位小数）

答案：0.23、0.06、0.29

解：售电量＝供电量－线损电量＝800×(1－5%)＝760（万kWh）

购电单位成本＝购电总成本÷售电量＝175÷760＝0.23（元/千瓦时）

平均供电成本＝供电成本÷售电量＝44.8÷760＝0.60（元/千瓦时）

售电单位成本＝(175＋44.8＋2.8)÷760＝0.29（元/千瓦时）

3. 某混凝土加工企业2014月份新装800kVA变压器和630kVA变压器各1台，因产品销售市场滑坡，2014年12月初向供电企业申请暂停800kVA变压器，供电企业经核查后同意并于12月11日对其800kVA变压器加封。则该用户2014年12月份基本电费为（　）元。[设基本电费为26元/（千伏安·月），供电企业抄表结算日期为每月月末。备注：具体执行请以最新电费电价政策为准]

答案：30246.67

解：根据《供电营业规则》规定："新装用户二年内申请暂停的，暂停部分容量的基本电费应按百分之五十计算收取。"因此该用户12月份的基本电费为

$$800\times\frac{10}{30}\times26+630\times26+800\times\frac{30-10}{30}\times26\times50\%=30246.67\text{（元）}$$

4. 某电力用户装有一只三相四线电能表，其铭牌说明与300/5A的电流互感器配套使用，用户私自更换了一只400/5A的电流互感器，运行三个月抄见用电量为3000kWh，若电价0.86元/千瓦时，该户应补交电费（　）元。（三相负载平衡，结果保留两位小数）

答案：234.78

解：(1) 正确电量：$A=\frac{1}{3}+\frac{1}{3}+\frac{1}{3}=1$

(2) 错误电量为

$$A'=\frac{1}{3}+\frac{1}{3}+\frac{1}{3}\times\frac{300/5}{400/5}=\frac{11}{12}$$

(3) 更正系数 $K=A/A'=\frac{12}{11}$

(4) 实际用电量 $W'=K\times$抄见电量$=\frac{12}{11}\times3000=3273$（kWh）

(5) 用户应补交电量：3273－3000＝273（kWh）

(6) 应补交电费 273×0.86＝234.78（元）

5. 用电检查发现，某用户某三相四线电能计算装置，第一元件接 $U_{BN}\cdot I_a$，第二元件接 $U_{AN}\cdot I_b$，第三元件接 $U_{CN}\cdot -I_c$。错误接线期间计收其电量 $W=-500$kWh。假设用户平均功率因数角 $\varphi=20°$，该用户实际用电量是（　）kWh。

答案：750

解：正确接线的总功率表达式：$P=3UI\cos\varphi$

错误接线的总功率表达式：

$$P' = P_1' + P_2' + P_3'$$

$$= U_B I_a \cos(120° - \varphi) + U_A I_b \cos(120° + \varphi) + U_C(-I_c)\cos(180° + \varphi)$$

设 $U_A = U_B = U_C = U$，$I_a = I_b = -I_c = I$，则

$$P' = UI(\cos100° + \cos140° + \cos200°)$$

更正系数：$K = \dfrac{P}{P'} = \dfrac{3UI\cos20°}{UI\ (\cos100° + \cos140° + \cos200°)} = -1.50$

实际用电量：$W' = -500 \times (-1.50) = 750$ (kWh)

五、识图题 （每小题 2.5 分，共 10 分）

1. 根据以下三相三线有功电能表接线图所做的相量图是否正确。（　　）

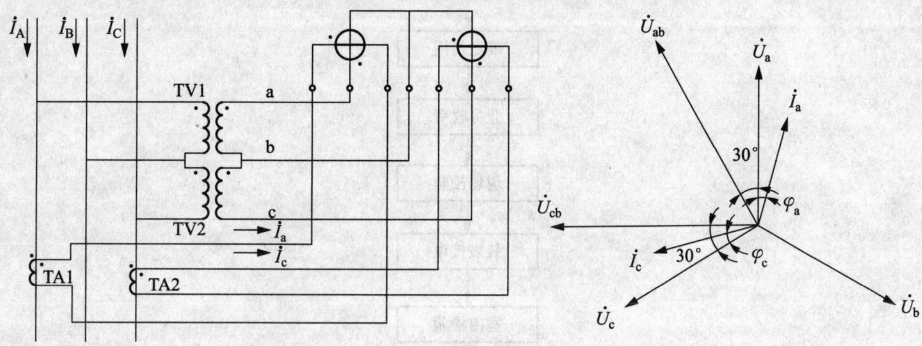

A. 正确　　　　B. 错误

答案：A

2. 以下硅晶体三极管的图形符号及标注正确的是（　　）。

A.

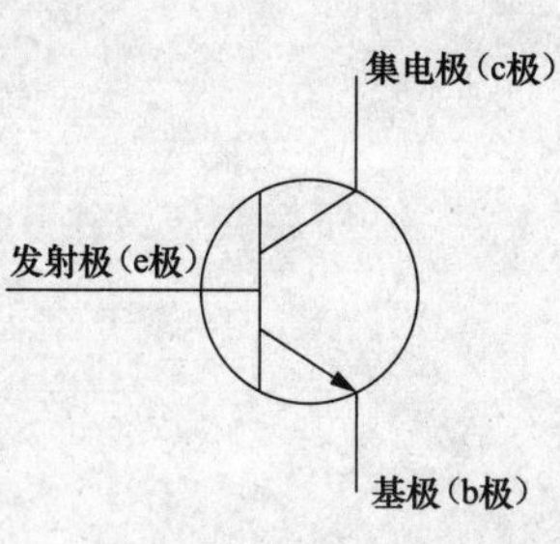

B.

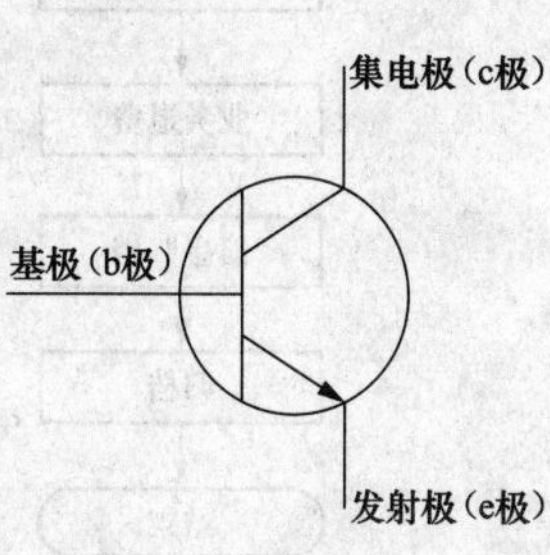

C.

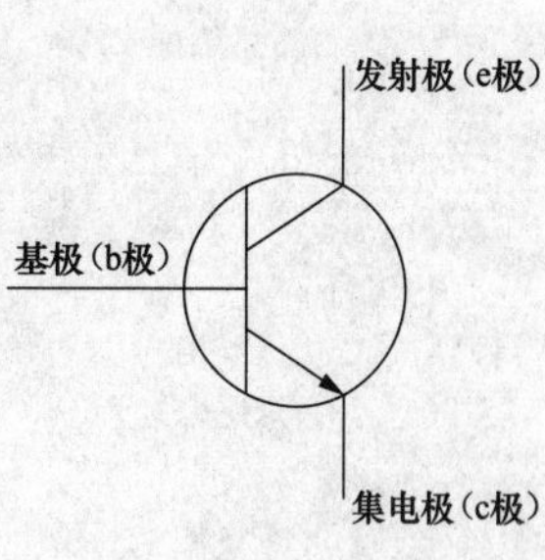

答案：B

3. 在下列示意图中属于正确的三相四线电能表直接接入接线图的是（　　）。

A.

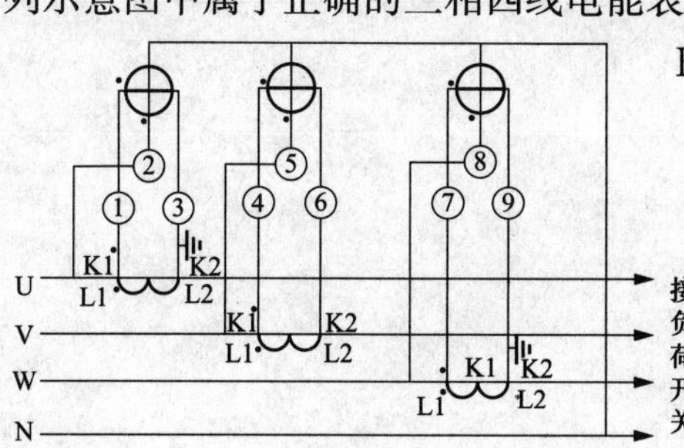

B.

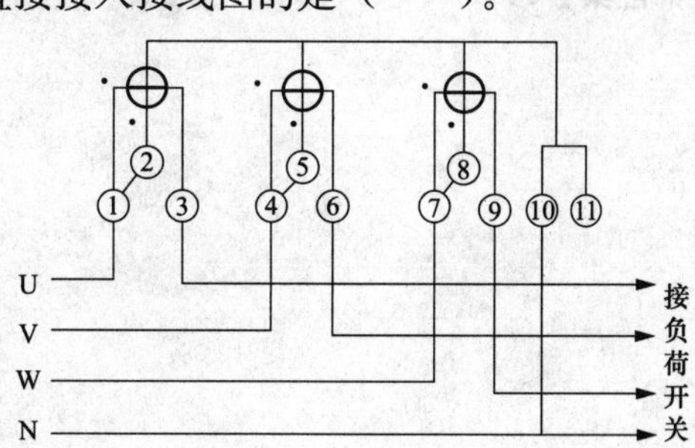

C.

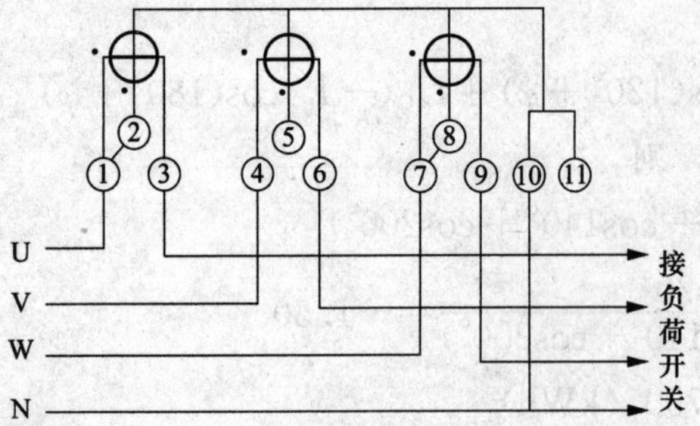

答案： B

4. 如图电能表申请校验流程框图是否正确。（ ）

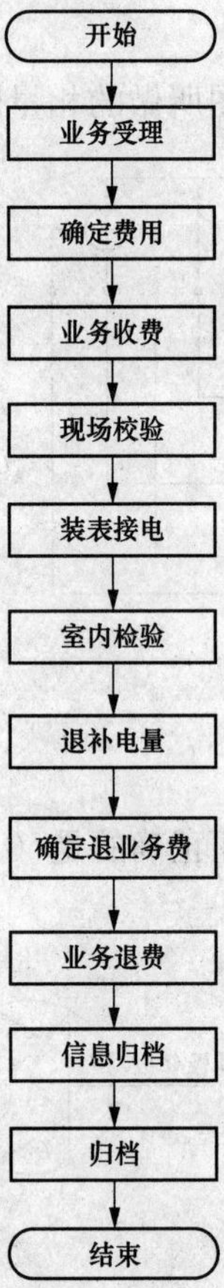

A. 正确 B. 错误

答案： A

抄表核算收费员（技师）模拟考卷及答案（三）

一、单选题（每小题 0.5 分，共 21 分）

1. 国家电网公司核心价值观是（　　）。

A. 诚信、责任、创新、奉献

B. 真诚服务、共谋发展

C. 努力超越、追求卓越

D. 企业意识、大局意识、责任意识、服务意识

答案：A

2. 抄表、核算、收费和上缴电费这四道工序的统称为（　　）。

A. 营业管理　　B. 用电管理　　C. 电费管理　　D. 账务管理

答案：C

3. 某单相智能电能表在插卡时显示 Err-12 提示，此异常代码说明（　　）。

A. ESAM 验证失败　　B. 客户编号不匹配

C. 充值次数错误　　D. 提前拔卡

答案：B

4. 供电企业供电的额定电压，低压单相为（　　）V，三相为（　　）V。

A. 380、220　　B. 38、22　　C. 22、38　　D. 220、380

答案：D

5. 供电企业对用户送审的受电工程设计文件和有关资料审核的时间，低压供电的用户最长不超过（　　）。

A. 7 天　　B. 10 天　　C. 15 天　　D. 1 个月

答案：B

6. 低压供电方案的有效期为（　　）。

A. 1 个月　　B. 3 个月　　C. 半年　　D. 1 年

答案：B

7. 供电频率超出允许偏差，给用电人造成损失的，供电人应按用电人每户每月在频率不合格的累计时间内所用的电量，乘以当月用电的平均电价的（　　）给予赔偿。

A. 2%　　B. 10%　　C. 20%　　D. 30%

答案：C

8. 供电可靠性以供电企业对（　　）来衡量。

A. 用户受电的电压变动幅度　　B. 用户停电的时间及次数

C. 允许波动的偏差　　D. 电力网灵活、可靠的运行

答案：B

9. 低压供电的，以供电接户线的最后支持物（或称用电户的户外第一支持物）为分界点，支持物的资产属（　　）。

A. 用户所有　　B. 供电部门所有

C. 两家共有　　D. 供电部门一段时间所有，以后归用户所有

答案：B

10. 在公用变电站内由用户投资建设的供电设备，如变压器、通信设备、断路器、隔离开关等，由（　　）经营管理。

A. 用户　　B. 供电企业统一

C. 供用电双方协商　　D. 委托第三方机构

答案：B

11. 当两只单相电压互感器按 V/v 接线，二次空载时，二次线电压 $U_{ab}=0V$，$U_{bc}=100V$，$U_{ca}=100V$，那么可能是（　　）。

A. 电压互感器一次回路 A 相断线　　B. 电压互感器二次回路 B 相断线

C. 电压互感器一次回路 C 相断线　　D. 无法确定

答案：A

12. 带电换表时，若接有电压、电流互感器时，则应分别（　　）。

A. 开路、短路　　B. 短路、开路　　C. 开路、开路　　D. 短路、短路

答案：A

13. DT2719 型智能电能表在测量平衡负载的三相四线电能时，若有两相电压断线，则电能表将（　　）。

A. 停转　　B. 计量 1/3　　C. 倒走 1/3　　D. 正常

答案：B

14. DJGZ23 型集中器可以存储（　　）天的电能表日末冻结数据。

A. 1　　B. 7　　C. 10　　D. 31

答案：D

15. DDZY102C 型电能表是（　　）。

A. 单相费控智能电能表　　B. 三相三线有功电能表

C. 三相四线有功电能表　　D. 单相复费率电能表

答案：A

16. DD862-4 型单相电能表的电流规格为 5(20)A，当此电能表工作在 20A 时，电能表（　　）。

A. 能长期工作但不能保证准确度　　B. 能保证准确度但不能长期工作

C. 能长期工作且保证准确度　　D. 不能长期工作也不能保证准确度

答案：C

17. 35kV 及以下贸易结算用电能计量装置中电压互感器二次回路，（　　）。

A. 应装设熔断器

B. 可装设隔离开关辅助触点，但不应装设熔断器

C. 应不装隔离开关辅助触点和熔断器

D. 以上说法都不正确

答案：C

18. 电灯开关要串接在（　　）上。

A. 相线　　B. 中性线　　C. 地线　　D. 相线或中性线

答案：A

19. 功率表接入电路时，正确的接线方法是（　　）。

A. 电流端子、电压端子可以任意接入

B. 电流端与负载串联、电压端与负载并联

C. 电流端串联、电压端并联，还应考虑两者的“*”号端接在电路中电源的一端

D. “*”号端接在电路中负载的一侧

答案：C

20. 电路分析的目的是对电路的电性能进行定性或者定量的预测，其分析工具是（　　）。

A. 电学　　B. 力学　　C. 数学　　D. 光学

答案：C

21. 当电流互感器一、二次线圈的电流 I_1、I_2 的方向相同时，这种极性关系称为（　　）。

A. 减极性　　B. 加极性　　C. 同极性　　D. 非极性

答案：B

22. 变压器的铜损耗与（　　）成正比。

A. 负载电流　　B. 负载电流的二次方　　C. 负载电压　　D. 负载电压二次方

答案：B

23. 变压器的电压比是指变压器在（　　）运行时，一次电压与二次电压的比值。

A. 负载　　B. 空载　　C. 满载　　D. 欠载

答案：B

24. JDJ-35 表示（　　）。

A. 单相油浸式 35kV 电压互感器型号　　B. 单相环氧浇注式 10kV 电压互感器型号

C. 母线式 35kV 电流互感器型号　　D. 环氧浇注线圈式 11kV 电流互感器型号

答案：A

25. 在 P、L、C 串联电路中，已知 $I_R=5A$，$I_L=5A$，$I_C=5A$，则总电流 $I=$（　　）A。

A. 5　　B. 15　　C. 10　　D. $10\sqrt{3}$

答案：A

26. 1kWh 电能可供“220V、40W”灯泡正常发光时间是（　　）h。

A. 100　　B. 200　　C. 95　　D. 25

答案：D

27. 根据创“国际一流供电企业”的要求，月末抄见电量占全月公司抄见电量的百分率应不小于（　　）%。

A. 55　　B. 65　　C. 75　　D. 85

答案：C

28. 地下防空设施通风、照明等用电应执行（　　）电价。

A. 城乡居民生活用电　　B. 大工业用电

C. 一般工商业及其他用电　　D. 农业生产用电

答案：C

29. 用户在每一日历年内，可申请全部（含不通过受电变压器的高压电动机）或部分用电容量的暂时停止用电两次，每次不得少于（　　）天，一年累计暂停时间不得超过（　　）个月。

A. 十五、六　　B. 十、三　　C. 十五、三　　D. 三十、十二

答案：A

30. 大工业用户暂停部分用电容量后，其未停止运行的设备容量应按（　　）电价计费。

A. 达不到大工业用电容量的按一般工商业及其他

B. 大工业

C. 普通工业

D. 单一制

答案：B

31. 变压器容量在（　　）kVA 及以上的工业用户实行功率因数调整电费。

A. 2000　　B. 315　　C. 100　　D. 50

答案：C

32. 3200kVA 以上高压供电的农业排涝站，功率因数应执行（　　）标准。

A. 0.80　　B. 0.85　　C. 0.90　　D. 0.95

答案：A

33. 当停电检修线路与另一 10kV 及以下高压线路交叉且间距小于（　　）m，另一回路也应停电并挂接地线。

A. 1.0　　B. 1.5　　C. 2.0　　D. 2.5

答案：A

34. 10kV 导线与公园、绿化区或防护林带的树木之间的最小距离（在最大计算风偏情况下）是（　　）m。

A. 2.5　　B. 3.0　　C. 3.5　　D. 5

答案：B

35. 触电急救时，首先要将触电者迅速（　　）。

A. 送往医院　　B. 用心肺复苏法急救

C. 脱离电源　　D. 注射强心剂

答案：C

36. 供电企业抄表实抄率考核标准是：居民客户实抄率要达到（　　）以上，其他客户抄表实抄率达到（　　）。

A. 98%、99%　　B. 98%、100%　　C. 99%、99.5%　　D. 100%、98%

答案：B

37. 大工业用户的功率因数调整电费正确的计算办法是（ ）。

A.（基本电费+目录电费）×功率因数调整电费增减率

B.（基本电费+目录电费+代征基金）×功率因数调整电费增减率

C. 目录电费×功率因数调整电费增减率

D.（目录电费+代征基金）×功率因数调整电费增减率

答案： A

38. 三级用电检查员能担任（ ）电压受电的用户的用电检查工作。

A. 0.4kV及以下　　B. 10kV及以下

C. 220kV及以下　　D. 以上几种情况均可

答案： A

39. 供电企业对检举、查获违约用电的非供电企业人员进行奖励，奖金每次按违约金总额的20%计算，奖金最高额每人每次不超过（ ）元。

A. 1000　　B. 800　　C. 600　　D. 500

答案： A

40.《刑法》中规定破坏电力、燃气或者其他易燃、易爆设备，危及公共安全，尚未造成严重后果的，处（ ）有期徒刑。

A. 三年以下　　B. 三年以上十年以下

C. 三年以上七年以下　　D. 十年以上

答案： B

41. 从电磁辐射传递能量的角度出发，输电线和变电站设备是否会向其周围空间形成有效的能量辐射。（ ）

A. 不会　　B. 一定会　　C. 有可能　　D. 有时会

答案： A

42.《居民用户家用电器损坏处理办法》对电机类家用电器使用寿命有（ ）规定。

A. 电机类使用寿命为5年　　B. 电机类使用寿命为10年

C. 电机类使用寿命为12年　　D. 电机类使用寿命为15年

答案： C

二、多选题 （每小题2分，共24分）

1. 电能信息采集终端设备按应用场所分为（ ）。

A. 厂站采集终端

B. 专变采集终端

C. 公变采集终端

D. 低压集中抄表终端（含低压集中器、低压采集器）

答案： ABCD

2. 在电力营销业务应用系统“抄表机管理”中添加抄表机的步骤是（ ）。

A. 选取抄表机生产厂家、型号、品牌　　B. 设置通信波特率
C. 读取抄表机编号　　D. 保存
E. 发放到抄表员

答案：ABCDE

3. 电力安全生产的技术措施是（　　）。
A. 停电　　B. 操作票制度
C. 验电　　D. 装接地线
E. 悬挂标示牌和装设遮栏

答案：ACDE

4. 通电直导线、通电线圈的电流方向与磁感线方向的关系，可用右手螺旋定则来确定。如下图，指示电流方向是（　　），指标磁感线环绕方向是（　　），指示磁场方向是（　　），指示电流环绕方向是（　　）。

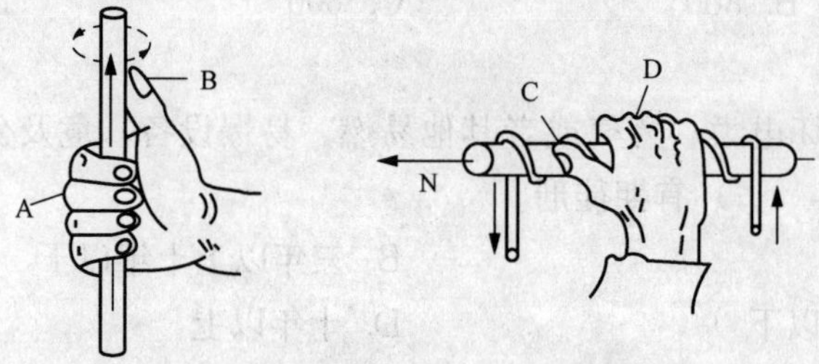

答案：BACD

5.《供电营业规则》对供电方案的确定期限规定正确的是（　　）。
A. 居民用户最长不超过 5 天　　B. 低压电力用户最长不超过 10 天
C. 高压单电源的用户最长不超过 1 个月　D. 高压双电源用户最长不超过 2 个月

答案：ABCD

6. SG186 营销业务应用系统中，专变用户自动化抄表的业务推进流程是（　　）。
A. 进入抄表管理项目的自动化抄表　　B. 查询并选中抄表段，发送采集请求
C. 采集质量检查　　D. 数据发布
E. 自动化抄表　　F. 提交到复核状态

答案：ABCDEF

7. 电量电费审核确认数据包括（　　）。
A. 客户参与计费的所有计量装置及电价参数的正确性
B. 抄见数据及计量点电量的正确性
C. 电费及各类代征款计算的正确性
D. 是否存在窃电或违约用电问题

答案：ABC

8. 供电企业非政策性应收电费退补包括以下（　　）等原因。
A. 因国家电价政策变动　　B. 客户档案信息错误
C. 计量装置故障　　D. 抄表错误

E. 计算差错

答案：BCDE

9. 临时用电的客户若不具备安装用电计量装置计费条件，其用电量应根据其（　　）计收全部电费。

A. 用电容量　　B. 双方约定的每日用电时数

C. 临时用电期限　　D. 用电类别

答案：ABCD

10. 居民用电客户某月的电量异常波动，电量比上月增加30%以上，可能的原因有（　　）。

A. 客户增加用电设备　　B. 气候冷热变化

C. 远程或现场抄表数据不正确　　D. 表计故障导致计量不准

E. 有人窃电　　F. 用电客户档案信息错误

答案：ABCDE

11.《供电营业规则》中对功率因数不能达到规定标准的新老用户如何处理规定是（　　）。

A. 凡功率因数不能达到规定的新用户，供电企业可拒绝供电

B. 对已送电的用户，供电企业应督促和帮助用户采取措施，提高功率因数

C. 对在规定期限内仍未采取措施达到要求的用户，供电企业可中止或限制供电

D. 在确保客户正常用电的前提下，加大功率因数调整电费考核力度

答案：ABC

12. 在电力系统正常状况下，供电企业供到用户受电端的供电电压允许偏差为（　　）。

A. 35kV及以上电压供电的，电压正、负偏差的绝对值之和不超过额定值的10%

B. 10kV及以下三相供电的，为额定值的±7%

C. 220V单相供电的，为额定值的+7%、−10%

D. 用户受电端的电压最大允许偏差不应超过额定值的±10%

答案：ABC

三、判断题 （每小题0.5分，共25分）

1. 视在功率既不是有功功率也不是无功功率。（√）

2. 三相异步电动机的额定电压（U_n）：电动机的定子绕组，在运行时允许所加的线电压值（V）。（√）

3. 三相四线制用电的用户，只要安装三相四线电能表，不论三相负荷对称或不对称都能正确计量。（√）

4. 三相电路中，用电设备主要有以下连接法，即三角形连接、星形连接、不完全星形连接。（√）

5. 窃电时间无法查明时，窃电日数至少以180天计算。每日窃电时间电力用户按12h计算，照明用户按6h计算。（√）

6. 某10kV用户接50/5电流互感器，若电能表读数为20kWh，其实际用电量为200kWh。（×）

7. 检查电能表接线时，应先测量一下相序，使接线保持正相序。（√）
8. 互感器或电能表误差超过允许范围时，以“1/2”误差为基准，按验证后的误差值退补电量。（×）
9. 互感器或电能表误差超过允许范围时，以“0”误差为基准，按验证后的误差值退补电量。（√）
10. 黑色安全色用来标志“禁止跨入”“有电危险”。（×）
11. 国家电网公司承诺，城市地区供电可靠率不低于99.89%，居民客户端电压合格率不低于96%。（×）
12. 供用电双方订立供用电合同后，若一方法定代表人变动，应解除合同、重新签约。（×）
13. 供电企业在接到居民家用电器损坏投诉后，应在24小时内派员赴现场。（√）
14. 供电企业对已受理的高压双电源用户申请用电，最长期限不超过3个月书面通知用户。（×）
15. 供电可靠性，以供电企业对用户停电的时间及次数来衡量。（√）
16. 高压设备发生接地故障时，室内不得接近故障点4m以内，室外不得接近故障点8m以内。（√）
17. 高压电压互感器二次侧要有一点接地，金属外壳也要接地。（√）
18. 高压电流互感器二次侧应有一点接地，以防止一、二次绕组绝缘击穿，危及人身、设备安全。（√）
19. 负荷率越高，说明平均负荷越接近最大负荷，越好。（√）
20. 二极管的主要特性是有电压放大作用。（×）
21. 额定电流是指电气设备允许长期通过的电流。（√）
22. 趸售用户（含大工业未划由供电企业直供的）实行功率因数标准值为0.85。（×）
23. 对于电路中的任一节点来说，流进节点的所有电流之和必须大于流出节点的所有电流之和。（×）
24. 对居民用户家用电器损坏，供电企业清偿后，被损坏的家用电器应归供电企业所有。（√）
25. 对高压供电用户，应在高压侧计量。经双方协商同意，也可在低压侧计量，但应加计变压器损耗。（√）
26. 对不按规定交费期限而逾期交付电费的用户所加收的款项，叫电费违约金。（×）
27. 对按最大需量计收基本电费的客户，抄录最大需量时，应按冻结数据抄录；需量示数录入应为整数及后4位小数。（√）
28. 电阻率的倒数为电导率，单位是S/m。（√）
29. 电压互感器正常工作时相当于变压器开路状态。（√）
30. 电网峰谷差越大，电网平均成本随时间的波动就越大。（√）
31. 电网电压的质量取决于电力系统的无功功率。（√）
32. 电容器并联补偿，是把电容器与被补偿设备并连接到同一电路上，以提高功率因数。（√）
33. 电气母线（或母排）采用不同颜色区别设备特征，规定：A相为红色、B相为绿色、C相为黄色，明敷的接地线涂黑色。（×）
34. 电气工作人员在110kV配电装置工作时，正常活动范围与带电设备的最小安全距离

为 1.5m。 (√)

35. 电流互感器二次侧不允许开路，对二次侧双绕组互感器只用一个二次回路时，另一个绕组应可靠连接。 (√)

36. 电流互感器的一次电流从 L1 端流向 L2 端时，二次电流由 K2 端经外电路流到 K1 端，称为减极性。 (×)

37. 电力用户的用电计量装置都应该安装在产权分界处。 (×)

38. 电力需求侧管理（DSM）的工作重点之一是提高电力终端用电效率。 (√)

39. 电力企业的营业管理工作属电力销售环节。 (√)

40. 电力客户认为计费电能表不准时，有权向供电企业提出校验申请，并交纳验表费。电能表经校验后，无论误差是否在允许范围内，验表费都不予退还。 (×)

41. 电力变压器的特点是绕组间没有电的联系只有磁的联系。 (√)

42. 电价是电能价值的货币表现，由电能成本、利润两大部分构成。 (×)

43. 电感和电容并联电路出现并联谐振时，并联电路的端电压与总电流同相位。 (√)

44. 电费现场复核是复核人员跟踪抄表人员的工作质量，杜绝估、错、漏抄，保证电费基本档案信息和现场准确一致的有效措施。 (√)

45. 电动系仪表的刻度不均匀，中间分布较宽，两端分布较密。 (√)

46. 电场强度反映电场的力的特征，电位反映电场的能的特征，电压反映电场力做功的能力。 (√)

47. 第三人责任致使居民家用电器损坏的，供电企业不负赔偿责任。 (√)

48. 低压中性点接地系统中，人体在无绝缘情况下直接触及三相火线任何一相时，将承受 220V 危险电压。 (√)

49. 抄表计划若处于初始化状态，不能用抄表机进行抄表数据下载。 (√)

50. 电费普通发票均应加盖“财务专用章”或“发票专用章”和打印（或填写）收费人后有效。 (√)

四、计算题 **（每小题 4 分，共 20 分）**

1. 在对某用户的电能计量装置检查时得知，接入电能表电压端钮相序为 BAC，其接线图如下，$\varphi=36°$。若三相负载平衡，某月抄见电量 W 为 -300kWh，则实际用电量为（ ）kWh。（结果保留三位小数）

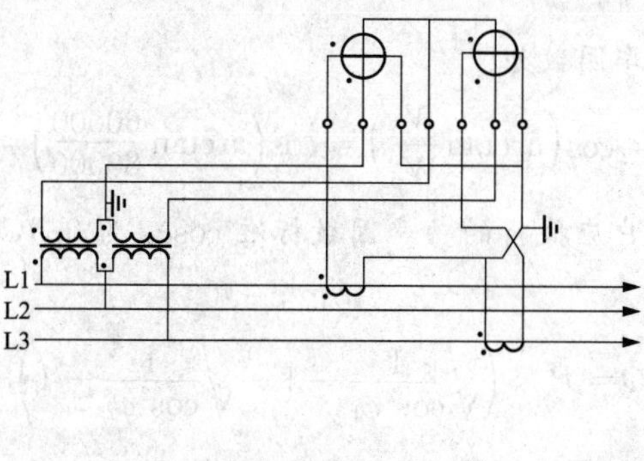

答案：517

解：据题意，相序为 BAC 且 C 相电流反接，其接线方式：一元件为$\dot{U}_{ba}\cdot\dot{I}_a$；二元件为$\dot{U}_{ca}\cdot-\dot{I}_c$

(1) 正确接线状态下的功率表达式：$P_{正}=\sqrt{3}UI\cos\varphi$

(2) 错误接线状态下的功率表达式：

$$P_A=U_{ba}I_a\cos(150°-\varphi)$$

$$P_C=U_{ca}(-I_c)\cos(150°-\varphi)$$

在三相对称电路中，$U_{ba}=U_{ca}=U$，$I_a=(-I_c)=I$

故 $P_{误}=P_A+P_C=U_{ba}I_a\cos(150°-\varphi)+U_{ca}(-I_c)\cos(150°-\varphi)$

$=-2UI\cos(30°+\varphi)$

更正系数：$K=\dfrac{P_{正}}{P_{误}}=\dfrac{\sqrt{3}UI\cos\varphi}{-2UI\cos(30°+\varphi)}=\dfrac{-\sqrt{3}}{\sqrt{3}-\tan\varphi}$

因 $\varphi=36°$，$K=-1.723$

实际用电量：$W'=KW=-1.723\times(-300)=517$ (kWh)

2. 用电检查发现，某用户某三相四线电能计算装置，第一元件接 $U_{BN}\cdot I_a$，第二元件接 $U_{AN}\cdot -I_b$，第三元件接 $U_{CN}\cdot I_c$。错误接线期间计收其电量 W 为 3500kWh。假设用户平均功率因数角 $\cos\varphi$ 为 20°，该用户实际用电量是（ ）kWh。

答案：6440

解：正确接线的总功率表达式：$P=3UI\cos\varphi$

错误接线的总功率表达式：

$$P'=P_1'+P_2'+P_3'$$

$$=U_BI_a\cos(120°-\varphi)+U_A(-I_b)\cos(60°-\varphi)+U_CI_c\cos\varphi$$

设 $U_A=U_B=U_C=U$，$I_a=-I_b=I_c=I$，$\varphi=20°$，则

$$P'=UI(\cos100°+\cos40°+\cos20°)$$

更正系数：$K=\dfrac{P}{P'}=\dfrac{3UI\cos20°}{UI(\cos100°+\cos40°+\cos20°)}=1.840$

实际用电量：$W'=3500\times1.840=6440$ (kWh)

3. 某普通工业用户用电容量为 160kVA，其用电设备有功功率为 100kW，本月有功电量 W_p 为 80000kWh，无功电量 W_q 为 60000kvarh。则该用户本月的功率因数为（ ）。要想达到国家规定入网标准，应至少安装容量为 10kvar 的电容器组（ ）组。

答案：0.80、3

解：该用户本月的功率因数为

$$\cos\varphi_1=\cos\left(\arctan\frac{W_q}{W_p}\right)=\cos\left(\arctan\frac{60000}{80000}\right)=0.80$$

根据入网规定，该用户应执行的功率因数标准 $\cos\varphi_2$ 为 0.9，应安装无功补偿装置容量为

$$Q=P\times\left(\sqrt{\frac{1}{\cos^2\varphi_1}-1}-\sqrt{\frac{1}{\cos^2\varphi_2}-1}\right)$$

$$= 100 \times \left(\sqrt{\frac{1}{0.8^2} - 1} - \sqrt{\frac{1}{0.9^2} - 1}\right) = 26.6\ (\text{kvar})$$

应至少安装 10kvar 的电容器组 3 组。

4. 某普通工业用户采用三相两元件电能表进行计量，后在用电检查过程中发现该用户私自在 B 相装有 2kW 单相工业负荷，且使用起止时间不明。该用户应补交电费（　　）元，并承担违约使用电费（　　）元。[假设电价为 0.86 元/千瓦时]

答案：3715.20、11146.60

解：在三相两元件电能表 B 相私接负荷，属窃电行为。根据《供电营业规则》规定，窃电者应按所窃电量补交电费，并承担实交电费三倍的违约使用电费。窃电起止时间不明，至少应按 180 天，电力用户每天 12 小时计算。

补交电费：2×180×12×0.86=3715.20（元）

违约使用费：3715.20×3=11146.60（元）

5. 有 50μF 的电容器上，加频率为 50Hz 的交流电压 220V，求得其无功功率 Q 为（　　）var。

答案：760

解：据题意有

$$X_C = \frac{1}{2\pi fC} = \frac{1}{2 \times 3.14 \times 50 \times 50 \times 10^{-6}} = 63.69\ (\Omega)$$

$$Q = \frac{U_2}{X_C} = \frac{220^2}{63.69} \approx 760\ (\text{var})$$

五、识图题 （每小题 2.5 分，共 10 分）

1. 在以下电力系统运行过程图中，10kV 属于（　　）。110～220kV 属于（　　）。

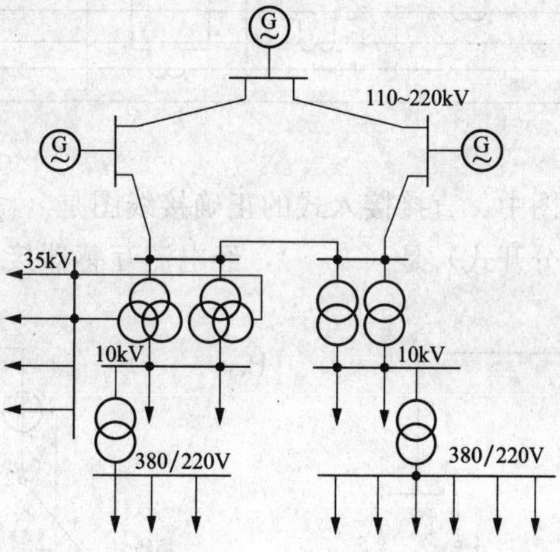

A. 配电网　　　B. 输电网　　　C. 发、输、配电网

答案：A、B

2. 判断以下带附加电流线圈的三相两元件无功电能表经 TA 接入、分用电压线和电流线的内外部接线图是否正确。（　　）

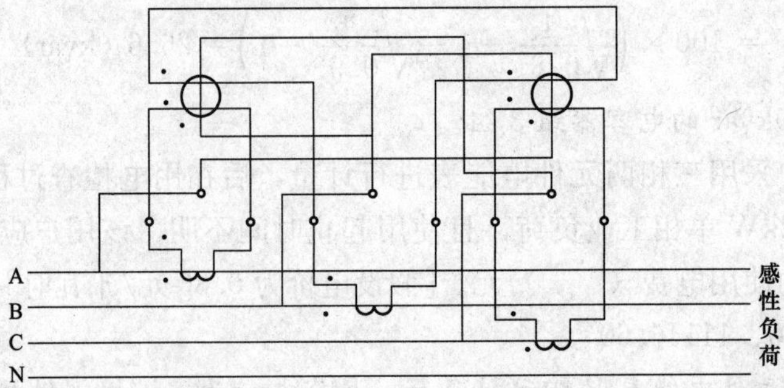

A. 正确　　　　B. 错误

答案： A

3. 以下三相四线有功电能表、采用经 TA 接入、分用电压线和电流线的接线图正确的是（　　）。

A.

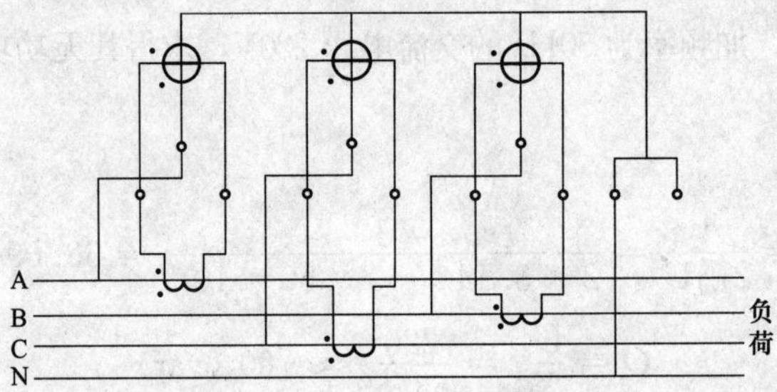

B.

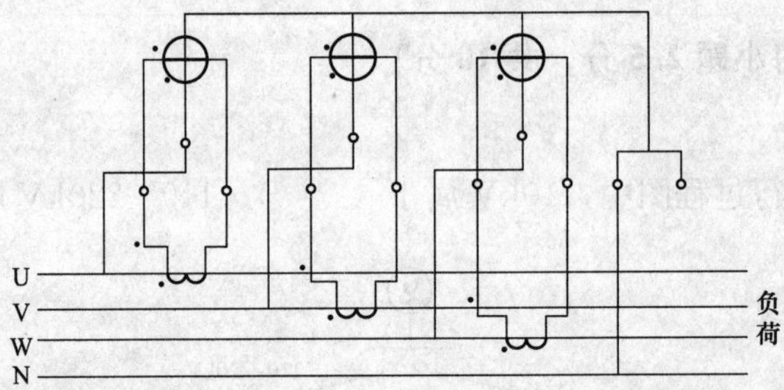

答案： B

4. 下列单相电能表的接线图中，直接接入式的正确接线图是（　　）。经电流互感器接入的接线图（电压、电流分开式）是（　　），经电流互感器接入的接线图（电压、电流共用式）是（　　）。

A.

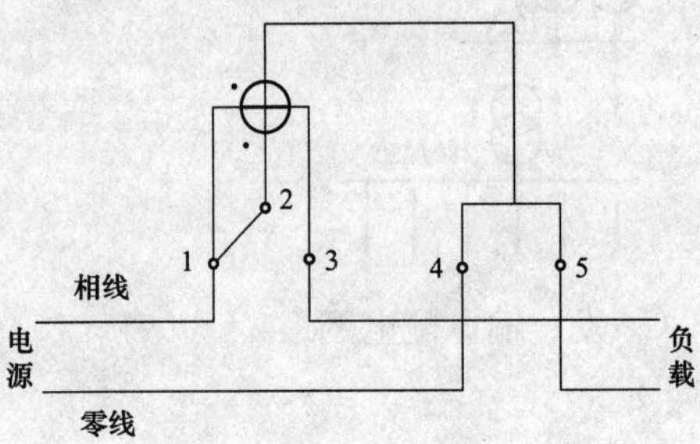

B.

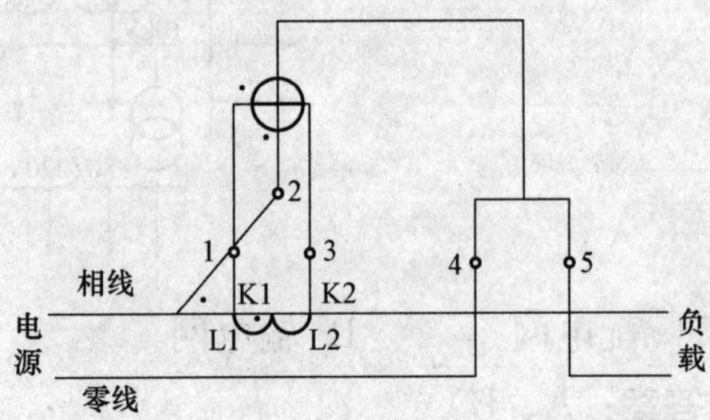

C.

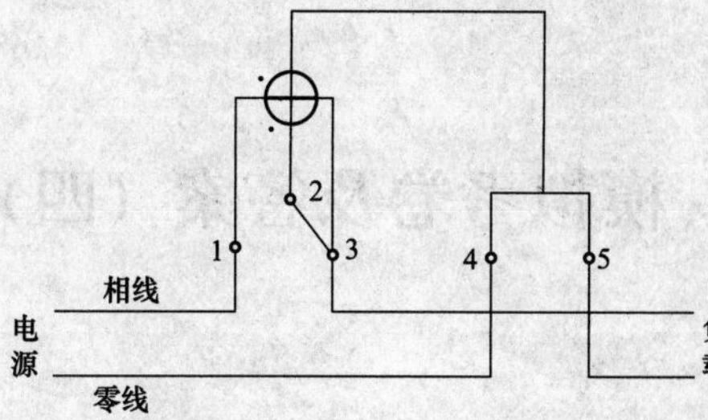

D.

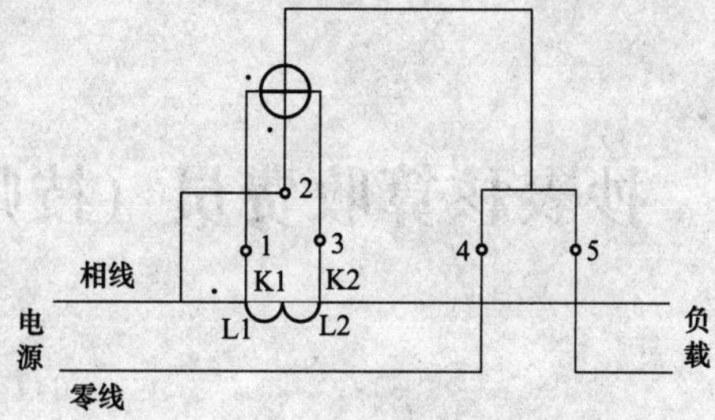

答案：A、D、B

抄表核算收费员（技师）模拟考卷及答案（四）

一、单选题 （每小题 0.5 分，共 21 分）

1. 低压集抄终端“下行”指示灯红绿交替闪烁，表示（ ）。

A. 告警 B. 采集器异常提示 C. 和主站通信中 D. 正在抄表

答案：D

2. 本地信道用于现场终端到表计的通信连接，高压用户在配电间安装专变采集终端到就近的计量表计，采用（ ）方式连接。

A. RS-485 B. 无线公网 C. 微功率无线网络 D. 中压电力载波

答案：A

3. 电力系统的频率标准规定，300 万 kW 及以上容量的系统频率允许偏差是（ ）。

A. 不得超过±0.2Hz B. 不得超过±0.3Hz

C. 不得超过±0.5Hz D. 不得超过±2Hz

答案：A

4.《供电监管办法》规定，对农村地区供电可靠率和农村居民客户电压合格率分别不低于（ ）。

A. 99.89%，96%

B. 99.9%，95%

C. 99%，95%

D. 符合派出机构的规定，该规定应向电监会备案

答案：D

5. 供电企业和用户应当根据平等自愿、协商一致的原则签订（ ）。

A. 供用电协议 B. 供用电合同 C. 供用电规则 D. 供用电管理条例

答案：B

6. 供电企业对已受理的用电申请应尽快确定供电方案，高压单电源用户最长不超过（ ）正式书面通知用户。

A. 15 天 B. 1 个月 C. 2 个月 D. 3 个月

答案：B

7. 对 35kV 供电的用户，供电设备计划检修停电次数每年不应超过（ ）次。

A. 1 B. 2 C. 3 D. 5

答案：A

8. 供电企业在受理非居民客户申请用电办完手续后，（ ）个工作日内送电。

A. 6　　B. 5　　C. 1　　D. 7

答案：B

9. 低压供电线路，负荷电流为（　　）A 及以上时，宜采用经电流互感器接入式的电能表。

A. 200　　B. 100　　C. 80　　D. 50

答案：D

10. 供电企业应对新装、换表及现场校验后的用电计量装置加封，并请用户在（　　）上签章。

A. 工作手册　　B. 派工单　　C. 工作传票　　D. 工作报告

答案：C

11. 供电企业应当按（　　）电价和用电计量装置的记录收取电费。

A. 国家核准　　B. 地方政府核准　　C. 供电企业核准　　D. 双方协定

答案：A

12. 电流互感器是把大电流变为标准的计量用（　　）A 电流，用于计量表和指示仪表以及保护回路中进行测量和保护。

A. 3　　B. 5　　C. 10　　D. 15

答案：B

13. 当三只单相电压互感器按 Y0/Y0 接线，二次线电压 U_{ab} 为 57.7V，U_{bc} 为 57.7V，U_{ca} 为 100V，那么（　　）。

A. 可能是电压互感器二次绕组 A 相极性接反

B. 可能是电压互感器二次绕组 B 相极性接反

C. 可能是电压互感器二次绕组 C 相极性接反

D. 可能是电压互感器一次绕组 A 相断线

答案：B

14. 单相电能表每（　　）年轮换 1 次。

A. 2　　B. 5　　C. 7　　D. 10

答案：B

15. 变压器容量为 500kVA 高供低计用户的电能计量装置属于（　　）类计量装置。

A. Ⅰ　　B. Ⅱ　　C. Ⅲ　　D. Ⅳ

答案：C

16. DX9 型电能表是（　　）电能表。

A. 单相　　B. 三相三线　　C. 三相四线　　D. 无功

答案：D

17. DTZY876 型电能表在平衡负载条件下，B 相元件损坏，电量则（　　）。

A. 少计 1/3　　B. 少计 2/3　　C. 倒计 1/3　　D. 不计

答案：A

18. DTZY341C 型电能表 A、C 两相电流进出线接反，则电能表将（　　）。

A. 停转　　B. 慢走，计量 2/3　　C. 倒走，计量 1/3　　D. 正常

答案：C

19. 关于电压互感器下列说法正确的是（　　）。

A. 二次绕组可以开路　　B. 二次绕组可以短路

C. 二次绕组不能接地　　D. 二次绕组不能开路

答案：A

20. 关于磁感应强度，下面说法中错误的是（　　）。

A. 磁感应强度 B 和磁场 H 有线性关系，H 定了，B 就定了

B. B 值的大小与磁介质性质有关

C. B 值还随 H 的变化而变化

D. 磁感应强度是表征磁场的强弱和方向的量。

答案：A

21. 定子绕组为三角形接法的鼠笼式异步电动机，采用Y-△减压启动时，其启动电流和启动转矩均为全压启动的（　　）。

A. 1/2　　B. 1/3　　C. $1/\sqrt{3}$　　D. 1/4

答案：B

22. 电压互感器二次绕组的额定电压为（　　）V。

A. 100　　B. 200　　C. 110　　D. 220

答案：A

23. 电力变压器的中性点接地属于（　　）。

A. 保护接地类型　　B. 防雷接地类型　　C. 工作接地类型　　D. 工作接零类型

答案：C

24. 变压器一次绕组的1匝导线与二次绕组的1匝导线所感应的电动势（　　）。

A. 相等　　B. 不相等　　C. 更大　　D. 更小

答案：A

25. 变压器分为电力变压器和（　　）变压器两大类。

A. 油浸式　　B. 干式　　C. 配电　　D. 特种

答案：D

26. 保护中性线应选用（　　）绝缘导线。

A. 红绿双色　　B. 黄绿双色　　C. 淡蓝色　　D. 黑色

答案：B

27. 安装三相智能表时，RS-485 输出端子为（　　）。

A. 13、14　　B. 16、17　　C. 22、23　　D. 24、25

答案：D

28. 对称三相电路的视在功率，以下公式正确的是（　　）。

A. $S=P+Q$　　B. $S=\sqrt{P^2-Q^2}$　　C. $S=P-Q$　　D. $S=\sqrt{P^2+Q^2}$

答案：D

29. 基本电费计算时以月计算，以下何种情况可以扣减当月的基本电费。（　　）

A. 事故停电　　B. 计划限电　　C. 检修停电　　D. 变更用电

答案：D

30.《供电营业规则》规定，100kVA 及以上高压供电的用户，功率因数为（　　）以上。

A. 0.85　　B. 0.80　　C. 0.90　　D. 0.95

答案： C

31. 供电营业场所“三公开”的具体内容是（　　）。

A. 电费、电价、收费标准　　B. 电费、收费标准、服务程序

C. 电价、收费标准、服务程序　　D. 以上都不对

答案： C

32. 供电企业可以向（　　）电力客户开具增值税专用发票。

A. 大工业　　B. 容量在 100kW 以上的

C. 商业　　D. 有增值税一般纳税人资格的

答案： D

33. 电费实抄率、差错率和电费回收率（简称三率）是电费管理的主要（　　）。

A. 考核指标　　B. 考核标准　　C. 考核项目　　D. 考核额定

答案： A

34. 电气作业人员对《电力安全工作规程》应每年考试一次，因故间断电气工作连续（　　）个月及以上者，必须重新学习该规程并经考试合格后，方可恢复工作。

A. 6　　B. 12　　C. 3　　D. 15

答案： C

35. 电气工作人员在 110kV 配电装置中工作，其正常活动范围与带电设备的最小安全距离是（　　）m。

A. 0.50　　B. 1.0　　C. 1.50　　D. 2.0

答案： C

36. 因用户原因，连续（　　）个月不能如期抄到计费电能表读数时，供电企业应通知该用户得终止供电。

A. 6　　B. 3　　C. 12　　D. 24

答案： A

37. 在电价低的供电线路上，擅自接用电价高的用电设备或私自改变用电类别的，应按实际使用日期补交其差额电费，并承担（　　）倍差额电费的违约使用电费。使用起讫日期难以确定的，实际使用时间按（　　）个月计算。

A. 2、3　　B. 3、2　　C. 3、6　　D. 2、6

答案： A

38. 供电企业在接到居民家用电器损坏投诉后，应在（　　）小时内派员赴现场调查、核实。

A. 12　　B. 24　　C. 36　　D. 72

答案： B

39. 电力企业通过采用有效的激励措施，引导消费者改变用电的方式和时间，使电力资源得到优化配制的手段属于（　　）。

A. 形象销售策略　　B. 优质服务策略

C. 市场开拓策略　　D. 推进需求侧管理策略

答案：D

40.《居民用户家用电器损坏处理办法》对电子类家用电器使用寿命有（　　）规定。

A. 电子类使用寿命为5年　　B. 电子类使用寿命为10年

C. 电子类使用寿命为12年　　D. 电子类使用寿命为15年

答案：B

41. 修订后的《中华人民共和国计量法》施行时间是（　　）。

A. 2013年9月6日　　B. 2013年10月1日

C. 2014年1月1日　　D. 2014年3月1日

答案：D

42. Windows中，剪切板是（　　）。

A. 硬盘上的一块区域　　B. 软盘上的一块区域

C. 内存中的一块区域　　D. 高速缓冲区中的一块区域

答案：C

二、多选题 （每小题2分，共24分）

1. 关于抄表工作质量，以下说法正确的是（　　）。

A. 实抄率＝(实抄户数÷应抄户数)×100％

B. 抄表正确率＝(实抄户数－差错户数)÷实抄户数×100％

C. 抄表及时率＝(按抄表例日完成的抄表户数÷实抄户数)×100％

D. 月末抄表电量比重＝(每月25日及以后的抄见户售电量之和÷月售电量)×100％

答案：ABCD

2. 计量方式有以下（　　）三种方式。

A. 高供高计　　B. 高供低计　　C. 低供低计　　D. 分次结算

答案：ABC

3. 下列描述是异步电动机工作原理的是（　　）。

A. 当对称的三相交流电通入对称的定子三相绕组后，产生了一个旋转磁场

B. 旋转磁场的磁力线通过定子和转子铁芯构成磁闭合回路

C. 转子导体中产生感应电动势

D. 转子产生电磁转矩使转轴转动

答案：ABCD

4. 现场抄表，发现窃电现象时，以下说法正确的是（　　）。

A. 抄表员不得自行处理，应不惊动客户并保护现场

B. 可以先用手机现场拍照固定证据

C. 及时与公司用电检查人员或班组联系

D. 等供电公司有关人员到达现场取证后，方可离开

答案：ABCD

5. 营销业务应用系统中，自动化抄表的业务推进流程是（　　）。

A. 进入抄表管理——自动化抄表　B. 查询并选中抄表段，发送采集请求

C. 采集质量检查　D. 数据发布

E. 自动化抄表　F. 提交到复核状态

答案：ABCDEF

6. 用电负荷按国民经济行业分类包括（　　）。

A. 农业用电负荷　B. 照明及市政用电负荷

C. 交通运输用电负荷　D. 工业用电负荷

答案：ABCD

7. 在使用电压互感器时，接线要注意的问题有（　　）。

A. 按要求的相序接线　B. 电压互感器极性要连接正确

C. 二次侧应有一点可靠接地　D. 二次绕组不允许短路

答案：ABCD

8. 照明电费发票的主要内容有（　　）。

A. 户名、户号、用电地址、收费日期

B. 计费电能表的起止码、倍率、实用电量、线变损电量、计费电量

C. 电价、电费、附加费与应收电费合计

D. 功率因数调整电费

答案：ABCD

9. 智能电能表具有以下哪些功能。（　　）

A. 电能量计量　B. 信息存储及处理

C. 实时监测　D. 费率控制

E. 信息交互

答案：ABCDE

10. 在用户的电费结算中，实行《功率因数调整电费的办法》的目的是（　　）。

A. 提高和稳定用电功率因数，能提高电压质量

B. 提高和稳定用电功率因数，能减少供、配电网络的电能损失

C. 提高和稳定用电功率因数，能提高电气设备的利用率

D. 提高和稳定用电功率因数，能减少电力设施的投资和节约有色金属

答案：ABCD

11. 在（　　）下，须经批准后方可对客户实施中止供电。

A. 对危害供用电安全，扰乱供用电秩序，拒绝检查者

B. 拖欠电费经通知催缴仍不缴费者

C. 受电装置经检验不合格，在指定期间未改善者

D. 客户注入电网的谐波电流超过标准，以及冲击负荷、非对称负荷等对电能质量产生干扰与妨碍，在规定限期内不采取措施者

答案：ABCD

12. 左手定则又称电动机左手定则或电动机定则，用于判断载流导体的运动方向。其判断方法如下（ ）。

A. 伸平左手手掌，张开拇指并使其与四指垂直

B. 使磁力线垂直穿过手掌心

C. 使四指指向导体中电流的方向，则拇指指向为载流导体的运动方向

D. 使拇指指向导体中电流的方向，则四指指向为载流导体的运动方向

答案：ABC

三、判断题 （每小题 0.5 分，共 25 分）

1.《中华人民共和国电力法》是第八届人大常委会第十七次会议通过的，自 1996 年 4 月 1 日起施行。（√）

2.《供电营业规则》规定，农业用电，功率因数为 0.80 以上。（√）

3. 100MW 及以上的发电机的计量装置属于Ⅱ类计量装置。（√）

4. 按照现行电价制度分类，所有客户分为执行单一制电价和两部制电价。（√）

5. 抄表段管理包括抄表段维护、新户分配抄表段、调整抄表段、抄表顺序调整、抄表派工等功能。（√）

6. 抄表员不需要对自动化抄表的数据进行现场复核。（×）

7. 电流互感器二次侧应有一点接地，以防止一、二次绕组绝缘击穿，危害人身及设备安全。（√）

8. 电流互感器二次回路开路，可能会在二次绕组两端产生高压，危及人身安全。（√）

9. 电能计量装置不安装在产权分界处时，线路与变压器损耗的有功电量均由产权所有者负担。（√）

10. 电压互感器二次连接线的电压降超出允许范围时，补收电量的时间应从二次连接线投入或负荷增加之日起至电压降更正止。（√）

11. 额定容量是指电气设备在厂家铭牌规定的条件下，在额定电压、额定电流下连续运行所输送的功率。（√）

12. 负荷曲线是反映负荷大小变化规律的曲线。（×）

13. 感应电流的方向跟感应电动势的方向是一致的，即感应电流由电动势的高电位流向低电位。（×）

14. 高供低计用户只计变压器额定负载损耗，免计空载损耗。（×）

15. 高压电造成的触电人身损害赔偿案件，一律由电力企业承担民事责任。（×）

16. 高压供电的大中型电力排灌站在电网高峰负荷时功率因数应达到 0.90。（×）

17. 供电电压质量，以电压的闪变、偏离额定值的幅度和电压正弦波畸变程度来衡量。（√）

18. 供电方案的有效期是指从供电方案正式通知书发出之日起至交纳相关费用，并受电工程完工之日止。（×）

19. 供电企业对长期拖欠电费并经通知催交仍不交费的用户，可以不经批准终止供电，但事后应报告本企业负责人。（×）

20. 供电企业对于应加收变压器损失电量的用户，变损电量只加入总表计费，不参加分表比例分摊。（×）
21. 供电企业因供电设施计划检修需要停电时，应当提前 3 天通知用户或者进行公告。（×）
22. 化肥生产企业的中间产品（如硫酸、硫铁矿石等），不论是否用于本企业后续化肥生产，其生产用电均应执行中小化肥用电电价。（×）
23. 基本电费不实行峰、平、谷时段分时电价。（√）
24. 基本电费可按变压器容量计算，也可按最大需量计算。具体对哪类用户选择何种计算方法，由供电公司确定。（×）
25. 基建工地的临时用电可以用于生产、试生产和生活照明用电。（×）
26. 计费电能表应装在产权分界处，否则线路与变压器损耗的有功与无功电量均由产权所有者负担。（√）
27. 减少供电线路电能损失，减少电压损失，提高末端电压宜采取无功就地补偿。（√）
28. 检查万用表直流挡的故障时，可用串联毫安表或其他无故障的万用表毫安挡测定。（√）
29. 降低线路损耗的技术措施有配电网技术改造、提高电网功率因数。（√）
30. 接地线可用作工作零线。（×）
31. 经电流互感器的三相四线电能表，一只电流互感器极性反接，则电能表会慢走 1/3。（×）
32. 利用远程采集系统抄表的客户，3 个月内至少对远抄数据与电能表数据进行一次校核。（√）
33. 两部制电价的用户擅自启用暂停或已封存的电力设备，应补交该设备容量的基本电费，并承担 2 倍补交基本电费的违约电费。（√）
34. 两部制电价就是将电价分成两部分：一部分称为基本电价，代表电力企业成本中的电能成本；另一部分称为电度电价，代表电力工业企业成本中的容量成本。（×）
35. 两部制电价中基本电价最大需量的计算，以用户在 15min 内的月平均最大负荷为依据。（√）
36. 临时用电期间不办理暂停、减容等变更用电事宜。（√）
37. 某单相用电居民客户所用电器设备不能运行，经用测电笔测量中性线、相线均带电，则可以判断进户总零线断线。（√）
38. 某工厂电工私自将电力企业安装的电力负荷控制装置拆下，以致电力负荷控制装置无法运行，应承担 5000 元的违约使用电费。（√）
39. 某农场 10kV 高压电力排灌站装有变压器 1 台，容量为 500kVA，高供高计。其电费应包含电度电费、基本电费和功率因数。（×）
40. 某一单相用户使用电流为 5A，若将单相两根导线均放入钳形表表钳之内，则读数为 5A。（×）
41. 目前，电力负荷控制系统的终端和当地的多功能电能表之间，大多采用 RS-485 接口进行串行通信，实现远方抄表。（√）
42. 农村电网的自然功率因数较低，负荷又分散，无功补偿应采用分散补偿为主。（√）
43. 平地、造田、修渠、打井等农田基本建设用电，执行农业生产电价。（√）
44. 破产用户的电费债务，依法由清理该破产户债务组安排偿还，破产用户分离出的新用

户，可以办理变更用电手续。 (×)

45. 钳形表可测电流，也有电压测量插孔，但两者不能同时测量。 (√)

46. 人体触电时的安全电压与人体安全电流和人体实际电阻有关。 (√)

47. 运行中的电能计量装置按其所计量电能量的多少和计量对象的重要程度分五类（Ⅰ、Ⅱ、Ⅲ、Ⅳ、Ⅴ）进行管理。 (√)

48. 执行单一制电价客户是以电度电价结算电费的。电度电价包含目录电度电价和代征电价。 (√)

49. 中断供电将造成人身伤亡的用电负荷，应列入二级负荷。 (×)

50. 采用自动抄表方式的智能电能表不能普通抄表器现场抄表。 (×)

四、计算题 (每小题 4 分，共 20 分)

1. 某单相电动机由 220V 的电源供电，电路中的电流为 12A，$\cos\varphi=0.85$，则电动机的视在功率 S（ ）VA，有功功率 P 为（ ）W，无功功率 Q 为（ ）var。

答案：2640、2244、1390.7

解：按题意有，

$P=S\cos\varphi$

$Q=\sqrt{S^2-P^2}$

$S=UI=220\times12=2640$（VA）

$P=S\cos\varphi=2640\times0.85=2244$（W）

$Q=\sqrt{S^2-P^2}=\sqrt{2640^2-2244^2}=1390.7$（var）

2. 某 10kV 供电车辆制造厂，用电容量为 1250kVA，高供高计。2015 年 7 月抄见有功电量 Wp 为 31500kWh，无功电量 Wq 为 24930kvarh，目录电费为 18973.80 元，基本电费为 19500 元，水利基金、农网还贷、库区移民扶持基金、城市附加、再生能源附加合计为 1906.08 元。该户本月合计电费为（ ）元。

答案：42688.31

解：功率因数为

$$\cos\varphi=\cos\left(\arctan\frac{W\text{q}}{W\text{p}}\right)=\cos\left(\arctan\frac{24930}{31500}\right)=0.78$$

该用户功率因数标准为 0.9，当 $\cos\varphi=0.78$ 时，调整率为 6%。

功率因数调整电费为

$$(18973.80+19500)\times6\%=2308.43\ (\text{元})$$

本月合计：

$$18973.80+19500+2308.43+1906.08=42688.31\ (\text{元})$$

3. 某客户电能表经计量检定部门现场校验，发现慢 10%（非人为因素所致）。已知该电能表自换装之日起至发现之日止，表计电量 W 为 20250kWh，应补收电量为（ ）kWh。

答案：1125

解：设该用户正确计量电能为 W，则有

$$(1-10\%)\times W=20250$$

$$W=\frac{20250}{(1-10\%)}=22500\ (\text{kWh})$$

《供电营业规则》规定，电能表超差或非人为因素致计量不准，按投入之日起至误差更正之日止的二分之一时间计算退补电量，故应补收电量：

$$(22500-20250)/2=1125\ (\text{kWh})$$

4. 某征峰胶鞋厂装有容量 S 为 1260kVA 变压器 1 台，按容量计收基本电费，基本电费电价为 26 元/（千伏安·月），目录电价为 0.5386 元/千瓦时，峰段电价上浮 50%，低谷电价下浮 50%。在平水期某月抄见总有功电量 W 为 129576kWh，其中峰段电量为 30160kWh，谷段电量为 64696kWh，则该户当月平均电价为（　　）元/千瓦时。（保留小数点后 3 位）

答案：0.720

解：$26\times1260=32760.00$（元）

$0.8079\times30160=24366.26$（元）

$0.2693\times64696=17422.63$（元）

$0.5386\times(129576-30160-64696)=18700.19$（元）

$32760.00+24366.26+17422.63+18700.19=93249.08$（元）

$93249.08\div129576=0.720$（元/千瓦时）

5. 用电检查发现，某用户某三相四线电能计算装置，第一元件接 $U_{AN}\cdot I_b$，第二元件接 $U_{CN}\cdot -I_a$，第三元件接 $U_{BN}\cdot -I_c$，且 U_{AN} 为 0。错误接线期间计收其电量 W 为 200kWh。假设用户平均功率因数角 φ 为 20°，该用户实际用电量是（　　）kWh。

答案：368

解：正确接线的总功率表达式：$P=3UI\cos\varphi$

错误接线的总功率表达式：

$P'=P_1'+P_2'+P_3'$

$\quad=0+U_C(-I_a)\cos(60°-\varphi)+U_B(-I_c)\cos(60°-\varphi)$

$U_A=U_B=U_C=U$，$I_b=-I_a=-I_c=I$；$\varphi=20°$，故

$P'=2UI\cos40°$，

$K=\frac{P}{P'}=\frac{3UI\cos\varphi}{2UI\cos40°}=1.840$

$W'=200\times1.840=368$（kWh）

五、识图题（每小题 2.5 分，共 10 分）

1. 在下图中，（　　）表示全波桥式整流稳压电路。

A. 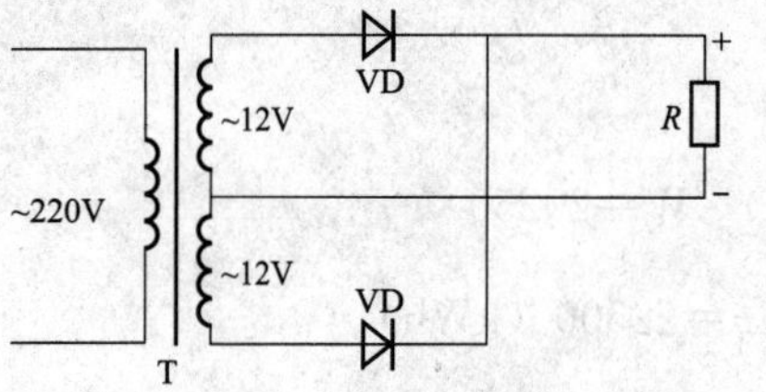

B. 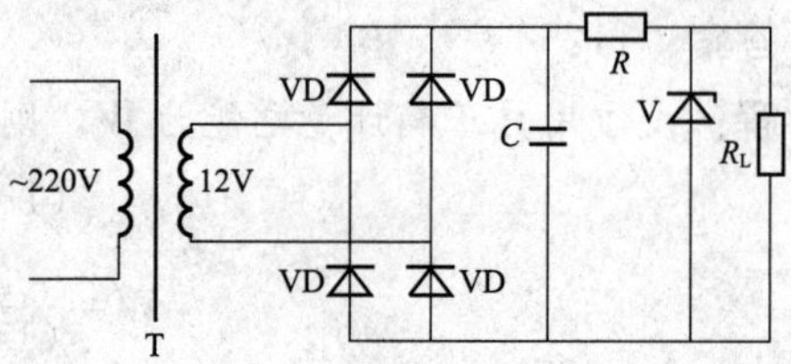

C. 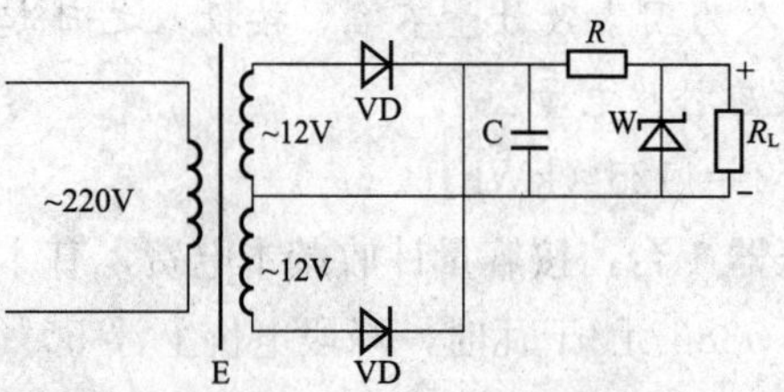

D. 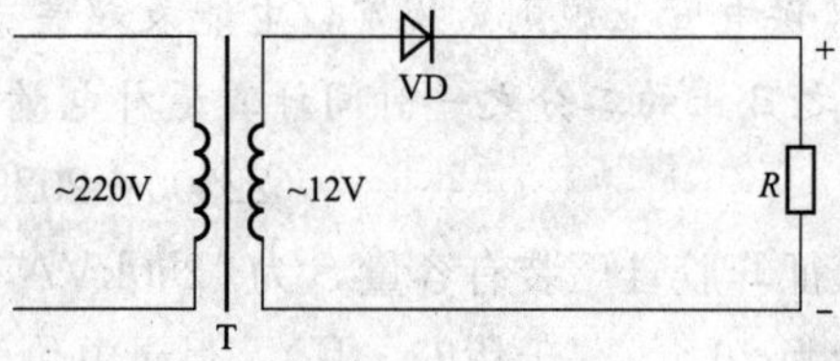

答案：B

2. 以下一次设备图形符号正确的是（　　）。

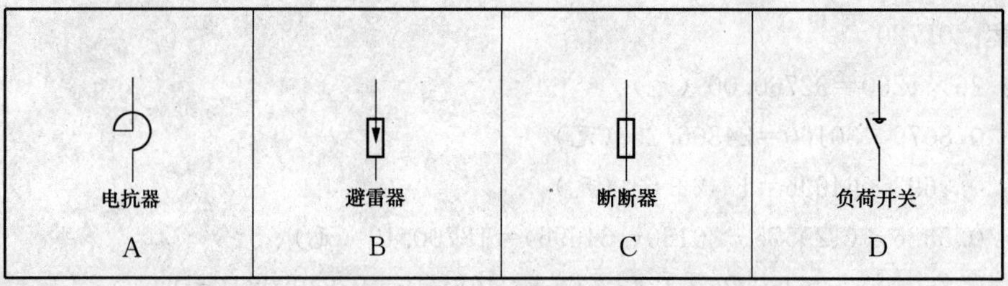

答案：ABCD

3. 三相电压互感器 Y/Y0-12 接线组别是（　　）。

A. 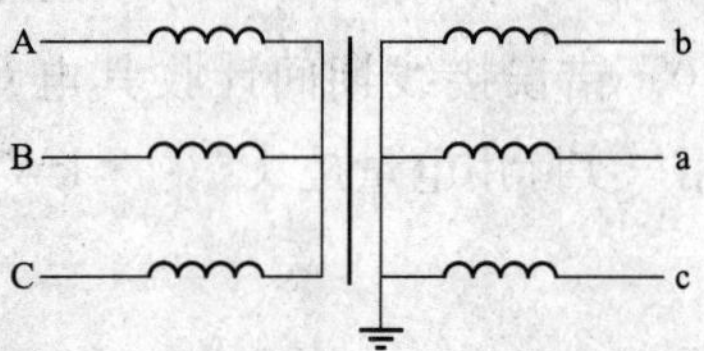

B. 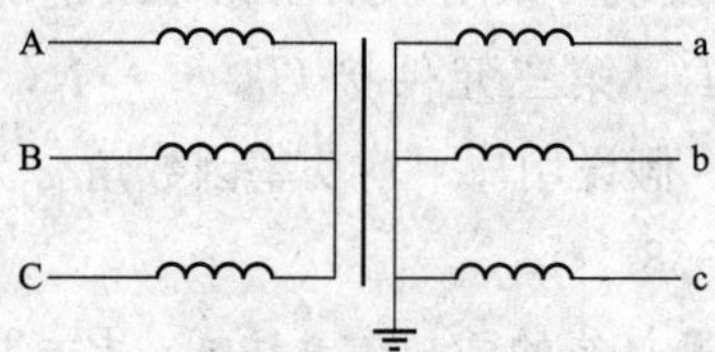

答案：B

4. 以下三相三线二元件有功电能表接线图正确的是（　　）。

A. 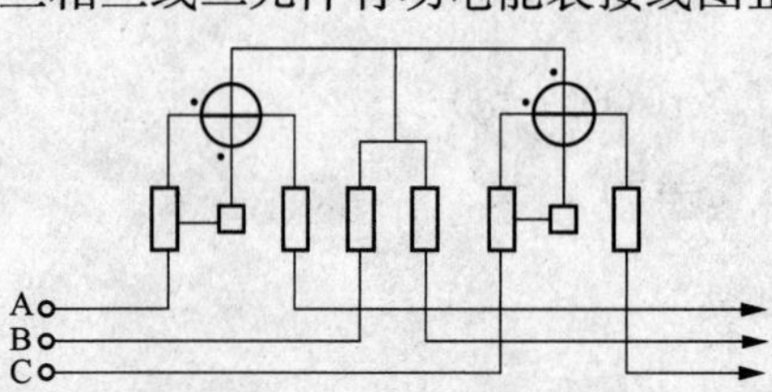

B. 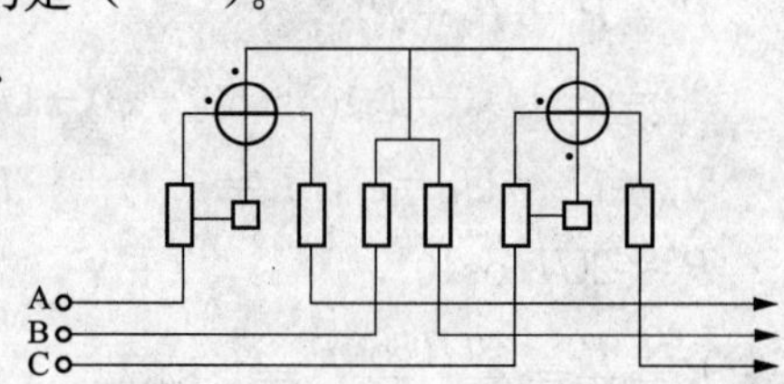

C. 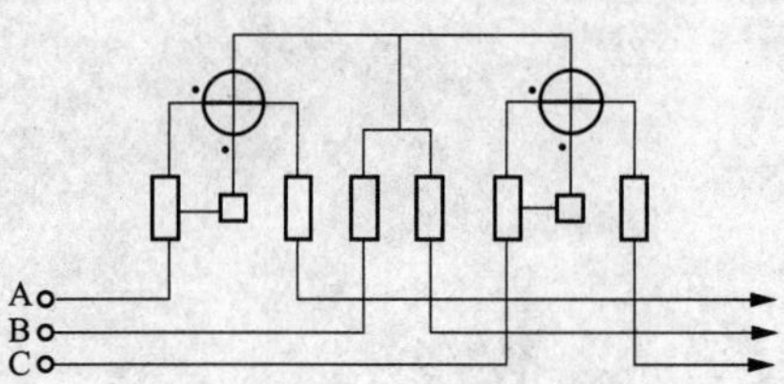

答案：C

抄表核算收费员（技师）模拟考卷及答案（五）

一、单选题 （每小题 0.5 分，共 21 分）

1. 变压器着火时不能使用的是（　　）。

A. 二氧化碳灭火器　　B. 泡沫灭火器
C. 干粉灭火器　　D. “1211”灭火器

答案：B

2. 低压裸母线至接地金属之间的安全距离应不小于（　　）mm。

A. 10　　B. 20　　C. 30　　D. 35

答案：B

3. 电费回收是电费管理工作的最后一个环节，关系到国家电费的及时上缴、供电企业经济效益和电力工业再生产的（　　）。

A. 生产发展　　B. 正确管理　　C. 资金周转　　D. 利润指标

答案：C

4. 对拆表销户的二部制电价用户，在计算基本电费时均（　　）。

A. 不足 10 天按 10 天计　　B. 不足 15 天按 15 天计
C. 超过 15 天按月计　　D. 按日计算

答案：D

5. 对于执行峰谷分时电价的客户，对其加计的变压器损耗电量、线路损失电量应按比例加在（　　）。

A. 峰段　　B. 谷段　　C. 平段　　D. 峰、谷、平各段

答案：D

6. 江河堤坝防汛期间的临时用电（　　）。

A. 按城乡居民生活用电电价收费　　B. 按一般工商业和其他用电电价收费
C. 按农业生产电价收费　　D. 不收电费

答案：C

7. 居民用户跨年欠电费的违约金每日按欠费总额的（　　）计算。

A. 3‰　　B. 2‰　　C. 1‰　　D. 4‰

答案：C

8. 客户在欠费停限电过程中承诺付费，必须签订还款计划，还款计划对还清全部欠费时限一般不得超过（　　）个月，并不得跨年度。

A. 1　　B. 2　　C. 3　　D. 4

答案：C

9. 关于开展电费现场复核的要求正确的说法是（ ）。

A. 居民用户年现场复核应达到应抄户数的10%

B. 小动力用户年现场复核应达到应抄户数的50%

C. 对专变用户年现场复核应达到应抄户数的80%

D. 大工业用户年现场复核应达到应抄户数的100%，并做好记录

答案：D

10. 变压器在额定电压下，二次侧开路时在铁芯中消耗的功率称为（ ）。

A. 铜损耗 B. 铁损耗 C. 无功损耗 D. 铜损耗和铁损耗

答案：B

11. 测量低压线路和配电变压器低压侧的电流时，若不允许断开线路时，可使用（ ）应注意不触及其他带电部分，防止相间短路。

A. 钳形电流表 B. 电流表 C. 电压表 D. 万用表

答案：A

12. 从理论上讲，电流互感器一、二次电流之比与一、二次绕组匝数（ ）。

A. 成正比 B. 成反比 C. 相同 D. 无关

答案：B

13. 当电容器C_1、C_2、C_3串联时，等效电容为（ ）。

A. $C_1+C_2+C_3$ B. $1/C_1+1/C_2+1/C_3$

C. $1/(1/C_1+1/C_2+1/C_3)$ D. $1/(C_1+C_2+C_3)$

答案：C

14. 当某电路有n个节点，m条支路时，用基尔霍夫第一定律可以列出$n-1$个独立的电流方程，（ ）个独立的回路电压方程。

A. $m-(n-1)$ B. $m-\mathrm{n}-1$ C. $m-n$ D. $m+n+1$

答案：A

15. 低压用户若需要装设备用电源，可（ ）。

A. 另设一个进户点

B. 共用一个进户点

C. 选择几个备用点

D. 另设一个进户点、共用一个进户点、选择几个备用点

答案：A

16. 电动机按所接电源性质分为（ ）和交流电动机两大类。

A. 直流电动机 B. 同步电动机 C. 异步电动机 D. 绕线型电动机

答案：A

17. 电流互感器相当于普通变压器（ ）运行状态。

A. 开路 B. 短路 C. 带负荷 D. 空载

答案：B

18. 电流互感器一、二次绕组的电流I_1、I_2的方向相反的这种极性关系称为（ ）。

A. 减极性　B. 加极性　C. 反极性　D. 正极性

答案：A

19. 电压互感器可把高电压变为标准的计量用（　　）V 电压，便于计量表和指示仪表接入电路进行测量。

A. 110　B. 100　C. 220　D. 200

答案：B

20. 对法拉第电磁感应定律的理解，正确的是（　　）。

A. 回路中的磁通变化量越大，感应电动势一定越高

B. 回路中包围的磁通量越大，感应电动势越高

C. 回路中的磁通量变化率越大，感应电动势越高

D. 当磁通量变化到零时，感应电动势必为零

答案：C

21. 将一根导线均匀拉长为原长度的 3 倍，则它的阻值约为原阻值的（　　）倍。

A. 3　B. 6　C. 4　D. 9

答案：D

22. 截面均匀的导线，其电阻（　　）。

A. 与导线横截面积成反比　B. 与导线长度成反比

C. 与导线电阻率成反比　D. 与导线中流过的电流成正比

答案：A

23. 金属导体的电阻值随温度的升高而（　　）。

A. 增大　B. 减小　C. 不变　D. 先增大后减小

答案：A

24. 电力系统的主网络是（　　）。

A. 配电网　B. 输电网　C. 发电厂　D. 微波网

答案：B

25.（　　）属于供电质量指标。

A. 电流、频率　B. 电压、电流　C. 电压、频率　D. 功率因数

答案：C

26. 对于一类负荷的供电应采用（　　）方式。

A. 单电源供电　B. 非独立的双电源供电

C. 独立的双电源供电　D. 其他供电方式都可以

答案：C

27. 基建工地所有的（　　）不得用于生产、试生产和生活照明用电。

A. 正式用电　B. 高压用电　C. 临时用电　D. 低压用电

答案：C

28. 减少用电容量的最短期限，《关于完善两部制电价用户基本电价执行方式的通知》（发改办价格〔2016〕1583 号）的规定是（　　）。

A. 1 年　B. 9 个月　C. 6 个月　D. 不受时间限制

答案：D

29. 供电方案的有效期是指从供电方案正式通知书发出之日起至交纳供电贴费并受电工程开工日为止。高压供电方案的有效期为（ ），逾期注销。

A. 半年 B. 1年 C. 2年 D. 3年

答案：B

30. Ⅲ类计量装置电能表配备的电压互感器，其准确度等级至少为（ ）级。

A. 1.0 B. 0.5 C. 0.2 D. 0.1

答案：B

31. DDZY208型电能表是（ ）电能表。

A. 单相 B. 三相三线 C. 三相四线 D. 无功

答案：A

32. S级电能表与普通电能表的主要区别在于（ ）时的特性不同。

A. 低负载 B. 标定电流 C. 最大电流 D. 宽负载

答案：A

33. 带互感器的单相感应式电能表，如果电流进出线接反，则（ ）。

A. 停转 B. 反转 C. 正常 D. 烧表

答案：B

34. 当单相智能电能表液晶上显示Err-52代码时，表示的意义为（ ）。

A. 过电压 B. 过负荷 C. 电流严重不平衡 D. 功率因数超限

答案：C

35. 两只单相电压互感器V/V接法，测得$U_{ab}=U_{ac}=0V$，$U_{bc}=0V$，则可能是（ ）。

A. 一次侧A相熔丝烧断 B. 一次侧B相熔丝烧断

C. 二次侧熔丝全烧断 D. 一只互感器极性接反

答案：C

36. 两只单相电压互感器V/V接法，测得$U_{ab}=U_{ca}=100V$，$U_{bc}=0V$，则可能是（ ）。

A. 一次侧A相熔丝烧断 B. 一次侧B相熔丝烧断

C. 一次侧C相熔丝烧断 D. 一只互感器极性接反

答案：C

37. 按DL/T 448—2000规程规定，第Ⅰ类客户计量装置的有、无功电能表与测量用电压、电流互感器的准确等级分别应为（ ）。

A. 0.2S或0.5S、2.0、0.2、0.2S或0.2

B. 0.2、2.0、0.2、0.2

C. 0.5S、2.0、0.2、0.5S

D. 0.5、2.0、0.2、0.5

答案：A

38. 居民用户以外的其他用户私自移表，应承担（ ）的违约使用电费。

A. 正常月用电量3倍 B. 5000元

C. 设备容量30元/千瓦 D. 500元

答案：B

39. 供电企业对查获的窃电者，有权追补电费，并加收（　　）。

A. 罚金　　B. 罚款　　C. 滞纳金　　D. 违约使用电费

答案：D

40. 按照《居民用户家用电器损坏处理办法》的说明，电冰箱使用年限为（　　）年。

A. 2　　B. 5　　C. 10　　D. 12

答案：D

41. 解答用户有关用电方面的询问工作属于（　　）。

A. 用电管理　　B. 用户服务　　C. 业扩服务　　D. 杂项业务

答案：B

42. 某 10kV 供电制药厂，变压器容量为 400kVA，按最大需量计收基本电费，最大需量核准值为 320kW。2015 年 6 月实用最大需量为 100kW。当月应收基本电费（　　）元。[基本电价 16 元/(千伏安·月)，24 元/(千瓦·月)]

A. 2400　　B. 1600　　C. 3840　　D. 2560

答案：C

二、多选题 （每小题 2 分，共 24 分）

1. 电能自动抄表系统由（　　）组成。

A. 计量仪表　　B. 采集设备　　C. 通信信道　　D. 主站

答案：ABCD

2. 电力系统运行的基本要求是（　　）。

A. 保证可靠地持续供电

B. 保证合格的电能质量

C. 保证电力系统运行安全、经济、合理

D. 保证电力网灵活、可靠的运行调度

答案：ABCD

3. 变压器的种类按用途分有（　　）。

A. 电力变压器　　B. 测量变压器

C. 试验用高压变压器　　D. 调压变压器

E. 特殊用途变压器

答案：ABCDE

4. 按常用用途分类，电能表主要有（　　）。

A. 单相有功电能表、三相有功电能表、三相无功电能表

B. 最大需量电能表、分时电能表

C. 多功能电能表、预付费电能表

D. 铜损耗电能表

答案：ABCD

5. 抄表线路安排应注意（ ）。

A. 考虑地理环境对抄表工作的影响，尽量减少抄表员往返的路程，提高工作效率

B. 对具备条件的应按变压器台区或供电线路抄表，以方便线损的统计和考核

C. 满足对抄表员考核的要求

D. 客户缴费时间

答案：ABC

6. 出现错收电费或业务费时通常有以下几种处理方法（ ）。

A. 当日冲正 B. 隔日退费 C. 隔日调账 D. 资金冻结

答案：ABCD

7. 在线路上产生电压损失的主要原因是（ ）。

A. 接头接触电阻变大，发热甚至烧坏造成断线

B. 供电线路太长，超出合理的供电半径

C. 冲击性负荷，三相不平衡负荷的影响

D. 用户用电的功率因数低

答案：BCD

8. 大工业用户每月合计电费的计算步骤是（ ）。

A. 以用户的结算电量计算目录电费

B. 根据用户设备容量或最大需量来计算基本电费

C. 计算用户的实际功率因数，按功率因数调整办法，以目录电费与基本电费之和计算调整电费

D. 以用户结算电量按标准计算代收基金及附加费

答案：ABCD

9.《电力供应与使用条例》对供电企业因故需要停止供电的规定是（ ）。

A. 计划检修，应提前 7 天通知用户或者进行公告

B. 临时检修，供电企业应提前 24 小时通知重要用户

C. 因发电、供电系统发生故障，应按照事先确定的限电序位进行停电或者限电

D. 引起停电或者限电的原因消除后，应尽快恢复供电

答案：ABCD

10. 某合表用电小区反映，供电企业计费总表比物业公司抄表的居民分表电量大，主要原因有（ ）。

A. 居民使用的分表未定期校验，存在误差

B. 总表与分表不是同一时间抄表

C. 可能有窃电现象

D. 线路老化漏电

E. 某一方抄表数据不真实

答案：ABCDE

11. 安全生产“四不放过”是（ ）。

A. 事故原因没有查清楚不放过

B. 事故责任者没有受到处分不放过

C. 事故责任单位领导和职工没有受到教育不放过

D. 防范措施未落实不放过

E. 发现不安全因素不报告不放过

答案：ABCD

12. PDCA 管理的具体含义是（　　）。

A. 计划。分析现状，找出存在的质量问题，分析产生各种质量问题的原因或影响因素，制订相应措施，提出具体明确

B. 执行。按照预计计划、目标、措施及分工安排，分头去干

C. 检查。检查计划的执行情况和措施实行的效果

D. 处理。对检查的结果加以总结，把经验教训都纳入相应标准、制度中

答案：ABCD

三、判断题 （每小题 0.5 分，共 25 分）

1. 最大需量表测得的最大需量值是指电力用户在某一段时间内，负荷功率按规定时限平均功率的最大值。（√）
2. 最大负荷是指电网或用户在某一段确定时间内所发生的负荷最大值。（√）
3. 阻抗角就是线电压超前线电流的角度。（×）
4. 属于供电公司资产安装在用户处的电能计量装置，应由用户负责保护装置本身不受损坏或丢失。（√）
5. 正弦交流电的三要素是最大值、角频率和初相角。（√）
6. 正常情况下，我国实际使用的安全电压是 220V。（×）
7. 账簿记录发生错误时，不准涂改、挖补、擦除或用药水消除字迹，可以采用“划红线更正办法”进行更正。（√）
8. 在正常情况下，电压互感器误差受二次负荷影响，误差随着负荷增大而减小。（×）
9. 用户在申请验表期间，电费可暂缓缴纳，待验表结果确认后，再根据校验结果按实缴纳。（×）
10. 在一个日历年内，一个客户可同时办理暂停和减容。（√）
11. 在途电费视同欠费。（√）
12. 在公用供电设施尚未到达的地区，供电企业可以委托重要的国防军工用户转供电。（×）
13. 在电网高峰负荷时农业用电功率因数应达到 0.80。（√）
14. 在电路的任何一个闭合回路里，回路中各电动势的代数和小于各电阻上电压降的代数和。（×）
15. 在电力系统正常状况下，电力系统装机容量在 300 万 kW 及以上的，供电频率的允许偏差为±0.2Hz。（√）
16. 在电力系统非正常状况下，用户受电端的电压最大允许偏差不应超过额定值

的±10%。（√）

17. 在电价低的供电线路上擅自接用电价高的用电设备或私自改变用电类别的违约用电，应承担1～2倍差额电费的违约使用电费。（×）
18. 在RC串联电路中发生的谐振叫作串联谐振。（×）
19. 在100Ω的电阻器中通以5A电流，则该电阻器消耗功率为500W。（×）
20. 载流线圈内部磁场的方向可根据线圈的右手螺旋定则来确定。（√）
21. 运行中的电流互感器二次侧是不允许开路的。（√）
22. 有重要负荷的用户在已取得供电企业供给的保安电源后，无须采取其他应急措施。（×）
23. 由于不可抗力或者第三人的过错造成电力运行事故的，供电企业应当相应地补偿用户的部分损失。（×）
24. 用万用表进行测量时，不得带电切换量程，以防损伤切换开关。（√）
25. 用钳形表测量被测电流大小难于估计时，可将量程开关放在最小位置上进行粗测。（×）
26. 用户用电设备容量在100kW及以下时，一般应采用低压三相四线制供电。（√）
27. 用户因受电变压器故障，而无相同变压器替代，申请临时更换大容量变压器时，供电企业应按增容手续办理。（×）
28. 用户向供电企业提出校验表申请，并交付验表费后，供电企业应在15天内校验，并把结果通知用户。（×）
29. 用户提出家用电器损坏索赔要求的最长期限为10天，超过10天供电企业不再负责赔偿。（×）
30. 因客户档案信息错误导致的多计或少计电量，可走非政策性退补流程，进行电量电费的退补。（√）
31. 输出或输入交流电能的旋转电机，称为交流电机。交流电机又分为同步交流电机和异步交流电机。（√）
32. 使用临时电源的用户转让给其他用户时，应办理变更用电事宜。（×）
33. 商业、非居民照明及动力用电实行《功率因数调整电费办法》。（×）
34. 三相三线有功电能表，由于错误接线，在运行中始终反转，则更正系数必定是负值。（√）
35. 三相电能计量的接线方式中，u、v、w接线为正相序，那么w、v、u就为逆相序。（√）
36. 供电企业政策性退补不涉及对用电客户档案及抄表示数的调整，退补电量为零。（√）
37. 高压供电的大中型电力排灌站在电网高峰负荷时功率因数应达到0.90。（×）
38. 电力需求侧管理发源于美国。（√）
39. 电费发行后，电费核算流程完成，如再发现有客户错计电量电费需调整应收的，必须通过电费补退流程处理，并纳入到核算工作质量及差错考核中。（√）
40. 单股铜芯线连接，可用绞接法，其绞线长度为导线直径的10倍。（√）
41. 磁通量的单位名称是韦伯，单位符号为Wb。（√）
42. 冲击钻具有两种功能：一种可作电钻使用，要用麻花钻头；一种用硬质合金钢钻头，在混凝土或墙上冲打圆孔。（√）
43. 变压器中性点接地属于保护接地。（×）
44. 变压器容量在100kVA及以上的用户实行功率因数调整电费。（×）

45. V/v 形电压互感器接法中，二次空载时，测得二次电压 U_{ab}＝0V，U_{bc}＝100V，U_{ca}＝100V，属于 A 相一次熔断器烧断。（√）
46. RS-485 接口是美国电子工业协会（EIA）的数据传输标准。它采用串行二进制数据交换的数据终端设备和数据传输设备之间的平衡电压数字接口，简称 485 接口。（√）
47. r（或 imp）/kvarh 是有功电能表常数的单位。（×）
48. DS-864 为三相二元件有功电能表。（√）
49. DL/T 448—2000《电能计量装置技术管理规程》规定，电能计量测用电压和电流互感器的二次导线截面积至少应为 2.5mm^2 和 4mm^2。（√）
50. 35kV 以上贸易结算用电能计量装置中电压互感器二次回路，应不装设隔离开关辅助触点和熔断器。（×）

四、计算题 （每小题 4 分，共 20 分）

1. 某用户为三相四线计量方式，所配置电流互感器变比为 100/5A。其中一相电流互感器反接运行达一年之久，一年内电能表抄见电量起止度差值为 250kWh，感性负载，设三相负载平衡，应补收的电量为（　　）kWh。

答案：10000

解：一相电流互感器反接后，功率为

$$P' = U_a I_a \cos\varphi_a - U_b I_b \cos\varphi_b + U_c I_c \cos\varphi_c = UI\cos\varphi$$

正确接线时功率为

$$P = 3UI\cos\varphi$$

$$K = \frac{P}{P'} = \frac{3UI\cos\varphi}{UI\cos\varphi} = 3$$

实际电量：$A = 3\times250\times(100/5) = 15000$（kWh）

抄见电量：$A' = 250\times(100/5) = 5000$（kWh）

补收电量：$\Delta A = A - A' = 15000 - 5000 = 10000$（kWh）

2. 某用户有功负荷 P 为 400kW，功率因数 $\cos\varphi_1$ 为 0.8，若要将功率因数提高，使 $\cos\varphi_2$ 为 0.96，则应装的补偿电容器无功功率 Q 为（　　）kvar。(结果保留两位小数)

答案：183.34

解：$\cos\varphi_1 = 0.8$，则 $\varphi_1 = \arccos 0.8 = 36.87°$

$$\varphi_2 = \arccos 0.96 = 16.26°$$

$$Q = P\times(\tan\varphi_1 - \tan\varphi_2) = 400\times(\tan 36.87° - \tan 16.26°) = 183.34 \text{ (kvar)}$$

3. 某养鱼场因特殊电压质量要求，装有 10kV、S9-315kVA 带负荷调压变压器 1 台。2014 年 11 月其生产用电抄见有功电量 40000kWh，无功电量 30000kvarh。已知计量点位于供用双方产权分界处，该月应交电费（　　）元。[设不分时计费，1～10kV 目录电价标准：农业生产 0.5231 元/千瓦时，居民生活 0.4896 元/千瓦时；一般工商业及其他

0.7836 元/千瓦时；大工业 0.5587 元/千瓦时。代收基金：农业生产用电 0.027 元/千瓦时，其他 0.0608/千瓦时。按最大需量基本电价 39 元/(千瓦·月)，按变压器容量基本电价 26 元/(千伏安·月)]

答案：22535.15

解：该户执行农业生产电价。

目录电费：40000×0.5231=20924（元）

功率因数为

$$\cos\varphi=\cos\arctan\frac{30000}{40000}=0.80$$

根据《功率因数数调整电费办法》，该户功率因数执行标准为 0.90，调整电费比例为 +5%。

调整电费：20924×5%=1046.20（元）

代收基金：20924×0.027=564.95（元）

该月应交电费：20924+1046.20+564.95=22535.15（元）

4. 四川某 10kV 供电的水泥厂，变压器容量 1600kVA，高供高计，电流互感器变比为 100/5，按最大需量计算基本电费，核定最大需量值为 640kW。供电企业委托其对附近的小砖厂转供电。砖厂运行容量 160kVA，二班制生产。某月水泥厂最大需量抄见示数为 0.415，砖厂有功抄见电量为 54000kWh，该水泥厂本月的基本电费为（　　）元。[设基本电费电价为 39 元/(千瓦·月)]

答案：25584.00

解：根据《供电营业规则》第十四条规定，在计算转供户用电量、最大需量及功率因数调整电费时，应扣除被转供户、公用线路与变压器消耗的有功、无功电量。最大需量按下列规定折算：二班制每月用电量 360kWh，折合为 1kW。本题内砖厂为两班制的普通工业用户，故

砖厂有功电量折合的最大需量为 54000÷360=150（kW）

水泥厂当月最大需量：

$$\frac{10}{0.1}\times\frac{100}{5}\times0.415-150=680\ (\text{kW})$$

根据该省执行的电价政策，实际最大需量超过核定需量值 5%部分的基本电费按双倍计收，故水泥厂当月基本电费为

$$640\times39+(680-640\times105\%)\times39\times2=25584.00\ (\text{元})$$

5. 用电检查发现，某用户某三相四线电能计算装置，第一元件接 $U_{CN}\cdot I_a$，第二元件接 $U_{AN}\cdot -I_b$，第三元件接 $U_{BN}\cdot -I_C$。错误接线期间计收其电量 W 为 200kWh。假设用户平均功率因数角 φ 为 20°，该用户实际用电量是（　　）kWh。

答案：736

解：正确接线的总功率表达式：$P=3UI\cos\varphi$

错误接线的总功率表达式：

$$P'=P'_1+P'_2+P'_3$$

$$=U_C I_a\cos(120°+\varphi)+U_A(-I_b)\cos(60°-\varphi)+U_B(-I_c)\cos(60°-\varphi)$$

设 $U_A=U_B=U_C=U$，$I_a=-I_b=-I_c=I$。因 $\varphi=20°$，则：

$$P'=UI(\cos140°+\cos40°+\cos40°)$$

更正系数：$K=\dfrac{3UI\cos20°}{UI(\cos140°+\cos40°+\cos40°)}=3.680$

实际用电量：$W'=200\times3.680=736$（kWh）

五、识图题 （每小题 2.5 分，共 10 分）

1. 用两只单相有功电能表计量单相 380V 电焊机等设备（直接接入），以下接线图是否正确。（　　）

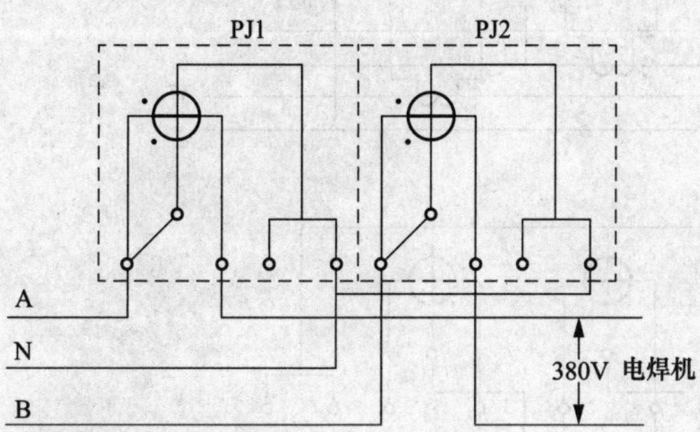

A. 正确　　　　B. 错误

答案： A

2. 如下所示单相电能表接线图正确的是（　　）。

A.

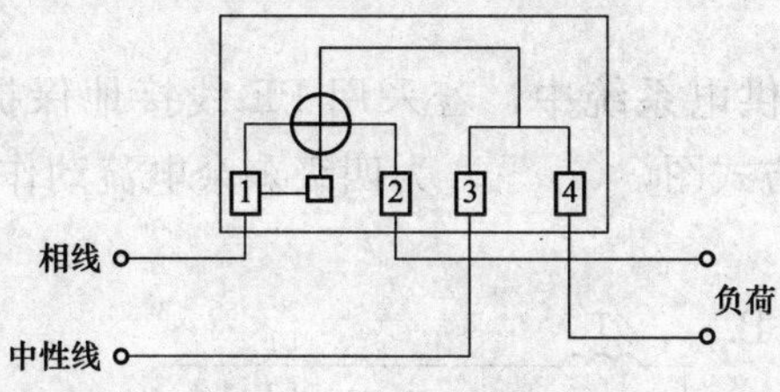

B.

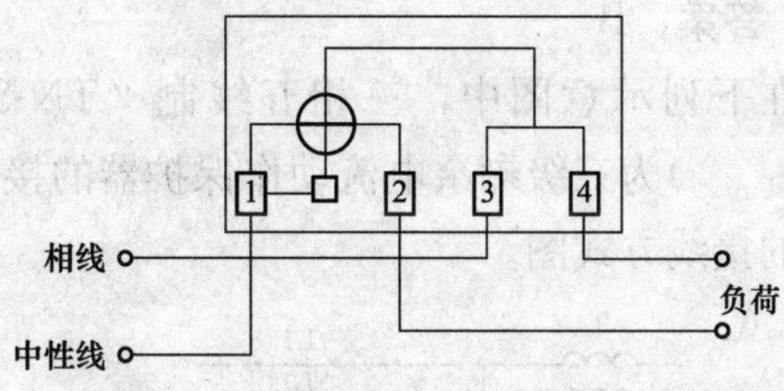

答案： A

3. 以下三相四线三元件有功电能表错误接线图中，若负荷为感性、电能表为非逆止机械表，则电能表反转的错误接线图是（　　）。（注：据题意，两相极性反，故电能表反转）

A.

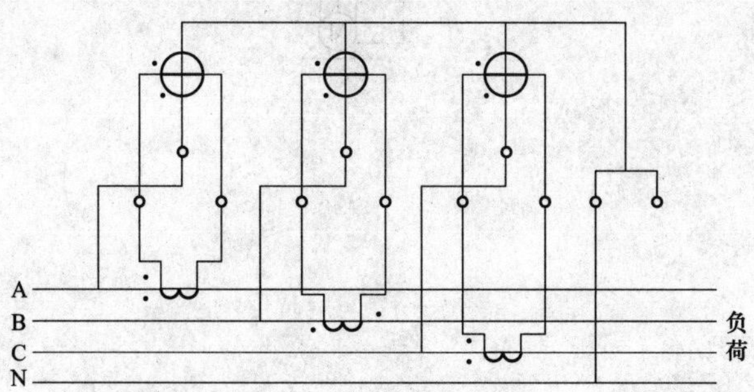

B.

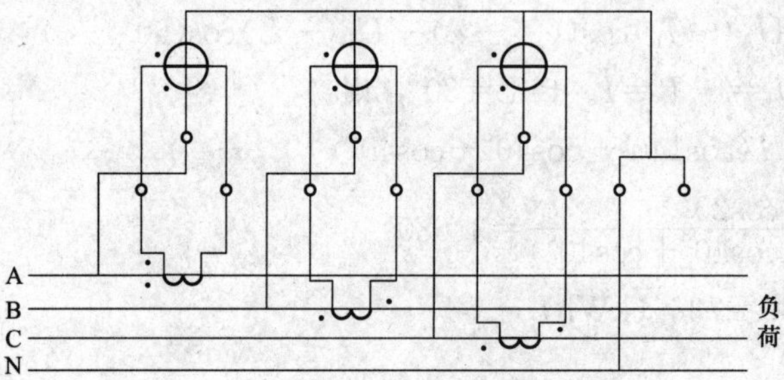

C.

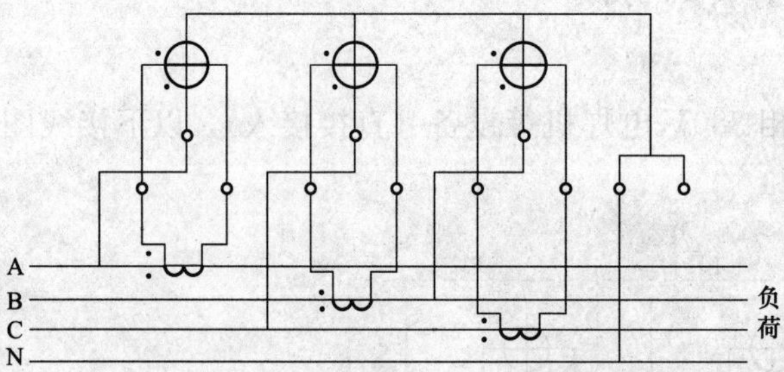

D.

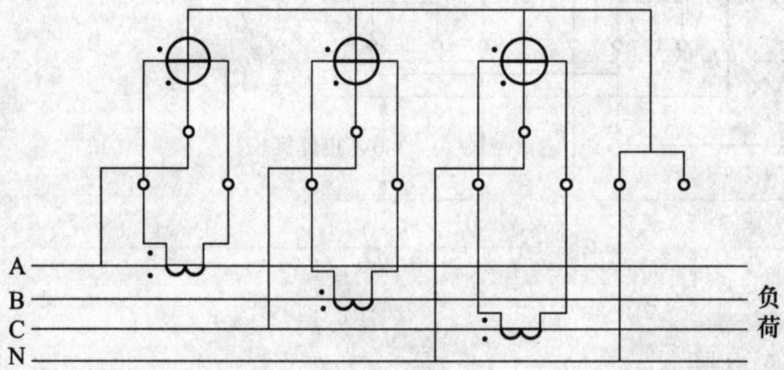

答案：B

4. 在下列示意图中，三相五线制（TN-S）供电系统中，若采用 PE 线接地保护方式，(　　)为三级剩余电流动作保护器的接线方式图，(　　) 为四级剩余电流动作保护器的接线方式图。

A.

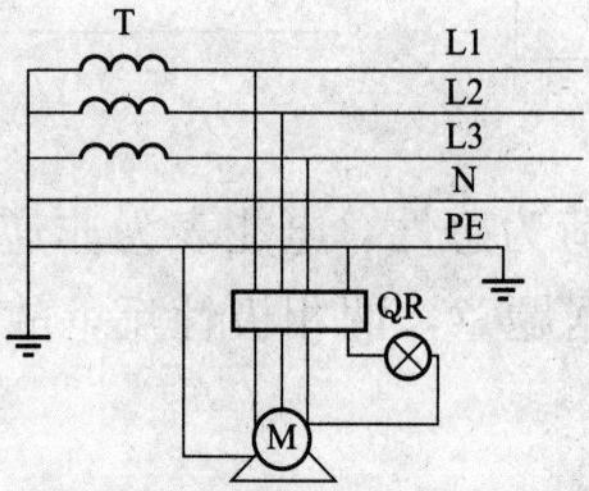

B.

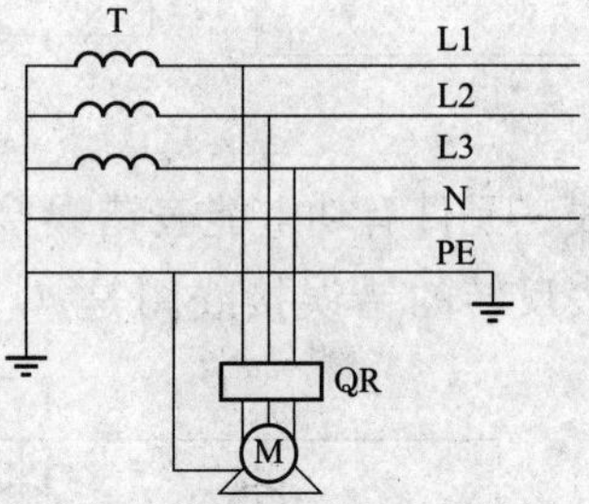

答案：B、A

抄表核算收费员（技师）模拟考卷及答案（六）

一、单选题 （每小题 0.5 分，共 21 分）

1. 在用电信息采集系统中，集中器是指收集各采集器或电能表的数据，并进行处理储存，同时能和（　　）进行数据交换的设备。

A. 主站　　B. 手持设备　　C. 采集终端　　D. 主站或手持设备

答案：D

2. 智能表载波通信时，TXD 灯闪烁表示（　　）。

A. 模块向电网发送数据　　B. 模块向电网接收数据

C. 模块向电网接收并发送数据　　D. 以上都是

答案：A

3. 采集终端型号标识中，若前两个字母为“FK”，则表明该终端为（　　）。

A. 专变采集终端　B. 集中器　　C. 采集器　　D. 智能表

答案：A

4. 装接容量是指接入计费电能表的全部设备（　　）之和。

A. 额定电流　　B. 额定电压　　C. 额定容量　　D. 额定频率

答案：C

5. 中性点有效接地的高压三相三线电路中，应采用（　　）的电能表。

A. 三相三线　　B. 三相四线

C. 三相三线或三相四线　　D. 机械式或电子式

答案：B

6. 在下列计量方式中，考核用户用电需要计入变压器损耗的是（　　）。

A. 高供高计　　B. 高供低计

C. 低供低计　　D. 高供高计和低供低计

答案：B

7. 在检测三相两元件表的接线时，经常采用力矩法。其中将 A、B 相电压对调，电能表应该（　　）。

A. 正常运转　　B. 倒走　　C. 停走　　D. 慢走一半

答案：C

8. 某用户计量电能表，允许误差为±2%，经校验该用户计量电能表实际误差为+5%，计算退回用户电量时应按（　　）计。

A. +2%　　B. +3%　　C. +5%　　D. 以上全不对

答案：C

9. 某低压用电工程竣工验收合格，已具备供电条件，供电企业须在（ ）个工作日内装表接电。

A. 3 B. 5 C. 7 D. 10

答案：B

10. 某10kV供电用户，一般应在（ ）计量。

A. 高压侧 B. 低压侧 C. 高电侧或低压侧 D. 根据用户的需求

答案：A

11. 型号为DSD9型的电能表是（ ）。

A. 三相三线多功能电能表 B. 三相预付费电能表

C. 三相最大需量表 D. 三相线复费率电能表

答案：A

12. 铭牌标志中10（40）A的10表示（ ）。

A. 基本电流 B. 负载电流 C. 最大额定电流 D. 工作电流

答案：A

13. 资产分界点也是责任分界点，以架空线进线的低压用户的责任分界点是（ ）。

A. 接户线末端 B. 进户线末端 C. 电能表进线端 D. 电能表出线端

答案：A

14. 在我国，110kV及以上的电力系统中性点往往（ ）。

A. 不接地 B. 直接接地 C. 经消弧线圈接地 D. 以上几个都可

答案：B

15. 暂换变压器的使用时间，35kV及以上的不得超过（ ），逾期不办理手续的，供电企业可中止供电。

A. 半年 B. 1年 C. 5个月 D. 3个月

答案：D

16. 供电企业对用户送审的受电工程设计文件和有关资料的审核时间，高压供电的用户最长不超过（ ）。

A. 10天 B. 15天 C. 20天 D. 1个月

答案：D

17. 某用户原报装非工业用电，现要求改为商业用电，该户应办理（ ）。

A. 改类 B. 改压 C. 更名过户 D. 销户

答案：A

18. 在下列电力设备中不属于二次系统设备的是（ ）。

A. 继电器 B. 电流互感器 C. 电能表 D. 控制开关

答案：B

19. 阻值分别为R和$2R$的两只电阻串联后接入电路，则阻值小的电阻发热量是阻值大的电阻发热量的（ ）倍。

A. 1 B. 1/2 C. 2 D. 1/3

答案：B

20. 指针式万用表在不用时，应将挡位打在（ ）挡上。

A. 直流电流 B. 交流电流 C. 电阻 D. 交流电压

答案：D

21. 正弦交流电的最大值和有效值的大小与（ ）。

A. 频率、相位有关 B. 频率、相位无关

C. 只与频率有关 D. 只与相位有关

答案：B

22. 在同一回路相同负荷时，功率因数越高，（ ）。

A. 电流越大 B. 线路损耗越大 C. 线路压降越小 D. 线路压降越大

答案：C

23. 某电焊机的额定功率为 10kW，铭牌暂载率为 25%，则其设备计算容量为（ ）kW。

A. 10 B. 5 C. 2.5 D. 40

答案：B

24. 某单相用户功率为 2.2kW，功率因数为 0.9，则计算电流为（ ）A。

A. 10 B. 9 C. 11 D. 8

答案：C

25. 基尔霍夫第一定律，即节点（ ）定律。

A. 电阻 B. 电压 C. 电流 D. 电功率

答案：C

26. 最大需量是指用电户在全月中（ ）min 内平均最大负荷值。

A. 5 B. 10 C. 15 D. 20

答案：C

27. 装有带负荷调整电压装置的高压供电电力客户，功率因数应执行（ ）标准。

A. 0.80 B. 0.85 C. 0.90 D. 0.95

答案：C

28. 专用发票抵扣联应当保存（ ）年，保存期满，报经主管税务机关查验后销毁。

A. 3 B. 10 C. 5 D. 长期

答案：B

29. 在计算转供户用电量、最大需量及功率因数调整电费时，应扣除被转供户公用线路与变压器消耗的有功、无功电量。最大需量折算：每月照明用电量（ ）kWh 折合为 1kW。

A. 270 B. 180 C. 360 D. 540

答案：B

30. 某用户有 315kVA 和 400kVA 受电变压器各一台，运行方式互为备用，应按（ ）的设备容量计收基本电费。

A. 315kVA B. 400kVA C. 715kVA D. 实用设备容量

答案：B

31. 某国有农场奶粉厂受电变压器容量 315kVA，该奶粉厂应按（ ）电价计费。

A. 农业生产用电 B. 一般工商业及其他用电

C. 大工业用电 D. 城乡居民生活用电

答案：C

32. 某淡水鱼研究所，10kV 受电，其功率因数调整电费应按（ ）执行。

A. 0.75 功率因数调整标准 B. 0.80 功率因数调整标准

C. 0.85 功率因数调整标准 D. 0.90 功率因数调整标准

答案：C

33. 某 10kV 高供高计用户接 50/5 电流互感器，若电能表读数为 20kWh，则用户实际用电量为（ ）kWh。

A. 20000 B. 2000 C. 200 D. 20

答案：A

34. 在有（ ）的情况下，供电企业的用电检查人员可不经批准即对客户中止供电，但事后应报告本单位负责人。

A. 不可抗力和紧急避险

B. 对危害供用电安全，扰乱供用电秩序，拒绝检查者

C. 受电装置经检查不合格，在指定期间末改善者

D. 客户欠费，在规定时间内未缴清者

答案：A

35. 某用户擅自向另一用户转供电，供电企业对该户应（ ）。

A. 当即拆除转供线路

B. 处以其供出电源容量收取每千瓦（千伏·安）500 元的违约使用电费

C. 当即拆除转供线路，并按其供出电源容量收取每千瓦（千伏·安）500 元的违约使用电费

D. 当即停该户电力，并按其供出电源容量收取每千瓦（千伏·安）500 元的违约使用电费

答案：C

36. 某用户擅自使用在供电企业办理暂停手续的高压电动机，并将作为贸易结算的计量 TA 一相短接，该户的行为属（ ）行为。

A. 违章 B. 窃电 C. 既有违约又有窃电 D. 违约行为

答案：C

37. 在全部停电和部分停电的电气设备上工作，所装设的接地线应用多股软裸铜线，其截面应符合短路电流的要求，但不得小于（ ）mm^2。

A. 20 B. 25 C. 30 D. 35

答案：B

38. 在绝缘梯上工作时，传递工具和器材时必须使用（ ），注意防止工具、物件掉落。

A. 绝缘钳 B. 吊绳、圆桶袋 C. 绝缘杆 D. 吊绳

答案：B

39. 没有遮栏物体时，人体与35kV带电体的最小安全距离是（　　）m。

A. 0.6　　B. 0.8　　C. 1.0　　D. 1.5

答案：C

40. 重大经济责任事故造成公司经济损失电量达（　　）万kWh及以上的行为。

A. 100　　B. 200　　C. 500　　D. 1000

答案：A

41. 质量管理中，PDCA循环反映了质量管理活动的规律，其中C表示（　　）。

A. 执行　　B. 处理　　C. 检查　　D. 计划

答案：C

42. 计算机在遇到系统死机时以下操作正确关闭运行程序方法是（　　）。

A. 同时按下Ctrl、Alt、Delete键　　B. 同时按下Shift、Alt、Delete键

C. 同时按下Ctrl、Alt、空格键　　D. 同时按下Ctrl、Alt、Home键

答案：A

二、多选题 **（每小题2分，共24分）**

1. 电力供应与使用双方应当根据（　　）原则，按照国务院制定的电力供应与使用办法签订供用电合同，确定双方的权利和义务。

A. 平等互利　　B. 利益共享　　C. 平等自愿　　D. 协商一致

答案：CD

2. 电力行业中所指的动力部分包括（　　）等。

A. 热力发电厂的锅炉、汽轮机、热力网和用热设备　　B. 发电机

C. 水力发电厂的水库、水轮机　　D. 原子能发电厂的反应堆

答案：ACD

3. 用抄表机抄表前，应先将抄表任务下载到抄表机，下列说法正确的是（　　）。

A. 抄表计划应处于“数据准备”状态，抄表应处于通信状态

B. 正确选择抄表机型号、传输端口、传输速率

C. 读取抄表机编号

D. 勾选抄表计划

E. 发送数据

F. 下载完成后，检查抄表机内数据是否正确

答案：ABCDEF

4. 关于应收电费日报月报以下说法正确的有（　　）。

A. 应收日报、应收月报统计中包括卡表购电客户电量电费数据

B. 若退补电量电费发行负应收时，系统自动将应退电费转入客户预存中

C. 当月末所有应收正确汇总完毕后，应对当月应收进行关账处理

D. 关账后，可以再发行当月电费

答案：ABC

5. 关于电动机是怎样分类，下列说法正确的是（　　）。

A. 电动机分为直流电动机和交流电动机两大类

B. 交流电动机又分为同步电动机和异步电动机

C. 异步电动机按转子绕组形式可分为笼形和绕线形两类；按额定电压又可分为高压和低压两种类型

答案：ABC

6. 根据《电力供应与使用条例》第三十三条，供用电合同应具备的条款有（　　）。

A. 供电方式、供电质量和供电时间　　B. 用电容量和用电地址、用电性质

C. 计量方式和电价、电费结算方式　　D. 供用电设施维护责任的划分

E. 合同的有效期限　　F. 违约责任

G. 双方共同认为应当约定的其他条款

答案：ABCDEFG

7. 电流互感器二次侧是不允许开路，是因为（　　）。

A. 由于磁通饱和，其二次侧将产生数千伏高压，且波形改变，对人身和设备造成危害

B. 由于铁芯磁通饱和，使铁芯损耗增加，产生高热，会损坏绝缘

C. 将在铁芯中产生剩磁，使互感器比差和角差增大，失去准确性

D. 以上都不对

答案：ABC

8. 电费复核工作的内容是（　　）。

A. 对客户基本信息、电价执行情况和电费计算结果进行复核，确保电费发行准确

B. 对手工或计算机内的电费台账进行复核，确保抄表信息、电费台账、电量、电费发行等信息一致

C. 对电力销售、电费相关报表数据进行复核，确保发行汇总准确

D. 对电费账务进行复核，确保账与账之间正确、吻合

答案：ABCD

9. 大工业电力客户电费发票的主要内容有（　　）。

A. 户名、户号、用电地址、收费日期

B. 计费有功、无功电能表的起止码、倍率，实用电量，线变损电量，计费容量，功率因数

C. 电价、电度电费、功率因数调整电费

D. 基本电费、代收基金及附加费、合计应收电费

答案：ABCD

10. 抄表周期随意调整会带来以下不良影响。（　　）

A. 影响线损的正确计算

B. 影响功率因数、基本电费、变压器损耗的正确计算

C. 影响电费回收

D. 若遇电价调整，可能引起电费纠纷

E. 影响客户核算成本和产品单耗管理

答案：ABCDE

11. 客户发生以下（　　）用电事故，应及时向供电企业报告。

A. 人身触电死亡　　B. 导致电力系统停电

C. 专线掉闸或全厂停电　　D. 电气火灾

E. 重要或大型电气设备损坏　　F. 停电期间向电力系统倒送电

答案：ABCDEF

12.《居民用户家用电器损坏处理办法》规定，以下各类家电的平均使用年限正确的是（　）。

A. 电子类：电视机、音响、录像机、充电器等，使用寿命为 10 年

B. 电机类：电冰箱、空调器、洗衣机、电风扇、吸尘器等 12 年

C. 电阻电热类：电饭煲、电热水器、电茶壶、电炒锅等 5 年

D. 电光源类：白炽灯、气体放电灯、调光灯等 2 年

答案：ABCD

三、判断题 （每小题 0.5 分，共 25 分）

1. 用电容量 100kVA 的高压供电用户，在电网高峰负荷时，其功率因数应为 0.90 以上。（√）
2. 用电计量装置接线错误时，退补电费时间从上次校验或换装投入之日起至接线错误更正日止的 1/2 时间计算。（×）
3. 应收账是供电公司某段时间内的全部电力销售收入的账目。（√）
4. 应收电费余额是指在考核期内本单位财务口径在月末二十四点时的账面余额。（√）
5. 引起停电或限电的原因消除后，供电企业应在 4 日内恢复供电。（×）
6. 银行代扣电费的前提是电力客户在银行端开户，并与银行签订协议。（√）
7. 因用户过错，但由于供电企业责任而使事故扩大造成其他用户损害的，该用户应承担事故扩大部分 50%的赔偿责任。（×）
8. 因为大树可起到避雷针的作用，所以在广阔的田野上，若遭受雷雨天气，应躲避大树下面。（×）
9. 因电力事故造成居民用户的家用电器损坏后，超过 7 日还没提出索赔要求的，供电企业不再负赔偿责任。（√）
10. 异步电动机的电压降低，若负荷不变将造成电动机的转速降低。（√）
11. 以变压器容量计算基本电费的用户，属热备用状态的或未经加封的变压器，不论使用与否都计收基本电费。（√）
12. 已知 a、b 两点之间的电位差 $U_{ab}=-16V$，若以点 a 为参考电位（零电位）时则 b 点的电位是 16V。（√）

13. 已经开具的发票存根联和登记簿，应当保存5年，专用发票抵扣联应当保存10年，保存期满，报经主管税务机关查验后销毁。（√）
14. 校办工厂装接容量在315kVA及以下的执行一般工商业及其他用电电价。（×）
15. 线损电量包括电网输送损失电量和其他损失电量。（√）
16. 线路、变压器损耗电量不实行《功率因数调整电费办法》。（×）
17. 伪造或开启供电企业加封的用电计量装置封印用电，属于违约用电。（×）
18. 为防止因电气设备绝缘损坏而使人体有遭受触电的危险，将电气设备的金属外壳与变压器的中性线相连接，称为保护接地。（×）
19. 万用表在接入电路进行测量前，需先检查转换开关是否在所测挡位上。（√）
20. 托收无承付就是收款单位持同城托收无承付凭证，经过付款单位同意后由银行拨入收款单位的账户。（×）
21. 托收客户的在途电费账，是供电公司实行同城特约委托收款时，应收电费款尚未到达收款单位的电费账。（√）
22. 停电检查白炽灯照明回路是否有断线，可以采用万用表的电阻挡进行测量判断。（√）
23. 提高用户的功率因数，可以降低线路损耗。（√）
24. 蔬菜生产电热用电，不属于农业生产优待电价范围。（√）
25. 使用三相设备的供电电源中性线（零线）不得加装熔断器及开关。（√）
26. 使用钳形电流表测量电流时，发现量程挡位选择不合适，应立即在测量过程中切换量程式挡，使之满足要求。（×）
27. 使用临时电源的用户转让给其他用户时，应办理变更用电事宜。（×）
28. 使用两部制电价能促使用户均衡生产，提高设备利用率，压低尖峰负荷，提高负荷率。（√）
29. 设备在能量转换和传输过程中，输出能量与输入能量之比称为设备效率。（√）
30. 三相有功电能表的电压、电流接线要求零序接入。（×）
31. 三相异步电动机如果一相断线，则电动机将无法正常启动。（√）
32. 三相四线负荷用户若安装三相三线电能表计量，易漏计电量。（√）
33. 三相三线有功电能表电压A、B两相接反，电能表反转。（×）
34. 三相二元件有功电能表由一个电流线圈和两个电压线圈组成。（×）
35. 人民银行用电，执行一般工商业及其他用电电价。（√）
36. 对10kV供电的用户，供电设备计划检修停电次数不应超过3次/年。（√）
37. 电流的符号为A，电流的单位为I。（×）
38. 地球本身是一个大磁体。（√）
39. 低压电流互感器轮换周期至少每20年轮换一次。（√）
40. 低压带电上电杆接线时，应先搭相线，再搭中性线。（×）
41. 低压测电笔由氖管、电阻、弹簧和壳体组成。（√）
42. 当三相电压、电流完全对称时，三相两元件电能表B相电压断线时，电能表应少计量1/3。（×）
43. 当三相电流不平衡时，用三相三线计量方式会造成电能计量误差，必须用三相四线计

量方式。 (√)

44. 单相电能表型号系列代号为D。 (√)
45. 单相电能表的零线接法是将零线剪断，再接入电能表的3、4端子。 (√)
46. 磁通量的单位名称是韦伯，单位符号为Wb。 (√)
47. 将电气设备的外壳和在正常情况下不带电的金属部分与接地极之间用导线连接起来，叫保护接地。 (√)
48. 为争取时间，应就地用干燥的竹竿、扁担、木棒拨开或用干燥的绳索拉开触电者身上的电线或电气用具。 (√)
49. 确定用户电价的三要素是用电类别、用电容量、电压等级。 (√)
50. 电费普通发票均应加盖“财务专用章”或“发票专用章”和打印（或填写）收费人后有效。 (√)

四、计算题 （每小题5分，共20分）

1. 用户的电能计量装置电气接线方式为一元件$\dot{U}_{ba}\cdot\dot{I}_{a}$；二元件$\dot{U}_{ca}\cdot-\dot{I}_{c}$。感性负载，设三相负载平衡，$\varphi=30^\circ$，抄见电量为$W=-250$kWh，则该用户更正系数值为（ ），实际用电量为（ ）kWh。（结果保留两位小数）

答案：－1.50、375

解：一元件：$\dot{U}_{ba}\cdot\dot{I}_{a}$；二元件：$\dot{U}_{ca}\cdot-\dot{I}_{c}$

（1）正确接线状态下的功率表达式：$P_{正}=\sqrt{3}UI\cos\varphi$

（2）错误接线状态下的功率表达式：

$$P_A=U_{ba}I_a\cos(150^\circ-\varphi)$$

$$P_C=U_{ca}(-I_c)\cos(150^\circ-\varphi)$$

在三相对称电路中，$U_{ba}=U_{ca}=U$，$I_a=(-I_c)=I$

故 $P_{误}=P_A+P_C=U_{ba}I_a\cos(150^\circ-\varphi)+U_{ca}(-I_c)\cos(150^\circ-\varphi)$

$=-2UI\cos(30^\circ+\varphi)$

更正系数：$K=\dfrac{P_{正}}{P_{误}}=\dfrac{\sqrt{3}UI\cos\varphi}{-2UI\cos(30^\circ+\varphi)}=\dfrac{-\sqrt{3}}{\sqrt{3}-\tan\varphi}$

因 $\varphi=30^\circ$，故 $K=-1.50$

实际用电量：$W'=KW=-1.50\times(-250)=375$（kWh）

2. 某电能表常数C为360r/kWh，负载加热圈P为2.2kW，计量倍率B为60/5，该表表盘t为12min应转（ ）r。若实际测得转数N为15r，表计实际误差（ ）%。

答案：B. 2、13.64

解：电能表转盘一定时间内所转圈数

$$r=\frac{时间\times测试有功功率\times电能表常数}{计量倍率}$$

$$r=\frac{(12/60)\times2.2\times360}{60/5}=13.2$$

$$表计误差=\frac{实测圈数-计算圈数}{计算圈数}\times 100\%$$

$$=\frac{15-13.2}{13.2}\times 100\%=13.64\%$$

3. 一量程U为200V直流电压表，内阻r为40kΩ。现欲将其量程扩大至U为600V，手边只有一批阻值不等的电阻，应串联电阻（　　）kΩ。

答案：80

解：根据串联分压原理，通过串联一电阻，可将其量程扩大。

设应串联电阻阻值为X，则

$$200:(600-200)=40:X$$

$$X=\frac{(600-200)\times 40}{200}=80\ (k\Omega)$$

4. 某车辆制造厂，10kV供电，三班制生产，高供高计，专用线路6kM（LGJ-185），配变为S9-1250kVA，因条件受限，在客户受电端计量，总表TA为150/5A。另套装一只办公用电表，TA为200/5A。2014年4月25日抄表示数见表一。若4月按枯水期电价上浮20%，峰谷电价上下浮动50%，则该用户2014年4月电费为（　　）元。（合同需量为500kW。已知线路电阻值、电抗值分别为0.17Ω/km、0.365Ω/km，分表变损忽略不计。电价表见附录B。备注：具体执行请以当地最新电费、电价政策为准）

表一　　抄见示数表

类别	时段		
	总	峰	谷
总表有功止度	1661.23	671.96	140.08
总表有功起度	1643.16	664.73	135.14
正向无功止度	1106.12		
正向无功起度	1092.26		
反向无功止度	48.27		
反向无功起度	47.27		
需　量	0.1874		
办公用电表止度	1727.26	660.38	479.55
办公用电表起度	1556.64	593.43	441.83

答案：71519.21

解：电费电量计算表见表二。

表二　　电费电量计算表

1）结算倍率	总表倍率：150/5×10/0.1=3000 分表倍率：200/5=40

续表

2）抄见电量	总表有功抄见电量： 总：1661.23×3000−1643.16×3000=54210（kWh） 峰：671.96×3000−664.73×3000=21690（kWh） 谷：140.08×3000−135.14×3000=14820（kWh） 平：54210−21690−14820=17700（kWh） 正无功：1106.12×3000−1092.26×3000=41580（kvarh） 反向无功：48.27×3000−47.27×3000=3000（kvarh） 无功总电量：41580+3000=44580（kvarh） 分表抄见电量： 总：1727.26×40−1556.64×40=6824（kWh） 峰：660.38×40−593.43×40=2678（kWh） 谷：479.55×40−441.83×40=1509（kWh） 平：6824−2678−1509=2637（kWh）
3）损耗电量	由题意可知，单位长度线路电阻 R_0 为 0.17Ω/km，单位长度线路电抗 $X_0=0.365\Omega/\text{km}$，$L=6\text{km}$，$V_e=10\text{kV}$，$T=30\times24=720$（h）。 有功线耗：$\Delta P_{线}=\dfrac{R_0\times L\times10^{-3}}{V_e{}^2\times T}\times(A_p{}^2+A_q{}^2)=\dfrac{0.17\times6\times10^{-3}}{10^2\times720}\times(54210^2+44580^2)=70$（kWh） 无功线损：$Q_{线}=\dfrac{X_0\times L\times10^{-3}}{V_e{}^2\times T}\times(A_p{}^2+A_q{}^2)=\dfrac{0.365\times6\times10^{-3}}{10^2\times720}\times(54210^2+44580^2)=150$（kvarh） 分表分摊线损：6824/54210×70=9（kWh）　　大工业分摊线损=70−9=61（kWh）
4）结算电量	分表线损电量分摊： 峰=2678/6824×9=4（kWh） 谷=1509/6824×9=2（kWh） 平=9−4−2=3（kWh） 大工业线损电量分摊： 峰段：(21690−2678)/(54210−6824)×61=24(kWh) 谷段：(14820−1509)/(54210−6824)×869=17(kWh) 平段：61−24−17=20（kWh） 非居民照明结算电量： 总=6824+9=6833（kWh） 峰=2678+4=2682（kWh） 谷=1509+2=1511（kWh） 平=2637+3=2640（kWh） 大工业结算电量： 总段=54210−6824+61=47447（kWh） 峰段=21690−2678+24=19036（kWh） 谷段=14820−1509+17=13328（kWh） 平段=17700−2637+20=15083（kWh） 结算有功总电量：54210+70=54280（kWh） 结算无功总电量：44580+150=44730（kvarh）
5）结算电价	查表得：10kV 大工业基准电价为 0.5587 元/千瓦时，10kV 非居民照明用电基准电价为 0.7836 元/千瓦时，4 月为枯水期，则： 大工业各时段结算电价： 峰段=0.5587×1.2×1.5=1.00566（元/千瓦时） 谷段=0.5587×1.2×0.5=0.33522（元/千瓦时） 平段=0.5587×1.2=0.67044（元/千瓦时） 非居民照明各时段结算电价： 峰段=0.7836×1.2×1.5=1.41048（元/千瓦时） 谷段=0.7836×1.2×0.5=0.47016（元/千瓦时） 平段=0.7836×1.2=0.94032（元/千瓦时）
6）目录电费	大工业目录电费： 峰段：19036×1.00566=19143.74（元） 谷段：13328×0.33522=4467.81（元） 平段：15083×0.67044=10112.25（元） 非居民照明目录电费： 峰段：2682×1.41048=3782.91（元） 谷段：1511×0.47016=705.24（元） 平段：2640×0.94032=2482.44（元） 合计：40694.39 元

续表

7）基本电费	抄见需量：0.1874×3000－0×3000＝562（kW） 计划内：500×105%＝525.00（kW） 计划外：562.2－525＝37（kW） 基本电费＝525×39.00＋37×39.00×2＝23361.00（元）
8）功率因数	$\cos\varphi=\cos\left(\arctan\frac{结算无功电量}{结算有功电量}\right)=\cos\left(\arctan\frac{44730}{54280}\right)=0.77$
9）力调电费	根据现行电价政策，该客户的功率因数考核标准为0.90，经查表得知当$\cos\varphi=0.77$时，增减电费百分数为6.5%。 力调电费＝(40694.39.30＋23361)×0.065＝4163.60（元）
10）代收基金	水利基金＝54280×0.007＝379.96（元） 农网还贷＝54280×0.02＝1085.60（元） 城市附加＝54280×0.01＝542.80（元） 可再生能源附加2＝54280×0.015＝814.20（元） 库区移民扶持基金＝54280×0.0088＝477.66（元） 小计：3300.22元
11）合计电费	合计电费＝目录电费＋基本电费＋力调电费＋代收基金 40694.39＋23361.00＋4163.60＋3300.222 ＝71519.21（元）

五、识图题（每小题2.5分，共10分）

1. 若用两只单相有功电能表计量单相380V电焊机等设备的接线图直接接入，下图是否正确。（　　）

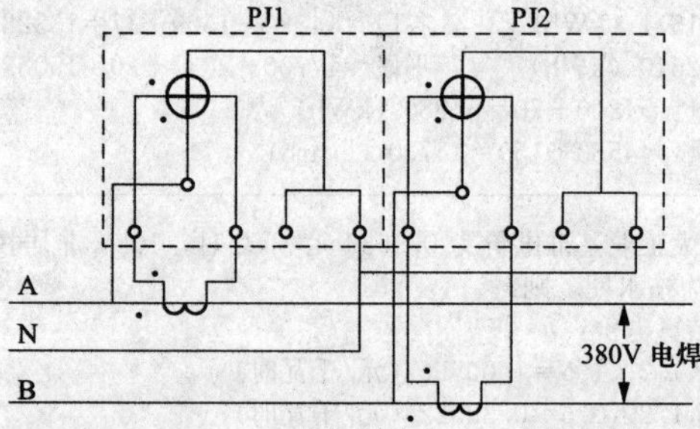

A. 正确　　　　B. 错误

答案：B

2. 下列框图为电子式三相电能表原理框图，该图是（　　）的。

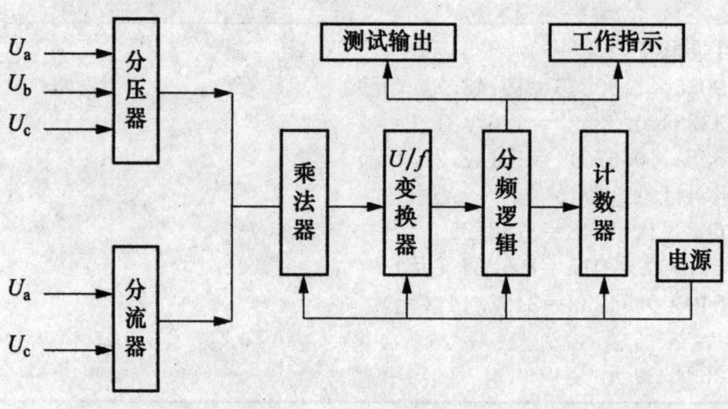

A. 正确　　　　B. 错误

答案：A

3. 以下三相四线三元件有功电能表错误接线中，若负荷为感性、电能表为非逆止机械表，则电能表停转（三相负荷平衡）的错误接线图是（　　）。（注：据题意，两相电压、电流不同相，电能表停传）

A.
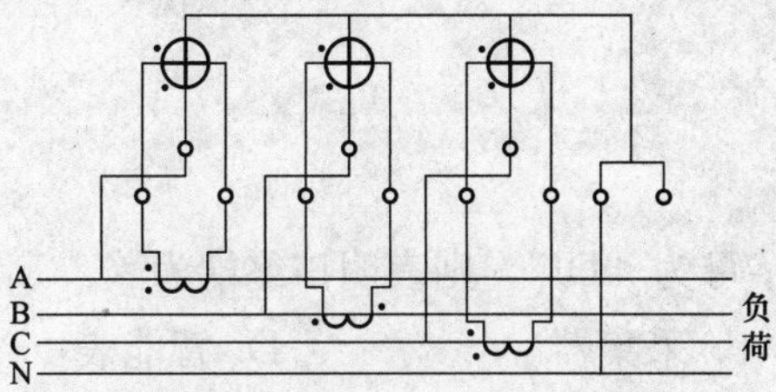

B.
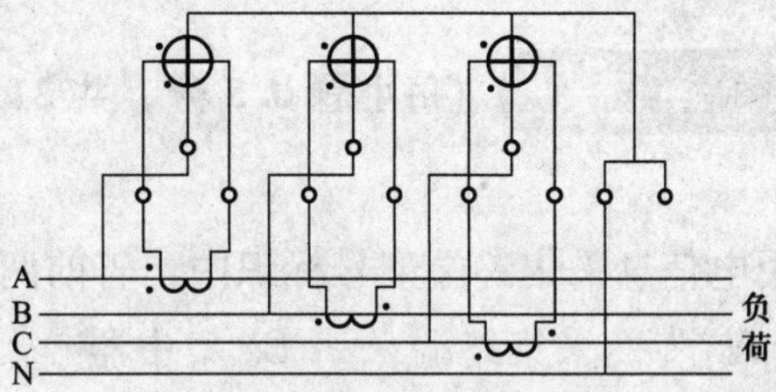

C.
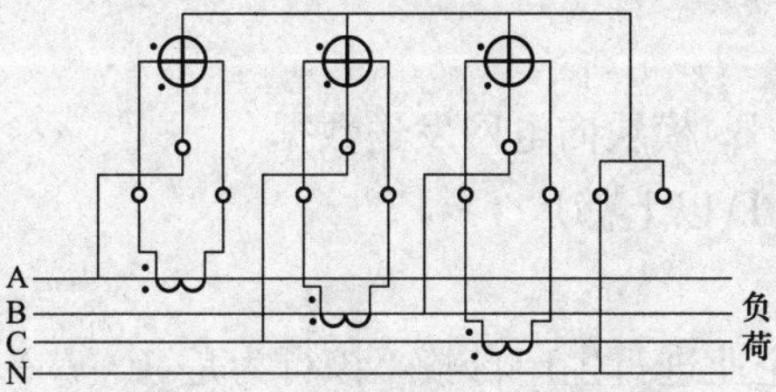

D.
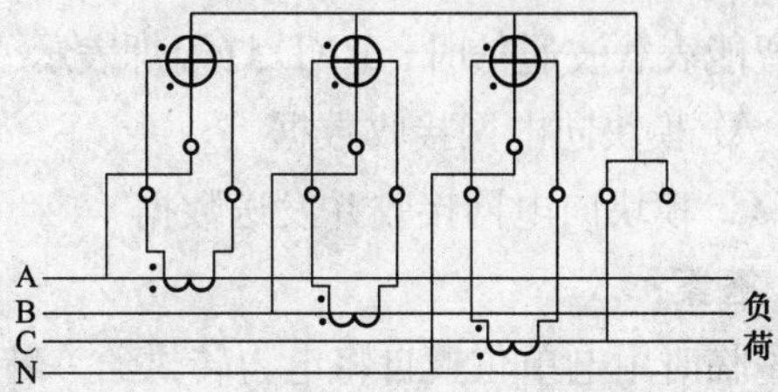

答案：C

4. 用两只双控开关在甲、乙两地控制一只灯的接线图正确的是（　　）。

A.
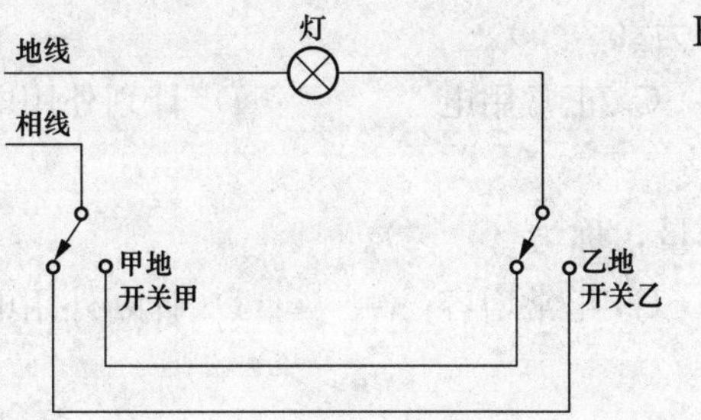

B.
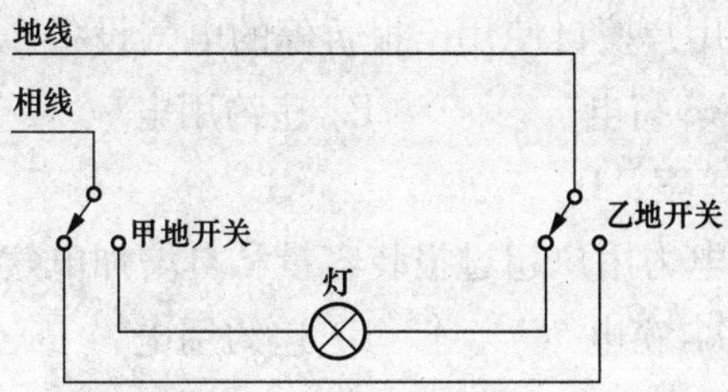

答案：B

抄表核算收费员（技师）模拟考卷及答案（七）

一、单选题（每小题 0.5 分，共 21 分）

1. 用电信息采集终端型号标识中，若前两个字母为“DJ”，则表明该终端为（　　）。
   A. 专变采集终端　B. 集中器　C. 采集器　D. 智能表
   答案： B
2. 智能表载波通信时，RXD 灯闪烁表示（　　）。
   A. 模块向电网接收数据　B. 模块向电网发送数据
   C. 模块向电网接收并发送数据　D 以上都是
   答案： A
3. 一临时用电单位擅自将电力转供给一特困企业进行生产自救，该行为是（　　）。
   A. 窃电　B. 违法行为
   C. 违约用电行为　D. 正常生产经营行为
   答案： C
4. 若用户擅自使用已报暂停的电气设备，称为（　　）。
   A. 窃电　B. 违约用电　C. 正常用电　D. 计划外用电
   答案： B
5. 若电力用户超过报装容量私自增加电气容量，称为（　　）。
   A. 窃电　B. 违约用电　C. 正常增容　D. 计划外用电
   答案： B
6. 营销工作人员超越职责范围，擅自对客户设备进行（　　）等作业，属于违章行为。
   A. 拉闸、操作开关柜　B. 维修、拉闸
   C. 接线、维修　D. 拉闸、接线
   答案： A
7. 在三相负载平衡的情况下，当三相四线有功电能表任意两相电流交叉接入，则电能表（　　）。
   A. 走慢　B. 走快　C. 正常　D. 停转
   答案： D
8. 在电能表铭牌上，3×220/380V 是指（　　）的参比电压。
   A. 单相电能表　B. 三相三线电能表
   C. 三相四线低压电能表　D. 以上都不正确
   答案： C

9. 电能计量差错计算退补电量时，更正系数的确定一般采用（　　）。

A. 相对误差功率比值法　　B. 实测电量功率比值法

C. 实测电量估算法　　D. 供用电双方协商

答案：B

10. 三相四线有功电能表正确计量的功率表达式为（　　）。

A. $3UI\cos\varphi$　　B. $1.73UI\cos\varphi$　　C. $P=2UI\cos\varphi$　　D. $UI\cos\varphi$

答案：A

11. 三相四线有功电能表，抄表时发现一相电流接反，抄得电量为 500kWh，若三相对称，则应追补的电量为（　　）kWh。

A. 1500　　B. 1000　　C. 500　　D. 366

答案：B

12. 若三相三线计量装置采用双电压互感器 V，v 形接线，测得二次电压 $U_{AB}=0$，$U_{BC}=100V$，$U_{AC}=100V$ 时，可判断为（　　）相一次熔断器熔断。

A. B　　B. A　　C. C　　D. A、C

答案：B

13. 若采用双电压互感器 V/V 形接线时，如果正常时三个线电压为 100V，当测得二次线电压 $U_{ab}=U_{bc}=50V$，$U_{ca}=100V$ 时，可判断一次（　　）相断线。

A. A　　B. B　　C. C　　D. A、C

答案：B

14. 宽负载单相、三相有功或无功电能表是指（　　）的电能表。

A. $I_{max}\geqslant5I_b$　　B. $I_{max}\geqslant4I_b$　　C. $I_{max}\geqslant3I_b$　　D. $I_{max}\geqslant2I_b$

答案：D

15. 多功能电能表失压是指在三相（或单相）供电系统中，某相负荷电流大于启动电流，但电压线路的电压低于电能表正常工作电压的（　　），用持续时间大于 1min 的工况。

A. 70%　　B. 78%　　C. 85%　　D. 90%

答案：B

16. 属于用户专用，且不在公用变电站内的供电设施，由（　　）运行维护管理。

A. 线路工区　　B. 变电维护　　C. 营业管理部门　　D. 用户

答案：D

17. 在变压器铁芯中，产生铁损的原因是（　　）。

A. 磁滞现象　　B. 涡流现象

C. 磁阻的存在　　D. 磁滞现象和涡流现象

答案：D

18. 在电阻、电感、电容的串联电路中，出现电路端电压和总电流同相位的现象，叫（　　）谐振。

A. 并联　　B. 串联　　C. 混联　　D. 电流

答案：B

19. 供电企业对已受理的用电申请，应尽快确定供电方案，高压双电源用户最长不超过（　　）正式书面通知用户。

A. 30 个工作日　B. 2 个月　C. 3 个月　D. 4 个月

答案：B

20. 暂拆是指暂时停止用电，并（　　）的简称。

A. 拆除房屋　B. 拆除配电柜　C. 拆除电能表　D. 拆消户名

答案：C

21. 正弦交流电的最大值和有效值的大小与（　　）。

A. 频率、相位有关　B. 频率、相位无关

C. 只与频率有关　D. 只与相位有关

答案：B

22. 一台 50Hz、4 极的异步电动机，满载时转差率为 5%，电动机的转速是（　　）r/min。

A. 1425　B. 1500　C. 1250　D. 1000

答案：A

23. 一台容量为 1000kVA 的变压器，24h 的有功用电量为 15360kWh，功率因数为 0.85，该变压器 24h 的利用率为（　　）。

A. 54%　B. 64%　C. 75.3%　D. 75%

答案：C

24. 在一般的电流互感器中产生误差的主要原因是存在着（　　）所致。

A. 容性泄漏电流　B. 负荷电流　C. 激磁电流　D. 一次电流

答案：C

25. 用绝缘电阻表进行测量时，应使摇动转速尽量接近（　　）。

A. 60r/min　B. 90r/min　C. 120r/min　D. 150r/min

答案：C

26. 依钳形电流表测量完毕后，一定要把调节开关放在（　　）电流量程位置上，以免下次使用时，由于未经选择量程而造成仪表损坏。

A. 最大　B. 最小　C. 20A　D. 5A

答案：A

27. 三相电源的线电压为 380V，对称负载Y形接线，没有中性线，如果某相突然断掉，则其余两相负载的相电压（　　）。

A. 不相等　B. 380V　C. 190V　D. 220V

答案：C

28. 三段式电流保护，其保护动作电流（　　）。

A. 一段最大　B. 二段最大　C. 三段最大　D. 一样大

答案：A

29. 钳形电流表的钳头实际上是一个（　　）。

A. 电压互感器　B. 电流互感器　C. 自耦变压器　D. 整流器

答案：B

30. 钳形电流表测量完毕后，一定要把调节开关放在（　　）电流量程位置上，以免下次使用时，由于未经选择量程而造成仪表损坏。

A. 最大　B. 最小　C. 20A　D. 5A

答案：A

31. 配电电器设备安装图中被称作主接线图的是（　　）。

A. 一次接线图　B. 二次接线图　C. 平剖面布置图　D. 设备安装图

答案：A

32. 判断电流产生磁场的方向是用（　　）。

A. 左手定则　B. 右手定则　C. 右手螺旋定则　D. 安培定则

答案：C

33. 零序保护的最大特点（　　）。

A. 只反映接地故障　B. 只反映相间故障

C. 只反映三相短路　D. 只反映三相接地故障

答案：A

34. 按照用电类别电价是要分为（　　）。

A. 上网电价、互供电价、销售电价

B. 居民生活电价、一般工商业及其他用电电价、大工业电价、农业生产电价四大类

C. 趸售电价、直供电价

D. 峰谷电价、丰枯电价、时段电价

答案：B

35. 最大需量是指用户 1 个月中每一固定时段的（　　）的最大指示值。

A. 最大功率　B. 平均有功功率　C. 最大平均功率　D. 最大负荷

答案：B

36. 在同一回路相同负荷时，功率因数越高，（　　）。

A. 电流越大　B. 线路损耗越大　C. 线路压降越小　D. 线路压降越大

答案：C

37. 在计算转供户用电量、最大需量及功率因数调整电费时，应扣除被转供户公用线路与变压器消耗的有功、无功电量。最大需量折算：三班制用电量（　　）折合为 1kW。

A. 150 千瓦时/月　B. 180 千瓦时/月

C. 360 千瓦时/月　D. 540 千瓦时/月

答案：D

38. 梯子应有防滑措施，使用单梯工作时，梯子与地面的斜角度为（　　）度左右。

A. 45　B. 30　C. 60　D. 72

答案：C

39. 室内 0.4kV 无遮栏裸导体至地面的距离不应小于（　　）m。

A. 1.9　B. 2.1　C. 2.3　D. 2.4

答案：C

40. 人体与电气设备的带电部分接触发生的触电可分为（　　）。

A. 单相触电和三相触电　B. 两相触电和三相触电
C. 三相触电　D. 单相触电和两相触电
答案：D

41. 判断触电后伤员有无意识和反应，应在（　）s时间以内完成。
A. 15　B. 10　C. 6　D. 8
答案：B

42. 用户提出减少用电容量，供电部门应根据用户所提出的期限，使其保留期限最长不超过（　）。
A. 半年　B. 一年　C. 两年　D. 四年
答案：C

二、多选题 (每小题 2 分，共 24 分)

1. 根据《中华人民共和国电力法》第三十六条的规定：制定电价应当坚持（　）原则。
A. 合理确定收益　B. 合理补偿成本　C. 坚持公平负担　D. 依法计入税金
E. 促进电力事业发展
答案：ABCDE

2. 确定和调整抄表段的原则是（　）。
A. 工作量均衡　B. 抄表路径合理　C. 分变分线　D. 方便线损考核
答案：ABCD

3. 串联谐振的特点是（　）。
A. 电路呈纯电阻性，端电压和总电流同相位
B. 电抗 X 等于零，阻抗 Z 等于电阻 R
C. 在电感和电容上可能产生比电源电压大很多倍的高电压
D. 电路的阻抗最小、电流最大，因此串联谐振也称电流谐振
答案：ABCD

4. 按照采集计量的电量信息的方式，抄表方式主要分为（　）。
A. 手工抄表　B. 抄表机抄表　C. IC 卡抄表　D. 远程抄表
答案：ABCD

5. 用相量图法检查经互感器的低压三相四线电能计量装置，其步骤为（　）。
A. 分析实际接线情况　B. 绘制电压、电流相量图
C. 确定接入电能表电压相别　D. 测量电压相序和各元件电压、电流、相位
E. 计算更正系数和退补电量
答案：DCBAE

6. 大工业用电的电价由以下哪几部分构成。（　）
A. 基本电价　B. 电度电价　C. 功率因数调整电费　D. 变动费用
答案：ABC

7. 电费管理工作的主要内容包括（　　）。

A. 建立健全户务资料，完善抄表卡片和台账

B. 严格、正确地计算和审核电费

C. 按时准确抄录用户的用电量

D. 对用户的用电量及应收电费进行综合分析、统计并上报

E. 及时、全额把电费收回并上交

答案：ABCDE

8. 电能表错误接线的选项是（　　）。

A. 电压回路和电流回路发生短路或断路

B. 电压互感器和电流互感器极性接反

C. 电能表元件极性接反

D. 电能表元件中没有接入规定相别的电压和电流

答案：ABD

9. 以下关于供电方式分类正确的是（　　）。

A. 按电压等级分为高压和低压供电

B. 按电源数量分为单电源与多电源供电

C. 按电源相数分为单相与三相供电

D. 按供电回路分为单回路与多回路供电

E. 按计量形式分为装表与非装表供电

F. 按用电期限分临时用电与正式供电

G. 按管理关系分为直接供电方式与委托转供电方式

答案：ABCDEFG

10.《供电营业规则》对用户分户有以下规定。（　　）

A. 在用电地址、供电点、用电容量不变，且其受电装置具备分装的条件时，允许办理分户

B. 在原用户与供电企业结清债务的情况下，再办理分户手续

C. 分户后的新用户应与供电企业重新建立供用电关系

D. 分户引起的工程费用由分户者负担

E. 分户后受电装置应经供电企业检验合格，由供电企业分别装表计量

答案：ABCDE

11. 抄表中发现窃电的处理方法是（　　）。

A. 现场抄表，发现窃电现象时，抄表员现场不得自行处理

B. 不惊动客户，保护现场

C. 及时与公司用电检查人员或班组联系

D. 等公司有关人员到达现场取证后，方可离开

答案：ABCD

12. 国家电网公司 SG186 工程的含义是（　　）。

A. SG 是国家电网公司英文缩写

B. 1代表建设成一体化企业级信息化集成平台

C. 8代表八大应用模块（财务资金、营销管理、安全生产等）

D. 6代表六大保障体系（安全防护、标准规范、管理调控等）

答案：ABCD

三、判断题 (每小题0.5分，共25分)

1. 自由电荷在电场力的作用下做有规则的定向运动形成电流。 (√)
2. 自动抄表系统不能持抄表器现场抄表。 (×)
3. 执行两部制电价客户专门为调整用电功率因数安装的设备，如电容器、调相机等，也需按容量计收基本电费。 (×)
4. 正弦无功电能表在三相电压不对称、三相电流不平衡时不会引起附加误差。 (√)
5. 在正常情况下，保护零线不流过电流，所以人体可以触及。 (×)
6. 在用户在申请验表期间，电费可暂缓缴纳，待验表结果确认后，再根据校验结果按时缴纳。 (×)
7. 在我国，供电营业区可分为跨省营业区、省级营业区、地级营业区和县级营业区等四类。 (√)
8. 居民用户跨年拖欠电费的滞纳金为2‰。 (×)
9. 在供用电合同中，电力的价格可以由供电人和用电人双方协商。 (×)
10. 在供电企业的供电设施上擅自接线用电属于违约用电行为。 (×)
11. 在公用供电设施未到达的地区，周边单位有供电能力的可以自行就近转供电。 (×)
12. 在给定时段内，电力网所有元件中的电能损耗称线损。线损电量占供电量的百分数称线损率。 (√)
13. 在高低压同杆架设的低压带电线路上工作时，应先检查与高压线的距离，采取防止误碰带电高压设备的措施。 (√)
14. 在电力系统正常状况下，供电频率的允许偏差为①装机容量在300万kW及以上的为±0.5Hz；②装机容量在300万kW以下的为±1.0Hz。 (×)
15. 在电力系统瓦解或不可抗力造成电力中断时，仍需要保证供电的重要用户的保安电源由用户自备。 (√)
16. 在电力系统非正常状况下，用户受电端的电压最大允许偏差不应超过额定值的±20%。 (×)
17. 在测量电流时，应将电流表同被测电路并联。 (×)
18. 运行中的三相异步电动机突然一相断电，则电动机转速不会改变。 (×)
19. 运行线路中，当功率因数降低时，无功电流增加，线路损耗随之增加。 (√)
20. 用绝缘电阻表测量电容器绝缘电阻结束时，应先停止摇动，然后取下测量引线。 (×)
21. 用三表法测量三相四线电路电能时，电能表反映的功率之和等于三相负载消耗的有功功率。 (√)

22. 用钳形电流表测量三相平衡负载电流时，钳口中放入两相导线时的指示值与放入一相导线时的指示值相同。（√）
23. 用来计算电能的有功部分，即视在功率的有功分量和时间乘积的计量表，称有功电能表。（√）
24. 用绝缘电阻表测电容器时，应先将摇把停下后再将接线断开。（×）
25. 用交流电流表、电压表测量的数值都是指最大值。（×）
26. 用户暂因修缮房屋等原因需要暂时停止用电并拆表的超过六个月时间要求复装接电者，按新装手续办理。（√）
27. 用户用电设备容量在 100kW 以下的，必须采用低压供电。（×）
28. 用户用电设备容量为 100kW 及以下或变压器容量在 50kVA 及以下者，可采用低压三相四线制供电。（√）
29. 用户用电负荷电流超过 25A 时，应三相三线或三相四线进户。（×）
30. 用户因修缮房屋或其他原因需要移动用电计量装置安装位置的，移表所需费用由供电部门负担。（×）
31. 用户私自将小变比电流互感器更换为大变比的电流互感器，电能表的计量示数必然突降。（√）
32. 用户申请暂换（因受电变压器故障且无相同变压器替代，临时更换大容量变压器）的审批使用时间：10kV 及以下的不超过 3 个月。（×）
33. 用户申请改压，由改压引起的工程费用由供电企业和用户各负担 50%。（×）
34. 用户申请改为高一级电压供电，其改压引起的工程费用应由用户负担。（√）
35. 用户申请的最大需量低于变压器容量（1kVA 视同 1kW）和高压电动机容量总和的 40%时，可按低于 40%的容量核定最大需量。（×）
36. 用户申请办理移表所需的工程费用等，应由用户自行负担。（√）
37. 用户擅自超过合同约定的容量用电的行为属于窃电行为。（×）
38. 用户迁址，须在 10 天前向供电企业提出申请。（×）
39. 用户迁移用电地址用电，新迁地址不论是否引起供电点变动，一律按新装用电办理。（×）
40. 用户减容期限内要求恢复用电时，应在 5 天前向供电企业办理恢复用电手续，基本电费从启封之日起计收。（√）
41. 用户计量装置发生计量错误时，用户可等退补电量算清楚后再交纳电费。（×）
42. 用户发生人身伤亡事故应及时向供电企业报告，其他事故自行处理。（×）
43. 用户倒送电网的无功电量，不参加计算月平均功率因数。（×）
44. 用户办理临时用电期限，除经供电企业准许外，一般不超过 9 个月，逾期不办理手续的，终止供电。（×）
45. 用户办理分户后，新用户应与供电企业重新建立供用电关系。（√）
46. 用电压表测量负载电压时，要求表的内阻远远大于负载电阻。（√）
47. 使用万用表欧姆挡可以测量直流电流。（×）
48. 三相三线有功电能表在功率因数低于 0.5 时，会发出报警信息，但此时电能表运行情况是正常的。（√）

49. 高压供电的大中型电力排灌站在电网高峰负荷时功率因数应达到0.90。 (×)

50. 当低压配电网三相负荷不平衡时，会引起三相四线电能表电流符号闪烁。 (√)

四、计算题 (每小题10分，共20分)

1. 已知三相三线有功表接线错误，其接线形式为：一元件$\dot{U}_{ca}\cdot -\dot{I}_a$，二元件$\dot{U}_{ba}\cdot -\dot{I}_c$。功率因数角$\varphi$为15°；设三相负载平衡，某月抄见有功电量$W$为200kWh，则其更正系数值是（ ），该月实际电量为（ ）kWh。

答案：1.366、273

解：接线方式为一元件$\dot{U}_{ca}\cdot -\dot{I}_a$，二元件$\dot{U}_{ba}\cdot -\dot{I}_c$。

（1）正确接线状态下的功率表达式：$P_{正}=\sqrt{3}UI\cos\varphi$

（2）错误接线状态下的功率表达式：

$$P_A=U_{ca}(-I_a)\cos(30°-\varphi)$$

$$P_C=U_{ba}(-I_c)\cos(90°-\varphi)$$

在三相对称电路中，$U_{ca}=U_{ba}=U$，$-I_a=(-I_c)=I$

故 $P=U_{ab}I_a\cos(30°+\varphi_a)+U_{cb}I_c\cos(30°-\varphi_c)$

$=\sqrt{3}UI\cos(60°-\varphi)$

更正系数：$K=\dfrac{P_{正}}{P_{误}}=\dfrac{\sqrt{3}UI\cos\varphi}{\sqrt{3}UI\cos(60°-\varphi)}=\dfrac{2}{1+\sqrt{3}\tan\varphi}$

因$\varphi=15°$，故$K=1.366$

实际用电量：$W'=KW=1.366\times200=273$（kWh）

2. 某地新建钙镁磷肥厂，10kV供电，变压器为S11-630/10kVA；三班制生产，高供低计，TA为750/5。2014年3月28日投产，4月25日抄表，抄见止度：有功总709.30，峰240.32，谷224.38；正向无功357.71，反向无功0.74；装有一只生活分表，TA为75/5，止度1067.11；起度均为0。该客户4月电费为（ ）元。（备注：电价表见附录B，4月按枯水期电价上浮20%，峰谷时段电价上下浮动50%。具体执行请以当地最新电价政策为准）

答案：80043.12

解：

电量电表计算表

1）结算倍率计算	总表倍率：750/5=150 分表倍率：75/5=15
2）抄见电量计算	总表抄见电量： 总：709.30×150−0×150=106395（kWh） 峰：240.32×150−0×150=36048（kWh） 谷：224.38×150−0×150=33657（kWh） 平：106395−36048−33657=36690（kWh） 正向无功：357.71×150−0×150=53657（kvarh） 反向无功：0.74×150−0×150=111（kvarh） 无功总电量：53657+111=53768（kvarh） 分表抄见电量，总：1067.11×15−0×15=16007（kWh）

续表

3）变损电量计算	经查 S11-630/10 型变压器参数：$P_o=0.805$kW，$Q_o=8.19$kvar，$P_h=6.885$kW，$Q_h=28.35$kvar。 由题意知：$T=28\times24=672$（h），$S_e=630$（kVA），$K=1$，则： $\Delta P=P_o\times T+\dfrac{K(A_p{}^2+A_q{}^2)P_h}{S_e{}^2\times T}=0.805\times672+\dfrac{1(106395^2+53768^2)\times6.885}{630^2\times672}=908$（kWh） $\Delta Q=Q_o\times T+\dfrac{K(A_p{}^2+A_q{}^2)Q_h}{S_e{}^2\times T}=8.19\times672+\dfrac{1(106395^2+53768^2)\times28.35}{630^2\times672}=7014$（kvarh） 分表分摊损耗：908×16007/106395＝137（kWh），大工业分摊损耗：908－137＝771（kWh）
4）结算电量计算	分表电量分摊：（第一步） 峰：16007×36048/106395＝5423（kWh） 谷：16007×33657/106395＝5064（kWh） 平：16007－5423－5064＝5520（kWh） 大工业损耗分摊：（第二步） 峰：771×(36048－5423)/(106395－16007)＝261（kWh） 谷：771×(33657－5064)/(106395－16007)＝244（kWh） 平：771－261－244＝266（kWh） 大工业结算电量：（第三步） 峰：36048－5423＋261＝30886（kWh） 谷：3657－5064＋244＝28837（kWh） 平：36690－5520＋266＝31436（kWh） 总：106395－16007＋771＝91159（kWh） 合表居民结算电量：16007＋137＝16144（kWh）（第四步） 结算有功总：106395＋908＝107303（kWh）（第五步） 结算无功总：53768＋7014＝60782（kvarh）
5）结算电价计算	查表知，10kV 大工业（电炉钙镁磷肥）基准电价为 0.4857 元/千瓦时，10kV 合表居民基准电价为 0.4896 元/千瓦时，4 月为枯水期，则： 大工业电价： 峰：0.4857×1.2×1.5＝0.87426（元/千瓦时） 谷：0.4857×1.2×0.5＝0.29142（元/千瓦时） 平：0.4857×1.2＝0.58284（元/千瓦时） 居民合表电价：0.4896 元/千瓦时
6）电度电费计算	大工业目录电费： 峰：0.87426×30886＝27002.39（元） 谷：0.29142×28837＝8403.68（元） 平：0.58284×31436＝18322.16（元） 小计：53728.23 元 居民合表目录电费： 0.48960×16144＝7904.10（元） 合计：61632.33 元
7）基本电费计算	计费容量：$630\times\dfrac{28}{30}=588.00$（kVA）， 基本电费＝22×588＝12936.00（元）
8）功率因数计算	$\cos\varphi=\cos$［arctan（结算总无功电量/结算总有功电量）］ $=\cos\left(\arctan\dfrac{60782}{107303}\right)=0.87$
9）力调电费计算	根据现行电价政策，该客户的功率因数考核标准为 0.90，经查表得知当 $\cos\varphi=0.87$ 时增减电费百分数为 1.5%。 力调电费：(53728.23＋12936.00)×1.5%＝999.96（元）

续表

10）代收基金计算	农网还贷：16144×0.02＝322.88（元） 城市附加：107303×0.01＝1073.03（元） 水利基金：107303×0.007＝751.12（元） 库区移民基金：107303×0.0088＝944.27（元） 可再生能源附加 1：16144×0.001＝16.14（元） 可再生能源附加 2：91159×0.015＝1367.39（元） 合计：4474.83 元
11）合计电费计算	合计电费＝电度电费＋基本电费＋力调电费＋代收基金 ＝61632.33＋12936.00＋999.96＋4474.83＝80043.12（元）

五、识图题 （每小题 2.5 分，共 10 分）

1. 判断以下三台单相三绕组（一次侧一绕组，二次侧二绕组）电压互感器，接 Y/y_0-12/开口三角形组别连接的接线图是否正确。（　　）

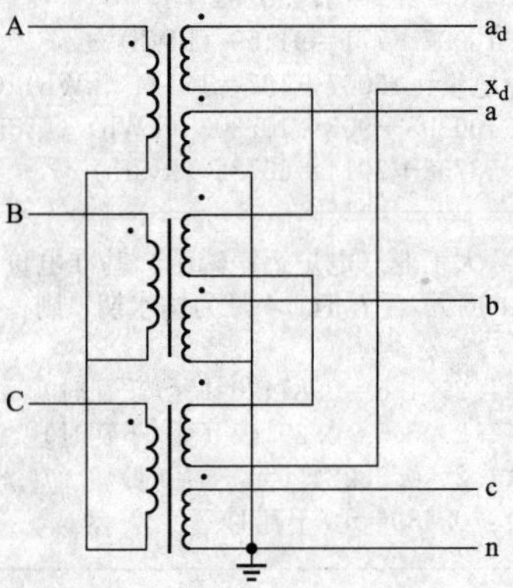

A. 正确　　　　B. 错误

答案：A

2. 以下三相四线三元件有功电能表错误接线图中，若负荷为感性、电能表为非逆止机械表，则电能表将被烧坏的错误接线图是（　　）。

A.

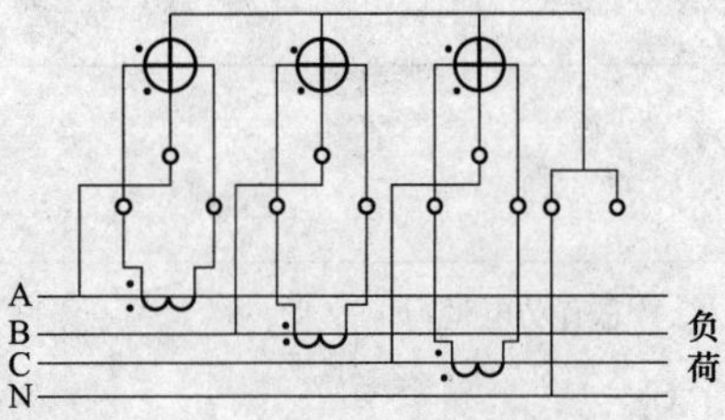

B.

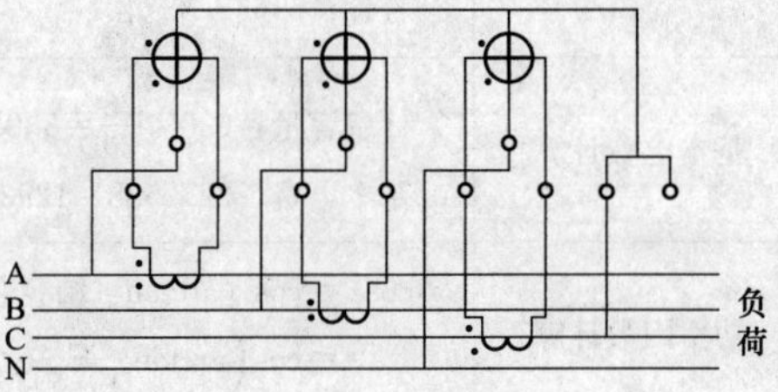

答案：B

3. 下图中，正确的全波整流电路是（　　）。

A.

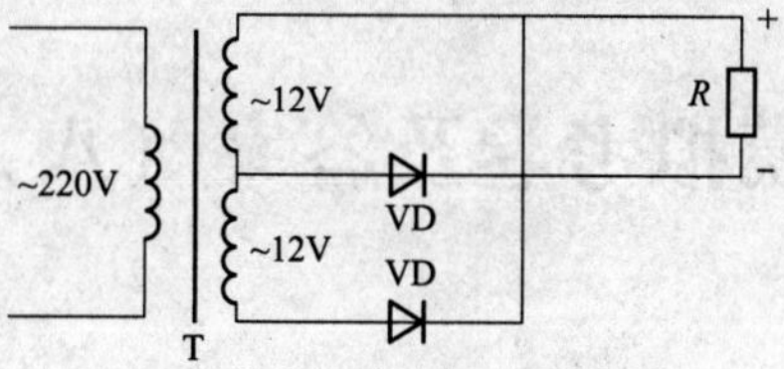

B.

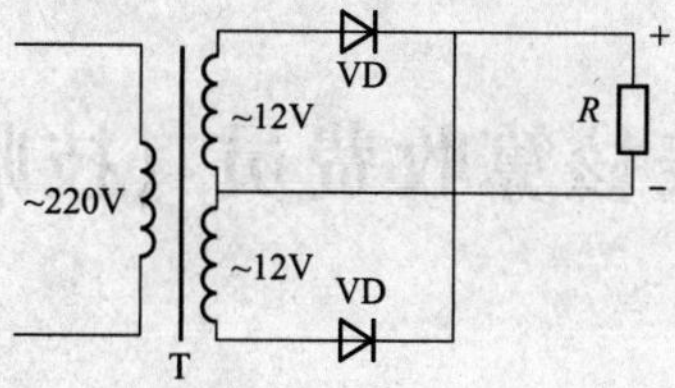

C.

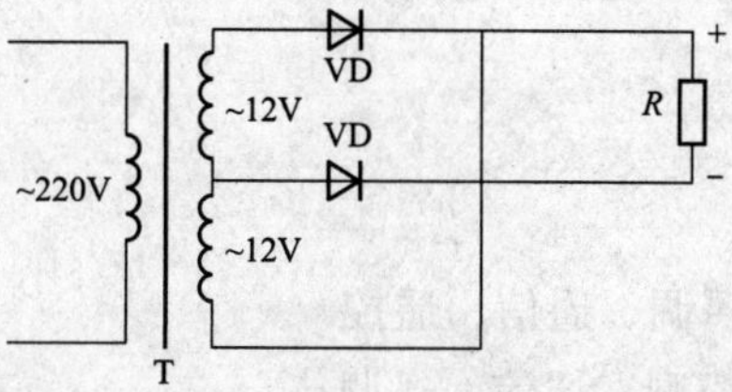

答案：B

4. 以下暂停流程框图是否正确。（　　）

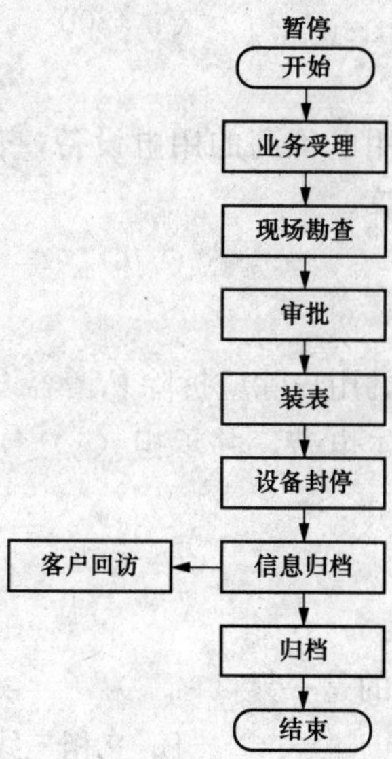

A. 错误　　　　B. 正确

答案：B

抄表核算收费员（技师）模拟考卷及答案（八）

一、单选题 （每小题 0.5 分，共 21 分）

1. 无线电采集终端具有的三遥功能通常指（　　）。

A. 遥测、遥信、遥控　　B. 遥调、遥信、遥控

C. 遥测、遥试、遥控　　D. 遥测、遥信、遥调

答案：A

2. 载波模块与电能表之间的通信口波特率固定为（　　）bit/s。

A. 1200　　B. 2400　　C. 4800　　D. 9600

答案：B

3. 在电价低的供电线路上擅自接用电价高的用电设备，若使用起始日期难以确定的，实际使用日期按（　　）个月计算。

A. 2　　B. 3　　C. 6　　D. 12

答案：B

4. 私自超过合同约定的容量用电的用户除应拆除私增容设备外，属于两部制电价的用户，应补交私增容量使用月数的基本电费，并承担（　　）倍私增容量基本电费的违约使用电费。

A. 3　　B. 2　　C. 6　　D. 3～6

答案：A

5. 型号为 DSSD99A_1 型的电能表的是一只（　　）。

A. 三相预付费电能表　　B. 三相三线多功能电能表

C. 三相最大需量表　　D. 三相三线复费率电能表

答案：B

6. 某用户月平均用电为 20 万 kWh，则应安装（　　）类计量装置。

A. Ⅰ　　B. Ⅱ　　C. Ⅲ　　D. Ⅳ

答案：C

7. 负荷容量为 315kVA 以下的计费用户、发供电企业内部经济技术指标分析考核用的电能计量装置是（　　）类计量装置。

A. Ⅰ　　B. Ⅱ　　C. Ⅲ　　D. Ⅳ

答案：D

8. 在公用供电设施尚未到达的地区，供电企业可委托有供电能力的直供户向（　　）的用电户转供电力。

A. 其附近　B. 效益好　C. 郊区　D. 非居民

答案：A

9. 在电力系统正常状况下，供电企业供到用户受电端的供电电压允许偏差为 380V 三相供电的，为额定值的（　）。

A. ±5%　B. ±10%

C. ±7%　D. +7%、−10%

答案：C

10. 用户遇有特殊情况需延长供电方案的有效期的，应在有效期到期前（　）天向供电企业提出申请，供电企业应视情况予以办理延长手续。

A. 30　B. 10　C. 15　D. 20

答案：B

11. 是否采用高压供电是根据供、用电的安全，用户的用电性质、用电量以及当地电网的（　）确定的。

A. 供电量　B. 供电线路　C. 供电条件　D. 供电电压

答案：C

12. 使用临时电源的用户改为正式用电，应按（　）办理。

A. 用户不需再办理手续　B. 新装用电

C. 供电企业直接转为正式用电　D. 增加供电容量

答案：B

13. 在功率因数的补偿中，电容器组利用率最高的是（　）。

A. 就地个别补偿　B. 分组补偿　C. 集中补偿　D. 分片补偿

答案：C

14. 在工程中，所有用电设备额定功率的总和称（　）。

A. 装表容量　B. 计算容量　C. 设备总容量　D. 额定容量

答案：C

15. 在负荷不变时，功率因数越高，（　）。

A. 电流越大　B. 线路损耗越大　C. 线路压降越小　D. 线路压降越大

答案：C

16. 在放大器中引入了负反馈后，使（　）下降，但能够提高放大器的稳定性，减少失真，加宽频带，改变输入、输出阻抗。

A. 放大倍数　B. 负载能力　C. 输入信号　D. 输出阻抗

答案：A

17. 在低压线路工程图中 M 标志（　）类。

A. 发电机　B. 电动机　C. 电流表　D. 测量设备

答案：B

18. 在低压三相四线制回路中，要求中性线上不能（　）。

A. 装设电流互感器　B. 装设电能表

C. 安装漏电保护器　D. 安装熔断器

答案：D

19. 在测量变压器 10kV 的绝缘电阻时，应选用（　　）V 绝缘电阻表。

A. 250　　B. 500　　C. 1000　　D. 2500

答案：D

20. 在并联的交流电路中，总电流等于各分支电流的（　　）。

A. 代数和　　B. 相量和　　C. 总和　　D. 方根和

答案：B

21. 在变压器铁芯中，产生铁损的原因是（　　）。

A. 磁滞　　B. 涡流现象　　C. 磁阻的存在　　D. 磁滞和涡流现象

答案：D

22. 有三个电阻并联使用，它们的电阻比是 1/3/5，所以，通过三个电阻的电流之比是（　　）。

A. 5/3/1　　B. 15/5/3　　C. 1/3/5　　D. 3/5/15

答案：B

23. 用钳形电流表测量较小负载电流时，将被测线路绕 2 圈后夹入钳口，若钳形表读数为 6A，则负载实际电流为（　　）A。

A. 2　　B. 3　　C. 6　　D. 12

答案：B

24. 使用电流互感器和电压互感器时，其二次绕组应分别（　　）接入被测电路之中。

A. 串联、并联　　B. 并联、串联　　C. 串联、串联　　D. 并联、并联

答案：A

25. 设 U_m 是交流电压最大值，I_m 是交流电流最大值，则视在功率 S 等于（　　）。

A. $2U_mI_m$　　B. U_mI_m　　C. $0.5U_mI_m$　　D. U_mI_m

答案：C

26. 有线广播站动力用电应按（　　）电价计费。

A. 城乡居民生活用电　　B. 一般工商业及其他用电

C. 农业生产用电　　D. 大工业用电

答案：B

27. 退补电量在（　　）万 kWh、电费在（　　）万元及以上的必须报省电力公司审批。

A. 50、25　　B. 40、20　　C. 100、50　　D. 10、5

答案：C

28. 售电量是指供电企业通过（　　）测定并记录的各类电力用户消耗使用的电能量的总和。

A. 电能计量装置　　B. 电流表　　C. 电压表　　D. 功率表

答案：A

29. 手工发票规格：(mm) 普通用户电费统一发票（　　）。

A. 255×133　　B. 241×153　　C. 120×89　　D. 128×88

答案：D

30. 某自来水厂 10kV、200kVA 用电应按（ ）电价计费。

A. 农业生产用电　　B. 一般工商业及其他用电

C. 大工业用电　　D. 城乡居民生活用电

答案： B

31. 基本电费计算时以月计算，以下何种情况可以扣减相应的基本电费。（ ）

A. 事故停电　　B. 计划限电

C. 检修停电　　D. 变更用电当月的基本电费

答案： D

32. 对于执行峰谷分时电价的客户，对其加计的变压器损耗电量、线路损失电量应按比例加在（ ）。

A. 峰段　　B. 谷段　　C. 平段　　D. 峰、谷、平各段

答案： D

33. 开展电费现场复核的要求（ ）。

A. 居民用户年现场复核应达到应抄户数的 20%

B. 小动力用户年现场复核应达到应抄户数的 70%

C. 对专变用户年现场复核应达到应抄户数的 50%

D. 大工业用户年现场复核应达到应抄户数的 90%，并做好记录

答案： C

34. 通过人体的交流电若超过（ ）mA，触电者就会感到麻痹或剧痛。

A. 10　　B. 20　　C. 30　　D. 50

答案： A

35. 梯子应有防滑措施，使用单梯工作时，梯子与地面的斜角度为（ ）度左右。

A. 45　　B. 30　　C. 60　　D. 72

答案： C

36. 室内裸导线与需要经常维护的生产设备之间的距离不应小于（ ）m。

A. 0.7　　B. 1.0　　C. 1.5　　D. 2.0

答案： C

37. 下列情况抄表例日不必要安排在同一天的是（ ）。

A. 同一台区的客户　　B. 同一供电线路的专变客户

C. 存在转供关系的客户　　D. 同一种抄表方式的客户

答案： D

38. 推动 PDCA 循环，关键在于（ ）阶段。

A. 计划　　B. 执行　　C. 总结　　D. 检查

答案： C

39.《居民用户家用电器损坏处理办法》规定对不可修复的家用电器，其购置时间在（ ）个月及以内的，按原购货发票价，供电企业全额予以赔偿。

A. 3　　B. 6　　C. 9　　D. 12

答案： B

40. 在 Word 中，执行“复制”命令时，应选择（　　）。

A. Ctrl＋C　B. Ctrl＋V　C. Shift＋C　D. Shift＋V

答案：A

41. 下列属于供电企业未收账的是（　　）。

A. 某段时间内的全部电力销售收入的账目

B. 某段时间内未收到的用户电费总和账目

C. 某段时间内实际收到的用户电费总和账目

D. 某段时间内未收回的全部账款

答案：B

42. 专用发票抵扣联应当保存（　　）年，保存期满，报经主管税务机关查验后销毁。

A. 3　B. 5　C. 10　D. 长期

答案：C

二、多选题 （每小题 2 分，共 24 分）

1.《中华人民共和国电力法》规定对同一电网内的（　　）执行相同的电价标准。

A. 同一电价等级　B. 同一用电容量　C. 同一用电类别　D. 同一用电性质

答案：AC

2. 抄表段维护是指（　　）。

A. 建立抄表段名称、编号、管理单位等抄表段基本信息

B. 建立和调整抄表方式、抄表周期、抄表例日等抄表段属性

C. 对空抄表段进行注销等操作

D. 制订抄表计划

答案：ABC

3. 电工作业过程中常说的“四不伤害”指（　　）。

A. 不伤害自己　B. 不伤害他人　C. 不伤害用户　D. 不被他人伤害

E. 不让他人伤害他人

答案：ABDE

4. 功率因数低的危害有（　　）。

A. 增加了供电线路的损失

B. 增大供电线路的截面，增加了投资

C. 增加了线路的电压降，降低了电压质量

D. 降低了发、供电设备的利用

E. 增加了企业的电费支出，加大了成本

F. 电动机无法正常启动

答案：ABCDE

5. 关于电流互感器下列说法错误的是（　　）。

A. 二次绕组可以开路　　B. 二次绕组可以短路

C. 二次绕组不能接地　　D. 二次绕组不能短路

答案：ACD

6. 电能计量装置现场检测周期分别是（　　）。

A. Ⅰ类电能表至少每 3 个月现场检验一次

B. Ⅱ类电能表至少每 6 个月现场检验一次

C. Ⅲ类电能表至少每年现场检验一次

D. 高压互感器每 10 年现场检验一次

答案：ABCD

7. SG186 系统电量电费审核的操作内容是（　　）。

A. 核算人员在待办工作中查出待审核的当前流程确认审核

B. 系统自动分析审核电量电费数据的正确性

C. 系统根据审核规则、异常处理分类筛选出需人工审核的客户并显示于界面

D. 核算人员对电量电费计算结果进行校核确认

答案：ABCD

8. 供电企业办理暂换变压器的规定（　　）。

A. 必须在原受电地点内整台暂换受电变压器

B. 暂换变压器的使用时间，10kV 及以下的不得超过 2 个月，35kV 及以上的不得超过 3 个月。逾期不办理手续的，供电企业可中止供电

C. 暂换的变压器经检验合格后方可投入运行

D. 对两部制电价用户须在暂换之日起，按替换后的变压器容量计收基本电费

答案：ABCD

9. 供电企业在办理客户销户时的规定有（　　）。

A. 销户必须停止全部用电容量的使用

B. 客户已向供电企业结清电费

C. 查验用电计量装置完好性后，拆除接户线和用电计量装置

D. 客户持供电企业出具的凭证，领还安装费

答案：ABC

10. 国家电网公司供电服务“十项承诺”对供电方案的答复期限是（　　）。

A. 居民客户不超过 3 个工作日　　B. 低压电力客户不超过 7 个工作日

C. 高压单电源客户不超过 15 个工作日　　D. 高压双电源客户不超过 30 个工作日

答案：ABCD

11. 国家电网公司对故障抢修服务规范要求是（　　）。

A. 提供 24 小时电力故障报修服务，做到快速反应、有效处理

B. 故障抢修人员到达故障现场的时限：城区 45min、农村 90min、边远地区 2h，特殊边远地区根据实际情况合理确定

C. 因天气等特殊原因造成故障较多不能在规定时间内到达现场进行处理的，应向客户做好解释工作，并争取尽快安排抢修工作

D. 坚持无偿服务原则，不得收取抢修费用

答案：ABC

12.《供电监管办法》规定，自接到报修之时起，供电企业工作人员到达现场抢修的时限，下列说法正确的是（ ）。

A. 城区范围不超过 45 分钟　　B. 城区范围不超过 60 分钟

C. 农村地区不超过 90 分钟　　D. 农村地区不超过 120 分钟

E. 边远、交通不便地区不超过 240 分钟

答案：BDE

三、判断题 （每小题 0.5 分，共 25 分）

1. 智能电能表与普通电子式电能表的计量“灵敏度”不一样。（×）
2. 智能电能表与机械电能表或功能单一的电子式电能表相比，属节能电能表。（×）
3. 智能电能表损坏后，预存的剩余电费转入新更换电能表内。（√）
4. 智能电能表使用过程中发生故障需要维修、更换，不需要用户承担换表维修换表费用。（×）
5. 在 35kV 变电站内，10kV 线路供电，使用 500/5A 电流互感器，则起实用倍率为 10000。（√）
6. 有一只三相四线有功电能表，B 相电流互感器反接达一年之久，累计电量为 7000kWh，那么差错电量为 7000kWh。（×）
7. 用钳形表测量被测电流大小难于估计时，可将量程开关放在最小挡位上进行粗测。（×）
8. 用户用电设备容量在 100kW 以下的，必须采用低压供电。（×）
9. 异步电动机按额定电压可分为笼形和绕线形两类；按转子绕组形式又可分为高压和低压两种类型。（×）
10. 已经开具的发票存根联和登记簿，应当保存 10 年，专用发票抵扣联应当保存 5 年，保存期满，报经主管税务机关查验后销毁。（×）
11. 医院用电，不论营利或非营利性质，执行一般工商业及其他用电电价。（×）
12. 型号为 DX862 的电能表，属三相三线有功电能表。（×）
13. 校办工厂装接容量在 315kVA 以下执行一般工商业及其他用电电价。（√）
14. 使用钳形电流表，转换量程时钳形电流表应脱离被测电路，测量时钳形口应关闭紧密且不得靠近非被测相。（√）
15. 三相四线制用电的用户，只要安装三相三线电能表，不论三相负荷对称或不对称都能正确计量。（×）
16. 三相四线电路中安装漏电保护器时，零线不能接入漏电保护器中，否则将会误动作。（×）
17. 若要在低压电力线路杆上进行带电工作时，上杆应分清相线、中性线，选好工作位置。（√）

18. 人们常用“负载大小”来指负载电功率大小，在电压一定的情况下，负载大小是指通过负载的电流大小。 (√)
19. 窃电时间无法查明时，窃电日至少以三个月计算。 (×)
20. 钳形电流表中的电流互感器没有一次绕组，它的一次绕组就是钳口中被测电流所通过的导线。 (√)
21. 两部制电价是以合理的分担电力企业容量成本和电能成本为主要依据的电价制度，是一种很先进的电价计费办法。 (√)
22. 利用远程采集系统抄表的客户，6 个月内对远抄数据与电能表数据进行一次校核。 (×)
23. 计费电能表不装在产权分界处，变压器损耗和线路损耗由供电企业负担。 (×)
24. 故意损坏供电企业电能计量装置属违约用电行为。 (×)
25. 根据电力供应与使用法规在现场排解有关用户的用电纠纷工作属于业务扩充工作。 (×)
26. 分时电价的时段是由每昼夜中按用电负荷高峰、非峰谷、低谷三时段组成。 (√)
27. 发电厂和变电站中装设的电气设备分为一次设备和二次设备。 (√)
28. 额定容量是指电气设备在厂家铭牌规定的条件下，在额定电压、额定电流下连续运行所输送的功率。 (√)
29. 额定电压是指电气设备瞬间运行所能承受的工作电压。 (×)
30. 额定电流是指电气设备允许长期通过的电流。 (√)
31. 对 10kV 供电的用户，应配置专用的计量电流、电压互感器。 (√)
32. 对 10kV 供电的用户，供电设备计划检修停电次数不应超过 3 次/年。 (√)
33. 定价成本是财务成本的基础，财务成本是定价成本的外在表现。 (×)
34. 电阻是表征导体对电流的阻碍作用的物理量。 (√)
35. 电压互感器变比是指电压互感器一次额定电压 U_{1N} 与二次额定电压 U_{2N} 之比，用 K_N 表示，即 $K_N=U_{1N}/U_{2N}=U_1/U_2$。 (√)
36. 电网中的输电、变电和配电系统，是将电源生产的电能，可靠地、高效地送到负荷中心或地区，并分配给电力用户使用。 (√)
37. 电流互感器正常工作时相当于变压器开路状态。 (×)
38. 电流互感器的额定容量与额定二次阻抗成正比，故额定容量也可以用额定负载阻抗表示。 (√)
39. 电流互感器的额定电压指的是加在一次绕组两端的额定相电压。 (×)
40. 电流方向相同的两根平行载流导体会互相排斥。 (×)
41. 当三相电压、电流完全对称时，三相两元件电能表 B 相电压断线时，电能表应少计量 1/3。 (×)
42. 当三相电流不平衡时，用三相三线计量方式会造成电能计量误差，必须用三相四线计量方式。 (√)
43. 单相智能表插用户卡时，液晶应先显示“C”“读卡”“中”，同时背光点亮。读卡成功后，液晶自动显示剩余金额。 (√)
44. 单相电能表铭牌上的电流为 5(40)A，其中 5A 为标定电流，40A 为额定电流。 (√)
45. 本地费控智能电能表可以根据表计内置的当前电价和用户用电量实时结算电费。 (√)

46. 本地费控智能表应急用电功能是指本地费控智能电能表具有 10 元的透支额度。在剩余金额为 0.00 元，且电流小于 30A 时电能表将会跳闸，跳闸后可以通过反插电卡或按键的方式恢复用电，用户可以继续用电至透支金额用完。 （√）

47. 安装式电能表的基本电流（标定电流）是指电能表长期允许的工作电流。 （×）

48. 智能电能表显示 Err-13 表示充值次数错误。首先应查明智能表、购电卡、售电系统中购电次数等购电信息，只有满足购电卡和售电系统的购电次数比表内购电次数多一次的充值条件，才能进行充值。 （√）

49. 2013 版单相智能电能表 LCD 显示屏下方具备两个指示灯：从左到右依次是：脉冲指示灯，跳闸指示灯。 （√）

50. 电力事业投资，实行谁投资、谁收益的原则。 （√）

四、计算题 （每小题 4 分，共 20 分）

1. 用电检查发现，某用户三相四线电能计算装置 ABC 三相所配电流互感器变比分别为 $K_A=150/5$、$K_B=40$、$K_C=200/5$，且 C 相电流互感器极性反接。供电企业按 $K=150/5$ 计收其电量 W 为 12000kWh。该用户实际用电量是（ ）kWh。

答案： 36000

解： 正确电量：$A_P=\frac{1}{3}+\frac{1}{3}+\frac{1}{3}=1$

错误电量：$A=\frac{1}{3}+\frac{1}{3}\times\frac{150/5}{40}-\frac{1}{3}\times\frac{150/5}{200/5}=\frac{1}{3}$

更正系数：$K=1\div\frac{1}{3}=3$

实际用电量：$W'=12000\times3=36000$ （kWh）

2. 某客户 10kV 照明用电，受电容量 200kVA，由两台 10kV 同系列 100kVA 节能变压器并列运行，其单台变压器损耗 $P_1=0.3$kW，$P_2=1.2$kW。因负荷变化，某月两台变压器负荷率都只有 45%。此时功率损耗（ ）kW，若申请暂停 1 台受电变压器，则此时功率损耗（ ）kW。(保留 1 位小数)

答案： 1.1、1.3

解： 两台变压器并列运行受电时，其损耗为

$$P_1'=0.3\times2=0.6\ (\text{kW})$$
$$P_2'=1.2\times2\times(45/100)^2=0.486\ (\text{kW})$$
$$P_\Sigma=P_1'+P_2'=0.6+0.486=1.086\ (\text{kW})$$

若暂停一台变压器，其损耗为

$$P_1'=0.3\ (\text{kW})$$
$$P_2'=1.2\times(90/100)^2=0.972\ (\text{kW})$$
$$P_\Sigma'=P_1'+P_2'=0.3+0.972=1.272\ (\text{kW})$$

3. 某用户某 10kV 用户三相负荷平衡分布，三相三线电能计算装置，第一元件接 $\dot{U}_{ca}\cdot-\dot{I}_c$，

第二元件接$\dot{U}_{ba}\cdot\dot{I}_a$。错误接线期间计其电量$W=-20000$kWh。假设用户平均功率因数角$\cos\varphi$为20°，该用户实际用电量是（ ）kWh。

答案：25320

解：一元件：$\dot{U}_{ca}\cdot-\dot{I}_c$；二元件：$\dot{U}_{ba}\cdot\dot{I}_a$

（1）正确接线状态下的功率表达式：$P_{正}=\sqrt{3}UI\cos\varphi$

（2）错误接线状态下的功率表达式：

$$P_A=U_{ca}(-I_c)\cos(150°-\varphi)$$

$$P_C=U_{ba}I_a\cos(150°-\varphi)$$

在三相对称电路中，$U_{ca}=U_{ba}=U$，$-I_c=I_a=I$；

故 $P_{误}=P_A+P_C=U_{ca}(-I_c)\cos(150°-\varphi)+U_{ba}I_a\cos(150°-\varphi)$

$=-2UI\cos(30°+\varphi)$

更正系数：$K=\dfrac{P_{正}}{P_{误}}=\dfrac{\sqrt{3}UI\cos\varphi}{-2UI\cos(30°+\varphi)}=\dfrac{-\sqrt{3}}{\sqrt{3}-\tan\varphi}$

因$\varphi=20°$，故$K=-1.266$

实际用电量：$W'=KW=-1.266\times(-20000)=25320$（kWh）

4. 某工业用户本月电量波动异常。三相四线制低压供电，电流互感器倍率为150/5A。在电能表端子上实测相电压为220V，电流为4.8A，抄见有功电量起度1000.4，无功电量起度400.1；经过6min后，抄见有功电量止度1000.6，无功电量止度400.2。该用户的电能计量误差为（ ）%。（保留2位小数）

答案：−29.42

解：倍率=150/5=30，时间=6/60=0.1（h）

根据测量结果求得实际视在功率S_1：

$$S_1=220\times4.8\times30\times3=95040\ (\text{VA})=95.04\ (\text{kVA})$$

根据抄见电量求得有功功率P_2、无功功率为Q_2：

$$P_2=(1000.6-1000.4)\times30\div(6/60)=60\ (\text{kW})$$

$$Q_2=(400.2-400.1)\times30\div(6/60)=30\ (\text{kvar})$$

总视在功率：总视在功率：$S_2=\sqrt{{P_2}^2+{Q_2}^2}=\sqrt{60^2+30^2}=67.08$（kVA）

计量误差=(67.08−95.04)/95.04=−29.42%

5. 中国人民银行某市支行，10kV供电，装见容量630kVA，高供高计；电流互感器变比TA=50/5，2014年11月7日抄见有功电量止度2068.50，上月止度2045.03；本月无功电量18000kvarh。其本月电费为（ ）元。（设一般工商业及其他：目录电价0.7836元/千瓦时，代收基金合计0.0608元/千瓦时；居民合表电度电价0.5464元/千瓦时）

答案：19818.07

解：中国人民银行原执行非居照明电价，现归并执行一般工商业及其他电价，不执行《功率因数调整电费办法》。故

本月有功电量=(2068.50−2045.03)×10/0.1×50/5=23470（kWh）

本月电费=(0.7836+0.0608)×23470=19818.07（元）

五、识图题 (每小题 2.5 分，共 10 分)

1. 下图中，正确的三相三线两元件有功电能表直接接入方式的接线图是（ ）。

A.

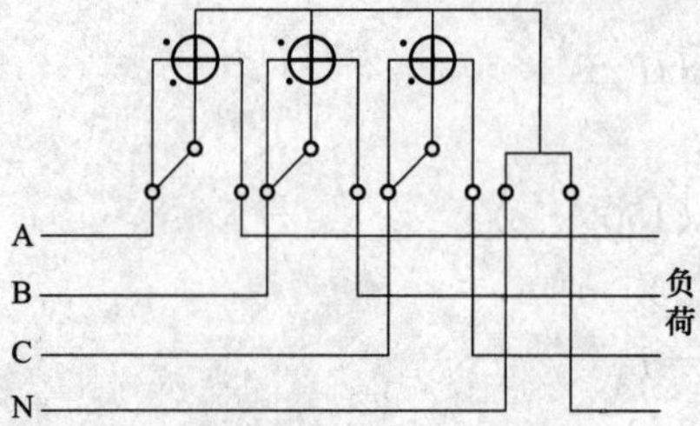

B.

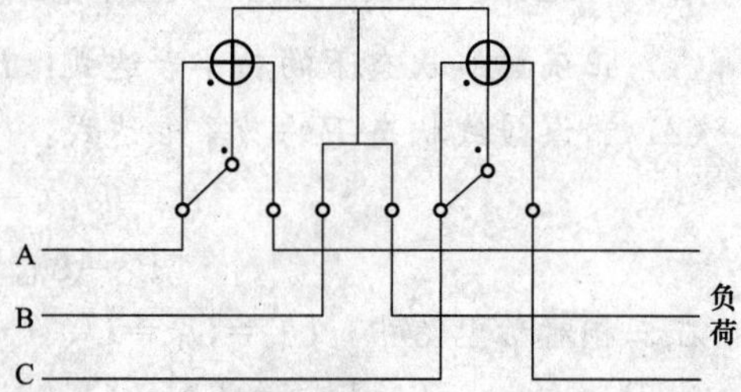

C.

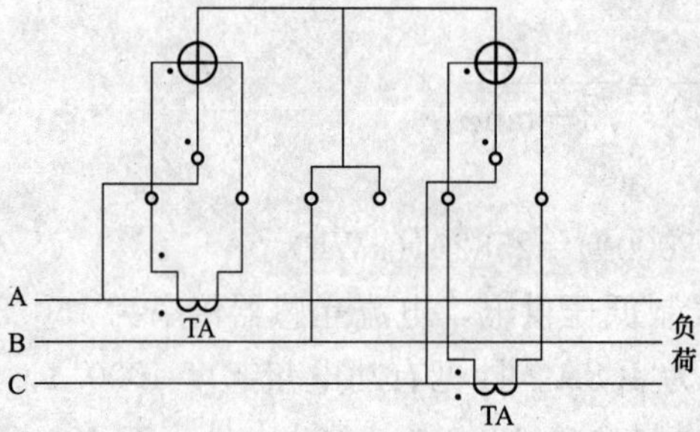

答案：B

2. 如下两台单相双绕组电压互感器连接的 V-V 形接线图是否正确。（ ）

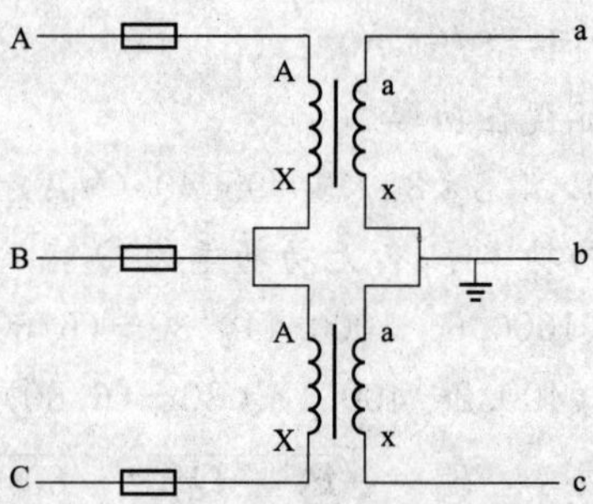

A. 错误　　　　B. 正确

答案：B

3. 下图中，一进一出接线方式的单相电能表内外部接线图正确的是（ ）。

A.

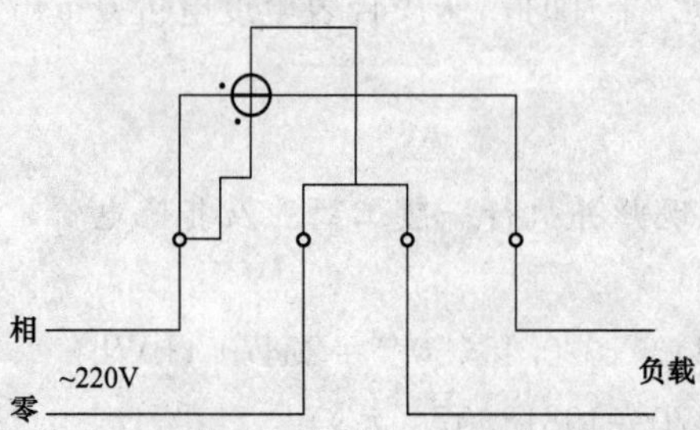

B.

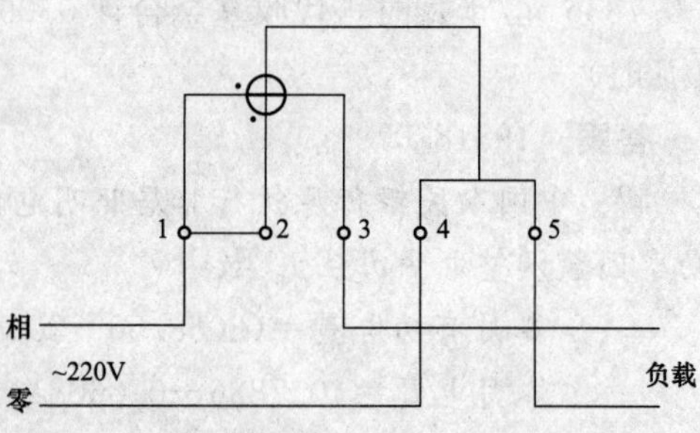

C.

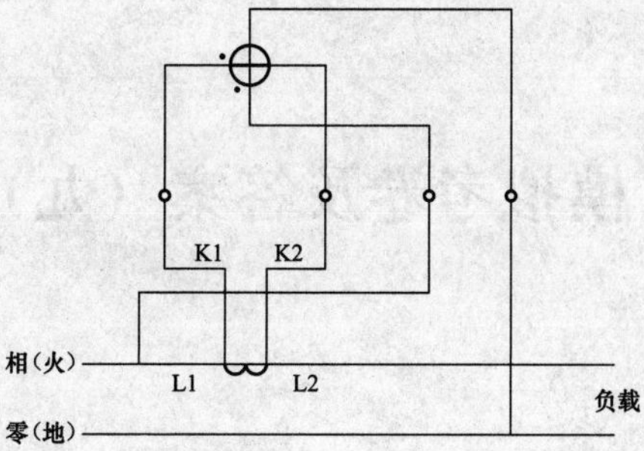

D.

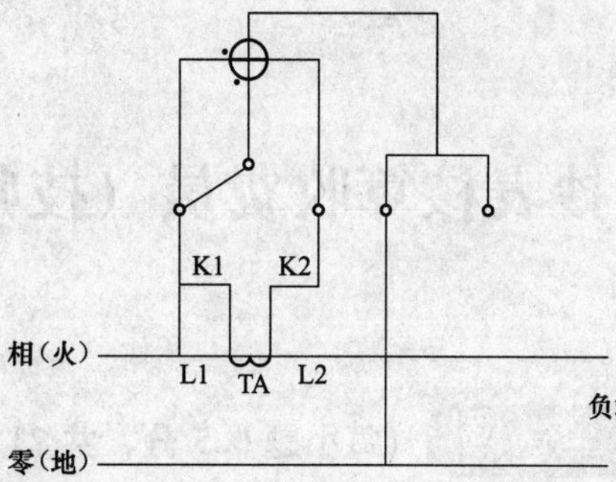

答案：B

4. 以下由电源、开关、双线圈镇流器、灯管、启辉器组成的荧光灯控制电路的原理接线图是否正确。（　　）

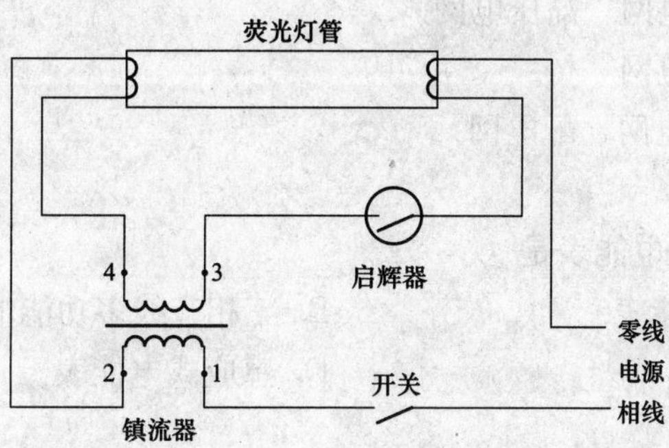

A. 正确　　　　B. 错误

答案：A

抄表核算收费员（技师）模拟考卷及答案（九）

一、单选题 （每小题 0.5 分，共 21 分）

1. 电力网按供电范围的大小和电压高低可分为（ ）。
   A. 低压电网、高压电网、超高压电网
   B. 低压电网、中压电网、高压电网
   C. 低压电网、高压电网
   D. 高压电网、中压电网、配电网
   答案：A
2. 型号为 DTZY862-G 的电能表是（ ）。
   A. 三相四线智能电能表　　B. 三相三线多功能电能表
   C. 单相智能电能表　　D. 感应式电能表
   答案：A
3. 当单相智能电能表液晶上显示 Err-01 时，表示的意义为（ ）。
   A. 控制回路错误　　B. ESAM 错误
   C. 内卡初始化错误　　D. 时钟电池电压低
   答案：A
4. （ ）的用电负荷属于三级负荷。
   A. 中断供电将在政治、经济上造成较大损失时
   B. 中断供电将影响重要用电单位的正常工作
   C. 中断供电将在政治、经济上造成重大损失时
   D. 中断供电后对生活、生产影响不大
   答案：D
5. 线路损失率即为线路损失电量占（ ）的百分比。
   A. 供电量　　B. 售电量　　C. 用电量　　D. 设备容量
   答案：A
6. Y/y 接线的电压互感器在正常运行时二次回路对地电压是（ ）。
   A. 57.7V　　B. 100V　　C. 173V　　D. 0
   答案：D
7. 三相交流电源作 Y 形连接时，线电压 U_L 与相电压 U_{ph} 的数值关系为（ ）。
   A. $U_L=\sqrt{3}U_{ph}$　　B. $U_L=U_{ph}$
   C. $U_L=3U_{ph}$　　D. $U_L=1/\sqrt{3}U_{ph}$

答案：A

8. 两只额定电压相同的灯泡，串联在适当的电压上，则功率较大的灯泡（　　）。

A. 发热量大　　B. 发热量小

C. 与功率较小的发热量相等　　D. 与功率较小的发热量不等

答案：B

9. 关于电能表铭牌，下列说法正确的是（　　）。

A. D表示单相，S表示三相三线，T表示三相四线，X表示复费率

B. D表示单相，S表示三相三线，T表示三相四线，X表示无功

C. D表示单相，S表示三相三线，T表示三相四线，X表示全电子

D. D表示单相，S表示三相三线，T表示三相四线，X表示需量表

答案：B

10. DDZY1506型电能表是（　　）。

A. 三相三线有功电能表　　B. 三相四线有功电能表

C. 单相费控智能电能表　　D. 单相复费率电能表

答案：C

11. Ⅱ类电能计量装置的有功、无功电能表和测量用电压、电流互感器的准确度等级应分别为（　　）。

A. 0.5级、2.0级、0.2S级、0.2S级

B. 0.5或0.5S级、2.0级、0.2级、0.2S级

C. 0.5S级、2.0级、0.2级、0.2S

D. 0.5或0.5S级、2.0级、0.2S级、0.2S级

答案：B

12. 现场测得三相三线电能表第一元件接$U_{cb} \cdot I_a$，第二元件接$U_{ab} \cdot I_c$，则更正系数为（　　）。

A. $\frac{-2\sqrt{3}}{\sqrt{3}+\tan\varphi}$　　B. $\frac{2\sqrt{3}}{\sqrt{3}+\tan\varphi}$　　C. $\frac{-2}{1-\sqrt{3}\tan\varphi}$　　D. 无法确定

答案：D

13. 电表上标明为5(20)A、220V单相电能表，5A是指这只电能表的（　　）。

A. 标定电流　　B. 额定电流　　C. 瞬时电流　　D. 最大额定电流

答案：A

14. 三只单相电压互感器Y/y0接法，测得$U_{ab}=U_{ac}=57.7V$，$U_{bc}=100V$，则可能是（　　）。

A. 二次侧A相极性接反　　B. 二次侧B相极性接反

C. 二次侧C相极性接反　　D. 二次侧熔丝烧断

答案：A

15. 某110kV用户，其计量方式应采用（　　）。

A. 高供高计三相三线　　B. 高供高计三相四线

C. 高供低计三相三线　　D. 高供低计三相四线

答案：B

16. 当三相三线有功电能表，二元件的接线分别为I_aU_{cb}和I_cU_{ab}，负载为感性，转盘（　　）。

A. 正转 B. 反转 C. 不转 D. 转向不定

答案： C

17. 在P、L、C串联电路中，已知$U_R=100V$，$U_L=100V$，$U_C=100V$，则端电压有效值U为（ ）V。

A. 100 B. $100\sqrt{2}$ C. 300 D. $100\sqrt{3}$

答案： A

18. 判断电流产生磁场的方向是用（ ）。

A. 左手定则 B. 右手定则 C. 右手螺旋定则 D. 安培定则

答案： C

19. 无功补偿的基本原理是把容性负载与感性负载接在同一电路中，当容性负载（ ）能量时，感性负载吸收（释放）能量。

A. 释放（吸收） B. 释放（释放）
C. 吸收（吸收） D. 吸收（释放）

答案： A

20. 下列用电设备中产生无功最大的是（ ），约占工业企业所消耗无功的70%。

A. 荧光灯 B. 变压器 C. 电弧炉 D. 感应式电机

答案： D

21. 下列说法中，错误的说法是（ ）。

A. 铁磁材料的磁性与温度有很大关系 B. 当温度升高时，铁磁材料磁导率上升
C. 铁磁材料的磁导率高 D. 表示物质磁化程度称为磁场强度

答案： B

22. 下列说法中，错误的说法是（ ）。

A. 叠加法适于求节点少、支路多的电路
B. 戴维南定理适于求复杂电路中某一支路的电流
C. 支路电流法是计算电路的基础，但比较麻烦
D. 网孔电流法是一种简便适用的方法，但仅适用于平面网络

答案： A

23. 关于电压互感器下列说法正确的是（ ）。

A. 二次绕组可以开路 B. 二次绕组可以短路
C. 二次绕组不能接地 D. 二次绕组不能开路

答案： A

24. 下列设备属于二次设备的是（ ）。

A. 断路器 B. 隔离开关 C. 互感器 D. 交流继电器

答案： D

25. 下列都属于一次设备的有（ ）。

A. 断路器、隔离开关、接触器
B. 测量仪表、隔离开关、遥测装置
C. 断路器、继电器、遥信装置

D. 自动空气开关、交流接触器、热继电器、控制按钮

答案：A

26. 当主保护或断路器拒动时，用来切除故障的保护被称作（ ）。

A. 主保护　　B. 后备保护

C. 辅助保护　　D. 异常运行保护

答案：B

27. 当系统发生故障时，正确地切断离故障点最近的断路器，是继电保护的（ ）的体现。

A. 快速性　　B. 选择性　　C. 可靠性　　D. 灵敏性

答案：B

28. 单相半波整流电路的特点有（ ）。

A. 接线简单，使用的整流元件少，输出的电压低、脉动大，效率低

B. 接线简单，使用的整流元件少，输出的电压高、脉动小，效率高

C. 接线复杂，使用的整流元件多，输出的电压高、脉动小，效率高

D. 接线复杂，使用的整流元件多，输出的电压低、脉动大，效率低

答案：A

29. 变压器中性点零序过电流保护在（ ）时不应动作。

A. 三相短路　　B. 单相接地短路　　C. 两相短路　　D. 两相接地短路

答案：A

30. RLC 串联谐振电路总电抗和 RLC 并联谐振电路总电抗分别等于（ ）。

A. ∞和 0　　B. ∞和∞　　C. 0 和 0　　D. 0 和∞

答案：D

31. 10kV 电压互感器二次侧（ ）接地。

A. 必须　　B. 不能

C. 任意　　D. 仅 35kV 及以上系统必须

答案：A

32. 现行电价制度是由电价种类、计价方式、电压等级等内容组成，并且对不同（ ）的用电规定不同的价格。

A. 规模　　B. 业务　　C. 性质　　D. 制度

答案：C

33. 因抢险救灾架设临时电源所需的工程费用和应付电费，由（ ）。

A. 供电企业承担

B. 受灾的单位或个人承担

C. 地方人民政府有关部门从救灾经费中拨付

D. 由中央人民政府财政划拨专项资金解决

答案：C

34. 某市人民医院，10kV 供电，受电设备容量为 630kVA。其调整电费的功率因数标准值应是（ ）。

A. 不考核功率因数　　B. 0.90

C. 0.85 D. 0.80

答案：C

35. 某国有农场奶粉厂受电变压器容量315kVA，该奶粉厂应按（ ）电价计费。

A. 农业生产用电 B. 一般工商业及其他用电

C. 大工业用电 D. 城乡居民生活用电

答案：C

36. 按最大需量计收基本电费的客户申请最大需量，不得低于按变压器容量和高压电动机容量总和的［《电、热价格》的通知（75）水电财字第67号］（ ）。

A. 40% B. 50% C. 60% D. 80%

答案：A

37. 用户由于产品工艺改变使生产任务变化，致使原容量过大不能充分利用而提出申请减少一部分用电容量的叫（ ）。

A. 暂停用电 B. 减容 C. 暂拆 D. 调整

答案：B

38. 某大工业用户，因生产原料供应不及时停产并申请暂停，2014年7月25日变压器加封。当年8月7日启封恢复生产，每月24日抄表。该用户8月计算基本电费天数为（ ）天。

A. 30 B. 31 C. 13 D. 15

答案：A

39. 农村供电站“四到户”指的是（ ）。

A. 销售到户、抄表到户、收费到户、服务到户

B. 承诺到户、抄表到户、收费到户、服务到户

C. 销售到户、抄表到户、收费到户、承包到户

D. 都不对

答案：A

40. 下列手段中，不属于电力需求侧管理的手段是（ ）。

A. 技术手段 B. 法律手段 C. 价格手段 D. 财政手段

答案：B

41. 因电力运行事故引起居民家用电器损坏的，使用年限已超过《居民用户家用电器损坏处理办法》规定的使用寿命，或折旧后的差额低于原价10%的，按原价（ ）予以赔偿。

A. 不 B. 10% C. 20% D. 30%

答案：B

42. 供电企业通过媒体宣传、窗口服务和产品展示等手段，在全社会和消费者中树立电力产品优质，可靠，价格合理的形象属于（ ）。

A. 新闻策划策略 B. 形象销售策略

C. 市场营销策略 D. 品牌建设策略

答案：B

二、多选题 (每小题 2 分，共 24 分)

1. 右图为国家电网公司标识，其含义是（　　）。
   A. 球形的标志涵盖了国有大型企业无限发展的特征，突出了企业实力
   B. 圆形图案是企业团结、力量的象征
   C. 纵横交错的经纬线代表“经营电网”的核心业务，也代表能源安全、合理、及时的传输
   D. 标志的标准色为绿色，代表公司为社会提供洁净能源，树立良好的企业形象

   答案： ABCD
2. 电力营销信息化系统是基于（　　）的综合信息系统。
   A. 现代计算机技术　　B. 网络通信及自动化技术
   C. 将电力营销工作进行数字化管理　　D. 需求侧管理

   答案： ABC
3. 影响智能电能表采集成功率的因素主要有（　　）。
   A. 设备因素　　B. 安装因素
   C. 调试因素　　D. 技术因素
   E. 主站因素

   答案： ABCDE
4. 调整抄表段的原因有（　　）。
   A. 抄表反馈的实际抄表路线不合理
   B. 抄表工作量或抄表区域进行了重新划分
   C. 抄表方式发生了变更
   D. 线路或配电台区有变更等

   答案： ABCD
5. 属于特殊用途变压器的有（　　）。
   A. 整流变压器　　B. 电炉变压器
   C. 电焊变压器　　D. 矿用变压器
   E. 控制变压器

   答案： ABCDE
6. 属于供用电合同条款选项有（　　）。
   A. 供电方式、供电质量和供电时间　　B. 用电容量和用电地址、用电性质
   C. 计量方式和电价、电费结算方式　　D. 双方共同认为应当约定的其他条款

   答案： ABCD
7. 中性点经消弧线圈接地的三相系统，消弧线圈的补偿方式有（　　）。

A. 过补偿　B. 欠补偿　C. 全补偿　D. 非补偿

答案：ABC

8. 用电负荷按用电时间分类包括（　）。

A. 三班制生产负荷　B. 间断性负荷

C. 两班制生产负荷　D. 单班制生产负荷

答案：ABCD

9. 引起室内配电线路短路故障的原因可能是（　）。

A. 接线错误　B. 导线绝缘损伤

C. 插头接线不牢固　D. 绝缘老化

答案：ABCD

10. 二次回路的识图原则是（　）。

A. 全图：由上往下看，由左往右看

B. 各行：从左往右看

C. 电源：先交流后直流，从正电源至负电源

D. 电源：先直流后交流，从正电源至负电源

答案：ABC

11. 按《关于完善两部制电价用户基本电价执行方式的通知》（发改办价格〔2016〕1583号），办理电力用户减容业务，以下说法正确的是（　）。

A. 减容必须是整台或整组变压器的停止或更换小容量变压器用电

B. 用户根据用电需求变化情况，提前5个工作日向电网企业提出申请

C. 电力用户减容两年内恢复的，按减容恢复办理；超过两年的按新装或增容手续办理

D. 减容后容量达不到实施两部制电价规定容量标准的，应改为相应用电类别单一制电价计费

答案：ABCD

12. 以下属于违约用电行为的有（　）。

A. 擅自迁移、更动或者擅自操作供电企业的电能计量装置、电力负荷控制装置、供电设施以及约定由供电企业调度的用户受电设备

B. 未经供电企业许可，擅自引入、供出电源或者将自备电源擅自并网

C. 擅自超过合同约定的容量用电

D. 故意使计量装置计量不准

答案：ABC

三、判断题 （每小题0.5分，共25分）

1. 国家电网公司推行的“三集五大”改革指的是全面实施人力资源、财务、物资集约化管理，构建大规划、大建设、大运行、大生产、大营销体系。（√）

2. 远程费控智能电能表，跳闸指示灯常亮表示电能表处于拉闸状态，合闸时灭；闪烁表示处

于远程允许状态，此时需要要插卡或长按键3s以上进行手动合闸，合闸时灭。（√）

3. 远程费控智能电能表不能向客户直接展示当前执行电价和电费的使用情况。（√）
4. 远程费控智能电能表对通信信道、后台算费系统要求较高，表计面板右侧无插卡槽，目前仍是先用电后付费的电能表。（√）
5. 在开展POS收电费时，还应注意按金融行业验卡要求进行验卡，保障交易资金安全到账一张工作票中，工作票签发人、工作负责人和工作许可人三者不得互相兼任。（√）
6. 经催交仍未交付电费者，供电企业可依照规定程序停止供电，但电费违约金应继续按规定计收。（√）
7. 一个抄表段必须在同一个台区内。（√）
8. Ⅲ类电能计量装置配置的有功电能表和无功电能表的准确度等级不应低于1.0级和2.0级。（√）
9. 居民客户电能表准确等级为2.0级，误差范围±2%。（√）
10. 流过电路中任一节点的各电流的代数和等于零，是基尔霍夫第一定律，其数学表达式为$\Sigma I=0$。（√）
11. 供电负荷是发电厂对外供电时所承担的全部负荷，即用电负荷。（×）
12. 功率因数是有功功率与无功功率的比值。（×）
13. 根据《供电营业规则》，无功电力应就地平衡。（√）
14. 对用户不同受电点和不同用电类别的用电应分别安装计费电能表。（√）
15. 对额定二次电流为5A，额定负荷为10VA或5VA的电流互感器，其下限负荷允许为3.75VA，但在铭牌上必须标注。（√）
16. 对10kV供电的用户，应配置专用的计量电流、电压互感器。（√）
17. 电子式多功能电能表由电测量单元和数据处理单元等组成。（√）
18. 电子式电能表按工作原理可分为模拟乘法器型和数字乘法器型。（√）
19. 电压相序接反，有功电能表将反转。（×）
20. 电压互感器一次绕组匝数多，二次绕组匝数少。（√）
21. 电压互感器接线的公共点就是二次侧必须接地的一点，以防止一、二次绝缘击穿，高电压窜入二次回路而危及人身安全。（√）
22. 电压互感器的误差分为比差和角差。（√）
23. 电气工作人员在10kV配电装置上工作，其正常活动范围与带电设备的最小安全距离为0.35m。（√）
24. 电能计量装置接线判断分析，常用的有力矩法和六角图法两种。（√）
25. 电能计量专用电压、电流互感器或专用二次绕组及其二次回路不得接入与电能计量无关的设备。（√）
26. 电能表总线应为铜线，中间不得有接头。（√）
27. 电能表应距地面0.5～1.5m之间高度安装。（×）
28. 电能表应垂直安装，偏差不得超过5°。（×）
29. 电能表满载调整装置是用来调整制动力矩。（√）
30. 电能表接线盒电压连接片不要忘记合上，合上后还要将连片螺钉拧紧，否则将造成不

计电量或少计电量。（√）

31. 电能表电流线圈串接在地线上可能产生漏计现象。（√）
32. 电能表的驱动元件是指电流元件。（×）
33. 电流所受的磁力方向，跟电流和磁场的方向都有关，三者之间的关系用右手定则表示。（×）
34. 电流速断保护的动作电流是按最大负荷电流进行整定的。（×）
35. 电流互感器在铭牌上标定额定二次负载是为了避免所接二次负载超过容量，使互感器烧坏。（×）
36. 电力营销管理信息系统是建立在计算机网络基础上覆盖电力营销业务个别过程的计算机信息处理系统。（×）
37. 电力需求侧管理中，技术手段是价格手段、财政手段等激励手段的辅助支持手段。（√）
38. 电缆金属外皮可作零线。（×）
39. 电费收费人员的款项交接单是指电费收费人员每日收取电费金额汇总单，用于与电费出纳的交接。（√）
40. 电费回收率是供电企业的一项重要技术考核指标。（×）
41. 电费回收的目的是电力企业生产全过程的最终环节，也是电力企业生产成果的最终体现。（×）
42. 电动机的额定转速（N_n）是在额定运行情况下，电动机的转动速度（r/min）。（√）
43. 低压中性点接地系统中，人体在无绝缘情况下直接触及三相相线任何一相时，将承受220V危险电压。（√）
44. 低压三相四线制中性点直接接地系统中，若部分用电设备金属外壳采用接零保护，而另一部分设备金属外壳采用接地保护，当接地保护漏电时，中性线上将会产生弱电压（安全电压）。（×）
45. 低压架空线路的多处重复接地，可以改善架空线路的防雷性能。（√）
46. 低压供电业扩工作流程：用户申请→收取费用→调查线路、指定表位→装表接电→立卡抄表收费。（×）
47. 低压电流互感器轮换周期至少每20年轮换一次。（√）
48. 低压隔离开关必须按额定熔断电流配备熔丝，严禁用铜、铝或其他金属导线代替。（√）
49. 低压带电上电杆接线时，应先搭相线，再搭中性线。（×）
50. 当使用电流表时，它的内阻越小越好，当使用电压表时，它的内阻越大越好。（√）

四、计算题（每小题4分，共20分）

1. 某自来水厂，10kV供电，变压器为250kVA，低压计量。根据《供用电合同》，每月加收线损电量2.8%和变损电量。某月抄见有功电量A_P为45000kWh，无功电量A_Q为12000kvarh，有功变损为1500kWh，无功变损为8000kvarh。其该月功率因数调整电费应为（　）元。（设电价为0.8444元/千瓦时）

答案：－120.09

解：根据功率因数调整办法，功率因数标准0.90适用于160kVA（kW）以上的高压供电工业用户（包括社队工业用户）。该用户功率因数应执行0.90标准。

总有功电量A_P＝抄见电量＋变损电量＋线损电量

＝(45000＋1500)×(1＋2.8％)＝47802（kWh）

总无功电量A_Q＝抄见电量＋变损电量＋线损电量

(12000＋8000)×(1＋2.8％)＝20560（kvarh）

功率因数$\cos\varphi=\cos[\arctan(A_Q/A_P)]$

$=\cos[\arctan(20560\div47802)]=0.92$，电费调整率为－0.3％。

故功率因数调整电费为

0.8444×47802×(－0.3％)＝－120.09（元）

2. 市精密印刷厂因特殊电压质量要求，装有10kV、S9-100kVA带负荷调压变压器1台。某月其生产用有功电量20000kWh，无功电量15000kvarh。已知计量点位于供用双方产权分界处。印刷厂该月应交电费（　　）元。（设电价0.8444元/千瓦时，不分时计费）

答案：17732.40

解：目录电费＝0.8444×20000＝16888.00（元）

功率因数$\cos\varphi=\cos[\arctan(15000/20000)]=0.80$

装有带负荷调整电压装置的高压供电电力用户，功率因数调整标准为0.90，调整率为5％，故功率因数调整为

16888.00×5％＝844.40（元）

合计电费＝16888.00＋844.40＝17732.40（元）

3. 有家35kV供电的工业客户，高供高计，电流互感器TA变比为100/5。某月抄表时，抄见有功电量示数止度为180，而上月止度为230。供电公司对其计量装置进行了检查，检测结果及相量图如下表。设功率因数为$\cos\varphi=0.94$(L)，三相负载平衡，则该表更正系数值是（　　）（保留三位小数），该户实际用电量为（　　）。

<table>
<tr><td colspan="7">现场实测数据表</td></tr>
<tr><td></td><td>一元件实测量</td><td>二元件实测量</td><td colspan="4">电压相序</td></tr>
<tr><td>电压（V）</td><td>100.01</td><td>100.02</td><td colspan="4">□顺相序　☑　逆相序</td></tr>
<tr><td>电流（A）</td><td>2.57</td><td>2.56</td><td colspan="4">电压接入端对地电压</td></tr>
<tr><td>相位（°）</td><td>230.0</td><td>290.0</td><td>电压</td><td>100.00</td><td>100.01</td><td>0.00</td></tr>
<tr><td colspan="3">运行状况分析</td><td>电压接入相别</td><td>a</td><td>c</td><td>b</td></tr>
<tr><td rowspan="2">错误接线状态下相量图</td><td colspan="2" rowspan="2">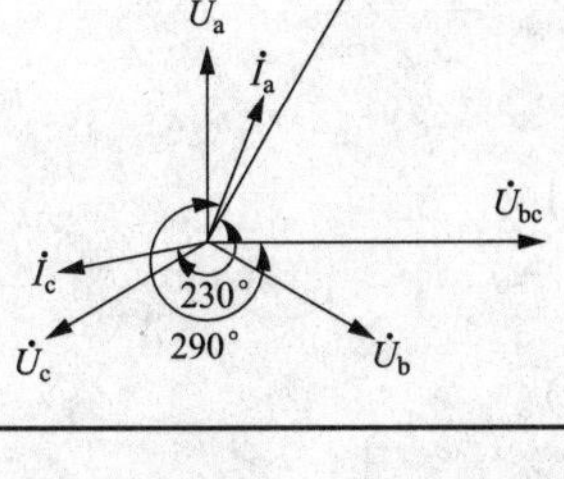
</td><td colspan="4">现场实际接线状况</td></tr>
<tr><td colspan="4">一元件：$\dot{U}_{ac}$，$\dot{I}_c$
二元件：$\dot{U}_{bc}$，$\dot{I}_a$</td></tr>
</table>

答案：−5.413、1894550

解：一元件$\dot{U}_{ac}\cdot\dot{I}_c$，二元件$\dot{U}_{bc}\cdot\dot{I}_a$。

(1) 正确接线状态下的功率表达式：$P_{正}=\sqrt{3}UI\cos\varphi$

(2) 错误接线状态下的功率表达式：

$$P'_1=U_{ac}I_c\cos230°，P'_2=U_{bc}I_a\cos290°$$

$$P'=P'_1+P'_2=U_{ac}I_c\cos230°+U_{bc}I_a\cos290°$$

设$U_{ac}=U_{bc}=U$，$I_c=I_a=I$

$$K=\frac{P}{P'}=\frac{\sqrt{3}UI\cos\varphi}{UI(\cos230°+\cos290°)}=\frac{\sqrt{3}\times0.94}{-0.6428+0.3420}\approx-5.413$$

(1) 抄见电量为

$$180\times\frac{35}{0.1}\times\frac{100}{5}-230\times0.1\times\frac{100}{5}=-350000\ (\text{kWh})$$

(2) 实际用电量为

$$抄见电量\times更正系数=(-350000)\times(-5.413)=1894550\ (\text{kWh})$$

(3) 结论：表计反向计量，走慢，少计，应补收。

4. 一直流电流表，内阻r为40Ω，量程I为5A。现有一直流电路，估计其I_{max}不超过20A。如用此表量该直流电路准确电流值，应并联一个（ ）Ω电阻。

答案：13.33

解：设应并联电阻值为X，根据并联电路分流原理可得

$$40:X=(20-5):5$$

$$X=13.33\ (\Omega)$$

5. 某个独立电网中的火电厂某月发电量W_F为180000kWh，厂自用电量占3.5%。该网内另有一座上网水电站，购入电量关口表当月电量为28000kWh。当月该电网向另一供区输出电量62000kWh。该电网当月售电量W_D为132000kWh，独立电网当月线损率为（ ）%。(保留2位小数)

答案：4.05

解：供电量＝发电量＋购入电量－厂用电量－输出电量

＝180000＋28000－180000×3.5%－62000＝139700 (kWh)

线损率＝(供电量－售电量)÷供电量

＝(139700－129000)÷139700×100%＝5.51%

五、识图题 (每小题2.5分，共10分)

1. 以下是电动机正转控制线路图的是（ ）。

A.
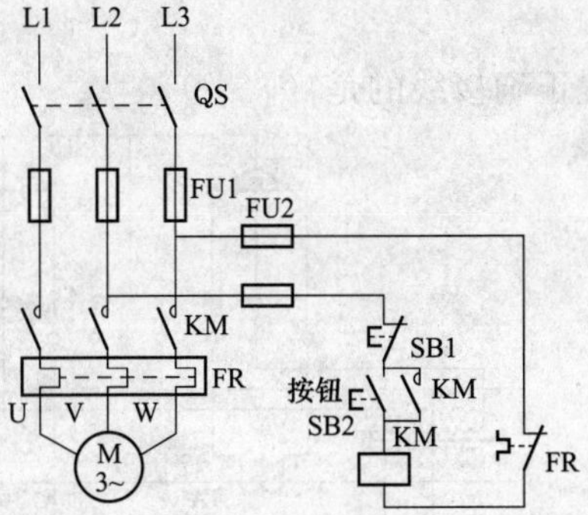

B.
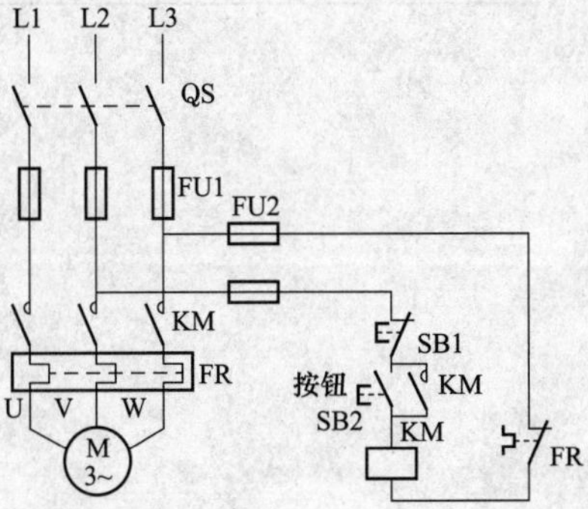

C.
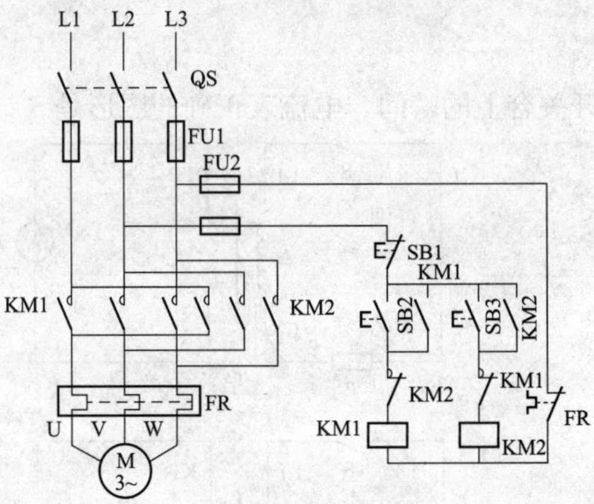

答案：B

2. 有一台三相五线柱电压互感器，按 Y/y_0-12/开口三角形组别连接，其原理接线图是否正确。(　　)

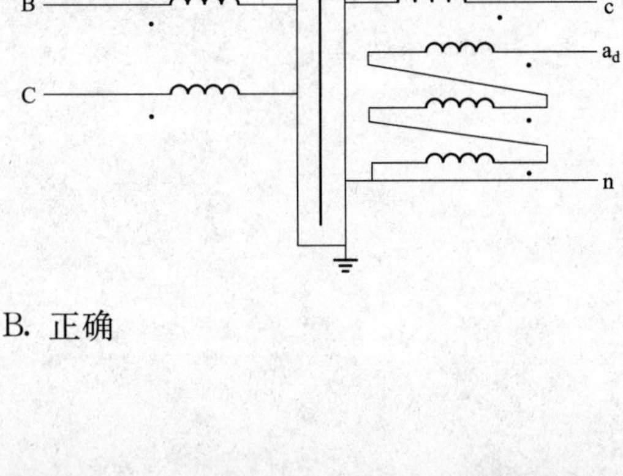

A. 错误　　　B. 正确

答案： B

3. 以下 10kV 高供高计三相三线有功电能计量装置正确接线的是（　　）。

A.

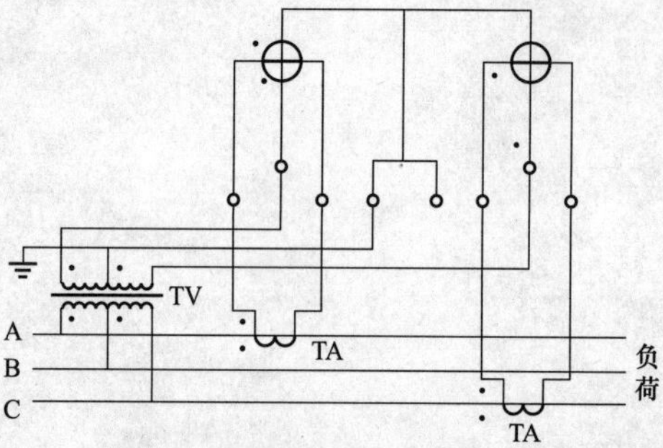

B.

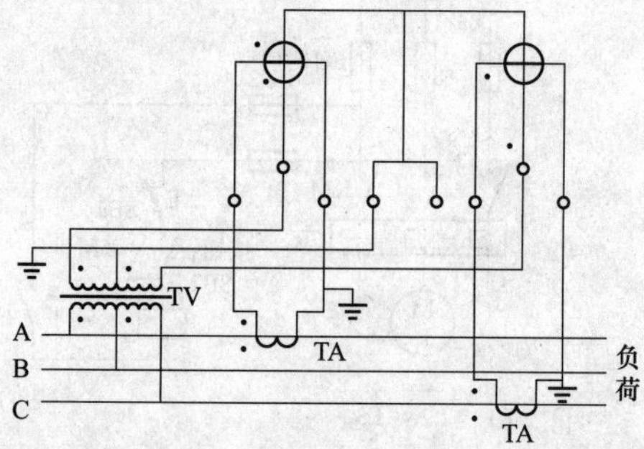

C.

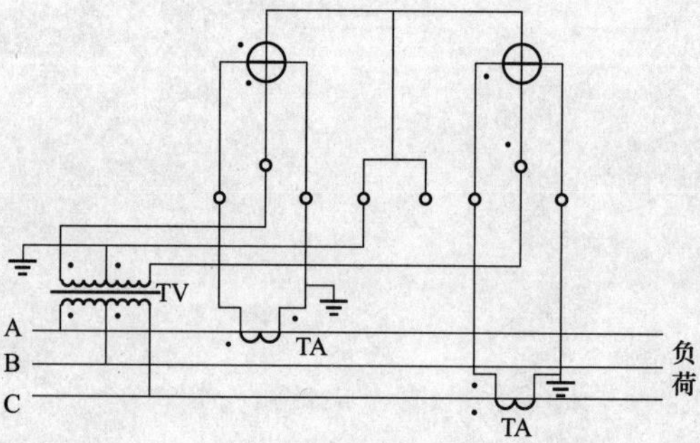

答案： B

4. 下图中互感器同名端标注正确，则在开关合上的瞬间，电流表正确的图形是（　）。

A.

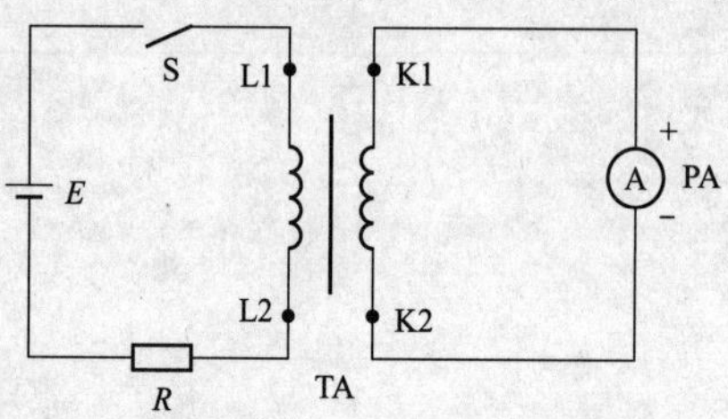

B.

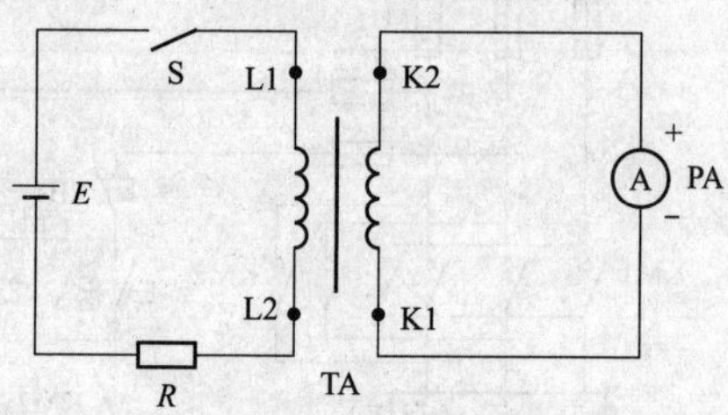

C.

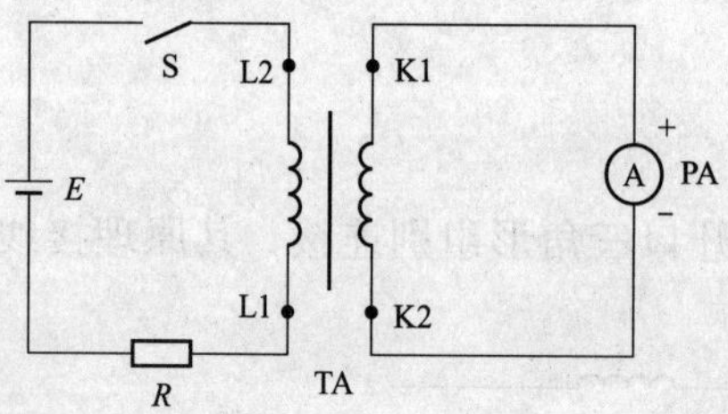

D.

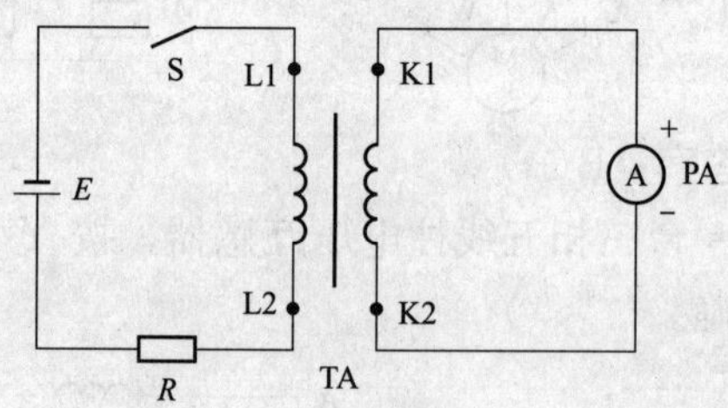

答案： A

抄表核算收费员（技师）模拟考卷及答案（十）

一、单选题（每小题 0.5 分，共 21 分）

1. 用电信息采集系统可以分为主站、通信信道、（ ）三部分。
   A. 专变终端 B. 公变终端 C. 采集设备 D. 低压集抄设备
   答案： C
2. 智能表载波模块中，TXD 灯在通信时闪烁为（ ）。
   A. 红色 B. 绿色 C. 黄色 D. 以上都不是
   答案： A
3. 某单相智能电能表在插卡时显示 Err-12，此异常代码说明（ ）。
   A. ESAM 验证失败 B. 客户编号不匹配
   C. 充值次数错误 D. 提前拔卡
   答案： B
4. 用电负荷按用电时间分为（ ）。
   A. 一、二类和三类负荷
   B. 单班制、两班制、三班制及间断性负荷
   C. 工业、农业、交通运输、照明及市政用电负荷
   D. 冲击负荷、平均负荷、三相不平衡负荷
   答案： B
5. 因供电设施临时检修需要停止供电时，供电企业应当提前（ ）h 通知重要用户。
   A. 8 B. 12 C. 24 D. 48
   答案： C
6. 《国家电网公司供电服务“十项承诺”》称，受电工程检验合格并办结相关手续后，居民客户 3 个工作日内送电，非居民客户（ ）个工作日内送电。
   A. 5 B. 7 C. 10 D. 15
   答案： A
7. 用电人用电功率因数达到规定标准，而供电电压超出规定的变动幅度，给用电人造成损失的，供电人应按照用电人每月在累计时间内使用的电量，乘以用电人当月用电的平均电价的（ ）给予赔偿。
   A. 2% B. 10% C. 20% D. 30%
   答案： C
8. 私自超过合同约定的容量用电的用户除应拆除私增容设备外，属于两部制电价的用户，

应补交私增容量使用月数的基本电费，并承担（ ）倍私增容量基本电费的违约使用电费。

A. 2 B. 3 C. 5 D. 3～5

答案：B

9. 用户用电的设备容量在 100kW 或变压器容量在 50kVA 及以下的，一般应以（ ）方式供电。

A. 高压 B. 低压三相四线制 C. 专线 D. 均可

答案：B

10. 某 110kV 用户，其计量方式应采用（ ）。

A. 高供高计三相三线 B. 高供高计三相四线

C. 高供低计三相三线 D. 高供低计三相四线

答案：B

11. 用户认为供电企业装设的计费电能表不准时，在用户交付验表费后，供电企业应在（ ）天内检验完毕。

A. 3 B. 5 C. 7 D. 10

答案：C

12. 用户单相用电设备总容量不足（ ）kW 的可采用低压 220V 供电。

A. 5 B. 10 C. 15 D. 20

答案：B

13. Ⅰ类电能计量装置的电压、电流互感器及有功、无功电能表的准确度等级分别为（ ）。

A. 0.2、0.2S、0.2S（或 0.5S）、2.0 B. 0.2、0.2、0.2S（或 0.5S）、2.0

C. 0.2、0.2S、0.5、2.0 D. 0.2、0.5S、0.5、2.0

答案：A

14. 用电计量装置原则上应装在供用电设备的（ ）。

A. 装设地点 B. 附近 C. 区域内 D. 产权分界处

答案：D

15. 用“六角图”法判断计量装置接线的正确性，须满足以下条件（ ）。

A. 三相电压、电流基本对称，且功率因数值范围大致确定

B. 三相电压、电流对称和稳定，且功率因数在 1.0～0.5（感）之间

C. 三相电压、电流都对称，功率因数值范围大致确定

D. 三相电压基本对称，负载电流、电压、功率因数基本稳定

答案：D

16. 现场测得电能表第一元件接 $U_{bc}\cdot I_a$，第二元件接 $U_{ac}\cdot -I_c$，则更正系数为（ ）。

A. $\frac{-\sqrt{3}}{\tan\varphi}$ B. $\frac{2\sqrt{3}}{\sqrt{3}+\tan\varphi}$ C. $\frac{-\sqrt{3}}{\sqrt{3}+\tan\varphi}$ D. $\frac{-2}{1+\sqrt{3}\tan\varphi}$

答案：B

17. 若采用双电压互感器 V/V 形接线时，如果正常时三个线电压为 100V，当测得二次线电压 $U_{ab}=U_{bc}=50V$，$U_{ca}=100V$ 时，可判断一次（ ）相断线。

A. A　　B. B　　C. C　　D. A、C

答案：B

18. DT862 型电能表在平衡负载条件下，B 相元件损坏，电量则（　　）。

A. 少计 1/3　　B. 少计 2/3　　C. 倒计 1/3　　D. 不计

答案：A

19. DL/T 448—2000 规程中规定，电能计量用电压和电流互感器的二次导线最小截面积为（　　）。

A. $1.5mm^2$、$2.5mm^2$　　B. $2.5mm^2$、$4mm^2$

C. $4mm^2$、$6mm^2$　　D. $6mm^2$、$2mm^2$

答案：B

20. 变压器在额定电压下，二次侧开路时在铁芯中消耗的功率称为（　　）。

A. 铜损耗　　B. 铁损耗　　C. 无功损耗　　D. 铜损耗和铁损耗

答案：B

21. 测量的测量值与它的真值之差为（　　）。

A. 绝对误差　　B. 引用误差　　C. 相对误差　　D. 系统误差

答案：A

22. 有一台三相发电机，其绕组连成星形，每相额定电压为 220V，在一次试验时，用电压表测得 $U_a = U_b = U_c = 220V$，而线电压 $U_{ab} = U_{ca} = 220V$，$U_{bc} = 380V$，这是因为（　　）。

A. A 相绕组接反　　B. B 相绕组接反

C. C 相绕组接反　　D. A、B 相绕组接反

答案：A

23. 有功电能的单位正确表示是（　　）。

A. kWh　　B. 度　　C. kVArh　　D. KWh

答案：A

24. 由测量仪表、继电器、控制及信号器具等设备连接成的回路称为（　　）。

A. 一次回路　　B. 二次回路　　C. 仪表回路　　D. 远动回路

答案：B

25. 用电负荷是指用户电气设备在某一时刻向电力系统取用的（　　）的总和。

A. 电流　　B. 电功率　　C. 视在功率　　D. 电能

答案：B

26. 应用右手定则时，拇指所指的是（　　）。

A. 导线切割磁力线的运动方向　　B. 磁力线切割导线的方向

C. 导线受力后的运动方向　　D. 在导线中产生感应电动势的方向

答案：A

27. 关于电压互感器下列说法正确的是（　　）。

A. 二次绕组可以开路　　B. 二次绕组可以短路

C. 二次绕组不能接地　　D. 二次绕组不能开路

答案：A

28. 电压表的内阻为3kΩ，最大量程为3V，现将它串联一个电阻，改装成量程为15V的电压表，则串联电阻值为（ ）kΩ。

A. 3　B. 9　C. 12　D. 15

答案：C

29. 变压器并列运行的基本条件是（ ）。

A. 连接组别相同　B. 电压变比相等

C. 短路阻抗相等　D. 三项表述均满足

答案：D

30. 用户由于产品工艺改变使生产任务变化，致使原容量过大不能充分利用而提出申请减少一部分用电容量的，叫（ ）。

A. 暂停用电　B. 减容　C. 暂拆　D. 调整

答案：B

31. 自来水用电执行的电价，如变压器容量大于315kVA，执行（ ）电价。[水利电力部关于颁布《电\热价格》的通知（75）水电财字第67号]

A. 大工业　B. 非居民照明　C. 普通工业　D. 非工业

答案：A

32. 装有带负荷调整电压装置的高压供电电力客户，功率因数应执行（ ）标准。

A. 0.80　B. 0.85　C. 0.90　D. 0.95

答案：C

33. 在下列计量方式中，考核用户用电需要计入变压器损耗的是（ ）。

A. 高供高计　B. 高供低计

C. 低供低计　D. 高供高计和低供低计

答案：B

34. 某大工业用户，因生产原料供应不及时停产并申请暂停，2014年7月25日变压器加封。当年8月7日启封恢复生产，每月24日抄表。该用户8月计算基本电费天数为（ ）天。

A. 30　B. 31　C. 13　D. 15

答案：A

35. 某大工业客户装有两台250kVA变压器，两年前停用其中一台变压器从加封之日起讫两年后未办理恢复用电手续，则其电费按（ ）。

A. 两部制电价，基本电费按500kVA计算

B. 两部制电价，基本电费按250kVA计算

C. 两部制电价，基本电费按375kVA计算

D. 改为单一制电价计费

答案：D

36. 关于开展电费现场复核的要求正确的是（ ）。

A. 居民用户年现场复核应达到应抄户数的5%

B. 小动力用户年现场复核应达到应抄户数的50%

C. 对专变用户年现场复核应达到应抄户数的80%

D. 大工业用户年现场复核应达到应抄户数的90%，并做好记录

答案：A

37. 当月应收但未收到的电费应（ ）。

A. 从应收电费报表中扣除

B. 在实收电费报表中反映

C. 在营业收支汇总表的欠费项目中反映

D. 不在供电企业的财务报表反映，另做挂账处理

答案：C

38. 在变电站或高压电力设施附近（ ）使用竹（木）及金属材质的梯子。

A. 可以 B. 禁止 C. 根据现场情况 D. 必须有人监护

答案：B

39. 用电信息采集系统维护人员在10kV配电装置中工作，其正常活动范围与带电设备之间最小的安全距离是（ ）mm。

A. 0.35 B. 0.4 C. 0.5 D. 0.6

答案：A

40. 营业部门对于已经接电用户在用电过程中办理的业务变更服务管理等工作称为（ ）。

A. 营业管理 B. 用电工作 C. 杂项工作 D. 事务工作

答案：A

41. 供电企业通过媒体宣传、窗口服务和产品展示等手段，在全社会和消费者中树立电力产品优质、可靠、价格合理的形象属于（ ）。

A. 新闻策划策略 B. 形象销售策略

C. 市场营销策略 D. 品牌建设策略

答案：B

42. 对售电量、售电收入、售电平均单价完成情况的分析称（ ）。

A. 经济分析 B. 电费管理分析 C. 营销分析 D. 计量分析

答案：C

二、多选题 （每小题2分，共24分）

1. 国家电网公司的企业宗旨是“四个服务”，即服务党和国家的工作大局，服务电力客户，服务发电企业，服务经济社会发展；而建设“一强三优”现代公司是国家电网公司的发展战略，“一强三优”指的是（ ）。

A. 电网坚强 B. 资产优良 C. 服务优质 D. 业绩优秀

答案：ABCD

2. 《国家电网公司电力安全工作规程》所指的电力安全生产的技术措施有（ ）。

A. 停电 B. 操作票制度 C. 验电 D. 装接地线

E. 悬挂标示牌和装设遮栏（围栏）

答案：ACDE

3. 智能电能表具有的功能特性主要有（ ）。

A. 计量精度高 B. 智能扣费 C. 电价查询 D. 电量记忆

E. 余额报警 F. 信息远程传送

答案：ABCDEF

4. 某电路中的电源电动势 E 为 110V，外电阻即负载电阻 R 为 108Ω，内电阻 r 为 2Ω，则以下说法正确的是（ ）。

A. 该电液压中的电流为 1A B. 外电路端电压为 108V

C. 外电阻消耗的功率为 108W D. 全电路消耗的功率为 110W

答案：ABCD

5. 关于容抗和感抗，下列说法正确的是（ ）。

A. 容抗与频率（或角频率）成反比

B. 感抗与频率（或角频率）成正比

C. 感抗是储存磁场能量的元件，而容抗是储存电场能量的元件

D. 就同一正弦电流而言，电感电压超前电流 90°，而电容电压滞后电流 90°，电感电压和电容电压反相

E. 由于两者储存的能量不同，电感和电容的储能和释能过程完全相反，互相能够起到补偿作用

答案：ABCDE

6. 减小测量系统误差的方法有（ ）。

A. 消除产生系统误差的根源 B. 采用比较法测量

C. 采用正负误差补偿法 D. 利用校正值进行修正

答案：ABCD

7. 据"发改价格〔2013〕973 号"精神，以下执行居民生活用电价格的有（ ）。

A. 红十字医院用电

B. 某城郊居民安置房住宅小区公用的电梯、消防设施、庭院路灯、电子门铃用电

C. 学校图书室、食堂、学生宿舍用电

D. 社区居民委员会空调、电脑、复印机用电

答案：BCD

8. 国家如果调整了电价，本地费控智能电能表能更改电价的方式有（ ）。

A. 将新的电价参数远程下发至每一只智能电能表内

B. 用现场服务终端到现场修改每只电能表显示的电价

C. 如果以上方法修改不成功，更换电能表，拆回的电能表在室内修改电价

D. 现场表计显示电价与执行电价不一致，以现场表计电价为准

答案：ABCD

9. 采用自助终端收取电费方式时，应当按以下要求办理。（ ）

A. 应每日对自助交费终端收取的现金进行日终解款

B. 每日对充值卡和银行卡在自助终端交费的数据进行对账并及时处理单边账

C. 客户在自助终端交费成功后应向其提供交费凭证

D. 夜间不采取自助终端收取电费方式

答案：ABC

10. 智能电表购电卡充值，以下说法正确是（　　）。

A. 电能表剩余金额小于 50 元，液晶屏显示“请购电”

B. 电能表剩余金额为 0 时，电能表跳闸，液晶屏显示“请购电、拉闸”

C. 将已充值的购电卡插入智能电能表卡槽时，黄色金属面朝左，并停留至少 3s

D. 第一次购电插卡时，因表与卡要传输更多信息，需停留 10s 左右，待显示读卡“成功”

E. 购电卡中已购电量输入智能电能表后，方可再次对卡缴费充值

答案：ABCDE

11. 对用电客户采用远程自动抄表方式的，注意事项有（　　）。

A. 抄前监控数据获取情况，对远采失败或数据异常的，立即进行消缺处理

B. 前三个抄表周期内，应每个周期进行现场核对抄表

C. 正常运行后，对连续三个抄表周期出现抄表数据为零度的客户，应抽取一定比例进行现场核实

D. 无法正确抄录数据时，应在抄表当日安排现场补抄

E. 如现场抄见读数与远程获取读数不一致，以现场抄见读数为准

答案：ABCDE

12. 关于远程费控智能电能表欠电费停电，下列说法正确的是（　　）。

A. 严格按照国家规定的程序对欠费客户实施停电措施

B. 停电通知书须按规定履行审批程序，在停电前三至七天内送达客户，可采取客户签收或公证等方式送达

C. 对重要客户的停电，应将停电通知书报送同级电力管理部门

D. 在停电前 30min，将停电时间再通知客户一次，方可在通知规定时间实施停电

答案：ABCD

三、判断题 （每小题 0.5 分，共 25 分）

1. 电阻并联电路中，因为每个电阻两端的电压相等，故各电阻的电流也相等。 （×）
2. 单位正电荷在电场中从 a 点移到 b 点时电场力所做的功，称为 a、b 两点间的电压。电压的单位为 V。 （√）
3. 电场中任意两点间的电压等于这两点的电位之差，故电压又称为电位差。 （√）
4. 将单位正电荷从电源负极经电源内部移到电源正极时电源力所做的功，称为电源的电动势。 （√）
5. 习惯上规定，电动势的方向为在电源内部自电源的负极指向正极，即电动势的方向为

在电源内部由低电位端指向高电位端。 (√)

6. 全电路的欧姆定律指出，在一个闭合电路中，电流与电源的电动势 E 成正比，与电路中电源的内阻 r 和外阻 R 之和成反比。 (√)
7. 如用户的功率因数 在“功率因数调整电费表”所列两数之间，则以四舍五入计算。 (√)
8. 国家标准规定，准确等级为 2 级的单相电能表误差范围为±2%。 (√)
9. “居民阶梯电价”是指将城乡“一户一表”居民用电客户的月用电量划分为若干挡次，电价分挡递增，用电量越多总价格越贵，形成一个阶梯形电价结构。 (√)
10. 户表小区供电部门与用户结算电费的智能电能表产权属于供电企业产权。 (√)
11. 电费票据的领取、核对、作废及保管应有完备的登记和签收手续。 (√)
12. 在 R、L、C 串联的正弦交流电路中，改变电源频率，则端电压对电流的相位差也将改变。 (√)
13. 熔断器的额定值主要有额定电压、额定电流、熔体的额定电流和极限分析能力。 (√)
14. 对称三相电路的视在功率为 $S=3U_{ph}I_{ph}=\sqrt{3}U_1I_1=\sqrt{P^2+Q^2}$。 (√)
15. 导线的交流电阻的大小与电流频率、导线截面积、导线材料的导磁率有关。 (√)
16. 在单相正弦电路中，一般电路的视在功率是指这段电路的端电压有效值和总电流的有效值的乘积。 (√)
17. 星形连接的对称三相电路中，线电压有效值是相电压效值的$\sqrt{3}$倍，线电流有效值与相电流的有效值相等。 (√)
18. 三角形连接的对称三相电路中，线电压有效值与相电压有效值相等，线电流有效值和是相电流有效值的$\sqrt{3}$倍。 (√)
19. 对称三相电路中，用线电压、线电流的有效值表示，有功功率 $P=\sqrt{3}U_1I_1\cos\varphi$、无功功率 $Q=\sqrt{3}U_1I_1\sin\varphi$、视在功率 $S=\sqrt{3}U_1I_1$。 (√)
20. 新装客户应在归档后 3 个工作日内编入抄表段；注销客户应在下一抄表计划发起前撤出抄表段。 (√)
21. 三相电气设备（三相变压器、三相电动机）铭牌标志的额定电压和额定电流，都指的是线电压有效值和线电流有效值。 (√)
22. 三角形连接时，对称负载的相电压就是相应的线电压。对称星形连接电路中，线电压有效值是相电压有效值的关系是 $\sqrt{3}$倍。 (√)
23. 为了安全，电流互感器的二次绕组和外壳要可靠接地。与耗能元件电阻相比较，电容是储能元件。 (√)
24. 在电路中，电感不消费能量，只与电源交换能量。 (√)
25. 电容对正弦电流的限制作用称为容抗；电感对正弦电流的限制作用称为感抗。 (√)
26. 直导体中感应电动势的方向由右手定则判断。 (√)
27. 异步电动机铭牌上的接法是指定子绕组的连接方式，分为星形连接，用符号Y表示；三角形连接，用符号△表示。 (√)
28. 在正弦电路中，电容对正弦电流的限制作用叫容抗，容抗用 X_C 表示。 (√)
29. 电费资金实行专户管理，不得存入其他银行账户。 (√)

30. 由于电能表的误差致使计量记录不准时，电量电费退补期间，用户应先按抄见电量如期交纳电费，误差确定后，再行退补。（√）
31. 智能电能表电池电压低，液晶显示异常代码为 Err-04。（√）
32. 同一台空调使用相同的时间，消耗电能一样。（×）
33. 互感器或电能表误差超出允许范围时，以“0”误差为基准，按验证后的误差值退补电量。（√）
34. 计费电能表应装在产权分界处，如不装在分界处，变压器和线路损耗的有功、无功电量均由产权所有者负担。（√）
35. 交流电路中，RLC 串联时，若 $R=5\Omega$，$X_L=5\Omega$，$X_C=5\Omega$，则串联支路的总阻抗是 15Ω。（×）
36. 被转供户视同供电企业的直供户，与直供户享有同样的用电权利，其一切用电事宜按直供户的规定办理。（√）
37. 高压供电方案的有效期为一年，低压供电方案的有效期为三个月。（√）
38. 钳形电流表在变换量程时，须将钳口打开，将被测导线退出钳口，不允许在测量过程中变换量程。（√）
39. 抄表当天应完成全部抄表数据复核工作，并及时将流程转往电费核算环节。（√）
40. 抄表数据复核结束后，应在 24 小时内完成电量电费计算工作。（√）
41. 采用特约委托方式收取电费的，供电企业、用电客户、银行应签订协议，明确三方的权利义务。（√）
42. 当日解款前发现错收电费的，可由当日原收费人员进行全额冲正处理，并记录冲正原因，收回并作废原发票。（√）
43. 安全带应高挂低用或平等拴挂，严禁低挂高用。（√）
44. 用户的用电功率因数未达到规定标准或其他原因引起的电压质量不合格的，供电企业只承担部分赔偿责任。（×）
45. 当发生电器火灾时，严禁用水泼灭，要用常规酸碱和泡沫灭火器灭火。（×）
46. 三相负载作星形连接时，线电流等于相电流。（√）
47. 视在功率是指电路中电压与电流的乘积，它既不是有功功率也不是无功功率。（√）
48. 心脏复苏法的主要内容是开放气道、口对口（或鼻）人工呼吸和胸外按压。（√）
49. 用钳形电流表测量电流大小难以估计时，可将量程开关放在最小挡位上进行粗测。（×）
50. 智能电能表远程抄表数据与表计现场不一致时，以现场数据为准。（√）

四、计算题 **（每小题 4 分，共 20 分）**

1. 用 D64-W 型低功率因数单相功率表测量某一负载所消耗的功率，主要参数为 $\cos\varphi_N$ 为 0.2，电压量程为 U_N 为 150V，电流量程 I_N 为 2.5A，满刻度 a_N 为 150 分格。实际读数 a 为 110 分格，则该负载所消耗的功率 P 为（　　）W。

答案：55

解：该功率表每格的功率为

$$C=\frac{U_N I_N \cos\varphi_N}{a_N}=\frac{150\times 2.5\times 0.2}{150}=0.5\ (\text{W/格})$$

该负载所消耗的功率为

$$P=Ca=0.5\times 110=55\ (\text{W})$$

2. 用电检查发现，某用户某三相四线电能计算装置，第一元件接 $U_{CN}\cdot I_a$，第二元件接 $U_{AN}\cdot -I_b$，第三元件接 $U_{BN}\cdot -I_c$。错误接线期间计收其电量 W 为 200kWh。假设用户平均功率因数角 φ 为 20°，该用户实际用电量是（　　）kWh。

答案：736

解：正确接线时的总功率表达式：$P=3UI\cos\varphi$

错误接线时的总功率表达式：

$P'=P_1'+P_2'+P_3'$

$=U_C I_a\cos(120°+\varphi)+U_A(-I_b)\cos(60°-\varphi)+U_B(-I_c)\cos(60°-\varphi)$

设 $U_A=U_B=U_C=U$，$I_a=-I_b=-I_c=I$，$\varphi=20°$，因此

$$P'=UI\cos(140°+2\cos 40°)$$

更正系数：$K=\frac{P}{P'}=\frac{3UI\cos 20°}{UI\cos(140°+2\cos 40°)}=3.68$

实际用电量：$W'=KW=3.68\times 200=736$ (kWh)

3. 用电检查发现，某用户三相四线电能计算装置 ABC 三相所配电流互感器变比分别为 $K_A=150/5$、$K_B=20$、$K_C=200/5$，且 C 相电流互感器极性反接。供电企业按 $K=150/5$ 计收其电量 $W=14000$kWh。该用户实际用电量是（　　）kWh。

答案：24000

解：据题意，设电费结算中互感器变比为 N_1，实际运行中的互感器变比为 N_2，则

正确电量：$A_p=\frac{1}{3}+\frac{1}{3}+\frac{1}{3}=1$

错误电量：$A_p'=\pm\frac{1}{3}\times\frac{N_1}{N_2}\pm\frac{1}{3}\times\frac{N_1}{N_2}\pm\frac{1}{3}\times\frac{N_1}{N_2}$

互感器的极性正确取正值，极性接反时取负值，故

$$A_p'=\frac{1}{3}+\frac{1}{3}\times\frac{150/5}{20}-\frac{1}{3}\times\frac{150/5}{200/5}=\frac{7}{12}$$

更正系数：$K=\frac{A_p}{A_p'}=1\div\frac{7}{12}=\frac{12}{7}$

实际用电量：$W'=KW=14000\times\frac{12}{7}=24000$ (kWh)

4. 用电检查发现，某 10kV 三相三线电能计算装置，电压互感器 BC 极性反，接线方式如下图。$\varphi=26°$，抄见电量为 $W=-12500$kWh。设三相负载平衡，该用户实际使用电量是（　　）kWh。

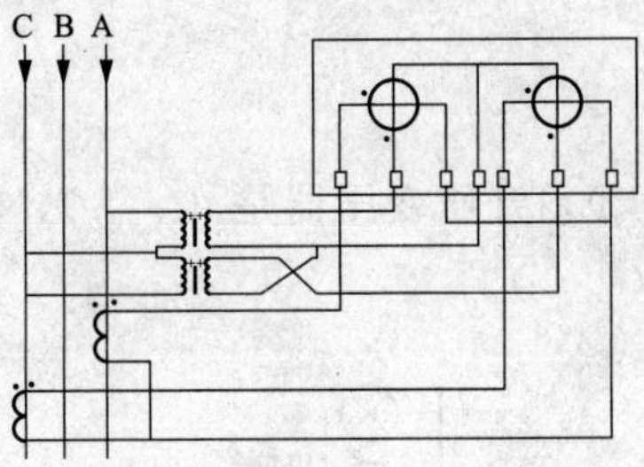

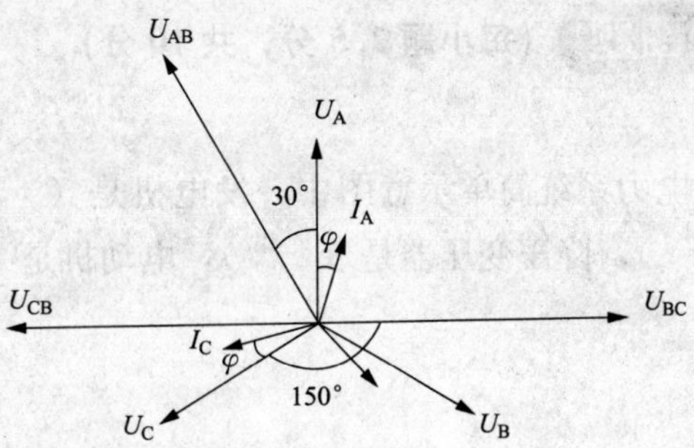

答案：44388

解：正确接线时功率表达式：$P=\sqrt{3}UI\cos\varphi$

设 $U_{ab}=U_{bc}=U$，$I_a=I_c=I$，错误接线时功率表达式：

第一元件：$P_A=U_{ab}I_a\cos(30°+\varphi)$

第二元件：$P_C=U_{bc}I_c\cos(150°+\varphi)$

总功率表达式：$P'=P_A+P_C=U_{ab}I_a\cos(30°+\varphi)+U_{bc}I_c\cos(150°+\varphi)$

$$P'=-UI\sin\varphi$$

更正系数：$K=\dfrac{P}{P'}=\dfrac{\sqrt{3}UI\cos\varphi}{-UI\sin\varphi}=-\dfrac{\sqrt{3}}{\tan\varphi}=-\dfrac{\sqrt{3}}{\tan 26°}=-3.551$

实际电量：$W'=KW=-3.551\times(-12500)=44388$（kWh）

5. 某饲料厂，2013 年 11 月投产。10kV 供电，三班制生产，配变为 S11-500/10kVA，计量方式为高供低计，TA 为 800/5A。用户于 2014 年 5 月 2 日申请报停，5 月 20 日恢复生产。5 月 25 日抄见数为有功总 1287.97，正向无功总 847.75，反向无功总 6.35；上月抄见数为有功总 1047.97，正向无功总 806.67，反向无功总 6.31。则该客户 2014 年 5 月变压器的有功损耗为（　　），无功损耗为（　　）。

答案：329、4980

解：倍率为，800/5=160

抄见有功总电量：$A_p=1287.97\times160-1047.97\times160=38400$（kWh）

正向无功电量：$847.75\times160-806.67\times160=6573$（kvarh）

反向无功反量：$6.35\times160-6.31\times160=6$（kvarh）

无功总电量：$A_q=6573+6=6579$（kvarh）

经查变压器参数表得到 S11-500/10 型相关参数值：$P_0=0.8$kW，$Q_0=16$kvar，$P_h=4.7$kW，$Q_h=17.64$kvar，$S_e=500$kVA，由题意可知，三班制生产，$K=1$，$T=24\times12=288$（h）。

变压器有功损耗：$\Delta P=P_0\times T+\dfrac{K({A_p}^2+{A_q}^2)P_h}{{S_e}^2\times \mathrm{T}}$

$$\Delta P=0.8\times288+1\times(38400^2+6579^2)\times4.7/(500^2\times288)=329\ (\text{kWh})$$

变压器无功损耗：$\Delta Q=Q_0\times T+\dfrac{K({A_p}^2+{A_q}^2)Q_h}{{S_e}^2\times T}$

$$\Delta Q=16\times288+1\times(38400^2+6579^2)\times17.64/(500^2\times288)=4980\ (\text{kvarh})$$

五、识图题 （每小题 2.5 分，共 10 分）

1. 在以下电力系统简单示意图中，发电机是（ ），升压变压器是（ ），输电线路是（ ），降压变压器是（ ），电动机是（ ）。

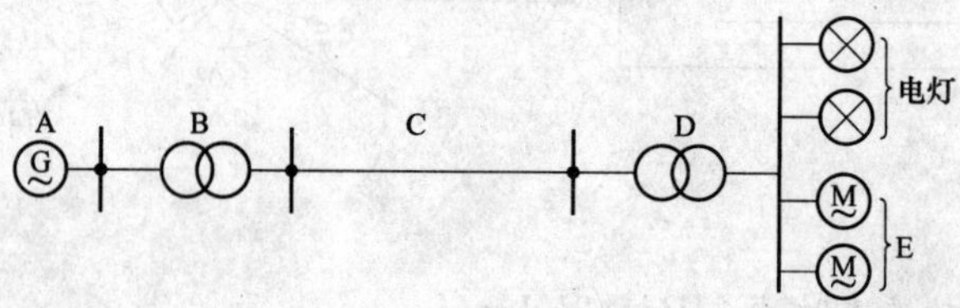

答案：ABCDE

2. 在下列示意图中，表示单相桥式整流电路的是（ ），表示三相桥式整流电路的是（ ）。

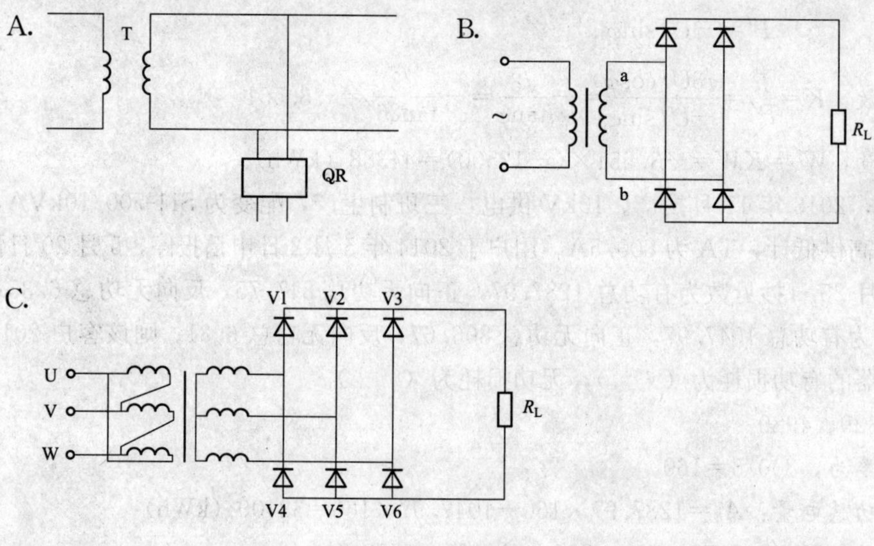

答案：B、C

3. 在下列示意图作为 TN-C 系统原理接线图是否正确。（ ）

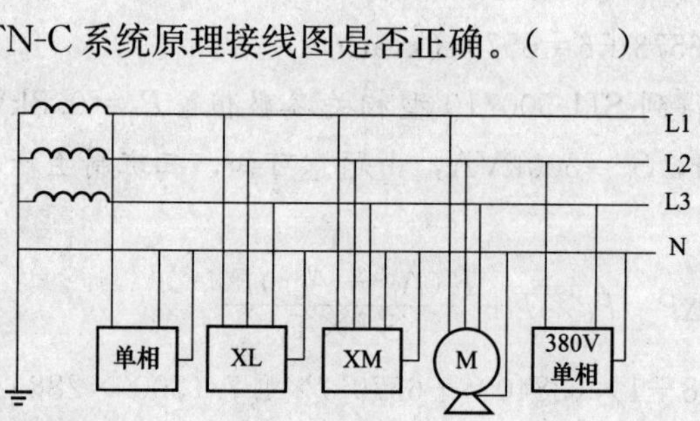

A. 正确 B. 错误

答案：A

4. 在下列示意图中，正确的三相三线电能表经电压、电流互感器接入的接线图是（ ）。

A.

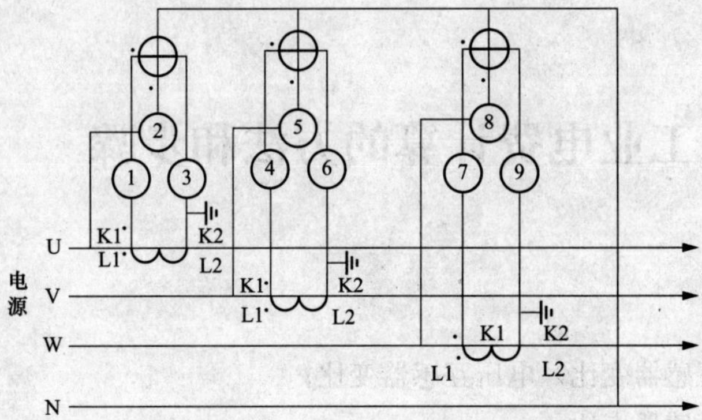
U
V
W
N
电源
K1
L1
K2
L2
接负荷开关

B.

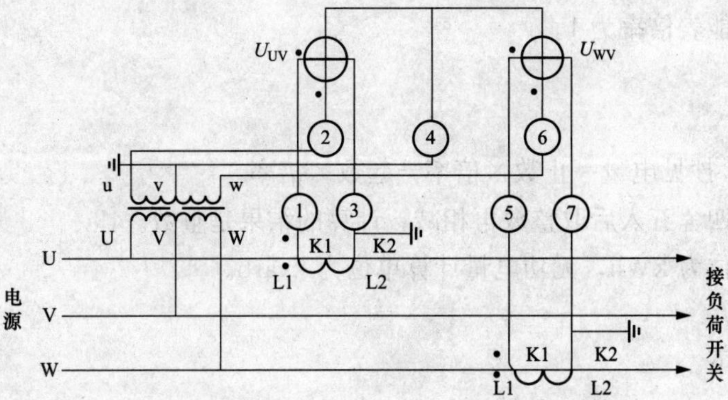
U_{UV}
U_{WV}
u v w
U V W
K1
K2
L1
L2
电源
接负荷开关

C.

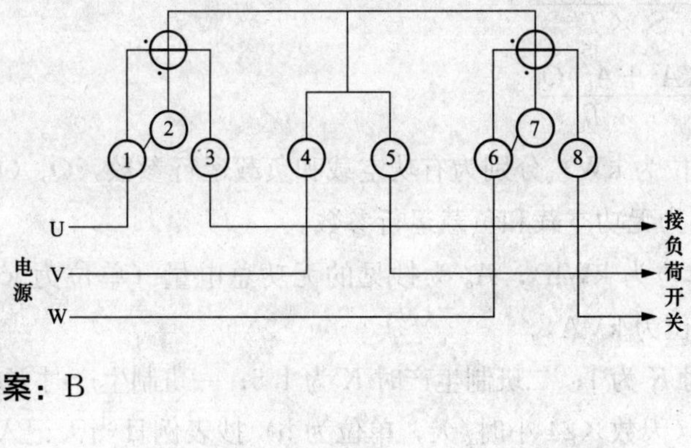
U
V
W
电源
接负荷开关

答案：B

附录 A 大工业电费计算的方法和步骤

A1 倍率计算

(1) 高供高计倍率=电流互感器变比×电压互感器变比；

(2) 高供低计倍率=电流互感器变比；

(3) 没带互感器的电能表倍率为 1。

注意：倍率没有单位。

A2 抄见电量计算

抄见电量=止数×倍率−起数×倍率

(1) 计算过程中分别四舍五入后取整数再相减，计算的结果是整数。

(2) 有功电量计算单位为 kWh，无功电量计算单位为 kvarh。

A3 损耗计算

(1) 变损计算公式如下。

有功变损：$\Delta P=P_o\times T+\dfrac{K(A_p^2+A_q^2)P_h}{S_e^2\times T}$

无功变损：$\Delta Q=Q_o\times T+\dfrac{K(A_p^2+A_q^2)Q_h}{S_e^2\times T}$

P_o（单位为 kW）和 P_h（单位为 kW）分别为有功空载和负载运行参数，Q_o（单位为 kvar）和 Q_h（单位为 kvar）分别为无功空载和负载运行参数。

A_p 为抄见的有功总电量（单位为 kWh）；A_q 为抄见的无功总电量（单位为 kvarh）。S_e 为变压器的装见额定容量（单位为 kVA）。

K 为修正系数，三班制生产时 K 为 1；二班制生产时 K 为 1.5；一班制生产时 K 为 3。

T 为变压器实际运行的时间（天数×24 小时/天，单位为 h）抄表例日当天记入下月。以抄表起数月来计算天数。

(2) 线损计算公式如下。

$$\text{有功线损}=\frac{\text{单位长度线路电阻}\times\text{线路长度}\times 10^{-3}}{\text{额定电压的二次方}\times\text{线路运行时间}}\times[\text{有功总抄见电量的二次方}+\text{无功总抄见电量的二次方}]$$

$$\text{无功线损}=\frac{\text{单位长度线路电抗}\times\text{线路长度}\times 10^{-3}}{\text{额定电压的二次方}\times\text{线路运行时间}}\times[\text{有功总抄见电量的二次方}+\text{无功总抄见电量的二次方}]$$

计算电费时，对客户采取专用线路（包括电缆）供电和产权所有线路（包括电缆）达到以下长度，并采取受电端计量的（即计量点与产权分界点不一致），应加计线路损耗电量。

① 380V 为 0.2km；② 6～10kV 线路为 0.1km；③ 35kV 及以上线路为 0.5km。

A4 结算电量计算

(1) 单费率表分表抄见电量时段分摊计算公式如下。

$$分表峰段抄见电量分摊=\frac{总表峰段抄见电量}{总表总抄见电量}\times 分表总抄$$

$$分表谷段抄见电量分摊=\frac{总表谷段抄见电量}{总表总抄见电量}\times 分表总抄$$

分表平段分摊=分表总抄见电量−分表峰段分摊−分表谷段分摊

复费率分表分别按照时段抄见示数直接计算。

(2) 损耗电量分摊到分表各时段计算公式如下。

$$分表分摊总损耗=\frac{分表总电量}{总表有功总电量}\times 有功总损耗$$

$$分表峰段损耗分摊=\frac{分表峰段电量}{分表总电量}\times 分表分摊的总损耗$$

$$分表谷段损耗分摊=\frac{分表谷段电量}{分表总电量}\times 分表分摊的总损耗$$

分表平段损耗分摊=分表分摊的总损耗−分表峰段、谷段分摊的损耗

(3) 高供低计大工业各时段分摊损耗计算公式如下。

大工业分摊的损耗=有功总损耗−分表分摊总损耗

$$大工业峰段分摊的损耗=大工业分摊的损耗\times\frac{抄见总表有功峰-抄见分表有功峰}{抄见总表有功总-抄见分表有功总}$$

$$大工业谷段分摊的损耗=大工业分摊的损耗\times\frac{抄见总表有功谷-抄见分表有功谷}{抄见总表有功总-抄见分表有功总}$$

大工业平段分摊的损耗=大工业分摊的损耗−大工业峰段、谷段分摊的损耗

(4) 高供低计带套表（计算变损）大工业结算电量计算公式如下。

峰：抄见总表有功峰−抄见分表有功峰＋大工业峰段损耗

谷：抄见总表有功谷−抄见分表有功谷＋大工业谷段损耗

平：抄见总表有功平−抄见分表有功平＋大工业平段损耗

结算有功总：抄见有功总电量＋有功总损耗

结算无功总：抄见无功总电量＋无功总损耗

(5) 高供高计带套表（计算变损）大工业结算电量计算公式如下。

峰：抄见总表有功峰−抄见分表有功峰−分表峰段分摊的损耗

谷：抄见总表有功谷−抄见分表有功谷−分表谷段分摊的损耗

平：抄见总表有功平−抄见分表有功平−分表平段分摊的损耗

结算有功总电量：抄见有功总电量

结算无功总电量：抄见无功总电量

(6) 高供高计带套表（计算线损，不计变损）大工业结算电量计算公式如下。

峰：抄见总表有功峰−抄见分表有功峰＋大工业峰段分摊的线损

谷：抄见总表有功谷−抄见分表有功谷＋大工业谷段分摊的线损

平：抄见总表有功平−抄见分表有功平＋大工业平段分摊的线损

结算有功总电量：抄见有功总电量＋总有功线损

结算无功总电量：抄见无功总电量＋总无功线损

（7）分表结算电量计算公式如下。

分表为居民合表的结算电量：分表抄见电量＋分表分摊的损耗

分表是复费率的非居民照明、商业用电结算电量：分表时段抄见电量＋分表时段分摊的损耗

A5 结算电价计算

（1）结算电价四舍五入后，保留小数点后 5 位。

（2）丰枯峰谷：平水期平段电价为基准电价。

分表是复费率的非居民照明、商业用电，要执行丰枯峰谷浮动。

分表是单费率的非居民照明、商业用电，要执行丰枯浮动。

合表居民用电不执行丰枯峰谷浮动。

A6 基本电费计算

（1）基本电费以月计算，但是新装、增容、变更、终止用电当月的基本电费，可以按实际使用的天数（一天不足 24 小时按一天算）计算，每天按全月基本电费的 1/30 计算，抄表例日当天记入下月。

（2）事故停电、检修停电、计划限电不扣减基本电费。

（3）变压器封停当天不收基本电费、启封当天应计收基本电费。

（4）按容量计收基本电费＝运行容量×(运行天数/30)×基本电价［元/(千伏安·月)］暂停时间少于 15 天，基本电费不予减收。

（5）按需量计收基本电费。

1）抄见需量值＝最大需量抄见示数×总表倍率－0×总表倍率。

2）计划内值：核定需量值×1.05。

3）计划外值：抄见需量值－计划内值。

每月抄录的最大需量未超过合同核定值时，或者在核定值的 100%～105%时，按照合同核定值计收；抄录的最大需量超过核定值的 105% 时，超过核定值的 105% 部分要双倍计收。核定需量值应达到用户总装容量的 40%。

A7 功率因数计算

$$\cos\varphi=\cos\left(\arctan\frac{结算总无功电量}{结算总有功电量}\right)$$

功率因数计算结果四舍五入后，保留小数点后两位。

A8 功率因数调整电费计算

功率因数调整电费 ＝(除合表居民外的目录电费＋基本电费)× 功率因数增减百分数

A9 代收基金计算

代收基金 ＝ 结算有功电量 × 代收基金电价

A10 合计电费计算＝目录电费＋基本电费＋力调电费＋代收基金

附录 B　电费计算例题参考电价表

表 B1　　**电费计算例题参考电价表**

单位：[元/千瓦时、元/(千瓦·月)、元/(千瓦·月)]

<table>
<tr><th colspan="2" rowspan="3">用电类别</th><th colspan="10">电价</th></tr>
<tr><th rowspan="2">电度电价</th><th colspan="2">其　中</th><th colspan="5">代收基金</th><th colspan="2">基本电价</th></tr>
<tr><th>目录电价</th><th>代收基金合计</th><th>重大水利建设基金</th><th>农网还贷资金</th><th>城市附加</th><th>可再生能源附加 2</th><th>移民扶持资金</th><th>最大需量</th><th>最大容量</th></tr>
<tr><td colspan="2">一般工商业及其他 1～10kV</td><td>0.8444</td><td>0.7836</td><td>0.06080</td><td>0.007</td><td>0.02</td><td>0.01</td><td>0.015</td><td>0.0088</td><td></td><td></td></tr>
<tr><td colspan="2">大工业 1～10kV</td><td>0.6195</td><td>0.5587</td><td>0.06080</td><td>0.007</td><td>0.02</td><td>0.01</td><td>0.015</td><td>0.0088</td><td>39</td><td>26</td></tr>
<tr><td rowspan="3">其中</td><td>氯碱黄磷</td><td>0.5795</td><td>0.5187</td><td>0.06080</td><td>0.007</td><td>0.02</td><td>0.01</td><td>0.015</td><td>0.0088</td><td>39</td><td>26</td></tr>
<tr><td>合成氨、电炉、钙镁磷肥</td><td>0.5265</td><td>0.4857</td><td>0.04080</td><td>0.007</td><td>无</td><td>0.01</td><td>0.015</td><td>0.0088</td><td>33</td><td>22</td></tr>
<tr><td>中小化肥</td><td>0.3695</td><td>0.3287</td><td>0.04080</td><td>0.007</td><td>无</td><td>0.01</td><td>0.015</td><td>0.0088</td><td>33</td><td>22</td></tr>
<tr><td colspan="2">农业生产 (1～10kV)</td><td>0.5501</td><td>0.5231</td><td></td><td>0.007</td><td>0.02</td><td></td><td></td><td></td><td></td><td></td></tr>
<tr><td colspan="2">合表居民 (10kV)</td><td>0.5364</td><td>0.4896</td><td>0.0468</td><td>0.007</td><td>0.02</td><td>0.01</td><td>0.001 (可再生能源 1)</td><td>0.0088</td><td></td><td></td></tr>
</table>

附录C《功率因数调整电费办法》(摘要)

鉴于电力生产的特点，用户用电功率因数的高低，对发、供、用电设备的充分利用，节约电能和改善电压质量有着重要影响，为了提高用户的功率因数并保持其均衡，以提高供用电双方和社会的经济效益，特制定本办法。

C1 功率因数标准及其适用范围

(1) 功率因数标准值为0.90，适用于160kVA (kW) 以上的高压供电工业用户（包括社队工业用户)，装有带负荷调整电压装置的高压供电电力用户和3200kVA及以上的高压供电电力排灌站。

(2) 功率因数标准值为0.85，适用于100kVA (kW) 及以上的其他工业用户（包括社队工业用户)、100kVA (kW) 及以上的非工业用户和100kVA (kW) 及以上的电力排灌站。

(3) 功率因数标准值为0.80，适用于100kVA (kW) 及以上的农业用户和趸售用户，但大工业用户未划由电业局直接管理的趸售用户，功率因数标准值应为0.85。

C2 功率因数的计算

(1) 凡实行功率因数调整电费的用户，应装设带有防倒装置的无功电能表，按用户每月实用有功电量和无功电量计算月平均功率因数。

(2) 凡装有无功补偿设备且有可能向电网倒送无功电量的用户，应随其负荷和电压变动及时投入或切除部分无功补偿设备，电业部门并应在计费计量点加装带有防倒装置的反向无功电能表，按倒送的无功电量与实用无功电量两者的绝对值之和，计算月平均功率因数。

(3) 根据电网需要，对大用户实行高峰功率因数考核，加装记录高峰时段内有功、无功电量的电能表，以计算月平均高峰功率因数；对部分用户还可试行高峰、低谷两个时段分别计算功率因数，由试行的省、市、自治区电力局或电网管理局拟定办法，报水利电力部审批后执行。

C3 电费的调整

根据计算的功率因数，高于或低于规定标准时，按照规定的电价计算出其当月的电费，在按照“功率因数调整电费表”所规定的百分数增减电费。若用户的功率因数在“功率因数调整电费表”所列两数之间，则以四舍五入计算。（见《水电财字（83）第215号》）

附录 D　功率因数调整电费表（节选）

表 D1　　以 0.90 为标准值的功率因数调整电费表

减收电费	实际功率因数	0.90	0.91	0.92	0.93	0.94					
	月电费较少%	0.00	0.15	0.30	0.45	0.60					
增收电费	实际功率因数	0.89	0.88	0.87	0.86	0.85	0.84	0.83	0.82	0.81	0.80
	月电费增加%	0.5	1.0	1.5	2.0	2.5	3.0	3.5	4.0	4.5	5.0
增收电费	实际功率因数	0.79	0.78	0.77	0.76	0.75	0.74	0.73	0.72	0.71	0.70
	月电费增加%	5.5	6.0	6.5	7.0	7.5	8.0	8.5	9.0	9.5	10.0
增收电费	实际功率因数	0.69	0.68	0.67	0.66	0.65	功率因数自 0.64 及以下，每降低 0.01 点费增加 2%				
	月电费增加%	11.0	12.0	13.0	14.0	15.0					

表 D2　　以 0.85 为标准值的功率因数调整电费表

减收电费	实际功率因数	0.85	0.86	0.87	0.88	0.89	0.90	0.91	0.92	0.93	
	月电费较少%	0.00	0.1	0.2	0.3	0.4	0.5	0.65	0.80	0.95	
增收电费	实际功率因数	0.84	0.83	0.82	0.81	0.80	0.79	0.78	0.77	0.76	0.75
	月电费增加%	0.5	1.0	1.5	2.0	2.5	3.0	3.5	4.0	4.5	5.0
增收电费	实际功率因数	0.74	0.73	0.72	0.71	0.70	0.69	0.68	0.67	0.66	0.65
	月电费增加%	5.5	6.0	6.5	7.0	7.5	8.0	8.5	9.0	9.5	10.0
增收电费	实际功率因数	0.64	0.63	0.62	0.61	0.60	功率因数自 0.59 及以下，每降低 0.01 点费增加 2%				
	月电费增加%	11.0	12.0	13.0	14.0	15.0					

附录 E　三相三线接线的测量常用工具及检查步骤

三相三线接线的测量常用工具图如图 1～图 4 所示。

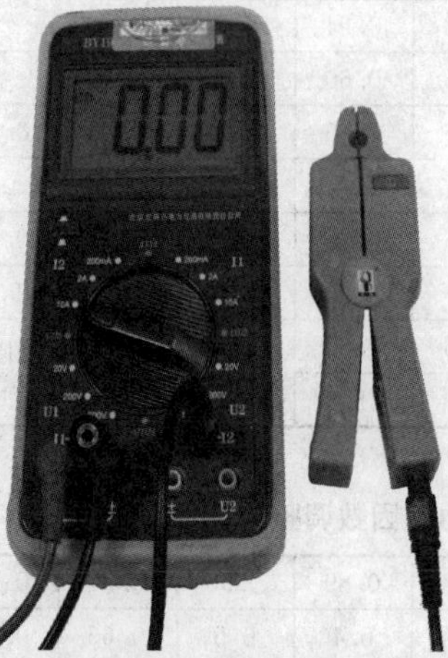

图 1　双钳相位伏安表、钳形电流表

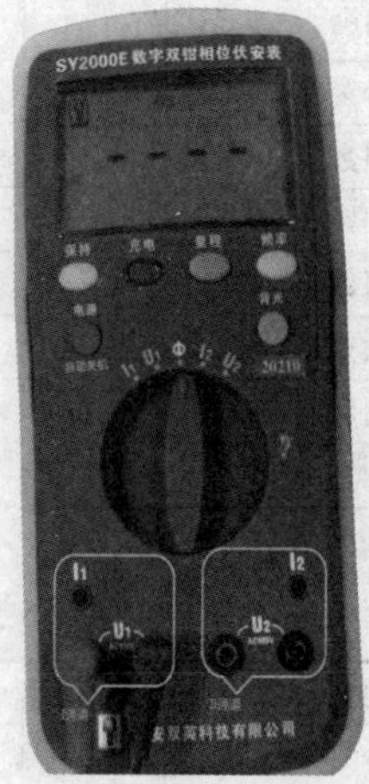

图 2　双钳相位伏安表

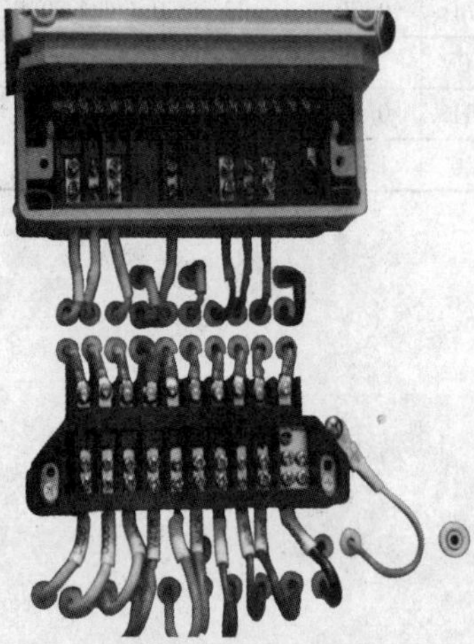

图 3　某考试现场表计

图 4　相序表

1）找 b 点。如图 5 所示。伏安表用 I 通道 U_1，量程 500V，红色表笔依次接至电能表的三个电压端子（2、4、6），黑色表笔接至装置的接地端，0 伏对应的电压端子为 b 点。

2）测电压。如图 6 所示。伏安表同上。一元件红表笔接电能表电压端子 2、黑表笔接电能表电压端子 4；二元件黑表笔接电能表电压端子 4、红表笔接电能表电压端子 6。

3）测电流。如图 7 所示。钳形的电流表线插入伏安表的 I_2 插孔，量程选 10A，将电能表接线端子 1 的电流进线钳入电流钳口内，相位表上显示的数值即为第一元件的电流值。同样方法测试电能表接线端子 5 即得第二元件的电流值。

4）测相位角。如图 8 所示。伏安表置于 U_1I_2（或 ϕ），一元件相位角：电流钳钳线 1，红表笔接电压端子 2，黑表笔接端子 4；二元件相位角：电流钳钳线 5，红表笔接电压端子 6，黑表笔接端子 4；注意：电流钳的极性端向下卡入每一元件电流进线。

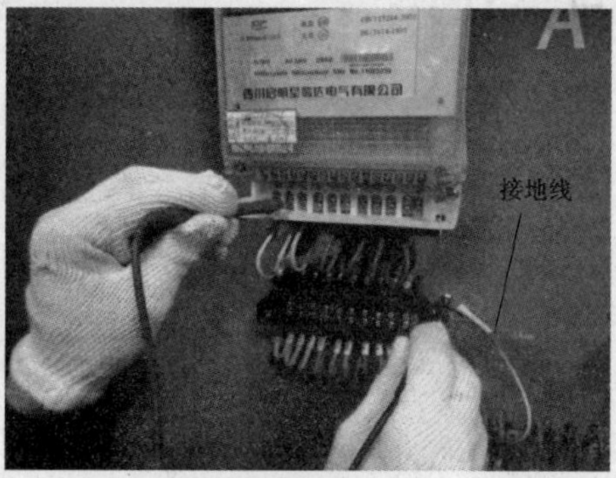

图 5　找 b 点

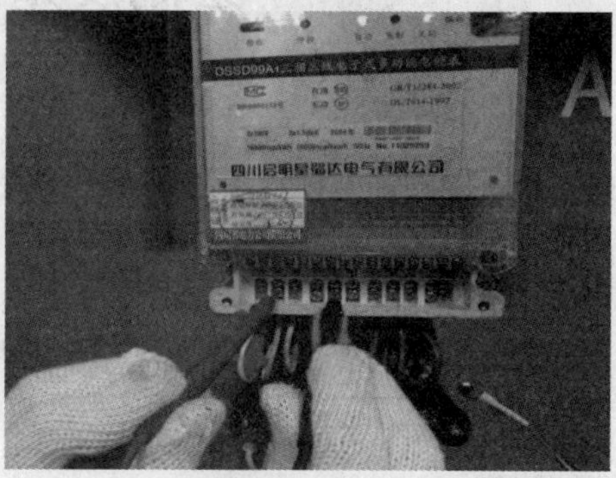

图 6　测电压

图 7　测电流

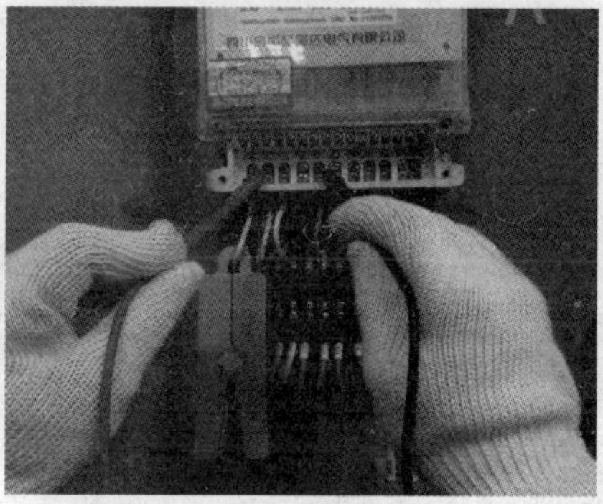

图 8　测相位角

5）测相序。如图 9 所示。U（左）接电压线 2，V（中）接电压线 4，W（右）接电压线 6 端子，绿灯亮为正相序，红灯亮为逆相序。

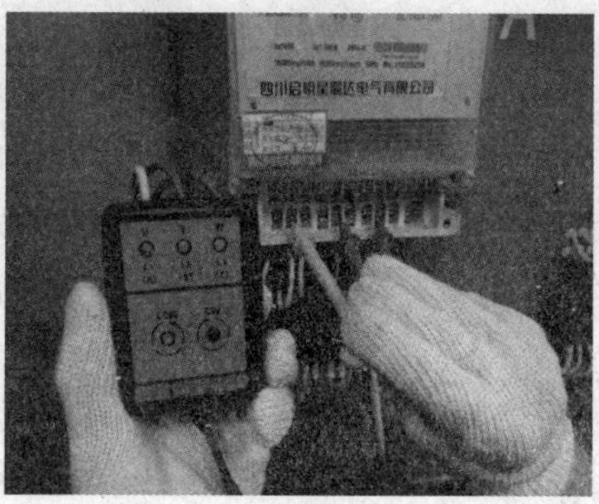

图 9　测相序

附录F 三相三线电能表测量元件相量图的绘制及差错电量计量

（1）相量图的“坐标”绘制，如图1所示。

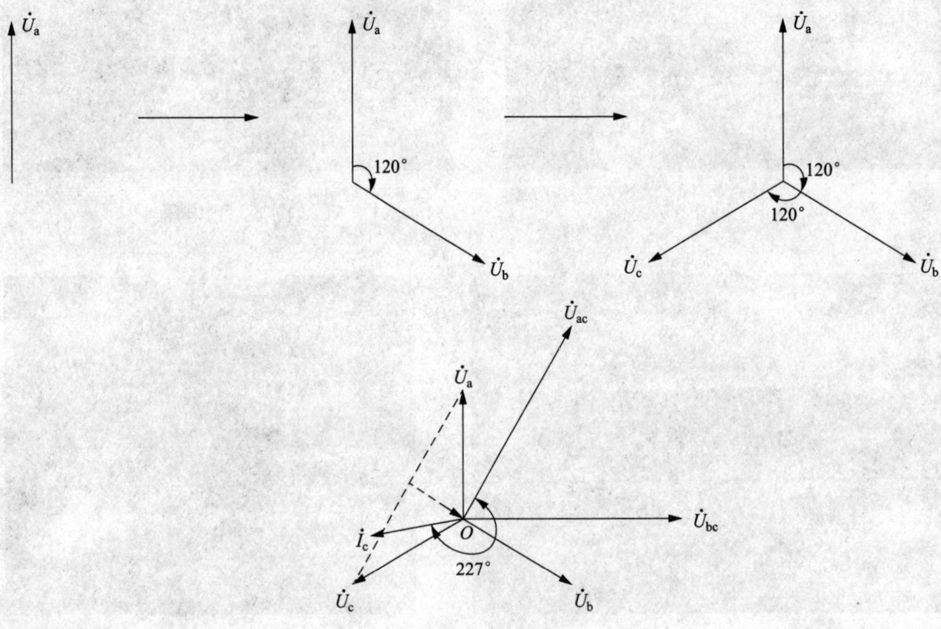

图1 相量图的“坐标”绘制

例如，电压测试结果为100、100、0V，第三个电压端子对地电压为0V，电压为零的端子即为b相；假如测得的相序为逆相序，即可判断电压接入相别为a、c、b，即一元件为$\dot{U}_{ac}$，二元件为$\dot{U}_{ac}$。画一元件电压$\dot{U}_{ac}$：如图1所示，用三角板将虚线U_aU_c向O点平行移动，取O到U_a方向的直线，再画上箭头符号，标注为$\dot{U}_{ac}$。（若是U_{ca}，则取O到U_c方向的直线）若测得一元件的相位角为227°，画一元件电流I：以U_{ac}为基点，顺时针旋转227°，在此以O为起点画一较短箭头线，该线位于U_aU_c区间，并靠近U_c，根据感性负荷全量图可判定此线为I_c。（若与此方向相反，则为$-I_c$）

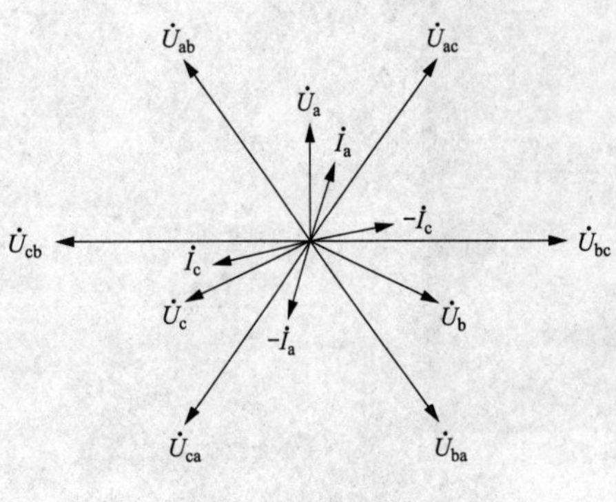

图2 三相三线有功电能表相量图（$\cos\varphi$=0.966L）

（2）各元件可能的电压、电流（全相量图）。三相三线有功电能表相量图如图2所示。

正确接线时，总功率表达式：$P=U_{ab}I_a\cos(30°+\varphi_a)+U_{cb}I_c\cos(30°-\varphi_c)$。当三相电路完全对称时，上式可以简化为 $P=\sqrt{3}UI\cos\varphi$。

(3) 错误接线时的总功率表达式：$P'=P_1+P_2=U_1I_1\cos\varphi_1+U_2I_2\cos\varphi_2$

(4) 更正系数计算公式：$K=\frac{P}{P'}=\frac{\sqrt{3}UI\cos\varphi}{U_1I_1\cos\varphi_1+U_2I_2\cos\varphi_2}$

$|K|>1$，计量装置少计电量，表慢；

$|K|=1$，计量装置计量正确；

$|K|<1$，计量装置多计电量，表快；

$K<0$，计量装置反向计量。

(5) 差错电量计算公式如下。

抄见电量=止度×倍率−起度×倍率

实际用电量=更正系数×抄见电量

差错电量=实际用电量−|抄见电量|

参 考 文 献

[1] 电力行业职业技能鉴定指导中心. 职业技能鉴定指导书. 抄表核算收费员（第二版）. 北京：中国电力出版社，2008.

[2] 罗毅. 抄表核算收费员. 北京：中国水利水电出版社，2010.

[3] 宗建华. 智能电能表. 北京：中国电力出版社，2010.

[4] 国家电力公司法律事务部. 电力法及配套规定汇编. 北京：中国电力出版社，2014.

[5] 王大为. 应用电工基础. 北京：中国电力出版社，2004.

[6] 徐登伟. 电能计量实用技术问答. 北京：中国电力出版社，2013.

[7] 李秀中. 电力营销业务技能与专业管理必读. 北京：中国电力出版社，2013.

[8] 国家电网公司电力安全工作规程（配电部分）（试行）. 北京：中国电力出版社，2014.

[9] 国家电网公司人力资源部. 抄表核算收费. 北京：中国电力出版社，2010.